2. タンパク質を構成するアミノ酸（20種）

L-α-アミノ酸の一般式:
$$H_3N^+-\overset{COO^-}{\underset{R}{C}}-H$$

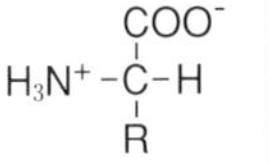

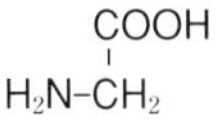

- グリシン Gly (G)
- L-アラニン Ala (A)
- L-バリン Val (V)
- L-ロイシン Leu (L)
- L-イソロイシン Ile (I)
- L-セリン Ser (S)
- L-トレオニン Thr (T)
- L-アスパラギン酸 Asp (D)
- L-グルタミン酸 Glu (E)
- L-アスパラギン Asn (B)
- L-グルタミン Glu (Q)
- L-リジン Lys (K)
- L-アルギニン Arg (R)
- L-ヒスチジン His (H)
- L-システイン Cys (C)
- L-フェニルアラニン Phe (F)
- L-チロシン Tyr (Y)
- L-トリプトファン Trp (W)
- L-メチオニン Met (M)
- L-プロリン Pro (P)

3. 糖類

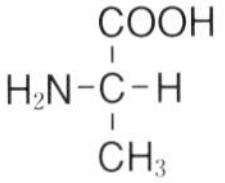

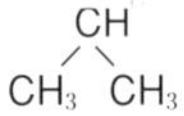

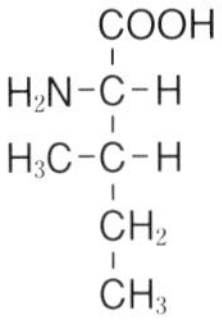

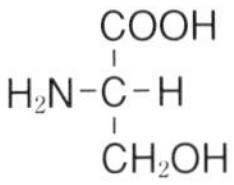

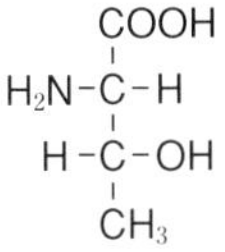

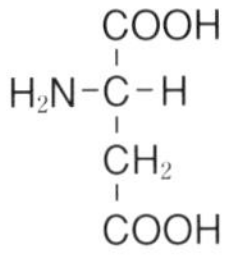

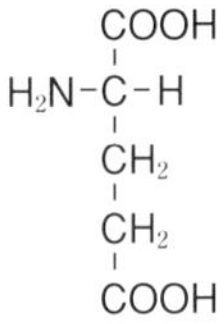

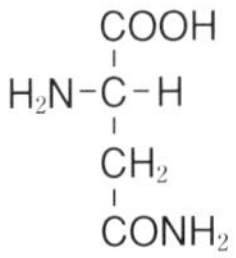

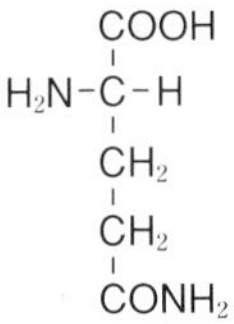

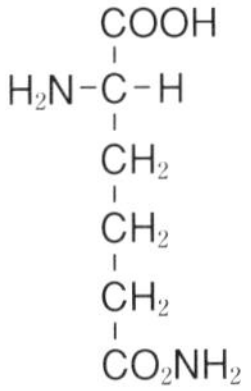

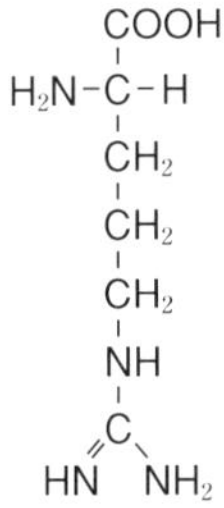

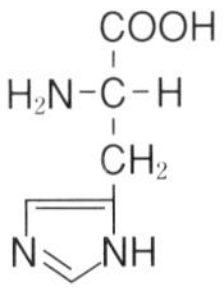

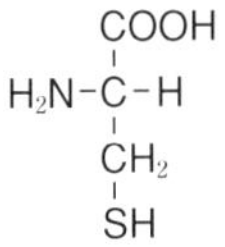

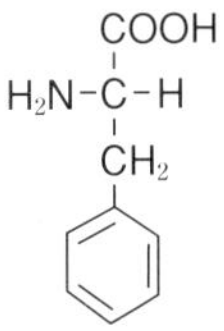

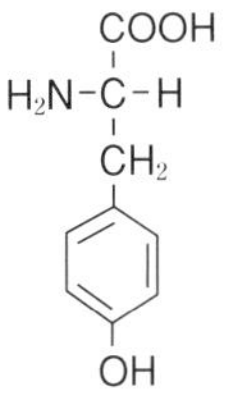

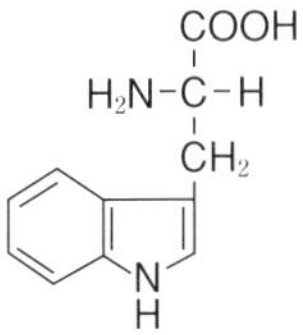

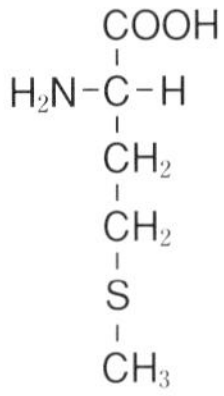

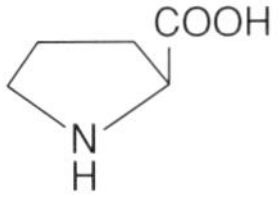

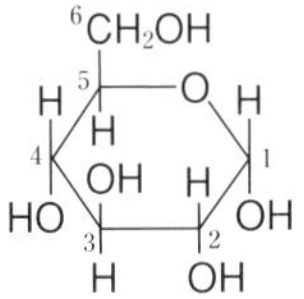

- グルコース（ブドウ糖）（Haworthの構造式）
- アミロース（α-1,4結合）
- セルロース（β-1,4結合）
- スクロース（ショ糖）
- 分岐点（α-1,6結合）
- アミロペクチンとグリコーゲン

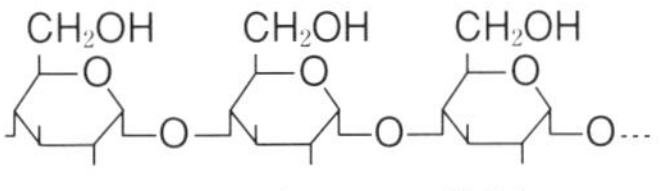

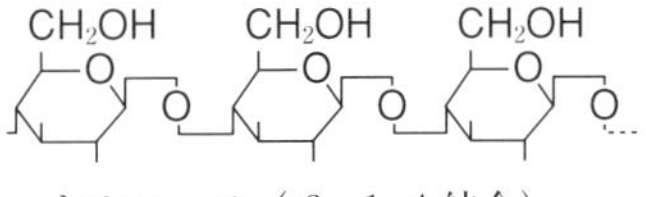

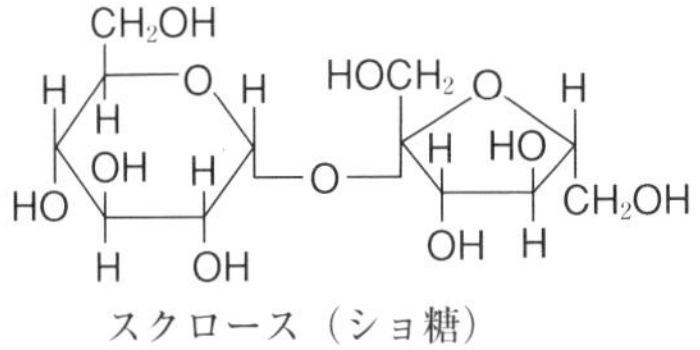

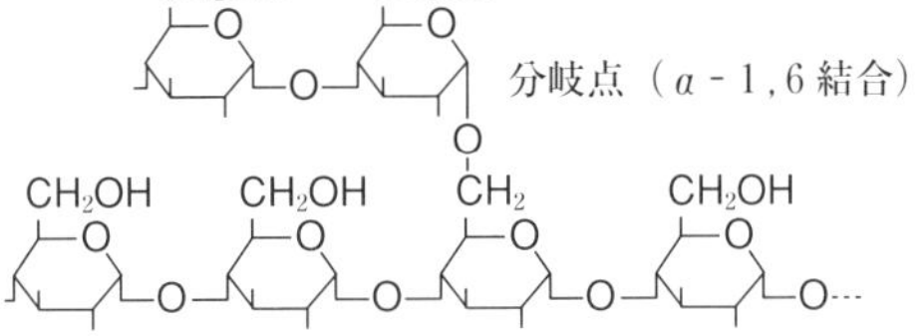

4. リン脂質と脂肪酸

CH_2OCOR_1
$CHOCOR_2$
$CH_2-O-P(=O)(OH)-OCH_2CH_2N^+(CH_3)_3$

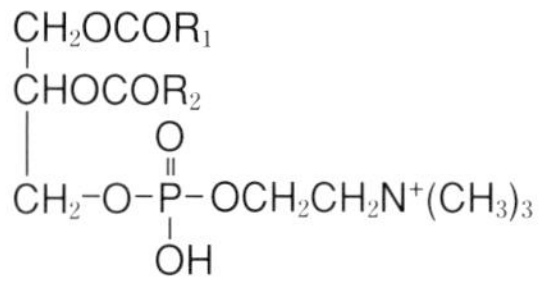

ホスファチジルコリン
（レシチン）

R_1, R_2 にあたる脂肪酸

パルミチン酸	$CH_3(CH_2)_{14}COOH$
ステアリン酸	$CH_3(CH_2)_{16}COOH$
リノール酸	$CH_3(CH_2)_4(CH=CHCH_2)_2(CH_2)_6COOH$
リノレン酸	$CH_3CH_2(CH=CHCH_2)_3(CH_2)_6COOH$

5. ホルモン

（1）動物のホルモン（ヒト）

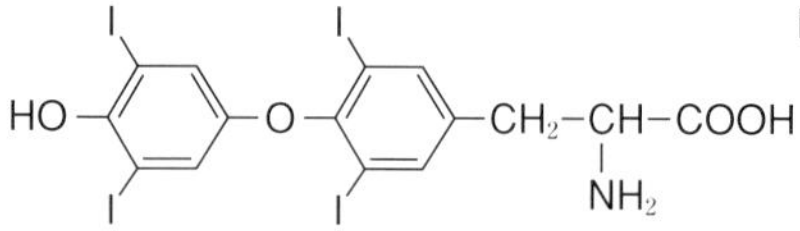

チロキシン

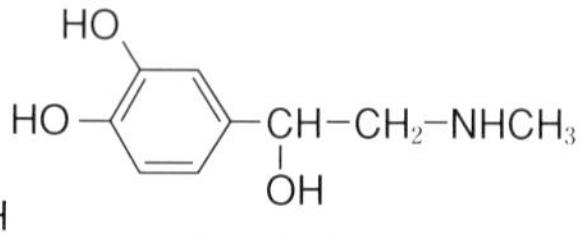

アドレナリン

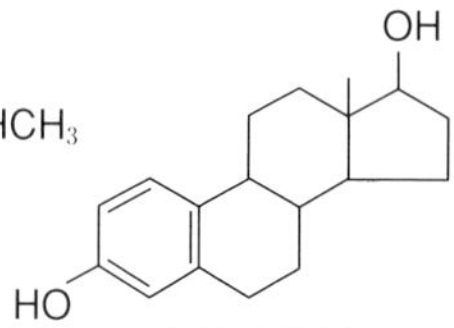

女性ホルモン（エストラジオール）

(N末端) Ser-Tyr-Ser-Met-Glu-His-Phe-Arg-Trp-Gly-Lys-Pro-Val-Gly-Lys-Lys-Arg-Arg-Pro-Val
          1   2   3   4   5   6   7   8   9 10 11 12 13 14 15 16 17 18 19 20

→ Lys-Val-Tyr-Pro-Asp-Ala-Gly-Glu-Asp-Gln-Ser-Ala-Glu-Ala-Phe-Pro-Leu-Glu-Phe (C末端)
   21 22 23 24 25 26 27 28 29 30 31 32 33 34 35 36 37 38 39

副腎皮質刺激ホルモン（ACTH）

（2）植物ホルモン

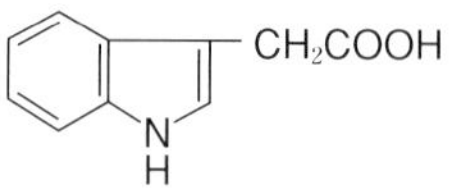

インドール酢酸

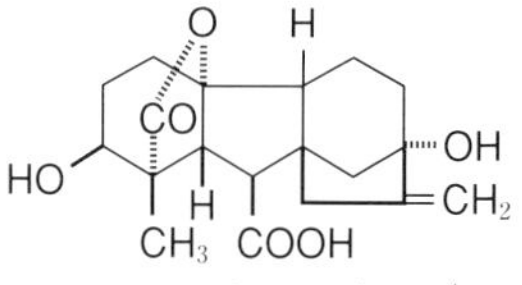

ジベレリン（GA_1）

6. ビタミンと補酵素

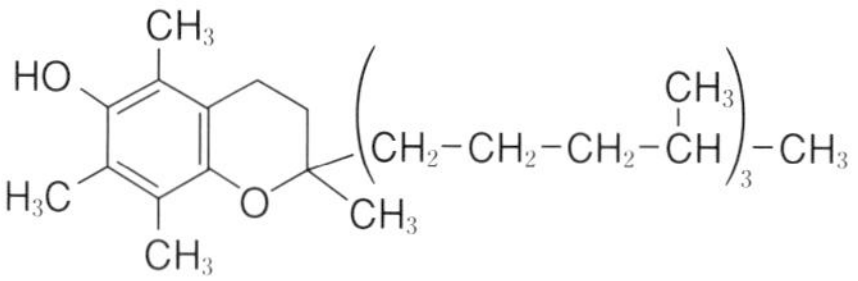

ビタミンE（a-トコフェロール）

L-アスコルビン酸
（ビタミンC）

ニコチンアミド アデニンジヌクレオチド
（NAD^+, DPN^+, Co I, 補酵素I）

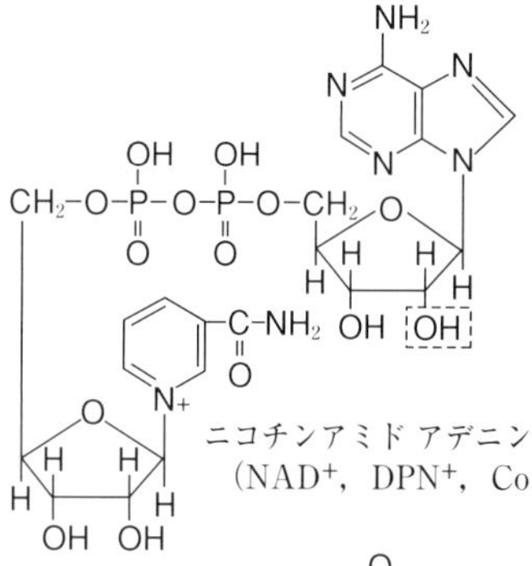

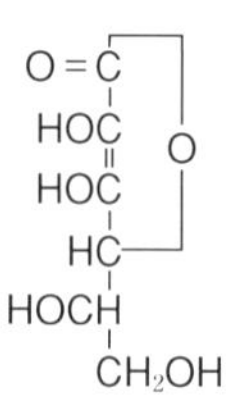

点線部分 $O=P(OH)_2-OH$

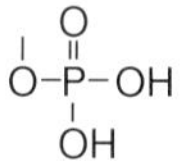

ニコチンアミド アデニンジヌクレオチドリン酸
（$NADP^+$, TPN^+, Co II, 補酵素II）

カラー版

現代生命科学の基礎

—遺伝子・細胞から進化・生態まで—

都筑　幹夫　編

教育出版

もくじ

第8章　生物の分類と進化 ……275

第9章　生物の集団 ……335

第1章

細　胞

A 細胞の機能と構造

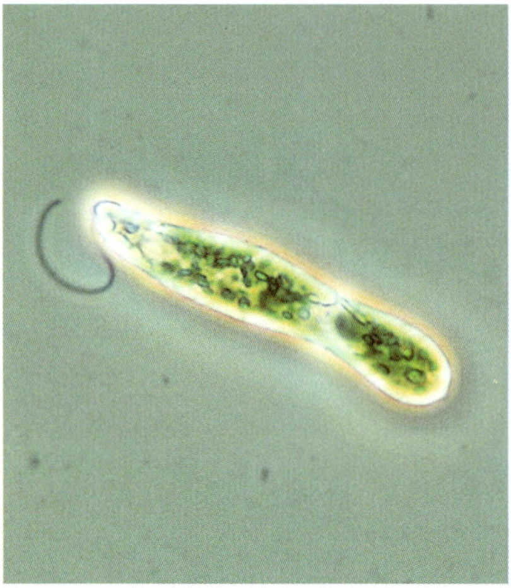

（ミドリムシ，×500）

地球上には，たった１個の細胞からなる生物もいれば，多数のいろいろな細胞からなる生物もいる。私たちの身体も，髪の毛から皮ふ，皮下脂肪，筋肉，骨，つめ，心臓，そして脳にいたるまで，すべて細胞からできており，その数は成人で約60兆個といわれる。つまり，私たちの身体は世界の人口の約10000倍もの数の細胞から構成されていることになる。生物の学習を始めるにあたって，細胞のさまざまな機能と構造について見ていくことにしよう。

1 細胞は生物の基本単位である

細胞の発見と細胞説

細胞が最初に発見されたのは17世紀のことである。イギリスの物理学者ロバート・フックは，コルク(コルクガシの幹をくり抜いたもの)が水に浮くほど軽いことからその構造を見たくなり，コルクを薄い切片にして自作の顕微鏡で観察した。そして多数の小さな部屋があることを見つけ，それらをcell(細胞)と名づけた(「ミクログラフィア」1665年，図１)。フックが観察したのは，細胞壁以外のものがなくなってしまった死んだ細胞であった。

19世紀の初め，イギリスの植物学者ロバート・ブラウンは，ランを観察中，細胞に核があることを発見した。

ドイツの植物学者シュライデンは，1838年，“植物の体は細胞からできている”ことを発表した。その翌年，ドイツの動物学者シュワンは動物の体も植物と同様に細胞からできていると発表し，“**すべての生物は**

細胞を基本単位としてできている”という**細胞説**が確立された。

さらに，ドイツの病理学者フィルヒョーは1858年，“すべての細胞は細胞から生じる”ことを唱えた。

図1 細胞の発見

フックが描いたコルクのスケッチ(左)と彼が用いた顕微鏡(右)

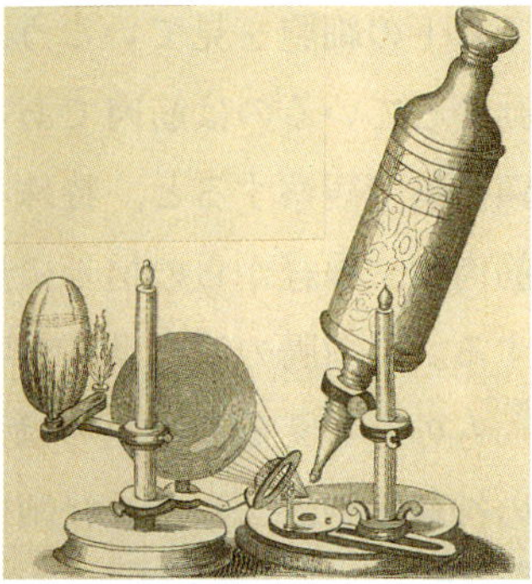

参考資料

細胞の大きさ

細胞には，肉眼で見える大きなものから，顕微鏡でしか見えない小さなものまである。身近にある大きな細胞といえば，ニワトリの卵(たまごの黄身)がある。ニワトリの卵は多量の栄養分を蓄えた1個の巨大な細胞であり，直径は約25mmもある。一方，大腸菌などの細菌は長さ数μmしかなく，顕微鏡でも小さくしか見ることができない。

顕微鏡で見えるものの長さの測定には，通常ミクロメーターを用いる。

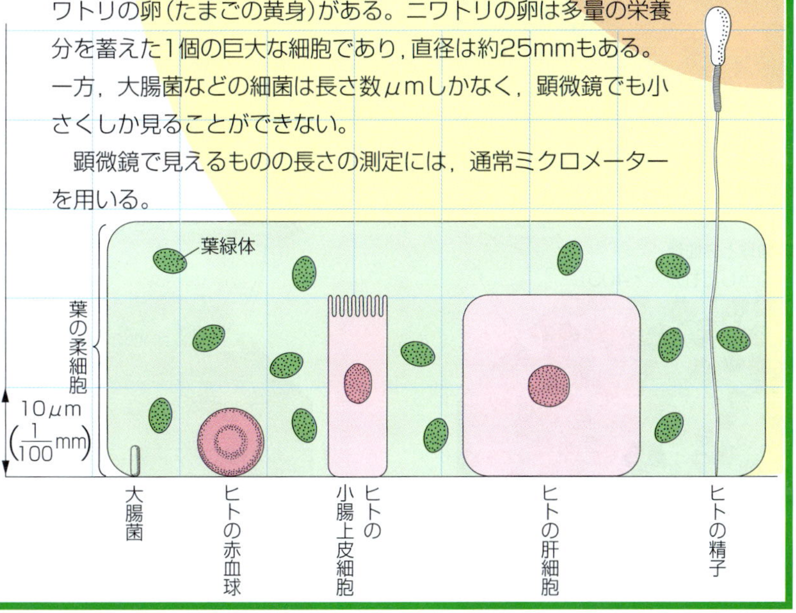

生物の体にはさまざまな細胞がある

細胞説は現在，疑う余地がない。私たちの体もさまざまな細胞でできている 図2 。たとえば口の中をスプーンでなでて，さじについたものを顕微鏡で観察してみると，核をもつ細胞が観察される。

ヒトの細胞を見ていこう。手，足，目，口，心臓，そして胃や腸などを動かしているのは筋肉である。筋肉を構成している細胞は**筋細胞**であり，顕微鏡で観察すると，特殊なしま模様が見られるものがある。手や足の筋肉は，神経からの信号に反応して縮んだり（収縮），ゆるんだり（弛緩）する。胃や腸の筋肉は，食物が送られてくると自動的に運動を行う。

ものを考えるのは脳のはたらきである。私たちの脳には，約100億個の**神経細胞**がある。神経細胞は，多数の突起を伸ばしあって連結し，複

図2　多細胞生物を構成する細胞（ヒト）

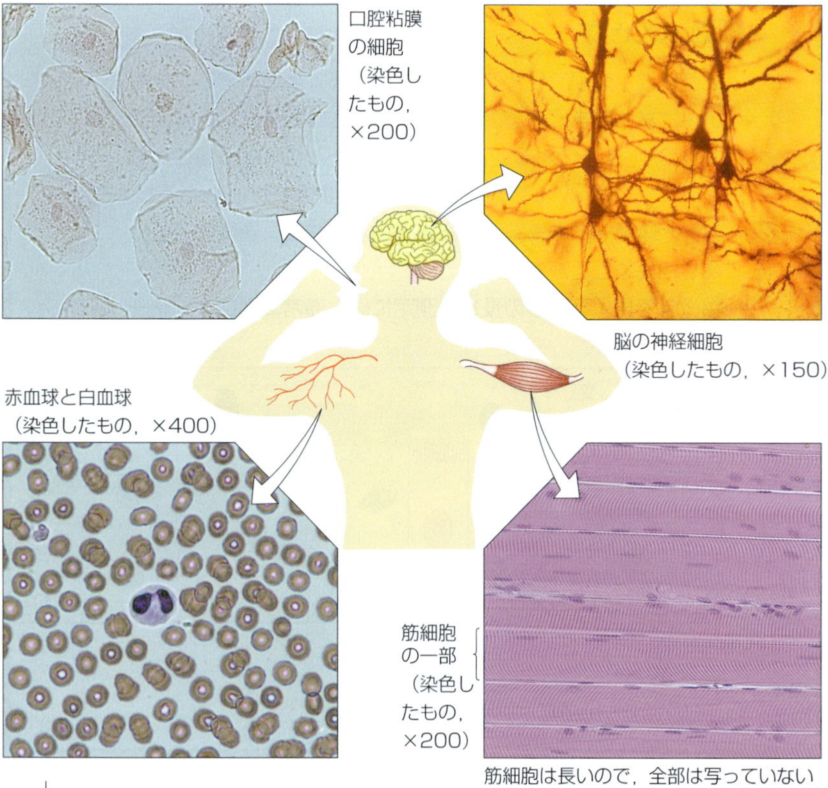

雑な回路を形成している。脳はたえず体の各部分から信号を受け取り，また信号を送っている。その他，血液に含まれる赤血球や白血球，また卵や精子もそれぞれ１つの細胞である。

植物の体はどうであろうか。根の表面には，細長く伸びた根毛という細胞があり，水や養分を吸収している。葉の内部の細胞は葉緑体を多く含み，光を受け取ると活発に光合成を行う。葉脈や茎には，養分の通り道(師管)がある。師管もまた細胞でできており，葉でできた養分を全身へ送るはたらきをする 図３ 。

このように，多細胞生物の体には，形もはたらきも異なるさまざまな細胞が，それぞれ独自のはたらきを営んでおり，それにより生物の個体は生きているのである。

図３　多細胞生物を構成する細胞(ホウセンカ)

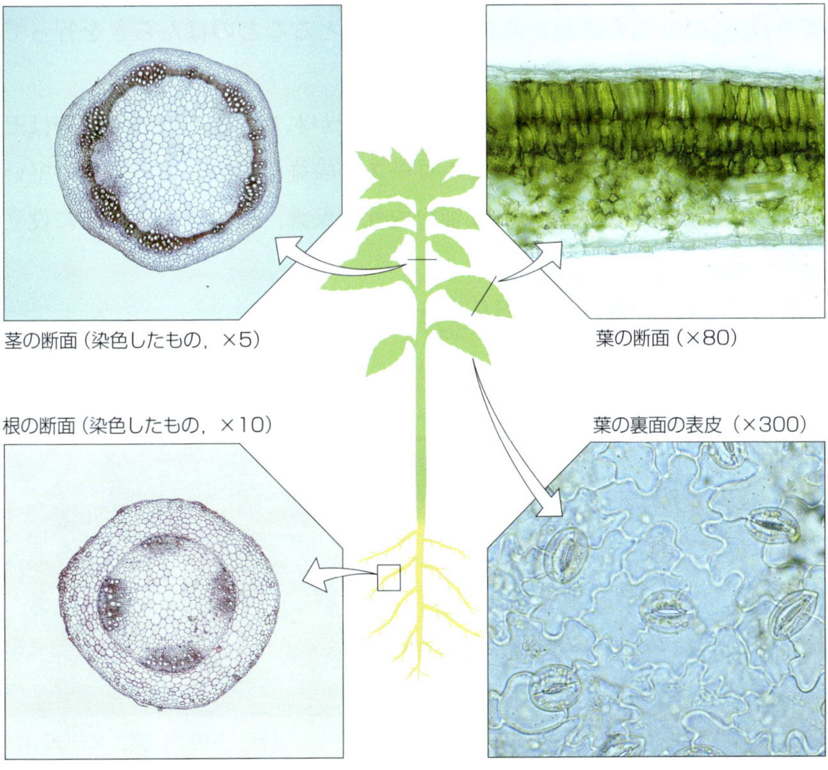

2 細胞の構造

細胞は核と細胞質からなる

多くの細胞を光学顕微鏡で観察する際，染色することにより構造が観察しやすくなる。カーミンやオルセインなどの色素で赤く染まる部分が**核**である。細胞はふつう1個の核をもつ。核以外の部分が**細胞質**である 図4 。細胞質には，呼吸にかかわるミトコンドリアや，植物では光合成を行う葉緑体などの**細胞小器官**があり，それぞれ独自のはたらきを営んでいる。細胞小器官の間を埋めている部分を**細胞質基質**という。細胞質の最も外側が**細胞膜**である。

細胞はひとつひとつが，細胞膜で包まれている。細胞膜は，細胞が外界との間で物質のやりとりを行う際に物質の出入りを調節したり(p.16参照)，外部や他の細胞からの情報を受けとるなどのはたらきを行っている。

植物の細胞では，細胞膜の外側に**細胞壁**がある。細胞壁の主成分はセルロースという物質であり，セルロースが繊維を形成しているため堅いつくりになっている。細胞壁は細胞内部の保護，細胞の形の支持に役立っている。

細胞小器官は細胞のはたらきを分担している

●核　電子顕微鏡で見た**核**は二重膜からなる**核膜**に包まれており，核膜には多くの穴(核膜孔)がある。核の内部には**染色体**と核小体が含まれている 図5 。染色体には個体の，あるいは細胞の設計図である**遺伝子**[①]が含まれている。染色体は細

図5　核の電子顕微鏡像

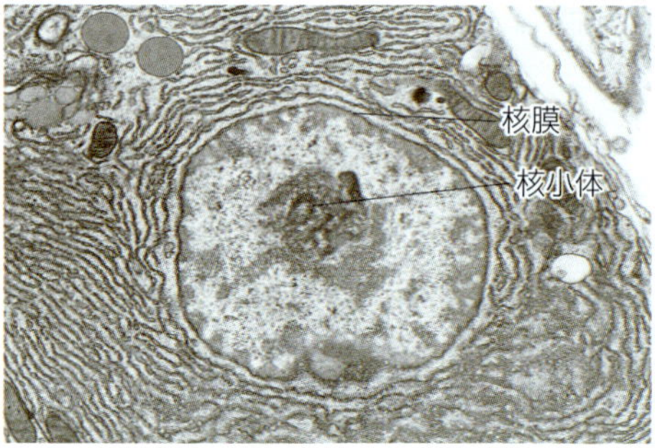

(ラットのすい臓，×2000)

胞が分裂する際，構造変化が起こり，棒状の構造物となる。

核はまた，細胞の生存や分裂に必要であることが，アメーバを用いた実験などから示されている 図6 。

図4 細胞の構造の模式図（動物細胞と植物細胞を半分ずつ描いてある）

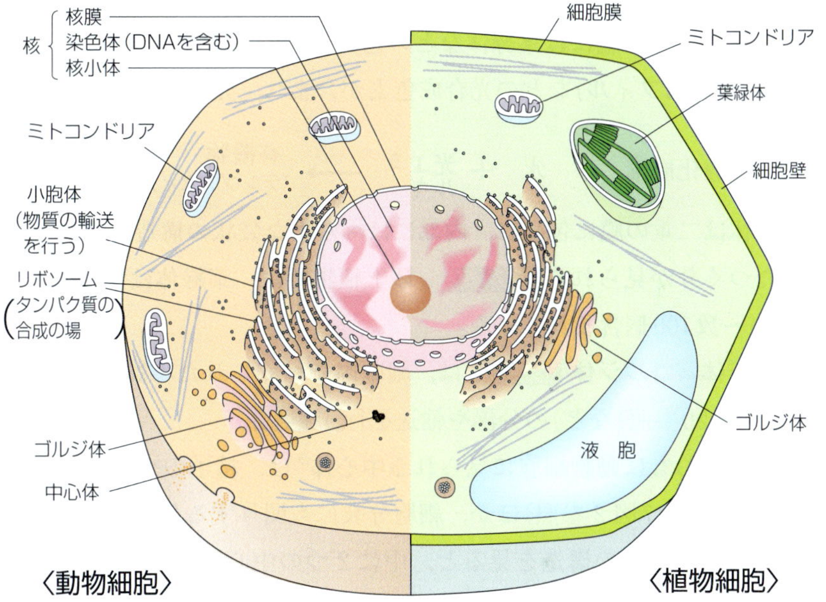

図6 アメーバの切断実験

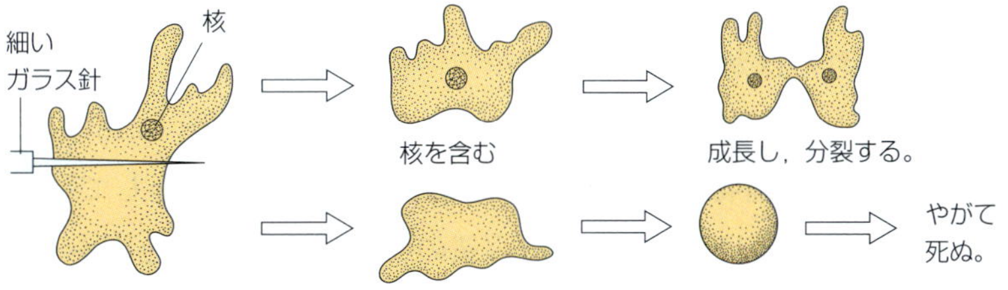

核を含まないほうは，呼吸，運動，刺激に対する反応はしばらく続くが，成長・分裂はできず，10日前後で死んでしまう。しかし核を含むほうは，成長・分裂ができる。

①物質としてはデオキシリボ核酸（DNA）である（p.104参照）。

●ミトコンドリア　細胞の呼吸にかかわる細胞小器官が**ミトコンドリア**で，生命活動に必要なエネルギーはおもにここで取り出される。その構造は二重の膜に包まれ，内部には多数のひだがある 図7① 。ミトコンドリアは1つの細胞には植物では100～200個，動物の肝臓の細胞では約2500個含まれている。

●葉緑体　植物細胞には**葉緑体**などの色素体[①]が存在する。葉緑体には葉緑素(**クロロフィル**)などの光合成色素が含まれ，**光合成**(下式)が行われる。

二酸化炭素　＋　水　＋　光エネルギー　⟶　有機物(デンプンなど)　＋　酸素

葉緑体は二重の膜に包まれ，内部にはへん平な袋状の構造体が多数重なったつくりが見られる 図7② 。陸上植物では，葉緑体は1つの細胞に数10～数100個含まれている。

●ゴルジ体　**ゴルジ体** 図7③ は，細胞内でつくられた物質(酵素やホルモン(p.120参照)など)の分泌や輸送を行う 図8 。

●中心体　おもに動物細胞に見られる**中心体**[②]は，精子のべん毛形成の起点となる(p.47図2参照)ほか，細胞分裂にも関与する(p.24参照)。電子顕微鏡で中心体の構造を見ると，中に2つの中心粒(中心小体)が含まれていることがわかる。図7④

●液胞　**液胞**は植物細胞で発達している。液胞は一重の膜に包まれており，中に含まれている液体を細胞液という。細胞液には糖，アミノ酸や消化酵素が含まれるほか，紅葉した葉や赤い花弁などの細胞では，赤い色素アントシアンが細胞液に含まれている。液胞は，浸透圧(p.16参照)の調節，栄養分や老廃物の貯蔵など，さまざまなはたらきをしている。液胞は成長した細胞ほど大きく，細胞容積の90％をしめることもある。

---

①色素体には他に赤，オレンジ色，黄色，紫色などをした有色体，色素のない白色体などがある。

②植物でもコケ，シダ，ソテツなどの細胞には見られる。これらの植物はべん毛をもった精子をつくる。

図7　細胞小器官の電子顕微鏡像とそれぞれの構造の模式図

①ミトコンドリア

有機物を分解してエネルギーを取り出す。

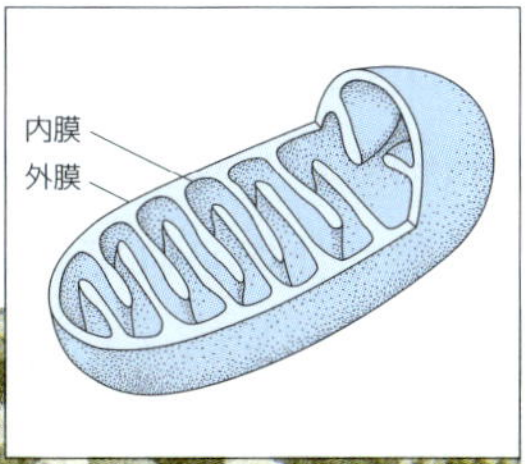

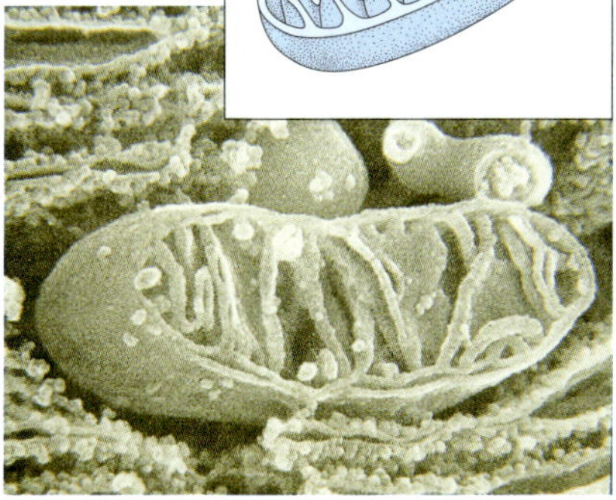

（ヒトの膵臓，×30000）

②葉緑体

光合成を行う。

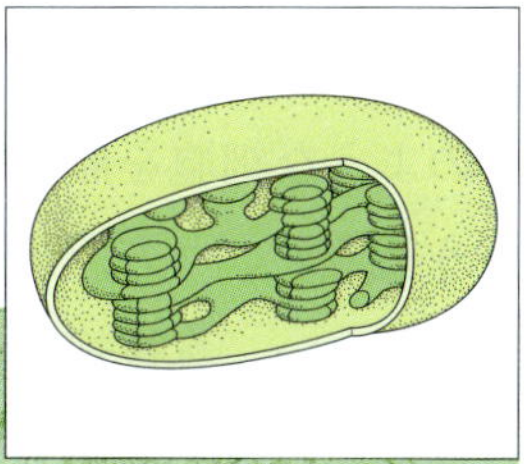

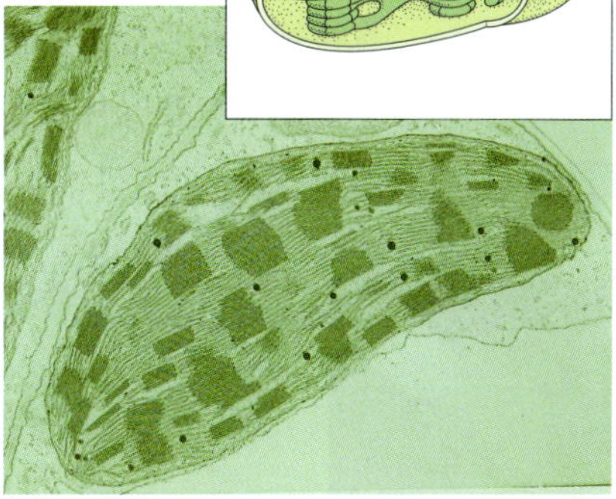

（イネの葉，×1500）

③ゴルジ体

物質の分泌などを行う。

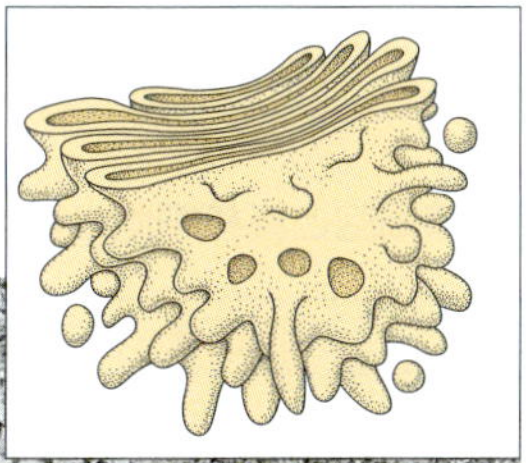

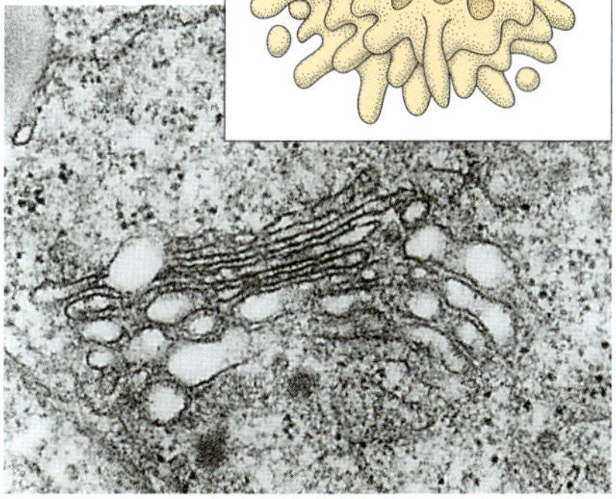

（マウスの精巣，×20000）

④中心体

精子のべん毛形成，細胞分裂にかかわる。

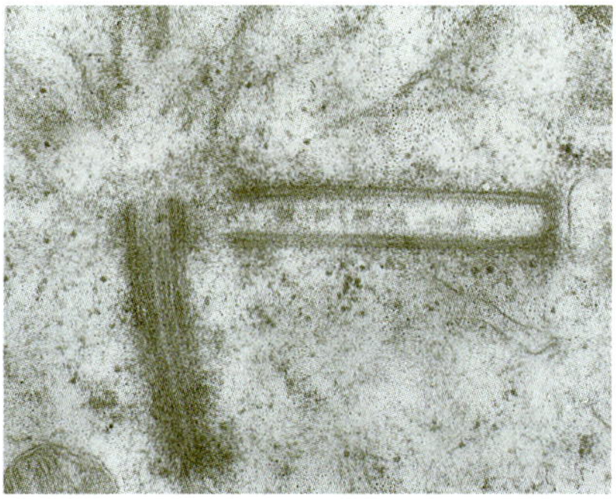

（ニワトリの精巣，×20000）

図8　ゴルジ体のはたらき

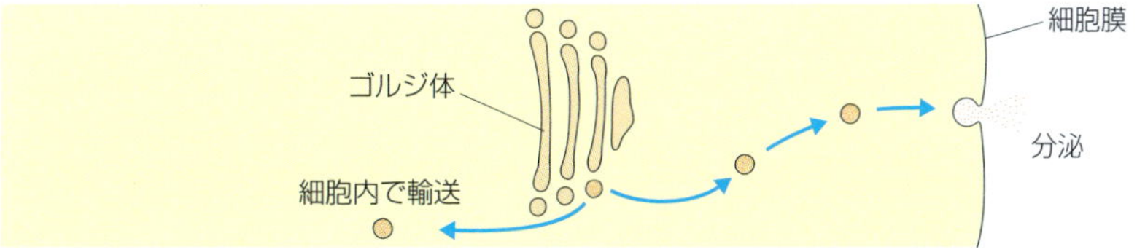

細胞は真核細胞と原核細胞に分けられる

大腸菌や乳酸菌など**細菌**，およびユレモ，ネンジュモなど**ラン細菌**などの細胞では核がなく，遺伝子であるDNAが核膜に包まれていない。このような細胞を**原核細胞**といい，原核細胞からなる生物を**原核生物**という 図9 。一方，核をもち染色体が核膜で仕切られている細胞を**真核細胞**といい，真核細胞からなる生物を**真核生物**という 図10 。原核細胞には，ミトコンドリアや葉緑体などの細胞小器官は存在しない 表1 。

図9 原核生物

大腸菌　乳酸菌　ユレモ　ネンジュモ

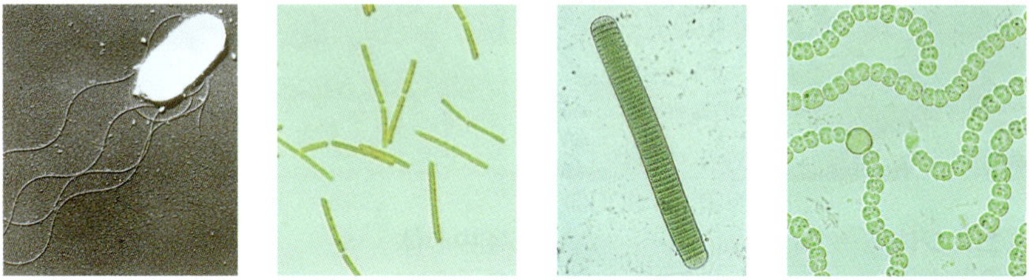

（×4000）　（×1000）　（×100）　（×300）

図10 真核生物の細胞（植物）

タマネギの表皮

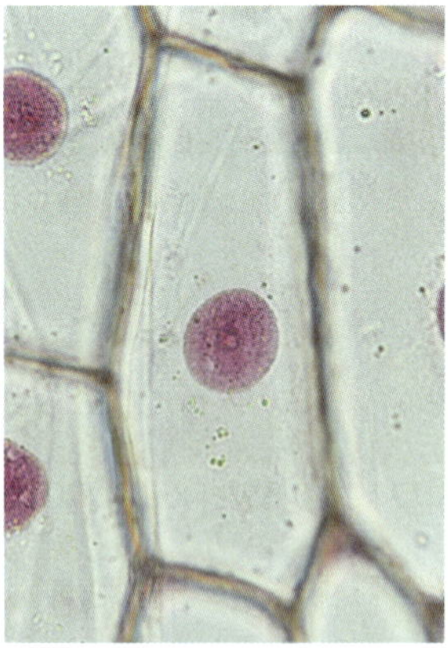

（核を染色したもの，×400）

表1 原核細胞と真核細胞の構造の比較

	原核	真核
細胞壁	＋	＋（植物のみ）
細胞膜	＋	＋
核膜	−	＋
ミトコンドリア	−	＋
葉緑体	−	＋（植物のみ）

＋は有る，−は無いことを示す

参考資料

———電子顕微鏡———

電子顕微鏡を用いると，光学顕微鏡では観察できない微細な構造まで観察することができる。

見分けられる間隔の限界を分解能といい，光学顕微鏡では約0.2 μmである。細菌やミトコンドリアなどが，顆粒状のものとしては光学顕微鏡で見られるほぼ最小のものである。それに対し電子顕微鏡の分解能は0.1nm(1 nm = 1/1000 μm)に達し，高性能のものではタンパク質やDNAの分子さえ見ることができる。

電子顕微鏡には，次の2つのタイプがある。

【透過型】試料を薄い切片にし，そこを透過してくる電子を像として観察する。

【走査型】試料の表面に電子線を当て，反射してくる電子を像にする。試料の表面構造を立体的に観察できる。

図11　電子顕微鏡とその検鏡像

透過型電子顕微鏡

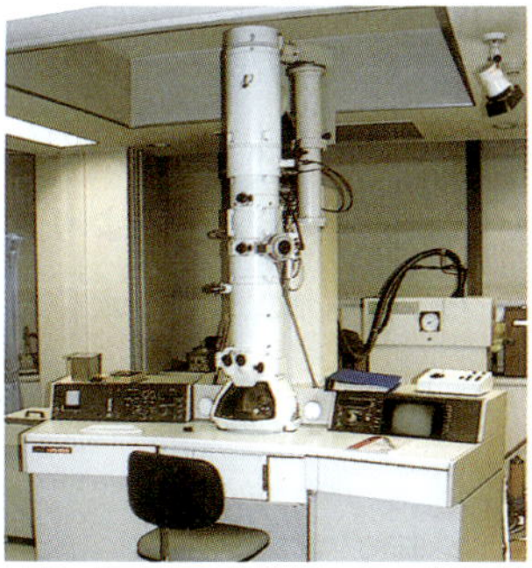

走査型電子顕微鏡

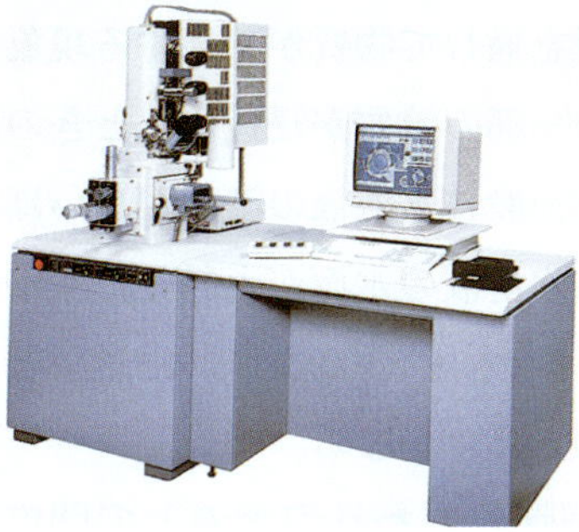

イネの葉の葉緑体
(透過型電子顕微鏡
による，×4000)

ネズミの体細胞分裂
(透過型電子顕微鏡
による，×400)

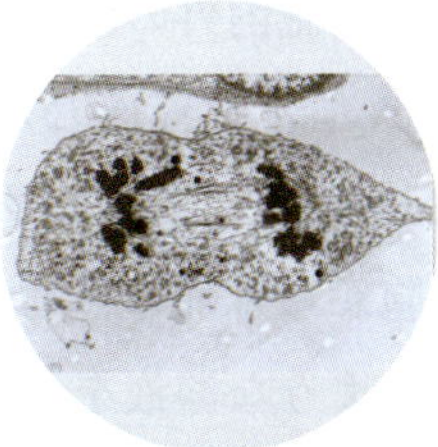

アサガオの花粉
(走査型電子顕微鏡
による，×200)

3 細胞膜を通した物質の出入り

浸透と浸透圧

水が入っているビーカーの底の部分に静かに墨汁を入れると，墨汁の粒子は水分子の間を自由に運動しながら広がっていき，やがて墨汁は均一な分布になる 図12。このように，水に溶けている物質は，かきまわさなくても溶液全体に均一な濃度になるように広がる性質がある。このような現象を**拡散**という。

水とスクロース(ショ糖)水溶液とをセロハン膜でへだてると，水分子もスクロース分子も拡散によって均一になろうとする。しかし，スクロース分子は大きいため膜を通過できないが，水分子は小さいため，セロハン膜を通過することができる 図13。セロハン膜のように水溶液の成分の一部だけを通過させる膜を**半透膜**といい，その性質を**半透性**という。

膜を通して物質が移動する現象を**浸透**という。また，半透膜を通して，水や一部の溶質が浸透するときの圧力を**浸透圧**という。水溶液の浸透圧は，一般に水溶液の濃度が高いほど大きくなる。水の浸透によりスクロース水溶液の水面が上昇し，やがて水とスクロース水溶液の水位差による圧力(水圧)が高まり，浸透圧と等しくなると，スクロース水溶液の水面の上昇は止まる。

細胞もまわりの溶液との間に浸透現象を起こす

細胞膜は半透膜に近い性質をもっている。このため，細胞はその周囲の溶液との間で浸透現象を起こす。

細胞を溶液に浸したとき，細胞内外の水の出入りが見かけ上ない溶液を**等張液**という。等張液を食塩水で作成したものを**生理食塩水**といい，その濃度はヒトでは0.9％，カエルでは0.65％と，生物によって異なる。細胞を浸したとき，水が細胞から外部に移動するような溶液を**高張液**，逆に水が細胞内に入ってくるような溶液を**低張液**という。

動物細胞を高張液に浸すと，細胞内から水が出ていき，その結果細胞は収縮する。ナメクジに塩をかけると小さくなるのはこのためである。一方，動物細胞を低張液に浸すと，水が細胞内に入り込み細胞は膨張し，やがて細胞膜が破れ，細胞の内容物が外に出てしまう。赤血球の場合，この現象は**溶血**とよばれる 図14 。

図12 拡散

水を入れたビーカーに墨汁を静かにピペットで注ぐと，墨汁ははじめ水底にたまる。しかしそのまま放置しておくと，墨汁は拡散により，やがてビーカーの水全体に広がる。

図13 浸透と浸透圧

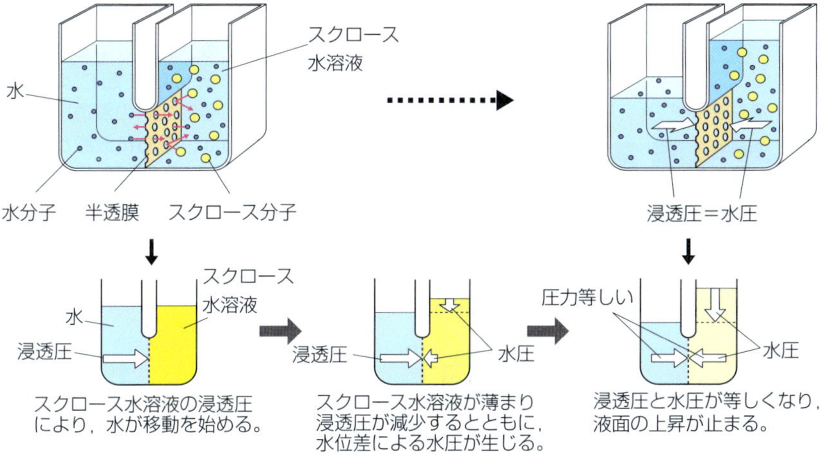

図14 動物細胞（ヒト赤血球）を種々の浸透圧の溶液に浸したときの変化

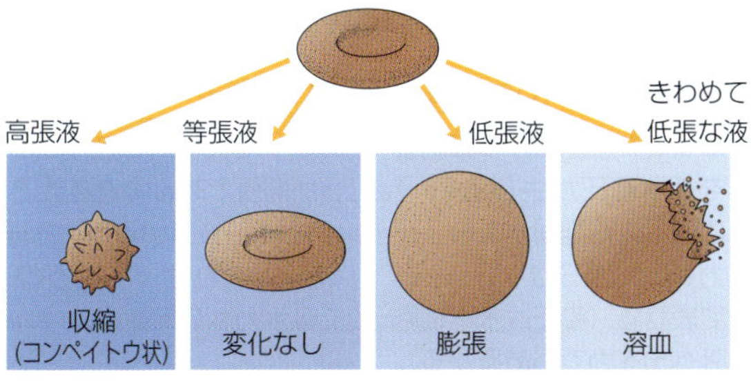

植物細胞では，細胞膜の外側に堅い細胞壁がある。細胞壁は細胞膜と異なり，すべての溶質を通過させる性質(**全透性**)をもつ。そのため，植物細胞を高張液に浸すと，細胞壁はそのままで，細胞膜に包まれた部分が収縮する**原形質分離**という現象が見られる。一方，低張液に浸すと，細胞内に水が入ってくる。植物細胞では堅い細胞壁があるため，細胞が破裂することはないが，細胞内部から細胞壁を押す圧力(**膨圧**)が生じる 図15 。膨圧は植物体に力学的強度を与えるほか，細胞を伸張させるおもな原動力となり，植物の生存になくてはならないものである。植物の体がまっすぐにぴんとたっていられるのはこの膨圧によるものである。

図15 植物細胞を種々の浸透圧の溶液に浸したときの変化

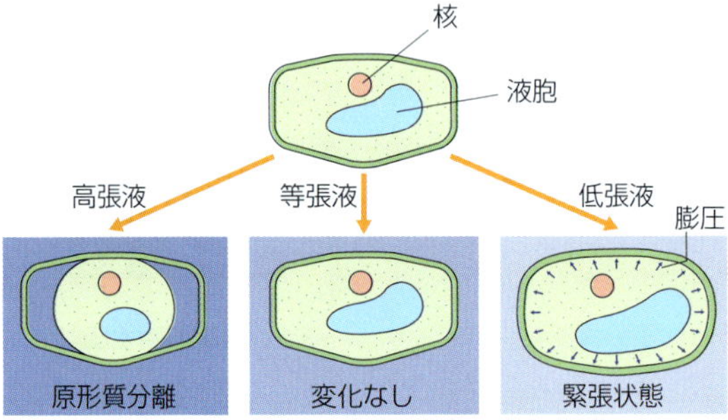

植物細胞は細胞壁があるため，高張液中では原形質分離を起こす。なお植物細胞の浸透圧調節は，おもに液胞が行っている(図の液胞の大きさに注意)。

図16 吸水力と浸透圧，膨圧との関係

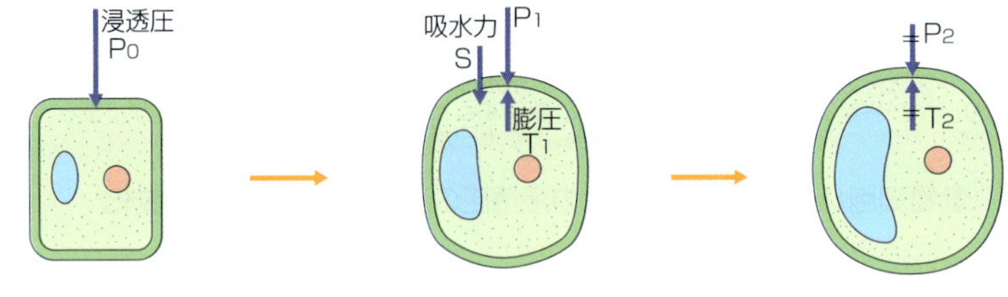

(1)植物細胞を水に浸した瞬間。外部から水が浸透してくる。この浸透圧を P_0 とする。

(2)細胞内への水の浸透によって，細胞内から細胞壁を押す膨圧が生じる(T_1)。このとき細胞が水を吸う圧力(吸水力)Sは，$P_1 - T_1$ で表せる（膨圧は水を細胞外へ出す力でもあるから)。

(3)時間がたって変化がなくなった状態。細胞内のほうが高張であるので浸透圧(P_2)は生じているが，膨圧(T_2)とつり合っているので吸水力は0である。

植物細胞を水に浸すと，細胞内に水が入ってくる。そのときの力(圧力)を**吸水力**(**吸水圧**)という 図16 。吸水力は次式で求められる。

吸水力＝浸透圧－膨圧

細胞膜は特定の物質を積極的に透過させる

細胞膜は単なる半透膜ではない。細胞膜には，細胞内外の濃度差に逆らって積極的に物質を取り入れたり，排出したりするしくみが備わっている。そのような物質の輸送は**能動輸送**とよばれ，呼吸によって得られたエネルギーが利用される。たとえば，血液中の赤血球の内外のナトリウムとカリウムの濃度を比較すると，ナトリウムは細胞内に比べて細胞外に非常に多く，カリウムは逆に細胞外に比べて細胞内に多いことがわかる 表2 。これは，赤血球の膜がナトリウムを積極的に排出し，それと同時にカリウムを積極的に取り入れるはたらきを行うためである。能動輸送の例としてはこの他，魚類が体内の浸透圧を調節するためにえらの細胞から塩類を取り入れたり排出したりすることや，腎臓で血液からこしとられたグルコースや塩類などを血管内に再吸収すること(p.118参照)，さらに小腸の表面でのグルコースやアミノ酸の取り込みなどがある。

能動輸送に対し，浸透などのように細胞内外の濃度差にしたがって起こる物質の輸送を**受動輸送**という。

以上見てきたように，細胞膜は半透膜に似た性質だけでなく，能動輸送を行う。このため，物質の種類により膜の透過性が異なる。この現象を**選択透過性**という。

表2 イヌの血しょう中と赤血球内におけるナトリウムとカリウムの濃度(相対値)

	ナトリウム	カリウム
血しょう	150	5
赤血球	10	105

4 細胞の生命現象と酵素

酵素は化学反応をすみやかに進める

私たちの体で，常に行われている食べ物の消化について考えてみよう。

ご飯をしばらく口の中でかみ続けていると，次第に甘くなってくる。これは，だ液に含まれるアミラーゼという**酵素**により，ご飯に含まれるデンプンからマルトース(麦芽糖)が生じたためである。

酵素は，生物体内の化学反応の**触媒**としてはたらく。触媒とは，反応の前後でそれ自身は変化せずに化学反応を促進する物質である。そのため酵素は少量でも作用を示す。

私たちが食べたデンプンは，だ液などに含まれるアミラーゼのはたらきでマルトースに分解され，さらにすい液などに含まれるマルターゼのはたらきにより，消化管内で最終的に**グルコース**(ブドウ糖)にまで分解される 図17 。また，肉や卵などに多く含まれるタンパク質は，胃液に含まれるペプシンやすい液などに含まれる他の酵素のはたらきにより消化管内で最終的にアミノ酸にまで分解される。

酵素は特定の基質にだけ作用する

酵素の作用を受けて変化する物質を**基質**という。酵素は，きまった基質にだけ作用する。アミラーゼはでんぷんを基質とする酵素，ペプシンはタンパク質を基質とする酵素である。酵素のこの性質を**基質特異性**という。酵素は**タンパク質**でできている。酵素が基質特異性をもつのは，タンパク質の分子構造がきわめて多様であることによる（詳しくは本書6章A節「生物体内の化学反応と酵素」p.178～191を参照)。

細胞の活動は酵素によって進められる

生物体の活動の多くは，細胞内外での化学反応によるものである。そして，食べ物(栄養素)の消化に限らず，生物体内の化学反応のほとんどは，酵素によってすみやかに進められる。

生物体内には何千種類もの酵素が含まれている。アミラーゼやペプシンのように，細胞内でつくられたのち，細胞外へ分泌されてはたらく酵素のほか，細胞内にもさまざまな酵素が特定の場所に存在している。たとえば，ミトコンドリアには好気呼吸にかかわる酵素が，葉緑体には光合成にかかわる酵素があり，それぞれの場所で特定の反応を進行させている 図18 （詳しくは本書 6 章 B 節「代謝」 p.192〜217 を参照）。

図17 でんぷんの分解と酵素

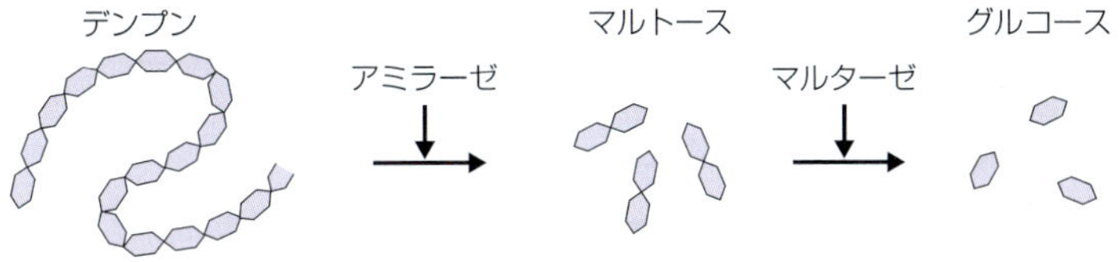

図18 細胞内の酵素の分布

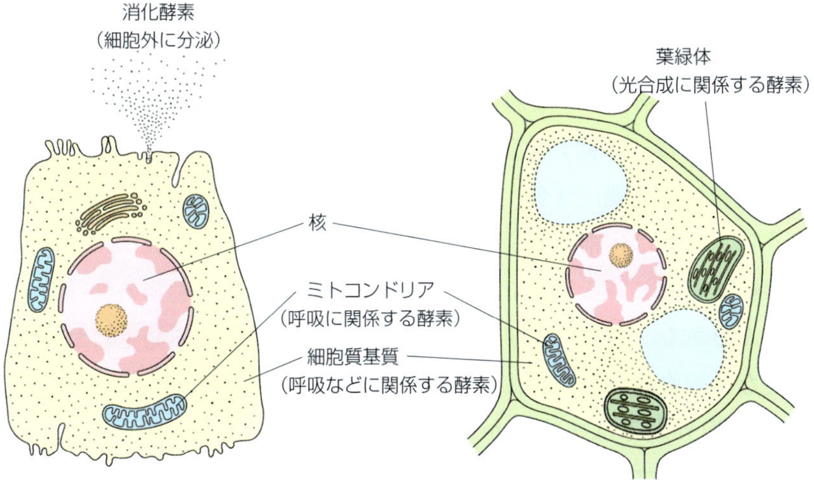

細胞内では，さまざまな酵素が，特定の場所で特定のはたらきを行っている。

B 細胞は細胞から生じる

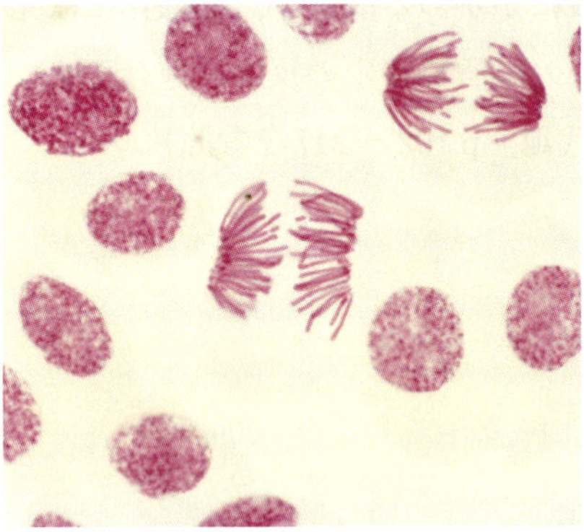

分裂する細胞（ユリの根端，×400）

約60兆個の細胞からなるヒトの体も，もとをたどれば，たった1個の細胞すなわち受精卵が細胞分裂をくり返してふえた結果である。前節で学んだように，細胞の構造は非常に複雑である。このような複雑な構造体が，混乱せずに何度も2つに分かれるのは，どのようなしくみによっているのだろうか。分裂の過程を見てみよう。

1 体細胞分裂の過程

細胞は細胞分裂によってふえる

細胞の重要な機能の1つに細胞分裂がある。体をつくっている細胞(**体細胞**)が単純に倍加していく分裂を**体細胞分裂**といい，基本的な細胞分裂の形式である。すなわち，1個のもとになる細胞(**母細胞**)は，ふつう成長した後，1回の体細胞分裂によって2個の細胞(**娘細胞**)になる。分裂が続けば2個，4個，8個…と細胞数は倍加していく 図1 。このように，細胞は体細胞分裂によって増殖する。体細胞分裂は，さまざまな組織で起きている分裂で，とくに植物の分裂組織や動物の骨髄などでさかんである。また，酵母菌の増殖や受精卵から始まる発生においても，活発な体細胞分裂が行われる。

体細胞分裂ではまず核が2つに分かれる

細胞が2つに分かれるためには，核が2つに分かれなくてはならない。体細胞分裂ではまず**核分裂**が起こり，核が2つに分かれた後で，引き続いて細胞質が2つに分かれる**細胞質分裂**が起こる 図2 。

図1　体細胞分裂による細胞のふえ方

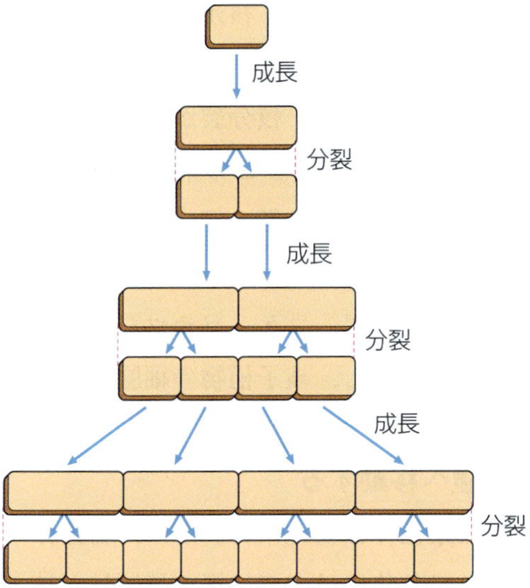

細胞は分裂と成長をくり返し，その数は倍加していく。

図2　核分裂と細胞質分裂

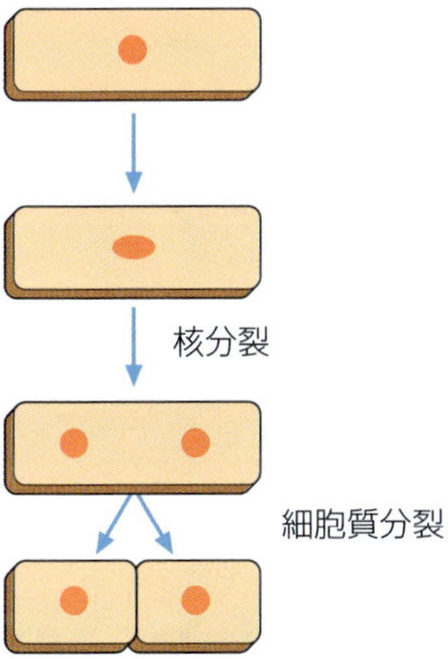

核が2つに分裂した後，細胞質分裂が起こる。

図3　染色体の凝縮

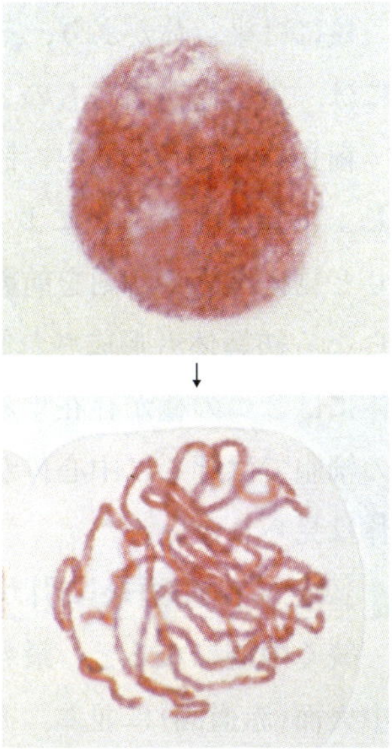

核分裂が始まると染色体は凝縮し，太く短くなる。（×600）

図4　分裂中の細胞に見られる紡錘糸

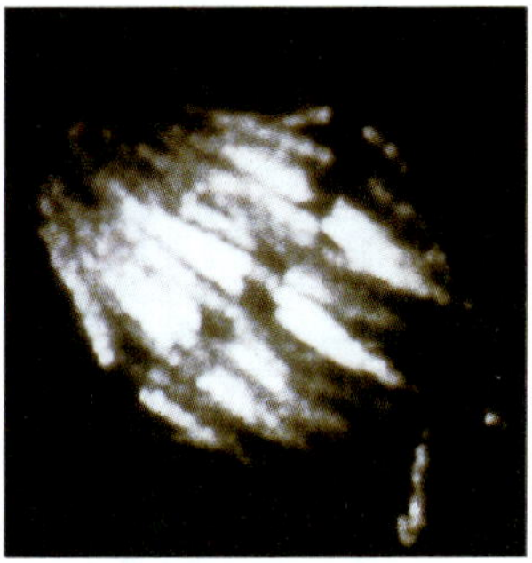

（蛍光顕微鏡写真，×500）

分裂している細胞を特殊な顕微鏡で観察したもの。凝縮した染色体を引っぱる多数の紡錘糸（p.24参照）が白く見えている。

核を 2 つに分けるには

核には染色体があり，その中には遺伝子がある。核が 2 つになるためには，染色体が同じもの 2 つに分かれる必要がある。

細長い糸として核内に散在していた染色体は，核分裂が始まるとじょじょに凝縮することによって太く短くなる 図3 。この染色体がはっきりと見え始める時期を**前期**という。前期には，多数の細い糸(**紡錘糸**)からなる**紡錘体**も形成され 図4 ，同時に核膜や核小体は消失する。紡錘体には 2 つの極が存在する。動物細胞やシダ，コケ，ソテツなどの一部の細胞ではそこに中心体が見られるのに対し，被子植物の細胞では中心体は見られない。

染色体は紡錘糸に引かれて両極へ移動する

続く**中期**になると，最も凝縮した染色体は紡錘糸に引かれ，紡錘体の中央面(**赤道面**)に並ぶ。その際，各染色体にはすでに縦の裂け目が見られ，染色体の分離が可能になっているとともに，紡錘体の 2 つの極からの紡錘糸とそれぞれ特定の部分(**動原体**)で結合している。

図5　体細胞分裂の過程

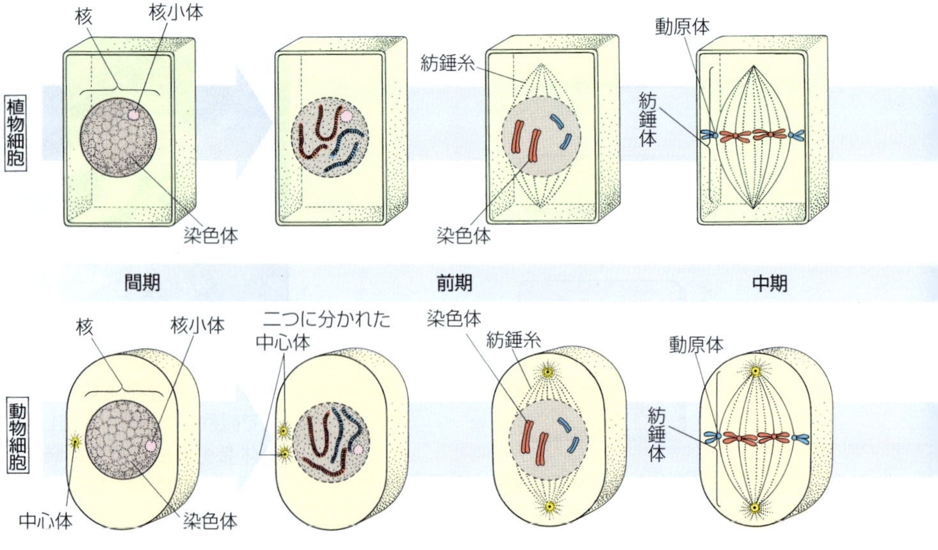

後期に入ると，各染色体は縦に２つに分かれ，動原体を先頭に紡錘糸に引かれるように紡錘体の両極へ移動する。

終期では，両極へ移動した染色体は，じょじょに凝縮を解き，もとの細長い糸状の構造にもどる。同時に，核膜や核小体が現れ，もとと同じ核(娘核)が２個形成される。

このように，核分裂の時期は，現れる染色体の状態や動きから，前期・中期・後期・終期に分けられている 図5 。染色体が凝縮して２つに分かれるのが，真核細胞の分裂の大きな特徴である。

細胞質を２つに分けるには

核分裂が終了したばかりの細胞は，１個の細胞中に２個の核が存在することになる。そこで，終期の間に，２個の核を隔てる細胞質分裂が引き続いて起こる。細胞壁をもつ植物細胞では，細胞板が内側からでき始め，それがじょじょに拡がることによって細胞質が２つに分かれる。一方，動物細胞では，細胞膜が外側からくびれることによって，細胞質が２つに分かれる。細胞質分裂の完了によって，分裂期は終了する。

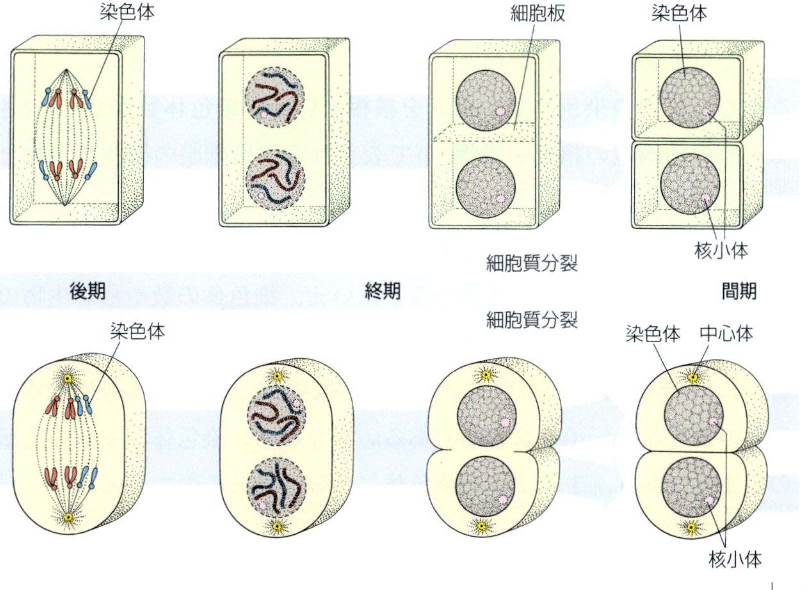

2 染色体の数と複製

体細胞では染色体は2本ずつ対になって存在している

体細胞の染色体構成を詳しく調べてみると，分裂期に太く短く変化して現れる染色体は，ふつう，大きさ(長さ)と形が同じ染色体が2本ずつ対になって存在している 図6 。このように，大きさ・形が等しく，対になる染色体を**相同染色体**という。

細くくびれたところが動原体である。動原体の位置は，染色体によって異なっており，中央にあるものから端にあるものまでさまざまである。ヒトの女性では，大きさと形が異なる染色体が23対，合計で46本（23本×2)存在している 図7 。

染色体の数は生物や細胞の種類によって決まっている

細胞1個あたりの染色体の数は，生物の種ごとに決まっている。たとえば，ヒトは46本，タマネギは16本である 表1 。体細胞では，相同染色体が2本ずつ対になって存在するため，一般に$2n$と表す。nは染色体の種類数であり，ヒトでは$2n = 46$，タマネギは$2n = 16$と表される。ところが，細胞によっては染色体数がnしかない細胞が存在する。卵や精子などの**生殖細胞**である。

こうした核内の染色体数の構成を**核相**という。染色体数が$2n$で表される一般の体細胞の核相を**複相**，nで表される生殖細胞の核相を**単相**という。

染色体は遺伝子の集まりである

染色体数は生物種によって異なるとはいえ，染色体の数や形が生物の性質を決めるのではない。たとえば，ゴリラとチンパンジーの染色体数はともに$2n = 48$で，形も似ている。重要なのは，それぞれの染色体の中にどのような遺伝子を含むかである。すなわち，染色体は多数の遺伝子の集まりであり，1本1本の染色体には個性があるのである。

図 6　染色体の数と大きさ・形

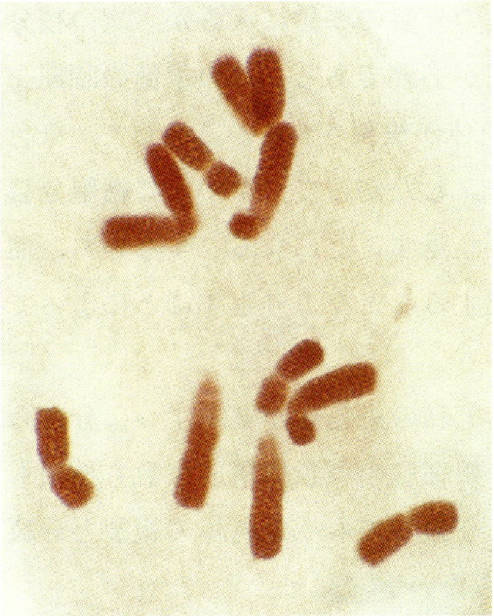

ユリ科の一種の染色体の顕微鏡像。相同染色体が５対で合計１０本ある。くびれたところが動原体の位置である。（×１０００）

表 1　染色体の数の例

動物	2 n
キイロショウジョウバエ	8
トノサマガエル	26
マウス	40
ヒト	46
ゴリラ	48
チンパンジー	48
イヌ	78
アメリカザリガニ	200

植物	2 n
エンドウ	14
タマネギ	16
キャベツ	18
イネ	24
ジャガイモ	48
スギナ	216

染色体の数は，生物の種類によって決まっているが，異なる生物でも染色体の数が同じ場合もある。

図 7　ヒトの染色体構成（女性）

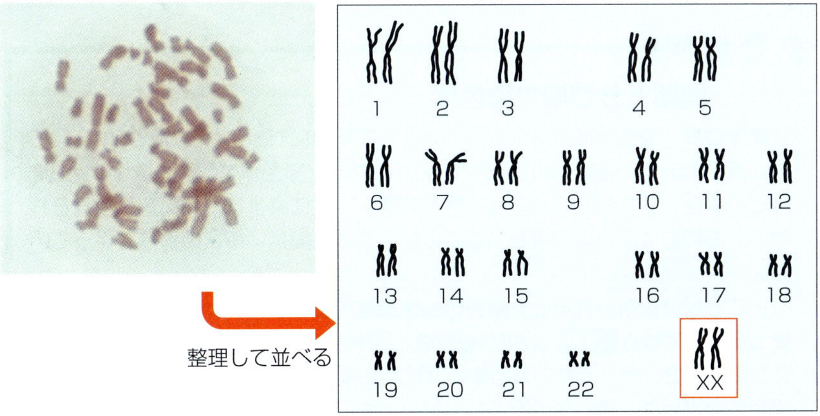

23対の相同染色体からなる。赤いわくで囲んだものは性染色体（p.148参照）で，男女で形・大きさが異なる。それ以外の22対を常染色体といい，大きさの順に番号がつけられている。

体細胞分裂の前には染色体の複製が必要である

体細胞分裂を終了した細胞は，次の分裂の準備に入るが，次の核分裂が始まるまでにはしばらくの時間が必要である。この準備の時期を**間期**（中間期）といい，この間に染色体が**複製**される。こうして，染色体の成分は分裂の前に必ず倍加する。したがって，さかんに細胞分裂を行う細胞では，分裂期と間期をくり返すことになる。すなわち，間期で複製した染色体を分裂期で分配することをくり返すことによって細胞を増やしていく 図8 。

体細胞分裂では，複製されたそれぞれの染色体が2本ずつに分けられ，1本ずつが娘細胞に入るため，娘細胞の染色体構成は数も種類も母細胞と同じになる。分裂を何度くり返しても，染色体の複製と分裂が交互に起こるため染色体数は変わらない 図9 。

染色体が複製される際，染色体中のDNAも複製されて倍加し，2つの娘細胞に均等に分配される。したがって，含まれる遺伝子は娘細胞どうしで変わらないだけでなく，母細胞ともまったく同じになる。すなわち，体細胞分裂によって生み出される細胞はすべて遺伝的に同一である。

参考資料

―――間期と分裂期の染色体―――

間期の間，染色体は非常に細長い糸として核内にぎっしり広がっている。これが直径10μm程度の核に収納されているため，染色体を酢酸オルセイン溶液などで染色しても糸状の構造は観察されず，一様に染まった核構造しか見られない。間期には染色体の複製も起こるが，やはり細長い糸状の構造を保っている。

ところが分裂期になると，細長い糸は凝縮することによって顕微鏡で観察できる構造に変わる 図10。凝縮が最も進んだ中期では，数μm程度の個々の染色体が観察でき，それぞれの染色体に複製の証拠としての縦の裂け目が見られる。染色体の凝縮は，染色体の安全な分配のためには非常に重要な変化であると考えられている。

図8 染色体の複製と細胞の分裂

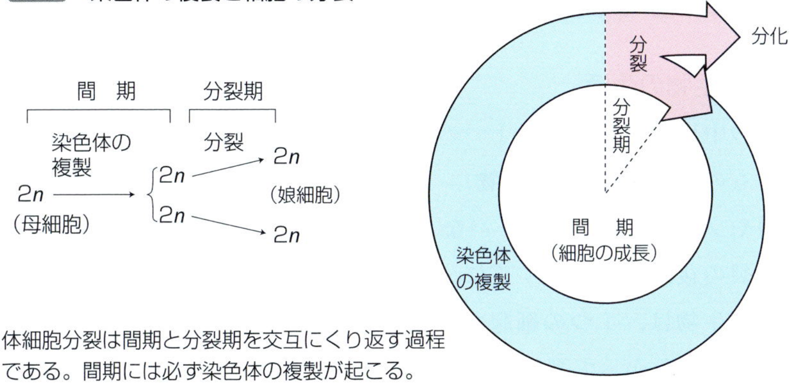

体細胞分裂は間期と分裂期を交互にくり返す過程である。間期には必ず染色体の複製が起こる。

図9 体細胞分裂における母細胞と娘細胞の関係

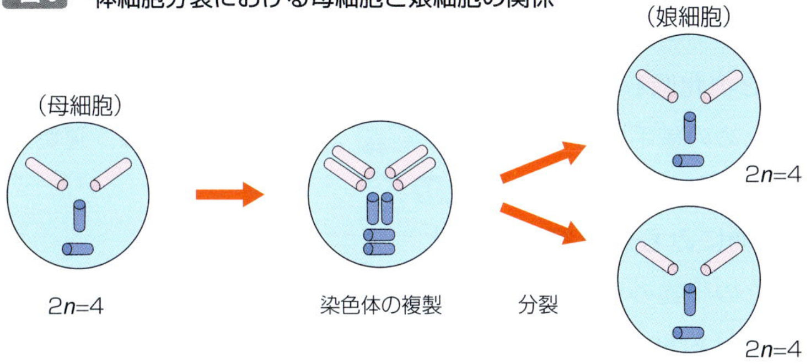

体細胞分裂では，娘細胞は母細胞とまったく同じ染色体（遺伝子）を受け継ぐため，娘細胞は母細胞と遺伝的に同一である。

図10 染色体の変化(模式図)

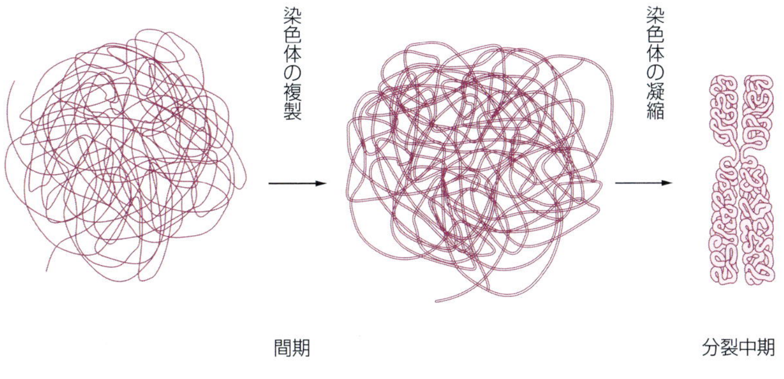

3 細胞の分化

単細胞生物の生活

生物の中には，独立した１つの個体がたった１個の細胞だけでできているものがある(**単細胞生物**)。原核生物である細菌，真核生物では酵母菌やゾウリムシ，アメーバなどがそれにあたる。単細胞生物では，細胞分裂の後，娘細胞がすぐに分離して独立した個体となる。そのため単細胞生物は，１つの細胞だけであらゆる生命活動を行わなくてはならない。したがって細胞内には特殊な細胞小器官がいくつか見られ，それぞれが特別な機能を担(にな)って細胞内で役割分担を行っている。

たとえばゾウリムシでは，食物をとり入れる細胞口，細胞内にとり込んだ食物を消化吸収する食胞，排出によって水分量を調節する収縮胞，運動のための繊毛などが見られる 図11 。ミドリムシでは，運動のためのべん毛などが備わっている 図12。

多細胞生物にみられる細胞の分化

一方，多くの生物の個体は複数の細胞からできている(**多細胞生物**)。

ヒトの個体は約60兆個の細胞からできているが，これは受精卵が体細胞分裂をくり返しても，娘細胞どうしが離ればなれにならず，おたがいに接着を保っている結果である。また，個々の細胞が分裂するだけではなく体積を増大することによって個体は成長する 図13。さらに，こうした多細胞生物では，すべての細胞が同じ構造や機能をもつのではなく，細胞の集団ごとにさまざまな形態やはたらきをもつように特殊化し，それぞれが役割を分担している。これを細胞の**分化**という。その際，同じ形やはたらきをもつ細胞の集団を**組織**というが，組織は，さらにいくつかの異なる種類が集まって，１つのまとまりのあるはたらきを担う**器官**をつくる。このように,多細胞の動物や植物の個体は，それを構成する個々の細胞の分化によって成立している 図14 。

図11　単細胞生物の生活（ゾウリムシ）

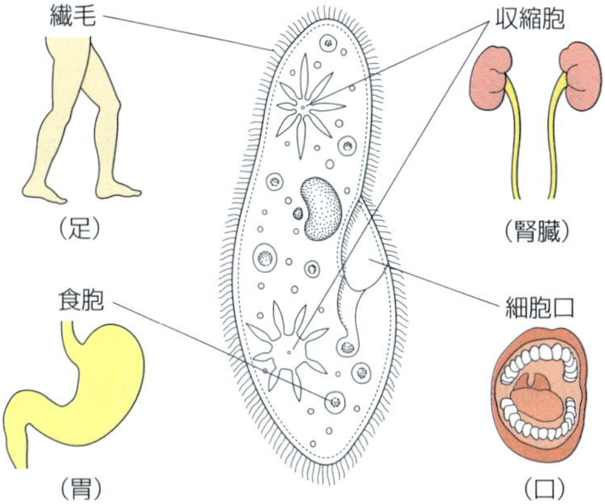

単細胞生物は１つの細胞だけで，私たちの足，腎臓，胃，口などに相当するすべての活動を行っている。

図12　ミドリムシの構造

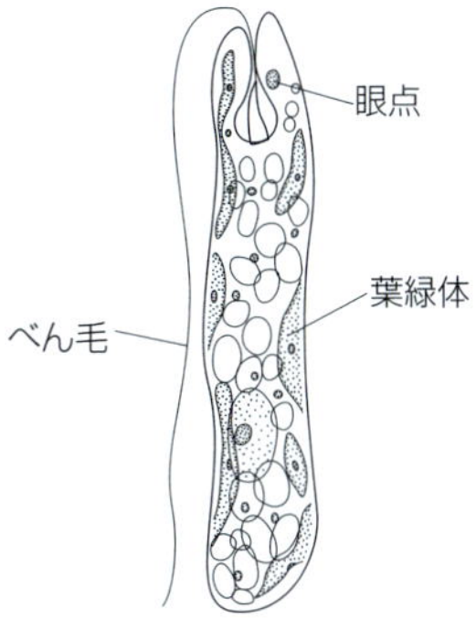

図13　多細胞生物における細胞分裂と成長

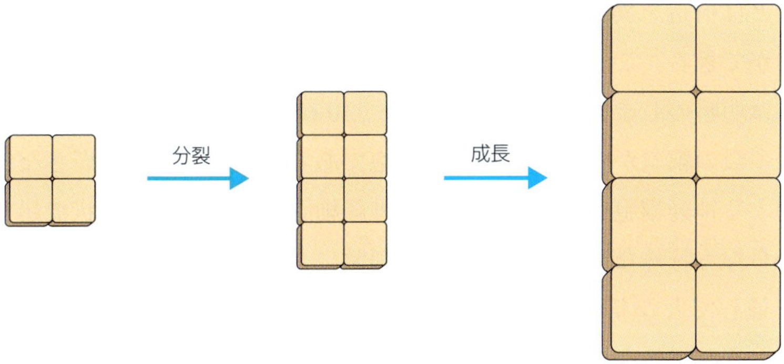

図14　多細胞生物における細胞の分化（概念図）

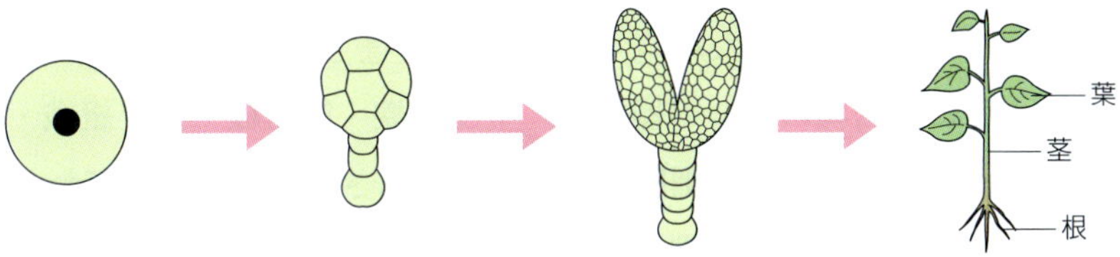

多細胞生物では，細胞ごとに形態やはたらきを特殊化させ，役割を分担している。

4 動物の組織と器官

いくつかの組織が集まって器官をつくる

ヒトの体内には，消化器官として胃や小腸，呼吸器官として肺，循環器官として心臓などの多くの**器官**があり，それぞれが特定のはたらきを行っている。一つの器官を構成する細胞の種類を，胃を例に見てみよう 図15 。

胃の内側の表面をおおう一群の細胞が**上皮組織**である。上皮組織は，動物体の外側の表面をおおう表皮のように，動物体の表面にあって外界と接している組織である（消化管の内側も“外界”である）。消化液を分泌する分泌腺も上皮組織である。

一方，胃の消化運動のためには筋肉が必要である。消化管など内臓の筋肉は平滑筋とよばれ，骨格を動かす筋肉である骨格筋（横紋筋ともいう）とは構造を異にするが[①]，ともに収縮という特殊なはたらきを行うことができる。こうした収縮能をもつ細胞の一群を**筋組織**という。骨格筋には明暗のしま模様がみられる（p.140参照）。骨格筋を構成する筋細胞は多数の細胞が融合した多核の細胞である。また，胃には痛さなどを伝達する神経細胞も分布している。神経細胞は，細胞体と樹状突起と軸索からなる特殊な形態をしており，刺激によって興奮し，その興奮を軸索を通してとなりの神経細胞へ伝達することができる（p.134参照）。このような特殊な構造と機能をもつ細胞の一群が**神経組織**である。さらに，胃には血管が分布し血液が流れている。血液中にもさまざまな細胞が含まれている（p.110参照）。血管や血液，さらに上皮組織と筋組織の間を埋めているさまざまな細胞，骨細胞などをまとめて**結合組織**という。

このように，動物の1つの器官は，上皮組織・筋組織・神経組織・結合組織にそれぞれ分化した細胞の集合体で構成されていることがわかる 図16 。そして，分化した細胞では，骨髄，皮膚の一部，消化管上皮の一部の細胞を除いて細胞分裂は停止している。

図15 ヒトの胃を構成する組織や細胞

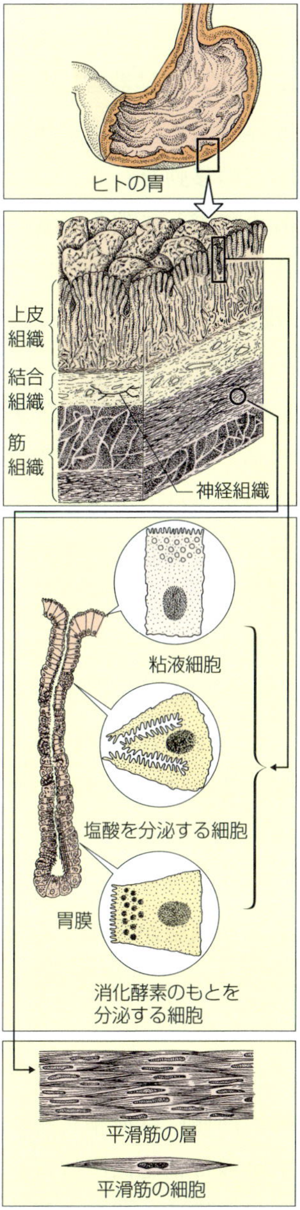

図16 ヒトの体を構成する組織や細胞の例

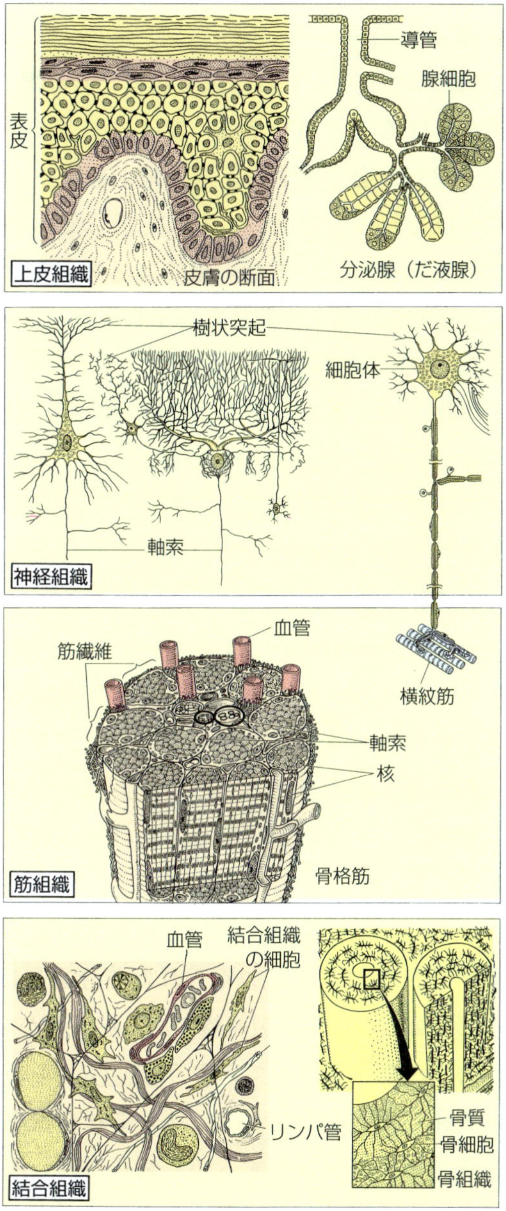

①心臓の筋肉は横紋筋である。

5 植物の組織と器官

植物の器官

植物の器官としては，**栄養器官**である**根**，**茎**，**葉**と，**生殖器官**である**花**をあげることができる。根は地下部にあって体を支え，土壌中から水と栄養分を吸収する。茎は地上部を支え，物質の移動を行う。葉は光合成を行うとともに，気孔を通して水の蒸散や酸素と二酸化炭素の出し入れを行う。また，花では花粉から生じる精細胞と子房の中に生じる卵細胞の受精が起こり，子孫を種子として残す。

植物の器官も複数の組織からできている

植物の根を解剖してみよう 図17a。根の先端には**分裂組織**(根端分裂組織)があり，体細胞分裂が継続して行われている。分裂組織の細胞はまだ小さく，液胞はあまり発達していない。分裂組織はこのほか茎の先端(茎頂分裂組織)などにもある。分裂組織で生じた細胞は，その後伸張成長や肥大成長を行う。

さらに，細胞は成長するだけでなく，さまざまな組織に分化していく。たとえば，根の場合，表面には表皮があり，その細胞には水分や養分を吸収する根毛になっているものもある。このような植物体の表面をおおう組織をまとめて**表皮系**という。一方，茎には**維管束系**がある 図17b 。木部の道管は死んだ細胞が細胞と細胞の間の細胞壁をなくして1本の管になったものであり，根毛で吸収した水分や養分の通路となっている。それに対して，師部の師管は生きた細胞からなっており，光合成によってつくられた養分を運ぱんする。双子葉植物では，木部と師部の間に分裂組織である形成層がある。

次に，葉を解剖してみよう 図17c 。葉の裏面の表皮には気孔を形成する孔辺細胞が分化している。これら表皮組織の内側には海綿状組織とさく状組織が存在するが，気孔に近い海綿状組織は細胞間隙に富んでいてガス交換などに有利である。一方のさく状組織は，葉の表側に分布し，海綿状組織よりも多くの葉緑体をもつので，光合成に都合がよい。これら葉肉の細胞を柔組織という。根や茎の表皮組織の内側もほとんどが柔組織である。柔組織のような，表皮系および維管束系を除いた残りの組織を**基本組織系**という。このように植物の体は3つの組織系で成り立っている。

図17 植物の組織と器官

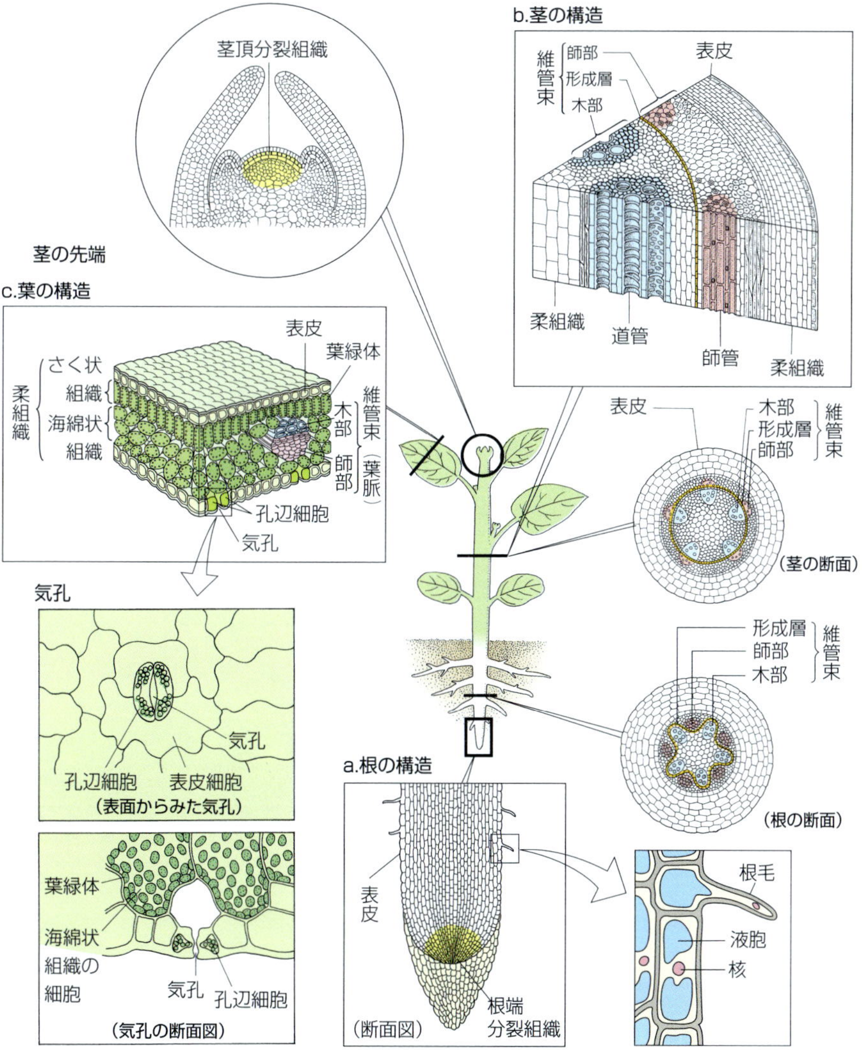

第2章

生殖と発生

A．有性生殖と遺伝子の多様性
B．動物の生殖と発生
C．植物の生殖と発生

A 有性生殖と遺伝子の多様性

産卵・放精する雌雄のサケ

個体には必ず寿命がある。生物は生きている間に子孫をつくり，自分と同じなかまを存続させている。生物はどのようにして新しい個体を生み出すのだろうか。

私たちヒトは必ず両親から生まれる。多くの動物も雌と雄の２個体の親をもつ。このことは，動物以外の生物にも当てはまるのだろうか。

1 無性生殖と有性生殖

無性生殖

生物が子孫の個体をつくることを**生殖**という。生殖の方法にはさまざまなものがあり，雌と雄の２個体の親を必要としない場合もある 図1 。

細菌やゾウリムシ，アメーバなど単細胞生物の場合，細胞の分裂がそのまま個体の増殖である。酵母菌などでは，細胞から芽が生じ，やがて大きくなって別の個体となる。これも分裂の一種であるが，出芽とよばれている。

多細胞生物でも，イソギンチャクやプラナリアなどのように，体の一部が分かれてふえるものがある(分裂)。ヒドラなどでは，体の一部に芽ができ，それが成長してやがて新個体となる(これも出芽という)。ジャガイモのいも(塊茎)は，茎すなわち栄養器官の一部であるが，芽を出して新個体に成長する。イチゴなどでは，地上をはうようにのびた茎(ほふく茎)から根を出し，新たな個体に成長する。植物の場合，これらの生殖方法を栄養生殖という。

これらの場合にはいずれも，親は１個体だけであり，親の体の一部が分かれて新個体がつくられる。このような生殖方法を**無性生殖**という。無性生殖では，親のもつ染色体はすべて子に受け継がれるので，親と遺伝的に同一の性質をもつ子が生じる 図2 。

図1　さまざまな無性生殖

①ゾウリムシの分裂

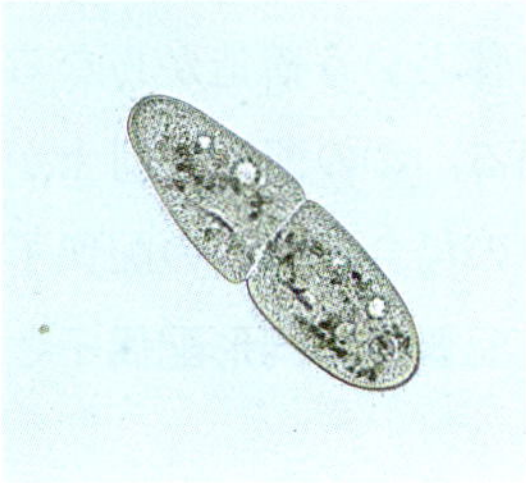

単細胞生物では細胞の分裂が個体の増殖である。

②酵母菌の出芽

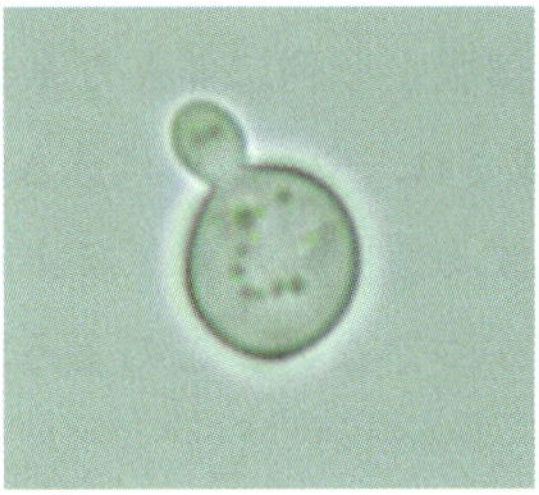

不均等な分裂を行う場合は出芽とよばれる。

③ヒドラの出芽

多細胞生物でも体の一部に芽が生じて新個体を形成するものがある。

④ジャガイモの塊茎

体の一部に栄養を蓄え，そこから芽を出してふえるものもある。

⑤イチゴのほふく茎

ほふく茎の途中から根を出し，新個体をつくるものもある。

⑥オニユリのむかご

茎のつけ根などに生じたむかごから新個体をつくるものもある。

図2　無性生殖での染色体の受け継ぎ

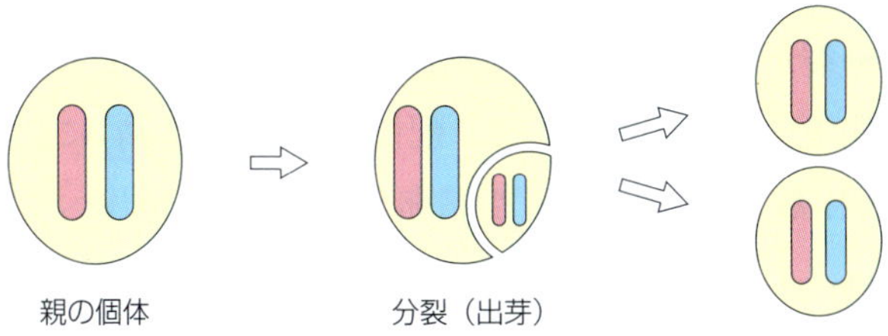

無性生殖では，親の個体の一部が分かれて新個体ができるので，子は親と同一の染色体をもつ。すなわち遺伝子構成も親と同一である。

有性生殖

多細胞生物の多くでは，生殖のための特殊な細胞がつくられ，これらが合体することによって新個体ができる。このような生殖方法を**有性生殖**という。合体を行う細胞を**配偶子**といい，配偶子どうしの合体を**接合**，接合してできた細胞を**接合子**という。

藻類のヒビミドロは，細胞が一列に並んだ糸状体という構造からなる。糸状体の中に配偶子が形成され，やがて外に泳ぎ出る。この配偶子同士が接合し，新個体へと成長する 図3 。ヒビミドロの場合，２つの配偶子は外見上はまったく区別がつかない。このような配偶子を**同形配偶子**という。

一方，ミルやアオサなどでは，明らかに大きさが異なる２種類の配偶子(**異形配偶子**)をつくる。このとき，大きいほうを雌性配偶子，小さいほうを雄性配偶子という。ミルやアオサの場合，配偶子をつくる本体のほうには外見上の区別は見られないが，雌性配偶子をつくる個体と雄性配偶子をつくる個体がある。

動物の配偶子は卵と精子である。**卵**は栄養分を蓄積して大きく，運動性をもたない雌性配偶子，**精子**はべん毛をもち運動性をもつ雄性配偶子である。被子植物は，雌性配偶子として胚珠の中に**卵細胞**，雄性配偶子として花粉管の中に**精細胞**をつくる。卵(卵細胞)と精子(精細胞)の接合を特に**受精**といい，その結果生じる接合子が**受精卵**である 図4 。

有性生殖では核相が変化する

配偶子は体細胞と異なり，核相が**単相**(染色体数n)である。これは配偶子の形成前に**減数分裂**が起き，親の個体のもつ相同染色体が１本ずつに分かれて別々の配偶子に入るからである。配偶子は接合(受精)によってふたたび**複相**(染色体数$2n$)の接合子(受精卵)となり，新個体へと成長する。有性生殖では，２個体の親から別々の染色体を受け継ぐことにより，両親の性質をあわせもつ新個体が生じる 図5 。

図3 有性生殖は藻類などでも見られる

①同形配偶子の接合（ヒビミドロ）

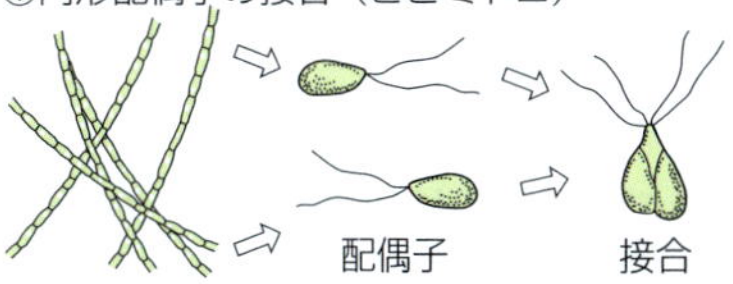

①アオミドロでは，一方の糸状体の細胞の核と細胞質が他の細胞に移動し，接合子をつくる。
②ミルでは，雌株と雄株からそれぞれ大きさの異なる配偶子が放出され，海水中で接合する。

②異形配偶子の接合（ミル）

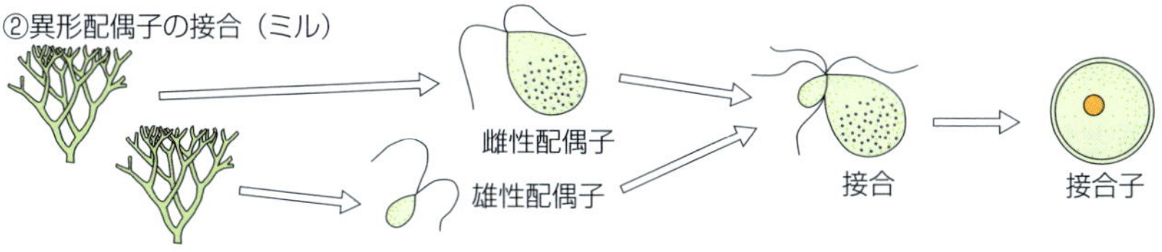

図4 動物も植物も有性生殖を行う

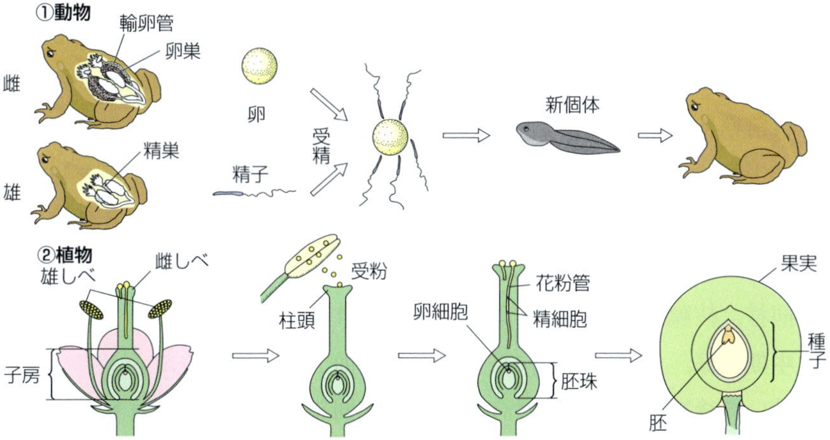

図5 有性生殖での染色体の受け継ぎ

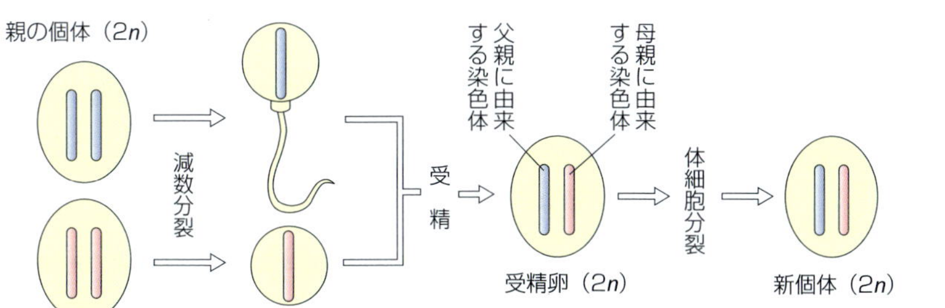

有性生殖では2個体の親から半分ずつ染色体を受け継ぐ。

2 減数分裂と遺伝子の多様性

減数分裂で染色体数が半減する

有性生殖では，配偶子の形成に先だって**減数分裂**が起こり，その過程で染色体数が半減する。減数分裂は2回の連続した分裂からなり，前半の分裂を第一分裂，後半の分裂を第二分裂という。減数分裂は動物では卵巣と精巣，植物では若いつぼみのやくや胚珠などで見られる。

減数分裂の過程 図6

●第一分裂　減数分裂の前にも間期があり，染色体が複製される。分裂期に入ると染色体は太く短くなり，はっきり観察できるようになる。この時期が**前期**である。この時期の染色体は複製されているので，それぞれが縦に2列に裂けている。減数分裂の最も特徴的な現象は，この第一分裂前期に起こる。すなわち，相同染色体どうしがおたがいを見つけ出し，平行に並んで接着してしまう。この現象を**対合**という。対合した2本の染色体はそれぞれが複製されているため，縦に4列に裂け目が入った1本の染色体のように見える。前期の終わりには，体細胞分裂の場合と同様，核膜が消失し，紡錘(ぼうすい)体が形成される。

中期には，対合した相同染色体が赤道面上に一列に並ぶ。

続いて**後期**になると，対合していた相同染色体はそれぞれもとの染色体に分かれ，紡錘糸に引かれて両極へ移動する。ここで，それぞれの相同染色体は，2列に裂けた状態のまま娘細胞に入るので，染色体数は半減してn本となる。

●第二分裂　第二分裂は，体細胞分裂と同じ過程をとる。**中期**には各染色体は赤道面に並び，**後期**で縦に2つに分かれて，その1本ずつが娘細胞に入る。**終期**には核膜が形成され，染色体は糸状にもどる。

こうして減数分裂では，染色体数$2n$の母細胞1個から染色体数nの娘細胞が4個できる。

図6　減数分裂の過程（$2n=4$ の場合。比較のため体細胞分裂の過程を右に示す）

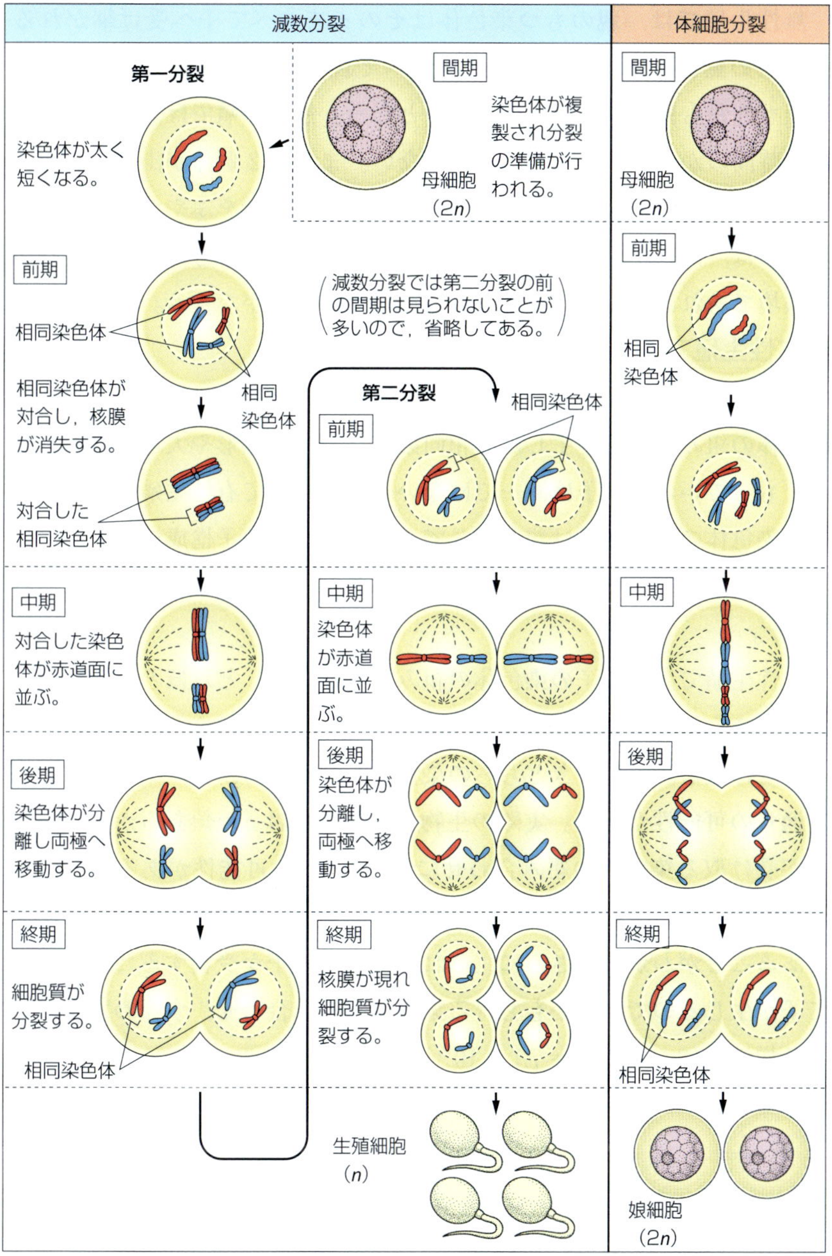

無性生殖では親のクローンしか生じない

無性生殖では，親のもつ染色体はそのまますべて子へ受け継がれる。そのため無性生殖で生じた子は，すべて親と同一の遺伝子構成をもち，形態も性質も同一の集団(クローン)となる。無性生殖では，減数分裂という時間のかかることをする必要がない。また，2個体が出会って配偶子どうしを接合させる必要もない。このため個体数をふやすという点においては，無性生殖は有性生殖よりもはるかに簡単な方法であり，好適な環境であれば短時間に多くの子孫をつくることができる。

有性生殖では遺伝子の膨大な多様性が生じる

これに対して有性生殖では，減数分裂と接合(受精)により新たな相同染色体の組み合わせを生じる。相同染色体どうしは形や大きさは同じだが，もっている遺伝子は同一ではない。したがって有性生殖で生じた子は，染色体の数と種類は親と同じであっても，遺伝子構成は親と同一にならず，同じ親から生じた子でも1個体ごとにわずかずつ異なっている 図7 。

有性生殖で生じる子の染色体の組み合わせには，どれほどの多様性があるだろうか。減数分裂では，配偶子は相同染色体のうちのどちらか1本を受け取る。このときどちらの染色体を受け取るかは，染色体ごとに2通りの可能性がある。実際の生物では染色体はn種類あるから，配偶子が受け取る染色体の組み合わせには2^n通りの可能性があることになる 図8 。これをヒト($n = 23$)の場合で計算すると，$2^{23} = 8.4 \times 10^6$通りあることがわかる。さらに，これらの卵と精子が受精することによって子が生じるので，子がもち得る染色体の組み合わせ，すなわち遺伝子の多様性は$(8.4 \times 10^6)^2 = 7.1 \times 10^{13}$通りにもなる。①

図7　有性生殖では相同染色体の新たな組み合わせが生じる

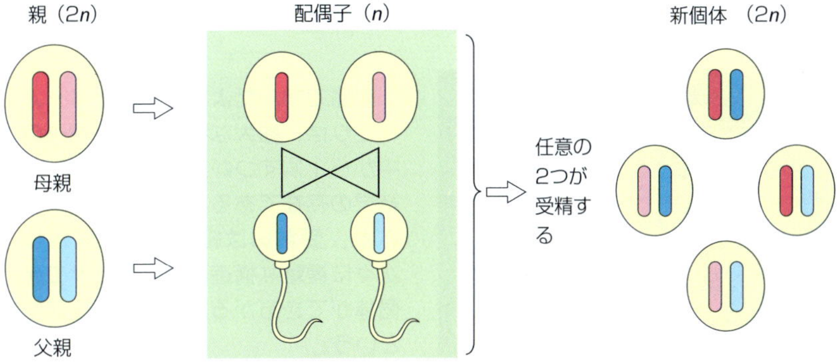

有性生殖では2個体の親の相同染色体のうちの片方ずつを子が受け継ぐので，子ではそれぞれ異なる相同染色体の組み合わせができる。相同染色体は形や大きさは同じだがもっている遺伝子は同じではないので，子の遺伝子構成はみな少しずつ異なり，親と同一にもならない。

図8　減数分裂で配偶子が受け取る染色体の組み合わせ

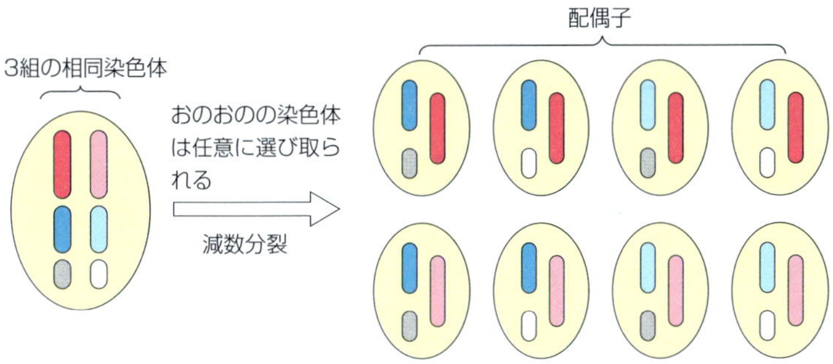

たとえば相同染色体を3組もつ生物の場合，$2^3 = 2 \times 2 \times 2 = 8$ 通りの配偶子ができる。

---

①実際の減数分裂では，生殖細胞の多様性はさらに大きい。それは，第一分裂前期に相同染色体が対合したとき，染色体どうしの間でその一部が交換されることがあるからである（染色体の乗換え，p.92参照）。染色体の乗換えを考慮に入れた場合の子の可能性は，ほとんど計算不可能なほどの巨大な数となる。私たちひとりひとりはおそらく，宇宙始まって以来，最初で最後の存在なのである。

B 動物の生殖と発生

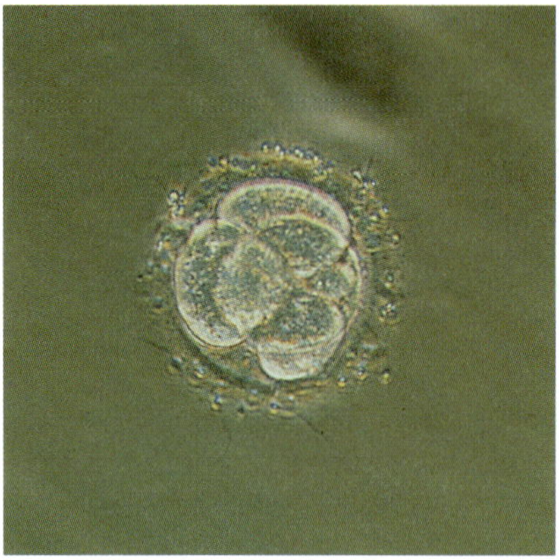
発生を開始した受精卵(ヒト，約100倍)

前節で学んだように，私たち一人ひとりは，膨大な種類の卵と精子の中から1個ずつが選ばれ，受精した結果の存在である。配偶子が受精すると，受精卵は細胞分裂を開始し，次々に複雑な構造をつくりあげて新個体ができあがる。この過程を発生という。

この節では，動物について，生殖細胞がつくられる過程，受精卵が発生していく過程とそのしくみを見てみよう。

1 生殖細胞の形成と受精

胎児の中にすでに次世代を担う細胞がある

将来卵や精子になる大もとの細胞は**始原生殖細胞**とよばれる。始原生殖細胞は，ヒトでは3週間目の末の胎児にすでに現れ，やがてできる生殖巣に向かってアメーバ運動や血流によって移動する。生殖巣が卵巣であれば将来卵になる**卵原細胞**になり，精巣であれば将来精子になる**精原細胞**になる。

卵は栄養分を蓄えた大きな細胞である

雌の卵巣内には，分裂によって生じた多数の卵原細胞がある。卵原細胞はやがて分裂をやめ，細胞内に栄養分を蓄えた**一次卵母細胞**となる。一次卵母細胞は減数分裂第一分裂を行い，栄養分を多く含む**二次卵母細胞**と，**極体**(第一極体)とよばれる小さな細胞になる。二次卵母細胞は減数分裂第二分裂を行い，栄養分を多く含む**卵**と極体(第二極体)を生じる 図1 。極体には受精能力はなく，やがて消失してしまう。

精子の大部分は核である

精巣内では，精原細胞が分裂して増殖するが，やがて分裂を止めて**一次精母細胞**となり，減数分裂を始める。一次精母細胞は減数分裂第一分裂で大きさの等しい**二次精母細胞**となり，第二分裂でやはり大きさの等しい**精細胞**ができる 図1 。精細胞は，形成された後大きな形態的変化を起こす。すなわち遺伝子を含む核と，エネルギーを供給するミトコンドリア以外はほとんど除かれ，**精子**になる 図2 。

図1　動物の生殖細胞の形成過程

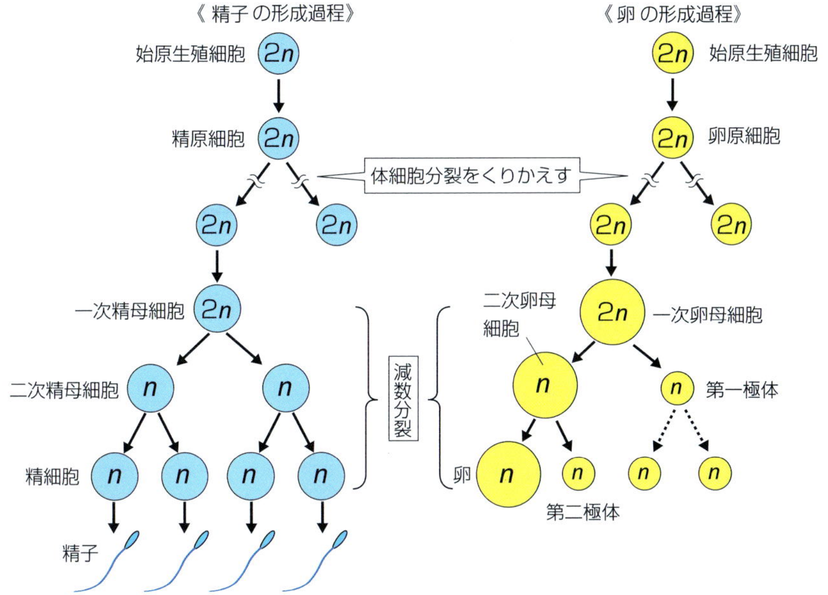

図2　精細胞から精子への変化

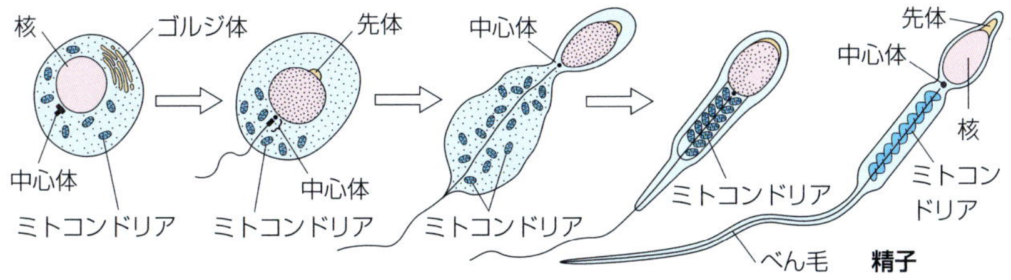

雌の核と雄の核が合体する：受精

精子は卵に達すると卵の中に入る。その後，卵の核と精子の核が合体する。この一連の過程を**受精**という。受精卵の核には，卵の染色体(n)と精子の染色体(n)が含まれるようになり，染色体数は$2n$となる。

卵の中に入ることができる精子はたった1個だけである。もし1つの卵に多数の精子が入ってしまうと，正常に発生が進まないなどの不都合が生じる。このため卵にはふつう，複数の精子が入るのを防ぐしくみが備わっている。

ウニやヒトデなどの卵では，精子が入ると，その場所から卵の細胞膜の外側の膜がはがれてくる。これを**受精膜**といい，精子が入った後1～2分で卵全体を包み込む 図3 。受精膜の形成は，受精に関与しない精子が入るのを防ぐしくみの1つと考えられる。

参考資料

―――ヒトの生殖細胞の形成と受精―――

ヒトの場合，女子では新生児の段階で卵巣に一次卵母細胞ができている。卵巣内の一次卵母細胞は，ろ胞という袋に1個ずつ包まれている。一次卵母細胞はろ胞から栄養分を与えられて成長し，やがて減数分裂を始める。

思春期になると，ろ胞は1個ずつ順に成長して卵巣表面に移動し，卵を卵管に放出する(排卵)。

ウニなどでは，卵は減数分裂を完了してから放卵され受精が起こるが，ヒトでは，減数分裂の第二分裂中期で分裂をいったん休止し，排卵される。精子が入ると，それにより第二分裂が完了して核の合体が起こる。

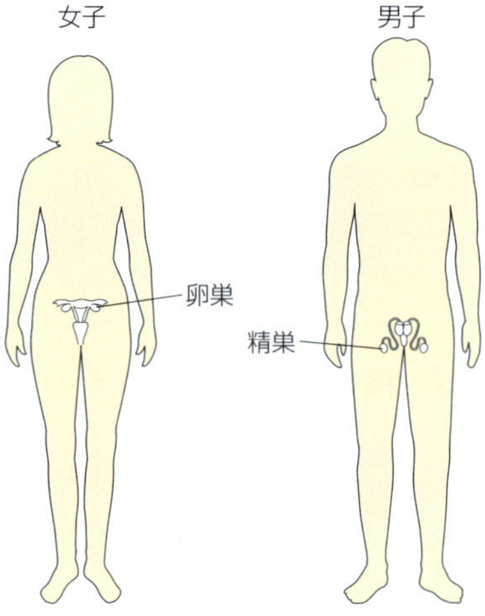

精子は水中でしか動くことができない。したがって精子が卵に到達するためには必ず水が必要である。水中にすむ生物の多くは**体外受精**を行うが，多くの陸上動物は交尾をし，**体内受精**を行う。

図3　ウニの受精過程

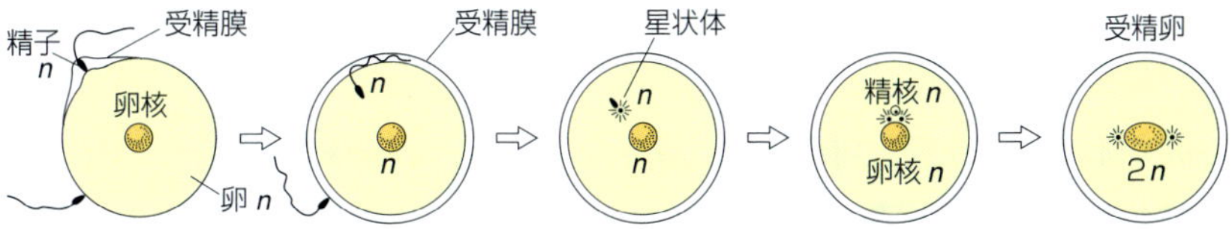

①精子が卵に達すると，卵表面が盛り上がり受精膜ができる。
②他の精子は受精膜のため入ることができない。
③卵内に入った精子の頭部の後ろから星状体ができる。
④卵核と精核（精子の頭部）が接近する。
⑤卵核と精核が融合して，染色体の数 2n の受精卵となる。

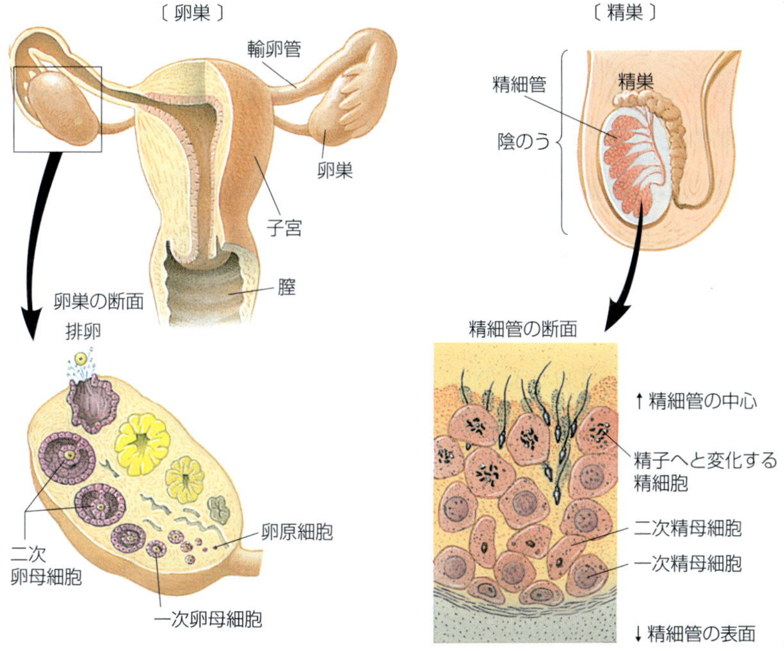

2 動物の発生過程

発生初期の細胞分裂は卵割という

卵は受精すると細胞分裂を開始する。受精卵の細胞分裂を**卵割**といい，卵割によって生じた細胞を**割球**という。最初の卵割(第1卵割) で2つの割球が生じる(2細胞期)。さらに第2卵割をへて4細胞期，第3卵割をへて8細胞期・・と卵割が進んでいく。卵割が進むにつれて割球はしだいに小さくなる。

卵が形成されたとき極体が放出された場所を卵の**動物極**，その反対側を**植物極**という 図4 。動物極を上にしたとき，縦方向に割れる卵割を経割，水平方向に割れる卵割を緯割という。

卵には，発生に必要な栄養分である**卵黄**が含まれているが，卵黄が多く存在する場所では卵割が起こりにくい。そのため，卵黄の分布によって卵割様式は異なってくる 図5 。

ヒトやウニなどでは，卵黄は少なく卵全体に均一に分布している**等黄卵**であるため，第3卵割までは割球の大きさは等しい。このような卵割様式を**等割**という。

カエルでは，卵黄が植物極側にかたよっている**端黄卵**であるため，第2分裂まではヒトやウニとほぼ同様に卵割を行うが，第3卵割では，分裂面が動物極側にかたよって形成される。このような卵割様式を**不等割**という。

受精卵が発生を開始してから，体の基本的な構造ができてくるまでの段階の個体は**胚**とよばれる。ウニの8細胞期の胚やカエルの4細胞期の胚では，割球はすべて同じように見えるが，それぞれの割球の性質には違いが生じている(p.62～63参照)。卵の細胞質には，もともと含まれている物質の分布にかたよりがあるため，卵割が進むにつれて，割球に分配される細胞質の成分が異なってくるのである。

図4 卵の動物極と植物極

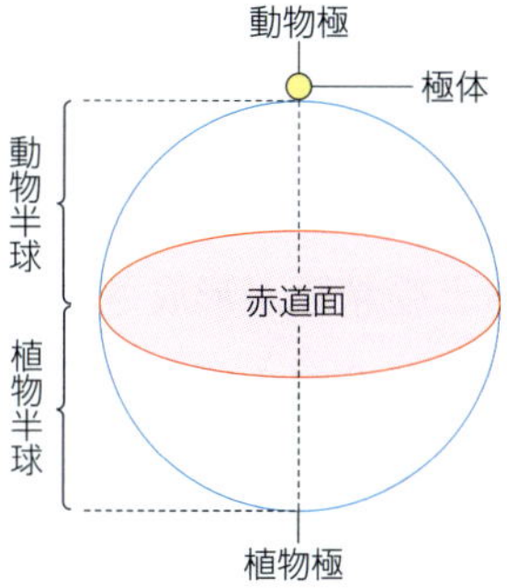

減数分裂のとき極体が放出されるところを動物極，反対側を植物極という。

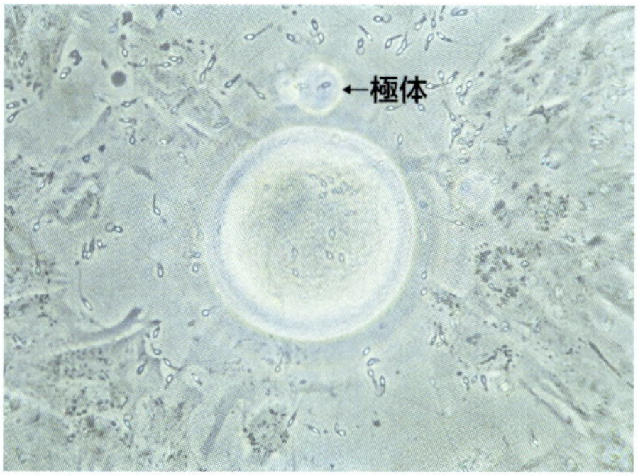

極体を放出した卵（ヒト，×200）

図5 卵黄の分布とさまざまな卵割様式

等黄卵（ウニなど）

卵黄は少なく，一様に分布する。

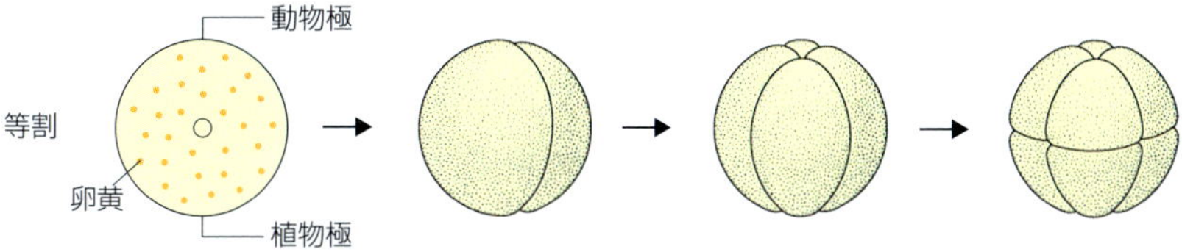

端黄卵（カエルなど）

卵黄は多く，植物極側にかたよっている。

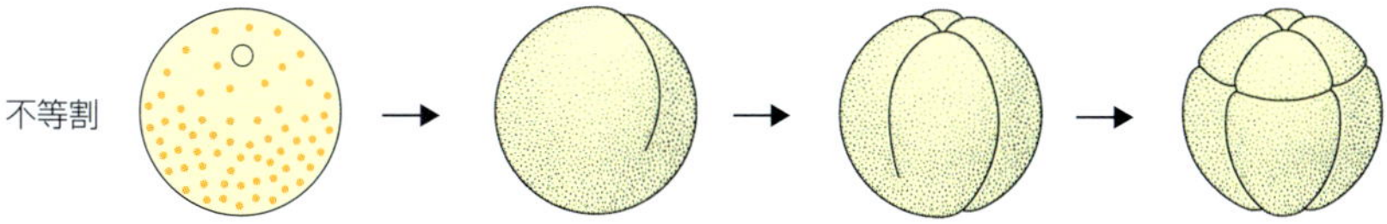

一般に卵黄は卵割を妨げるため，卵黄の量と分布により卵割様式に違いができる。

図 6　ウニの発生過程

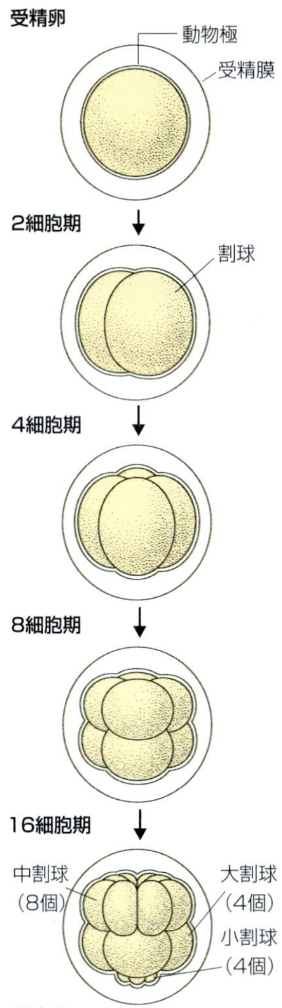

ウニの受精卵は卵割の結果ボール状になる

ウニでは，繁殖期になると生殖巣が発達し，精巣や卵巣が体内の大部分を占めるようになる。やがて海水中に卵と精子が放出され，受精が行われる。精子が卵に入ると受精膜が形成される。

受精卵は，まず経割により 2 つの割球に分かれ(**2 細胞期**)，もう一度経割により **4 細胞期**の胚となる。続いて緯割を行って **8 細胞期**となる。ここまでは割球の大きさは等しい。しかし次の卵割(第 4 卵割)は動物極側では経割，植物極側では緯割となり，16 細胞期では割球の大きさに違いが生じる。卵割が進むと割球はさらに小さくなり**桑実胚**となる。そのころ胚の内部に空洞(卵割腔)が生じてくる。さらに卵割が進み，細胞が 1 層に並んだボール状となる。この時期の胚を**胞胚**といい，内部の発達した卵割腔は**胞胚腔**とよばれる。胞胚の細胞は繊毛をもち，胚は運動性をもつようになる。そしてふ化酵素を分泌して受精膜を溶かし，遊泳生活に入る。

胞胚はやがて，植物極側の細胞が増殖を始め，胞胚腔の中に細胞(一次間充織細胞)が遊離してくる。

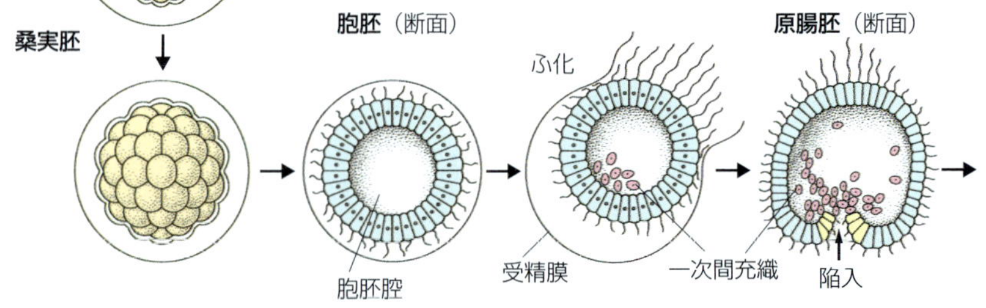

胞胚期のあとに原腸が形成される

胞胚期を過ぎると，植物極側の細胞群が内部に向かって落ち込み始める。この現象を**陥入**という。陥入を起こした部分を**原口**，陥入によって胚の内部に新しく生じたすき間を**原腸**といい，この時期の胚を**原腸胚**という。

原腸の形成にともない，原腸の壁から胞胚腔内部へ細胞（二次間充織細胞）が遊離してくる。こうして，胚には３つの細胞層ができる。外側の細胞層を**外胚葉**，原腸の壁の細胞層を**内胚葉**，外胚葉と内胚葉の間に生じた細胞群を**中胚葉**という。外胚葉は将来表皮や神経などになり，内胚葉は消化管の内壁などになる。中胚葉からは骨片，筋肉，生殖巣，水管系などができてくる。

陥入が進むと，やがて外形がプリズム型をした**プリズム幼生**となる。このころ原口の反対側にもう一つの穴が開き，ウニではそこが口となる。一方，原口は肛門になり，１本の消化管が形成される。やがて消化管は食道・胃・腸に分かれ，えさを食べられるようになる。幼生は腕を伸ばして**プルテウス幼生**となり，その後，変態して成体となる。

※水管系：内部は体液で満たされ運動，呼吸，排出などに関わる器官。管足は水管系の一部である。

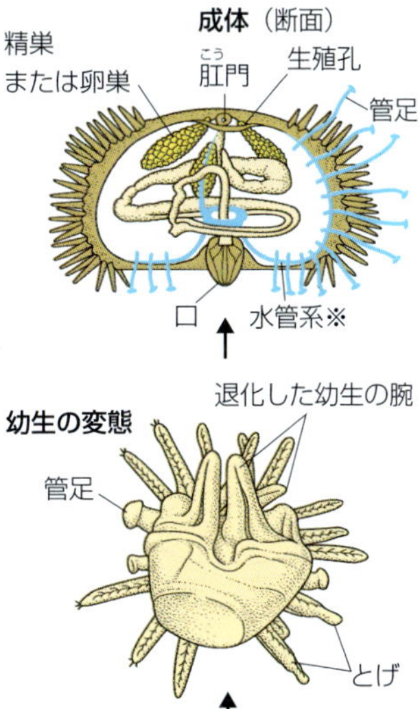

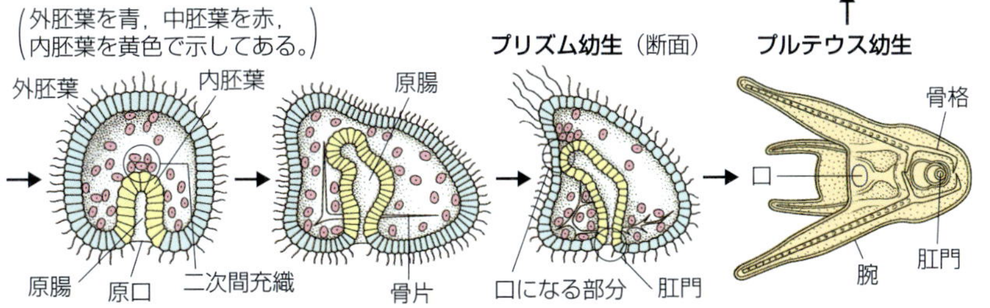

図7 カエルの発生過程（受精卵から原腸胚）

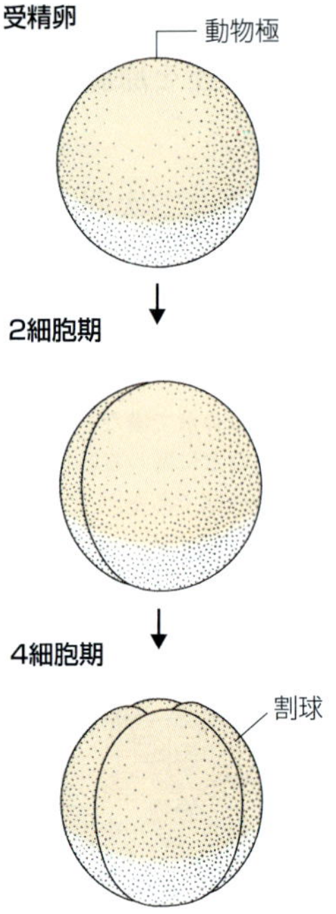

カエルでは卵割腔は動物極側にできる

春，冬眠から目覚め産卵期に入った雌のカエルは，雄の抱接により，寒天質に包まれた卵を産卵する。雄は卵に精液をかけ，受精が起こる。カエルの卵では，卵黄を多く含む植物極側の部分は，色素が少なく白っぽく見える。未受精卵はいろいろな向きを向いて寒天質中に固定されているが，受精すると卵と寒天質の間にすき間が生じて動けるようになり，卵黄が多く重い植物極が下を向くようになる。

受精卵の第１卵割と第２卵割は経割で，４細胞期までは割球の大きさは等しい。しかし，第３卵割（緯割）は動物極寄りの面で起こり，それ以後生じる割球は動物極側のほうが小さくなる。やがて**桑実胚**を経て**胞胚**となるが，胞胚腔は動物極側に生じる。

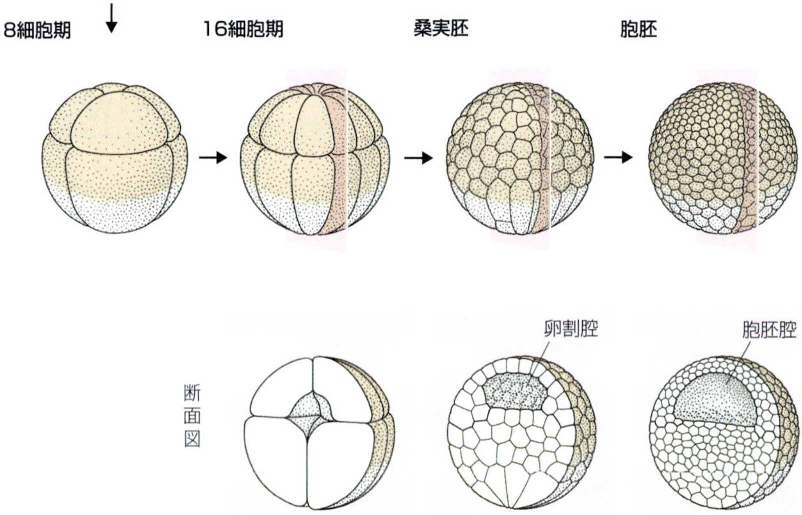

陥入により三つの胚葉が形成される

カエルの胚では，陥入は赤道面と植物極の間の位置から始まる。ウニの場合と同じく，陥入によって原腸が形成される時期が**原腸胚**である。陥入にともなって，胚の動物極側の部分は胚全体を包むように伸びていく。また，卵黄を多く含む植物極側の部分は，しだいに胚の内部に移動してくる。一方，赤道付近の部分は，動物極側の細胞層と植物極側の細胞層の間に位置するようになる。

陥入にともない，原腸は胞胚腔を押しのけるようにして拡がっていく。その結果，ウニの場合と異なり，胞胚腔はほとんどなくなってしまう。

原腸胚期の胚を外側から見ると，最初は三日月型だった原口はしだいに円形になり，円の内側は植物極側の細胞群が残って白っぽく見える。この部分を**卵黄栓**という。原腸の発達にともない卵黄栓はしだいに小さくなり，やがて消失する。

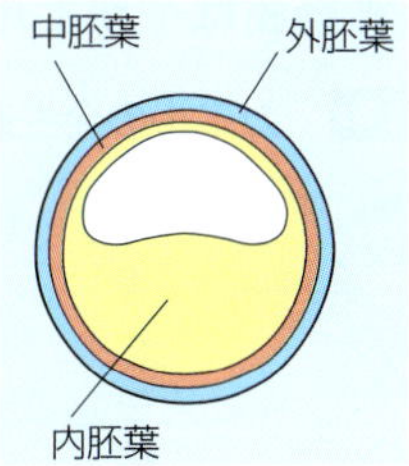

原腸胚期には，外胚葉·中胚葉·内胚葉が形成され，それぞれの胚葉からは，この後，異なった組織や器官が形成されることになる。

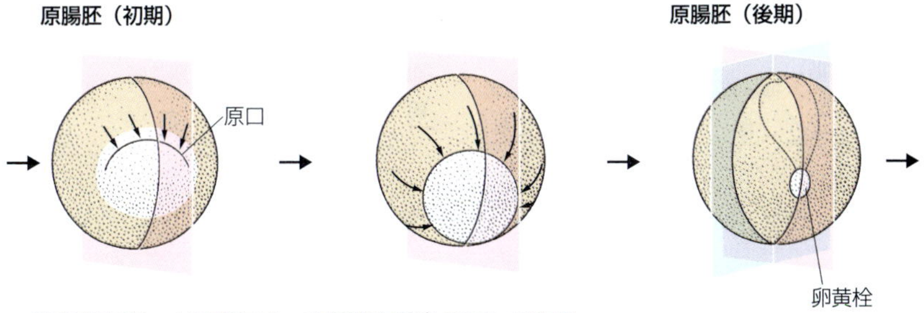

外胚葉を青，中胚葉を赤，内胚葉を黄色で示してある。

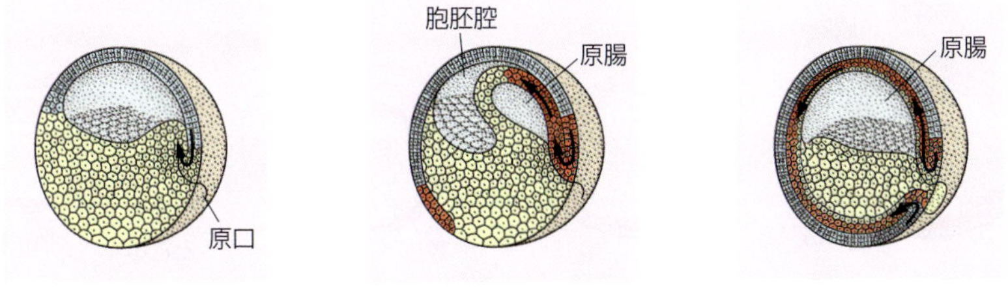

外胚葉が盛り上がり神経管が形成される

やがて，各胚葉に大きな動きが見られる。外胚葉では，２列の盛り上がった部分(神経褶)と，その間の平らな部分(**神経板**)が形成される。神経褶はさらに盛り上がり，その間はせまいみぞ(神経溝)になる。やがて２本の神経褶は融合して**神経管**となり，その外側の部分は表皮となる。神経管がつくられる段階の胚を**神経胚**という 図8 。

神経胚では，中胚葉もいくつかの部分に分かれる。背側には，やわらかく棒状の**脊索**が生じる。脊索は体を支える器官であるが，カエルでは脊椎骨が形成されるにつれて小さくなり，脊椎骨内に痕跡的に残る。脊索の両側の中胚葉は前後方向に分節して体節となり，体節と側板の間に腎節がつくられ，体の側面の部分が側板になる。

神経胚はやがて尾芽を生じ，**尾芽胚**となる 図9 。この時期(尾芽期)

図8　カエルの発生過程(神経胚以後)

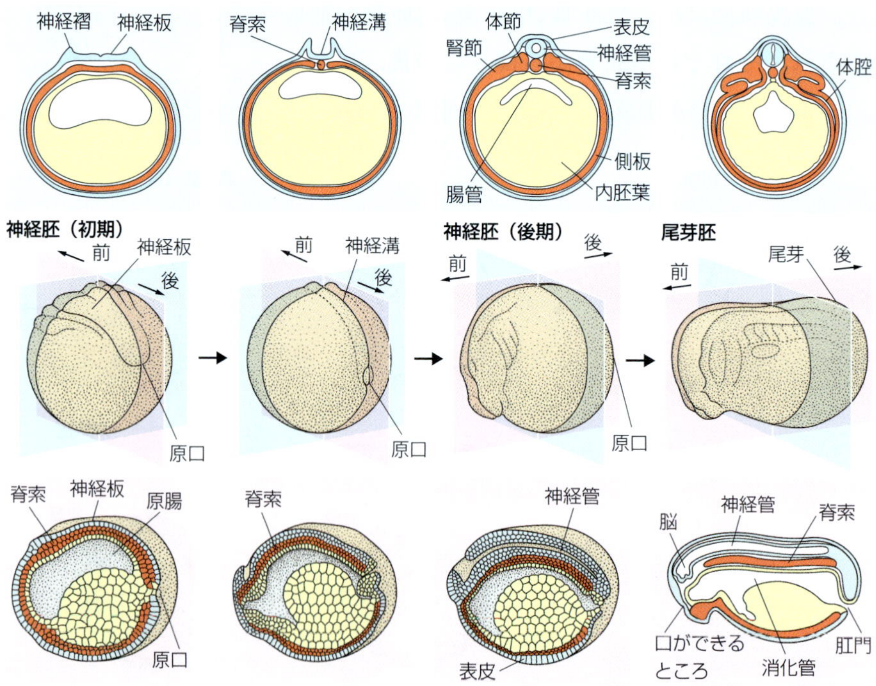

から，胚ではさまざまな組織や器官が形成されていく 表2 。神経管からは将来，脳，脊髄，目の網膜などができてくる。体節からはおもに骨や骨格筋が，腎節からはおもに腎臓が形成される。側板からは心臓，血液，平滑筋などができてくる。内胚葉はおもに消化管の上皮になるが，肝臓やすい臓，また，えらや肺など呼吸器官も内胚葉からできる。やがて胚は幼生(おたまじゃくし)となりえさをとるようになる。その後変態して成体のカエルになる。

多くの器官は複数の胚葉が組み合わさってできる

脊椎動物の小腸 図10 を見ると，内壁の表面は上皮組織からなり，これは内胚葉に由来する。一方，内部の筋肉(平滑筋)および血管は中胚葉由来である。小腸には神経も分布しているが，これは外胚葉から生じたものである。このように，多くの器官は異なる胚葉から生じたさまざまな組織が組み合わさって形成される。

図9 尾芽胚のつくり

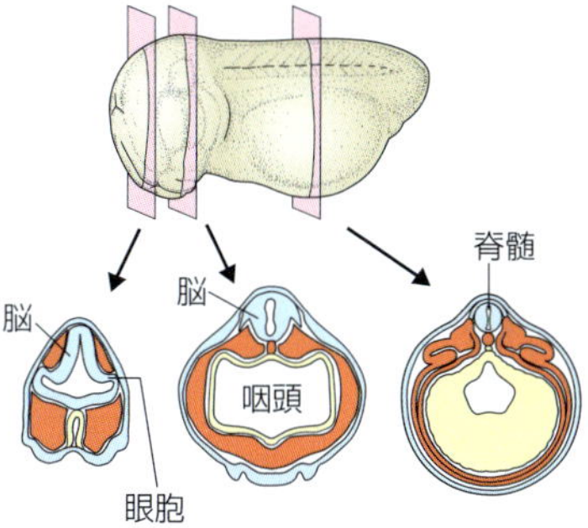

図10 脊椎動物の小腸の断面

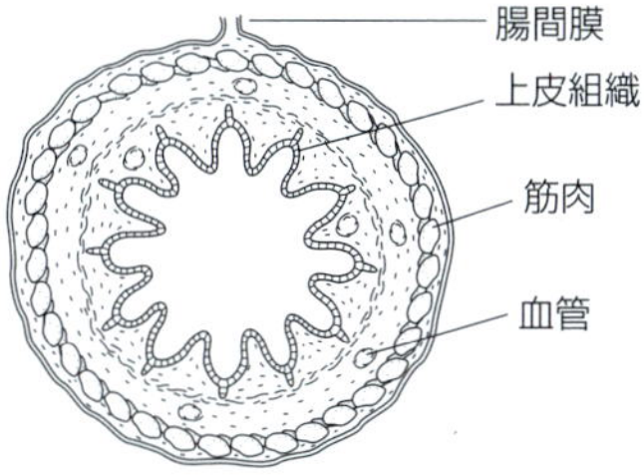

表1 各胚葉から形成されるおもな組織と器官

外胚葉

表皮	表皮，感覚器（眼の水晶体），毛，つめ	
神経管	脳 脊髄	神経系 眼の網膜など

①表皮の下の部分，表皮と真皮とを合せたものが皮膚である。

中胚葉

脊索	退化する
体節	筋肉（骨格筋），骨，真皮①
腎節	腎臓
側板	心臓，腹膜，腸間膜 血管，筋肉（平滑筋）

内胚葉

内胚葉	消化管上皮，肝臓，すい臓 呼吸器官（肺，えら）

参考資料

――ヒトの発生――

卵管で精子と出会って受精した卵は，卵割を行いながら卵管を下っていく。そして胞胚になったころ子宮に到達し，子宮の内壁に接着する（受精後およそ1週間)。これを着床という 図A 。

両生類のカエルやイモリでは，卵全体が胚となって体が形成された。しかし，は虫類，鳥類，ほ乳類はともに，卵の一部から，胚のほかに胚膜が形成される。胚膜には胚全体を保護するしょう膜（ヒトではじゅう毛膜)，内部に羊水を満たし乾燥や物理的衝撃から胚を保護する羊膜，栄養分を蓄え胚に供給する卵黄のう，排出にかかわる尿膜がある（尿膜はほ乳類では大きくならない) 図B 。

胞胚の内部の細胞塊からは，しょう膜以外の胚膜と，胎児になる部分である胚盤が形成される。

ほ乳類の発生では原腸は形成されない。このため，ウニやカエルとは外見が大きく異なっている。しかし，陥入によって中胚葉が形成されることはウニやカエルと共通であり，神経管の形成のされ方はカエルと共通である。

受精後およそ2週間たったころ，胚盤の中央部にみぞが現れる。そしてこのみぞに向かって細胞群が移動し始め，みぞから胚盤の内側に陥入していく。こ

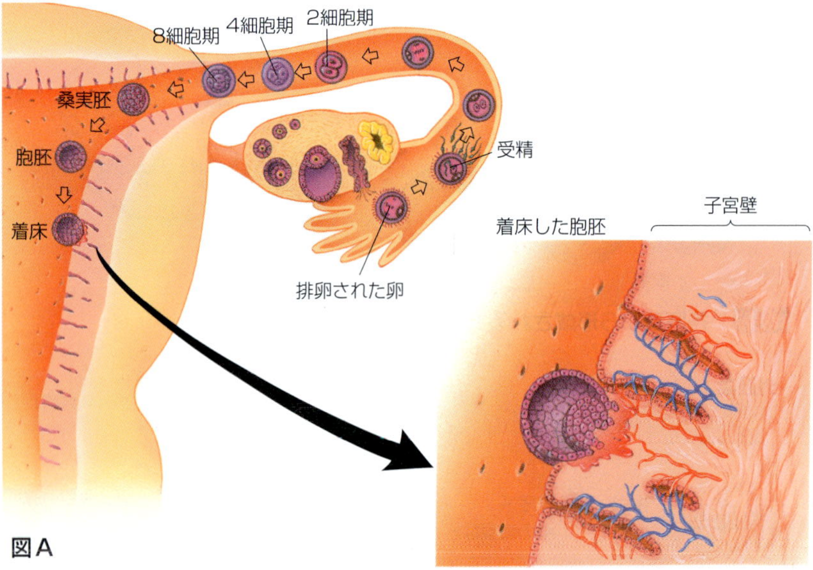

図A

のみぞはカエルの胚の原口に相当する。陥入により胚盤の内側に落ち込んだ細胞群が中胚葉になり，外側にとどまった細胞群が外胚葉になる。中胚葉からは脊索などが分化する。そして脊索の上部に位置する外胚葉からは，カエルと同じようにして神経管がつくられる 図C 。

図B　3週目の胚

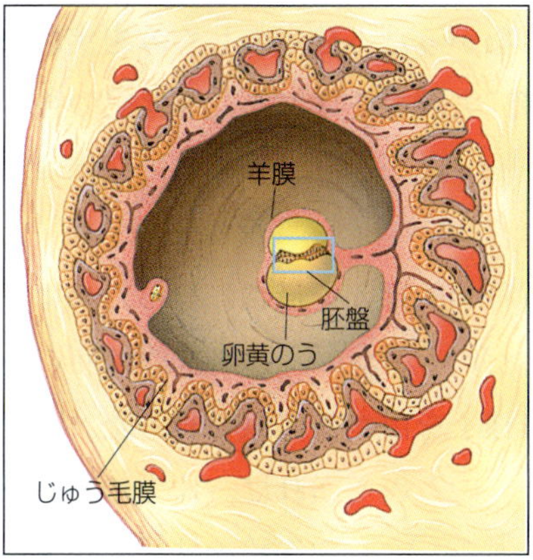

6週目の胚

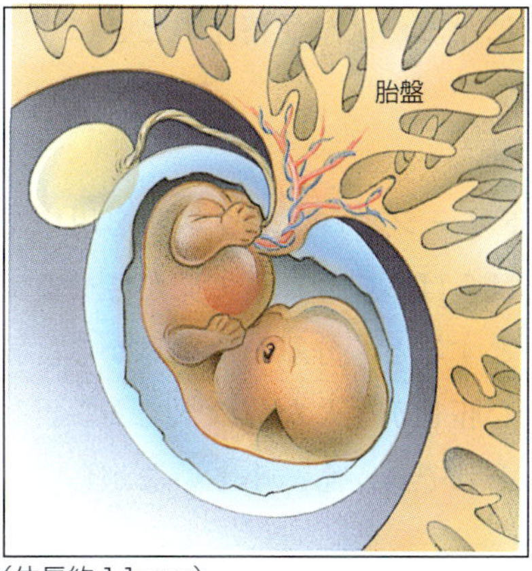

（体長約11mm）

図C　神経管の形成
（図Bの胚盤を上から見たもの）

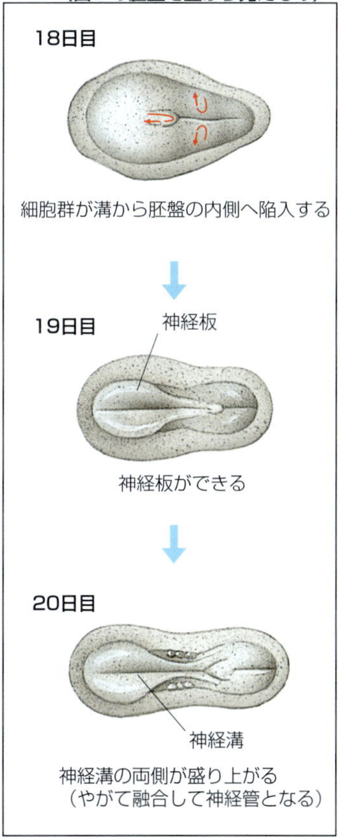

3 発生のしくみ

前成説と後成説

発生はどのようなしくみで起きるのだろうか。

17〜18世紀には，動物の発生を説明する2つの説が対立した。1つは「精子または卵の中にすでに成体の原形が入っている」という前成説(右ページ「参考資料」参照)，もう1つは「発生の過程でしだいに構造ができあがってくる」という後成説である。しかしこれらは，かならずしも科学的な検証にもとづくものではなかった。発生のしくみを実験によって科学的に解明しようとする研究(実験発生学)は，19世紀の後半まで待たねばならなかった。

ルーの実験

発生のしくみについて，実験による科学的探究を最初に行ったのはドイツの発生学者ルーである。彼は1888年，カエルの2細胞期の胚の一方の割球を焼き殺し，その後の発生の様子を調べる実験を行った。もし受精卵の中にすでに成体の原形ができているのであれば，片方の割球だけからは半分の体しか生じないはずである。そして実験の結果，片方の割球から体が半分しかない胚が生じたと発表した 図11 。彼はこの結果から，卵のどの部分が成体のどの部分になるかは，受精卵のときにすでに決まっていると考えた。

ドリーシュの実験

その後1891年，ドイツの動物学者ドリーシュらは，ウニ卵を用いて2細胞期および4細胞期の胚の割球をばらばらに分離して発生させる実験を行った。ルーの実験結果が正しいとすると，分離した割球からは胚は生じないか，生じたとしても不完全な胚しか生じないはずである。しかしドリーシュらは，分離した割球のそれぞれから，小さいながら完全な胚が生じたと発表した 図12。

図11　ルーの実験

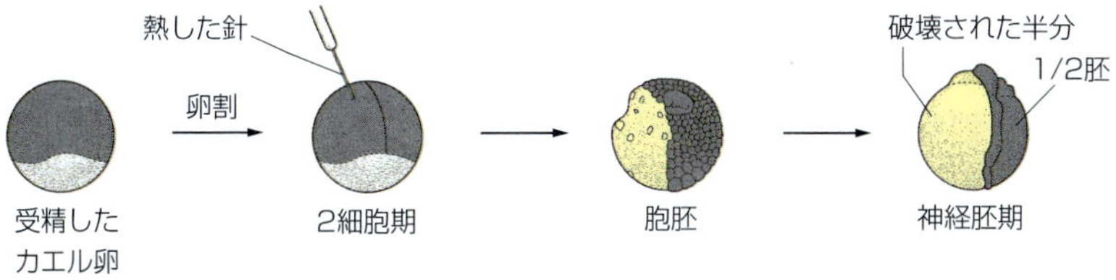

図12　ドリーシュの実験

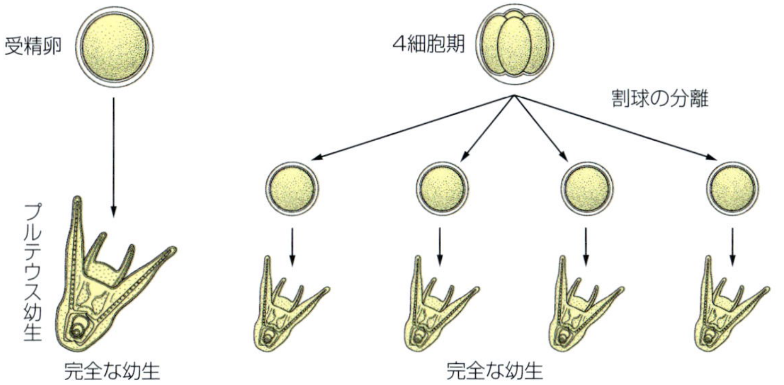

参考資料

―――精子の中に小人がいる？―――

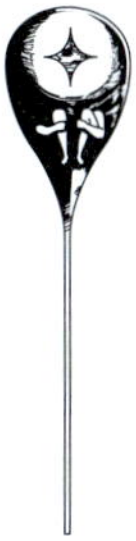

17～18世紀には前成説が広く信じられていた。小人が入っている精子のスケッチを描いた人もいたほどである（右図）。

実験による研究によって，現在では前成説は否定され，後成説の立場がとられている。しかし，受精卵には成体の設計図である遺伝子があらかじめ入っていることを考えると，前成説もまったくの見当外れではなかったとも言える。

遺伝子の研究が広く行われるようになったのは20世紀になってからである。

調節卵とモザイク卵

ドリーシュらの実験の結果から，ウニでは4細胞期の割球でも，完全な胚を形成する能力をもっていることがわかる。後になって，カエルの胚でも2細胞期の割球を完全に分離すれば，それぞれの割球から完全な胚を生じることがわかった[①]。

割球を分離する実験はさまざまな動物で試された。しかしホヤやツノガイでは，分離した割球からは不完全な胚しか形成されないことがわかった。クシクラゲでも，2細胞期，4細胞期に割球を分離すると，それぞれの割球からはくし板の数が2分の1，4分の1の胚しか生じない 図13 。

ウニやカエルの卵のように，分離した割球からでも完全な胚を生じる卵を**調節卵**(調整卵)，ホヤやツノガイ，クシクラゲのように，分離した割球から不完全な胚しか生じない卵を**モザイク卵**という。

卵割は割球の性質に差が生じていく過程である。

卵割は体細胞分裂であるから，卵割で生じた割球はみな同じ染色体をもっている。すなわち同じ遺伝子をもっている。しかし発生が進むにつれ，調節卵であっても1個の割球からは完全な胚を形成できなくなる。ウニの場合，8細胞期の胚を赤道面で2つに分けた場合には，ふつうどの割球からも正常な胚は生じない 図14 。これは，ウニでは8細胞期に

図13 クシクラゲの割球分離実験

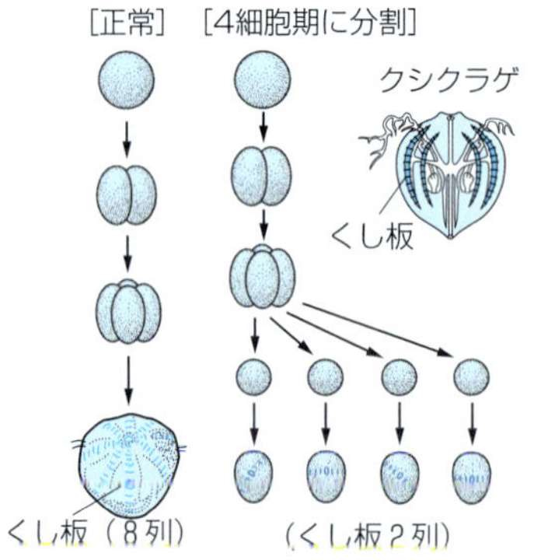

図14 ウニの8細胞期での割球分離

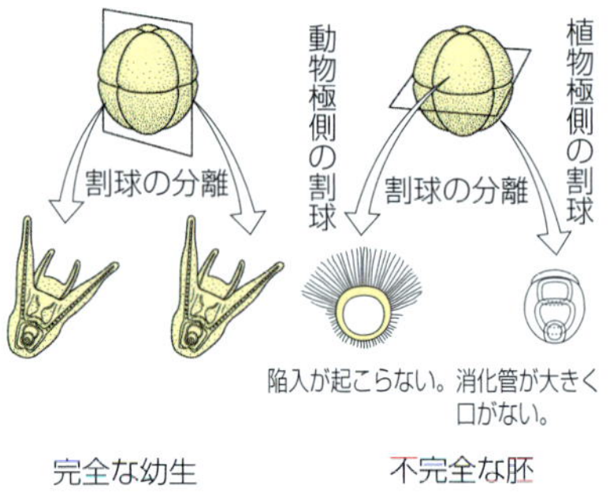

なると，各々の割球の細胞質の成分に差が生じてくるためである。調節卵とモザイク卵の違いは，割球の差が生じる時期が遅いか早いかの違いなのである。

卵の各部は将来体のどの部分になるのか

ドイツの発生学者フォークトは，イモリを用いて次のような実験を行った 図15。イモリの胞胚の表面をところどころ，中性赤，ナイルブルーなど細胞に無害な色素で染め，その後の各部の移動を観察した。この方法は**局所生体染色法**とよばれる。そして，その結果を**原基分布図**（予定運命図）としてまとめた 図16。

図15 **フォークトの実験** 局所生体染色法（左）と，染色した部分のその後の移動（右）

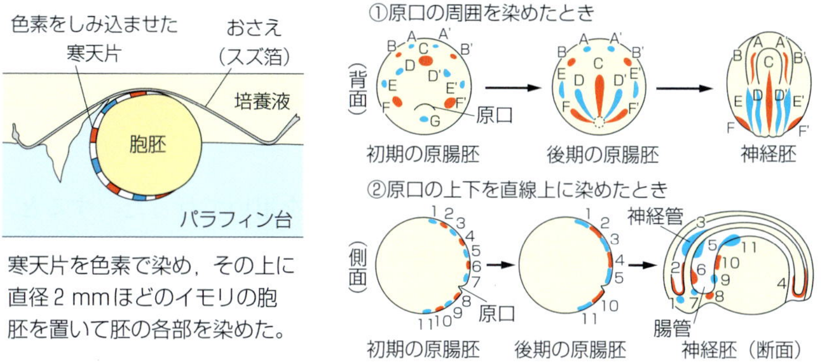

図16 **イモリの胞胚の原基分布図**

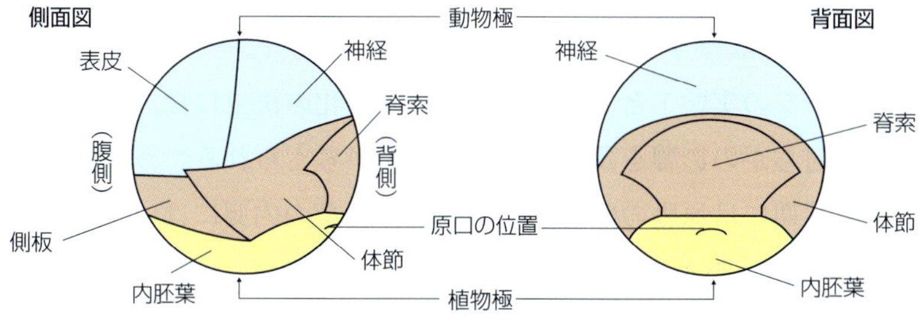

①ルーの実験では，焼き殺した割球が付着していたことが原因で，もう一方の割球の正常な発生がさまたげられていたのである。

予定運命はいつ決定へと変わるか

原基分布図では，イモリの胞胚の各部分が将来体のどの部分に分化するか(予定運命)が示されている。それでは，胚の各部分が何に分化するかは，胞胚の時期には決まっているのだろうか。

ドイツの発生学者シュペーマンは，体色の異なる２種のイモリの原腸胚を用いて，以下のように胚の一部を交換移植する実験を行った。

［実験１］図17

スジイモリ(胚の色は黒い)とクシイモリ(胚の色は白い)の初期原腸胚を用いて，スジイモリの予定神経域(原基分布図で将来神経になる部分)の一部と，クシイモリの予定表皮域の一部を切り出し，交換して移植した。両方の胚はそのまま発生を続けて尾芽胚になったが，予定神経域に移植された予定表皮域片は神経(脳の一部)になり，予定表皮域に移植された予定神経域片は表皮になった。

［実験２］

実験１と同じ操作を，今度は初期神経胚を用いて行った。すると，予定表皮域に移植された予定神経域片は神経に，予定神経域に移植された予定表皮域片は表皮になった。

以上の結果から，イモリでは，外胚葉が表皮になるか神経になるかは，原腸胚初期から神経胚初期の間に**決定**したことがわかる。

では一体，この間には何が起きているのだろうか。

原口背唇は接する外胚葉を神経にする

前ページの実験１と２から，外胚葉の分化の決定には，その周囲の細胞群が何らかの影響を及ぼしていることが考えられる。

原腸胚期には原腸の陥入が起こり，外胚葉の内側には中胚葉が形成されてくる。外胚葉の予定神経域の内側(原腸の背側)に接する中胚葉は，神経胚期に脊索になるところ(予定脊索域)であり，初期原腸胚のときには原口の上部(**原口背唇**)に位置していた 図18 。

［実験３］

1924年，シュペーマンとマンゴルトは，クシイモリの初期原腸胚の原口背唇を切り取り，それをスジイモリの同じ時期の胚の将来腹側の表皮となる部域に移植するという実験を行った。すると，原口背唇を移植された胚には，自分のものとは別のもう１つの神経管が腹側につくられ，その部分からもう１つの胚（**二次胚**）が形成されたのである次ページ図19。二次胚の断面を観察してみると，移植片に由来する部分はおもに脊索と体節の一部であり，神経管や表皮などは宿主の組織に由来するものであることがわかった。

では，なぜ二次胚が形成されたのだろうか。

原口背唇は自らはおもに脊索に分化する。しかし同時に，自分と接する外胚葉に作用して，外胚葉を神経に分化させるはたらきがあるからである。実験１と2では，「外胚葉が表皮になるか神経になるかは，原腸

図17　2種のイモリを用いた胚の交換移植実験

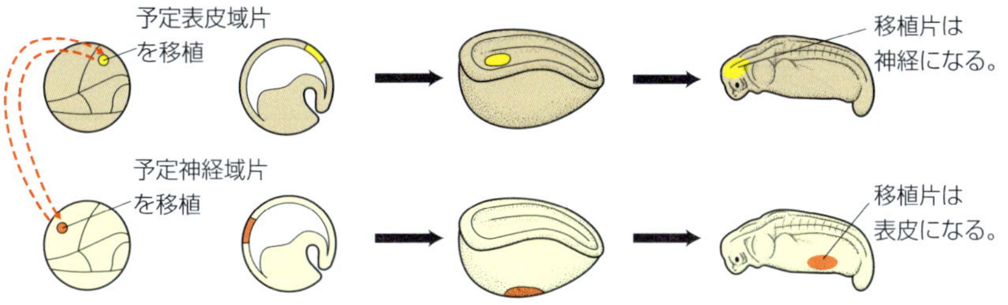

図18　原口背唇とその後の脊索の形成

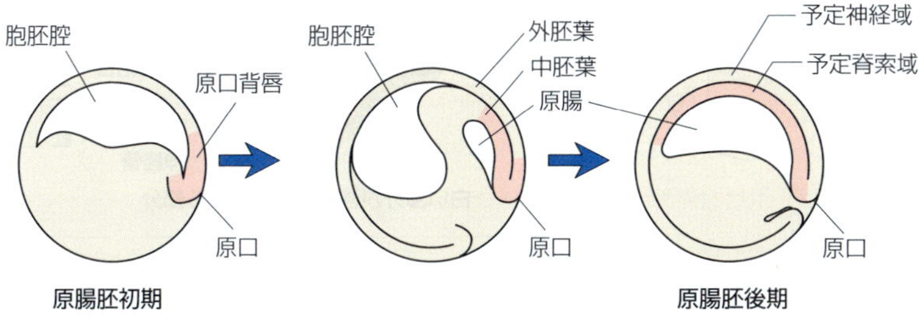

胚初期と神経胚初期の間に決定される」ことが示されたが，それは，原口背唇が外胚葉に接する時期が原腸胚初期と神経胚初期の間であるからである。

原口背唇のように，胚の他の部分に作用して，それを一定の構造に発生させるものを**形成体**(**オーガナイザー**)といい，そのはたらきを**誘導**という。 5

図19 原口背唇の移植による二次胚の形成

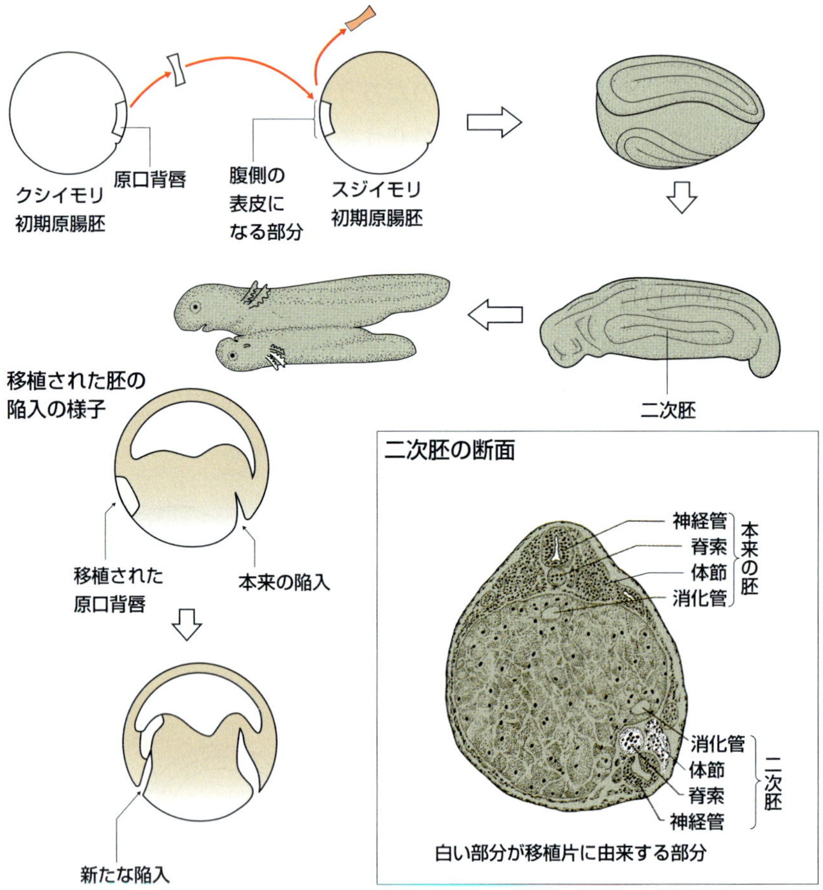

誘導の連鎖によってさまざまな器官ができる

イモリでは，形成された神経管の前方はやがてふくらんで脳になり，後方はおもに脊髄になる。尾芽期以降，さまざまな器官が形成されるが，それらの器官はどのように形成されるのだろうか。

目の形成を例にして見てみよう。脊椎動物の目は，角膜，水晶体（レンズ），網膜，視神経などから構成されている 図20a 。尾芽期になると，神経管の前方のふくらみ（脳胞）から１対の眼胞というふくらみが生じ，眼胞はやがてさかずき状の**眼杯**となる。すると眼杯は外胚葉に作用し，外胚葉の一部を肥厚，陥入させて水晶体へと誘導する。水晶体ができると，今度は水晶体が表皮に作用し，表皮を角膜へと誘導する。眼杯は網膜に分化して，目の基本構造が完成する 図20b 。

最初の形成体となる原口背唇を一次形成体とすると，眼杯は二次形成体として，水晶体は三次形成体として，それぞれに接する部分を誘導し，新しい構造へと変化させていく。このように一連の誘導がはたらくことを**誘導の連鎖**という 図20c 。目以外の器官も，このように誘導の連鎖によってつくられる。

図20　脊椎動物の目の構造(a)とその形成過程(b)

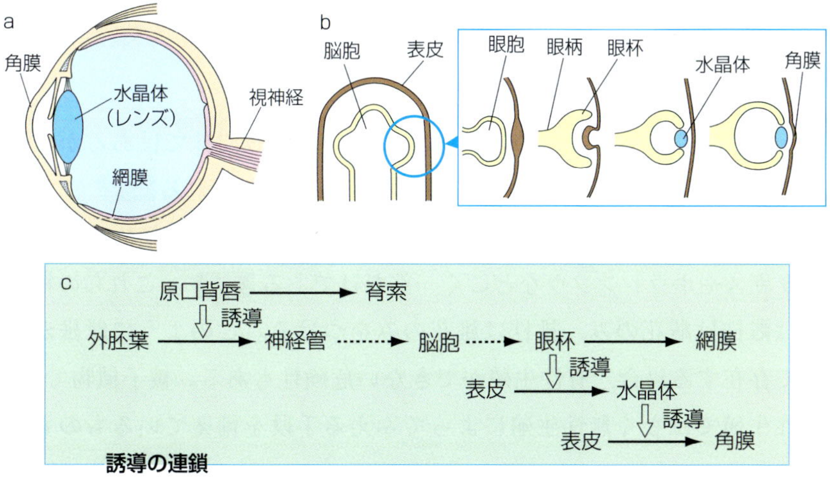

C 植物の生殖と発生

テッポウユリの花（×0.5）

動物では，性の異なる個体が別々に存在し，雌個体からの卵と雄個体からの精子の合体によって新個体を生じる有性生殖が一般的である。では，植物の場合はどうであろうか。有性生殖を行っているという点では共通であるが，動くことができない植物にとって，独立した性の存在は本当に必要だろうか。植物の有性生殖について考えてみよう。

1 植物の性と生殖

1つの花の中に両性が存在する

ほとんどの被子植物は**雌雄同株**であり，同一の個体に雌性生殖器官の雌しべ(**雌蕊**)と雄性生殖器官の雄しべ(**雄蕊**)をつくる。しかも，多くの場合は1つの花の中に両者が分化する**両性花**である 図1 。両性花では1つの花の中にがく片，花弁，雄蕊，雌蕊が形成され，有性生殖は同じ1つの花の中で成立することが多い。

雌雄が別個体にあることは少ない

一方，トウモロコシやカボチャのように，雌雄同株ではあるが雌花と雄花が別々の場所につくられる**単性花**も一部に見られる 図2 。しかし，動物のように雌雄が別個体になっている**雌雄異株**の植物は，アスパラガスやホウレンソウなどごく一部だけである 図3 。これらの植物では雌株は雌花のみ，雄株は雄花のみをつける。このように雌雄が離れて存在する場合，有性生殖ができない危険性もある。被子植物では，有性生殖ではなく無性生殖によってふえる手段を備えているものもある。

図1　花の構造

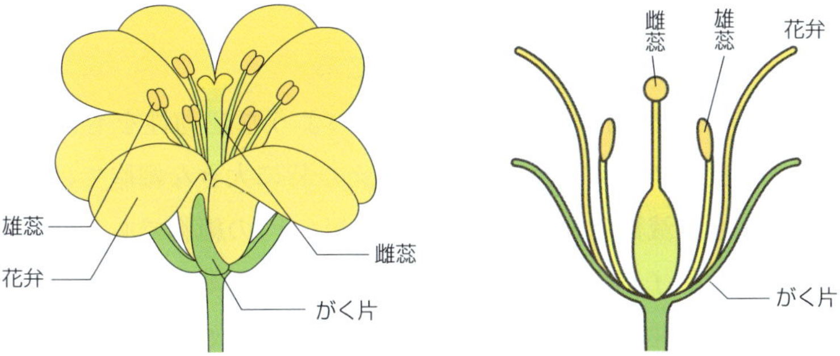

花は４つの基本要素からなっている。葉状のがく片，花弁，雄蕊（雄性生殖器官），および雌蕊（雌性生殖器官）である。

図2　雌雄同株で単性花をつけるカボチャ

雌花

雄花

図3　雌雄異株のホウレンソウ

雌花

拡大して見た雌花

（１つの花）

拡大して見た雄花

（１つの花）

雄花

2 被子植物の配偶子形成

配偶子の形成に先立ち減数分裂が起こる

被子植物の雄性配偶子は，動物の精子のような運動性をもたない。雌性配偶子も動物の卵のように卵黄を蓄えた特に大きな細胞ではない。しかしいずれも，減数分裂をへて生じた単相(n)の細胞である。

被子植物の配偶子形成では，まず生殖器官の中で減数分裂が起こり，単相(n)の細胞を生じる。雄蕊のやくの中では，多数の**花粉母細胞**($2n$)がいっせいに減数分裂を行って**花粉四分子**(n)となり，それらはすぐに離れて4個の若い花粉(未熟な花粉，n)になる。一方，雌蕊の子房中の**胚珠**では，**胚のう母細胞**($2n$)が減数分裂を行い，やはり4個の単相の細胞を生じるが，このうち3個は退化し，1個だけが**胚のう細胞**(n)となる。動物では，減数分裂終了後の単相の細胞がそのまま卵や精子になるのに対し，植物の場合，減数分裂終了後の若い花粉や胚のう細胞がさらに細胞分裂をして配偶子がつくられる。

配偶子は花粉や胚のうの中につくられる

若い花粉は，まずやくの中で1回分裂し，小さな**雄原細胞**と大きな**花粉管細胞**に分かれる。やがて，花粉管細胞の細胞質中に雄原細胞が遊離し，成熟した**花粉**となる。この成熟花粉に含まれる雄原細胞が，被子植物の雄性配偶子のもとになる細胞である。

一方，胚のう細胞では，核分裂のみが3回続けて起こって8核になるが，その後細胞質分裂がいっせいに起こり，7つの細胞をもつ**胚のう**になる。胚のうには，一方の側に3個の反足細胞，中央部に2個の**極核**をもつ**中央細胞**，そして反足細胞の反対側に2個の助細胞に囲まれた**卵細胞**(n)が生じる。この卵細胞が被子植物の雌性配偶子である。このように，被子植物の配偶子は，多細胞からなる花粉や胚のうの中につくられる。

図4 被子植物における配偶子の形成

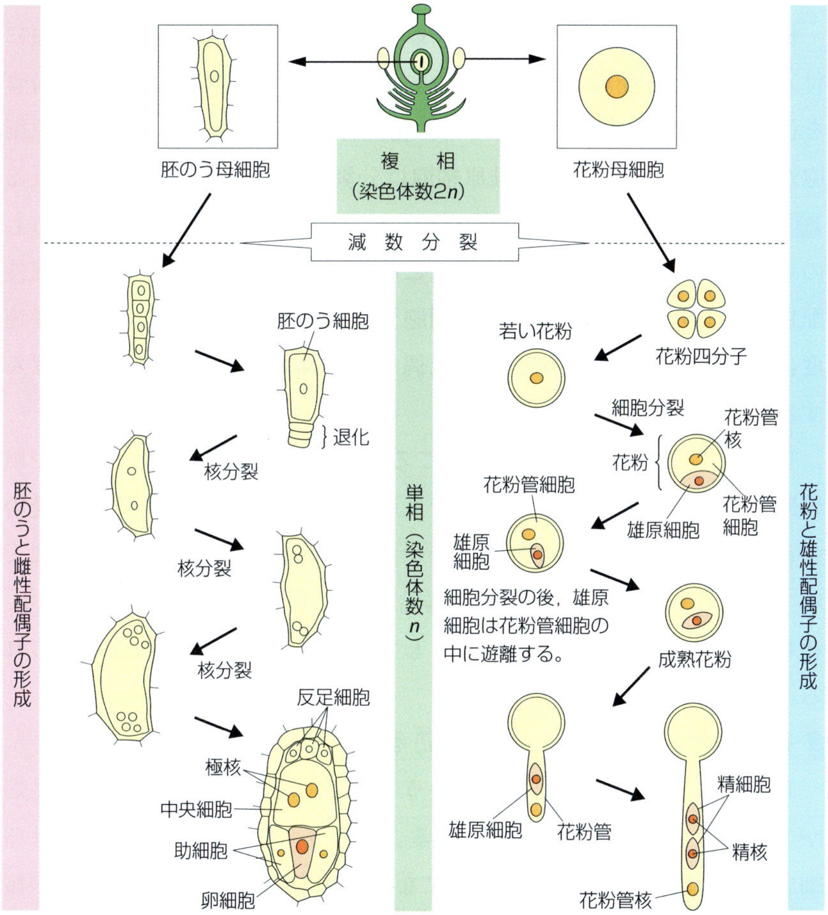

若い花粉（テッポウユリ）

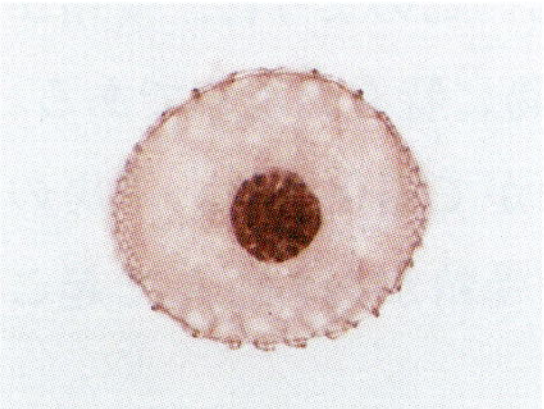

若い花粉は単相（*n*）の核を１個もつ。（×400）

成熟花粉（テッポウユリ）

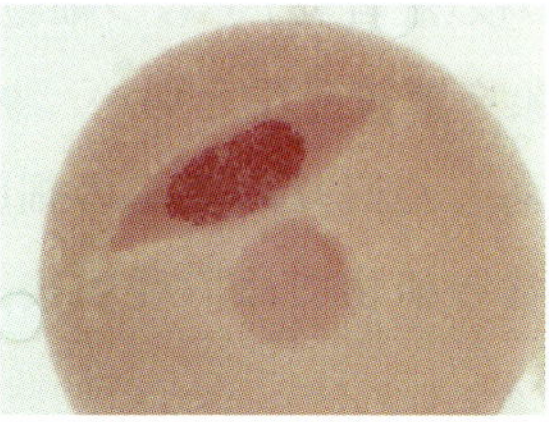

（×300）

成熟花粉では，花粉管細胞の中に雄原細胞が遊離している。この写真では花粉の壁は取り除いて染色している。

3 受粉と重複受精

受精の前に受粉が必要である

被子植物では，雌雄の出会いは雌蕊の柱頭で起こる。花粉が柱頭に付着することを**受粉**という。受粉した花粉は，すぐに発芽し，**花粉管**を伸ばす 図5 。花粉管の先端には花粉管核が先導し，つづいて雄原細胞が移動するが，まもなく雄原細胞は分裂して２個の**精細胞**(n)になる 図6 。種によっては，この雄原細胞の分裂が受粉より前に見られるものもあるが，いずれの場合でも，この２個の精細胞が被子植物の雄性配偶子であり，精核とわずかな細胞質をもっている。花粉管の成長速度は速く，比較的短時間で雄性配偶子を胚珠の中の胚のうまで運ぱんすることができる。

受粉は，同じ１つの花の中で起こる(**自家受粉**)だけでなく，昆虫や風の助けによって，異なる個体間でも起こる。また，異種の花粉も受粉する。ところが，発育の悪い花粉や異種の花粉，さらには植物種によっては同じ花の花粉が受粉した場合には，花粉が発芽しなかったり，花粉管の伸張が途中で止まったりして，受精に至らない現象もみられる。

被子植物の受精は２か所で起こる

じゅうぶんな伸長によって胚のうまで達した花粉管は，そこで先端がこわれて２個の精細胞を放出する。そのうちの１個の精細胞(n)は卵細胞(n)と受精し，$2n$の**受精卵**になる。一方，もう１個の精細胞の核(n)は中央細胞の中に入り，そこで２個の極核(n)と合体する。こうして中央細胞は$3n$の核(**胚乳核**)をもつ細胞になる。このように，受精が２か所で起こる現象を**重複受精**といい，被子植物に特有の現象である。受精後，胚のうにあった残りの５個の細胞はやがて退化する。子房の中に複数の胚珠を含む植物では，受粉後，重複受精があちこちで起こることになる 図7 。

図5 受粉

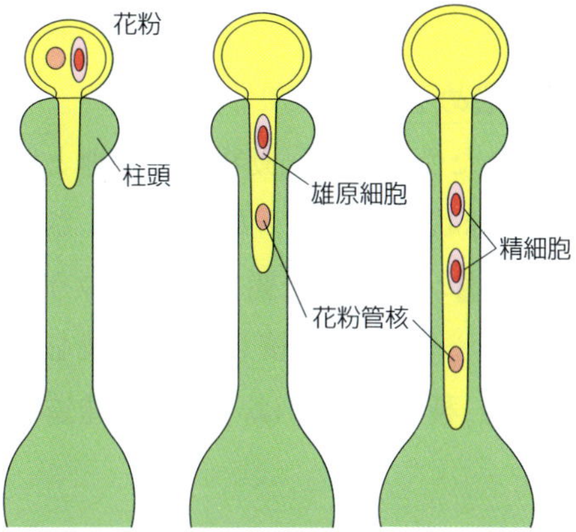

受粉すると，花粉はすぐに花粉管を伸ばし，花粉管の中を花粉管核と雄原細胞が移動していく。雄原細胞は花粉管中で分裂して 2 個の精細胞になる。

図6 花粉管中の花粉管核と 2 個の精細胞の核（テッポウユリ）

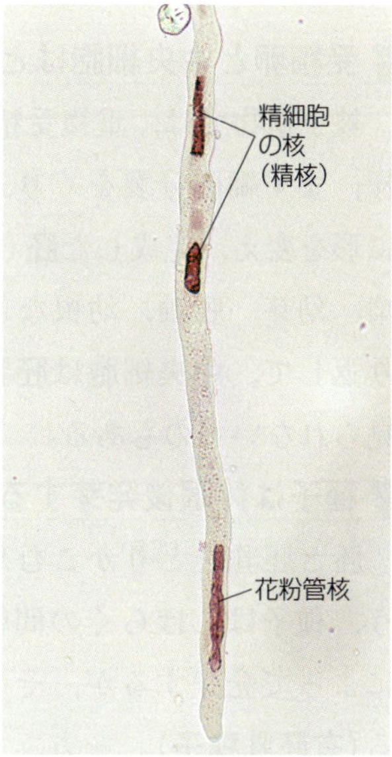

（染色したもの× 250）

図7 被子植物の重複受精

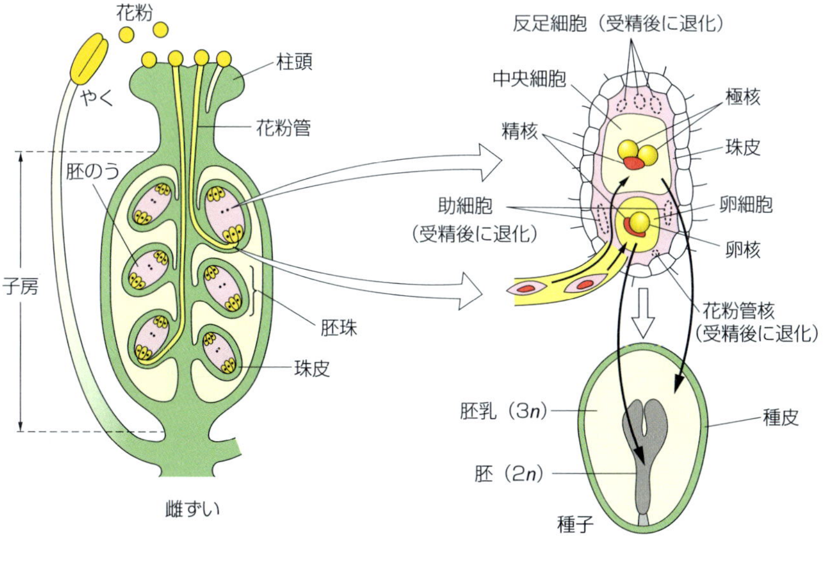

4 胚の発生と種子の形成

受精卵と中央細胞はともに発生を始める

被子植物では，重複受精によって生じた受精卵は，動物の受精卵と同様，まず細胞分裂をくり返し，やがて球状からハート型になり，さらに形を変え，完成した**胚**$(2n)$になる 図8 。完成した胚には，ふつう子葉，幼芽，胚軸，幼根などが見られる。一方，胚乳核$(3n)$も分裂をくり返して，中央細胞は**胚乳**$(3n)$になる。種によっては，胚乳の発達が見られないものもある。

種子は休眠後発芽する

胚と胚乳をとりかこむ珠皮が種皮になり，**種子**が形成される。ふつう，種子はしばらくの間乾燥した状態で休眠する。やがて，吸水などによって発芽するが，その際の胚に必要な養分は胚乳に蓄えられている(**有胚乳種子**)。一方，マメ科植物などの種子のように，胚乳がほとんど発達せず，胚の一部である子葉に養分を蓄えているものもある(**無胚乳種子**，次ページ 図9)。

種子の中の胚は動物の胎児に相当し，はじめは胚乳や子葉などに蓄えられた養分を使って成長するが，やがて自力で光合成を行うようになって植物体にまで成長する。

図8 被子植物の胚発生(有胚乳種子)

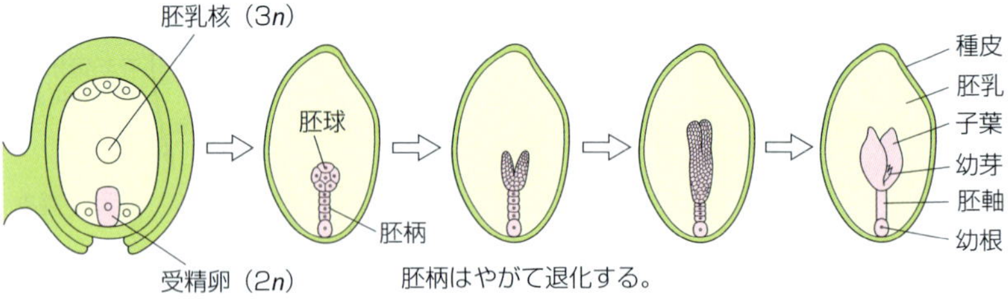

受精卵は細胞分裂をくり返して形を変え，胚球から子葉，幼芽，胚軸，幼根が分化する(胚柄は退化する)。胚乳核は細胞分裂をくり返して胚乳となるが，種によっては次ページの図9のように胚乳が発達しないものもある。

図9 無胚乳種子の発生
（シロイヌナズナ）

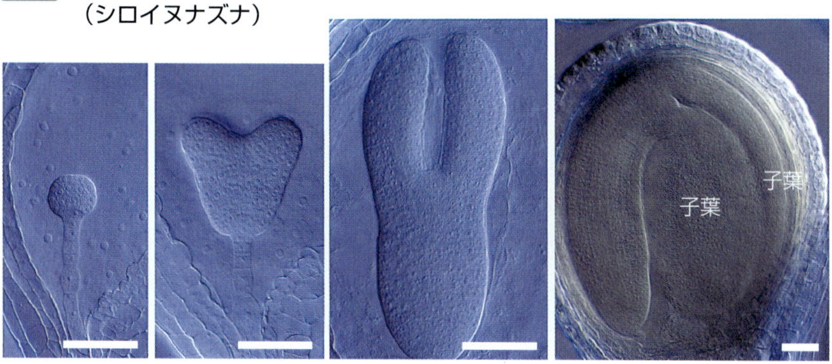

無胚乳種子では，子葉が養分を蓄えて発達するが，胚乳をつくる細胞は退化し消失する（特殊な光学顕微鏡で撮影したもの。写真内の白い線の長さが0.05mmである）。

参考資料

――植物の試験管内受精――

受精を人工的に行うことを人工受精といい，動物では取り出した卵と精子の人工受精（体外受精）が試験管の中で行われている。一方，被子植物でも，胚のうから取り出した卵細胞と花粉や花粉管から取り出した精細胞を人工受精させることがトウモロコシなどで可能となっている。試験管内でつくられた受精卵は，培養液中で分裂をくり返して，やがて胚をへて植物体にまで成長する。

このことは，重複受精を行う被子植物でも，植物体そのものは動物と同じように1個の受精卵から生じたものであることを示している。

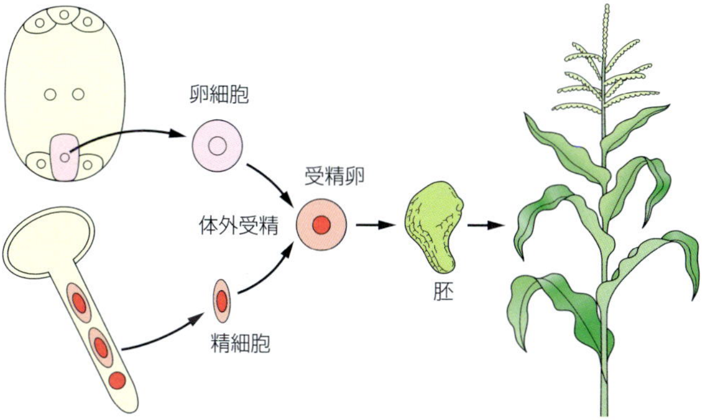

第 3 章

遺伝の法則

A 遺伝現象の規則性

私たちは，同じ人間としての特性をもちながら，各個人はそれぞれ違った特徴をもっている。たとえば，血液型，体質，性格，皮膚の色，男女の別などに分けてみると，同じ特徴がすべてそろっている人はいないであろう。しかし，親と子は似ているし，兄弟や姉妹も似ていることが多い。このような特徴は，どのようにして親から子へ伝えられていくのか。子が親に似たり似なかったりするのはなぜだろうか。

1 遺伝現象

遺伝現象とその研究

生物の体の形や色，性質などの特徴を**形質**といい，親のもつ形質が子やそれ以後の世代に伝わることを**遺伝**という。

古くから，農作物や家畜などでは系統や血統を考慮し，すぐれた形質をもつ親どうしをかけあわせることで，よりすぐれた品種を生み出そうとする努力がなされてきた。しかし，期待していた結果が得られるとは限らず，長い間，形質の伝わり方を明らかにすることはできなかった。しかし，この問題に正しい解答を引き出していた人がいた。

19世紀の中頃，メンデルは，エンドウを用いて，そのいろいろな形質のうち，目につきやすく個体によって明確な差がある形質を選んで交配実験[①]を行い，それらが親から子へどのように遺伝するかを調べた。当時はまだ，染色体の存在も減数分裂も知られていなかったが，彼は，形質のもとになる「因子」を想定し，それが不変のまま親から子へ伝えられていくと考えた。そして，実験の結果を数量的に扱うことによって，遺伝の規則性を明らかにした。彼の考えた「因子」は，現在では**遺伝子**とよばれている。彼の研究は，生前にはその価値が認められなかった。しかし，1900年の再発見(「参考資料」参照)を機に，遺伝学の基盤となった。その後，遺伝学は目ざましい進歩をとげ，現在にいたっている。

参考資料

―――遺伝学の父メンデル―――

メンデルは，チェコのブルノ(当時はオーストリアのブリュン)という小さな町の修道院の神父であった。修道院の仕事のかたわら，彼は中庭にエンドウを栽培して交配実験を行い，その結果をまとめて「植物雑種に関する研究」(1865年)として発表した。しかし，ほとんど注目されなかった。

1900年，ド・フリース(オランダ)，コレンス(ドイツ)，チェルマック(オーストリア)の3人がそれぞれ独自にメンデルと同様の実験を行い，それぞれ同様の結論を得た。そして，35年も前にメンデルが自分たちと同じ結論に到達していたことを知った。これを「メンデルの法則の再発見」とよんでいる。メンデルはそのときすでに他界していたが，彼は「遺伝学の父」とよばれるようになった。

メンデル
(1822～1884)

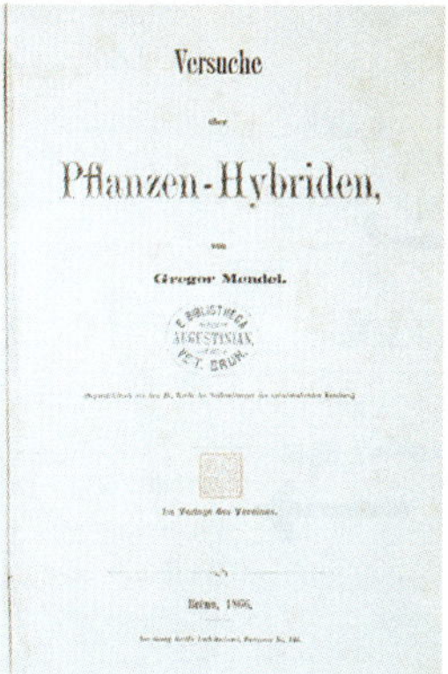

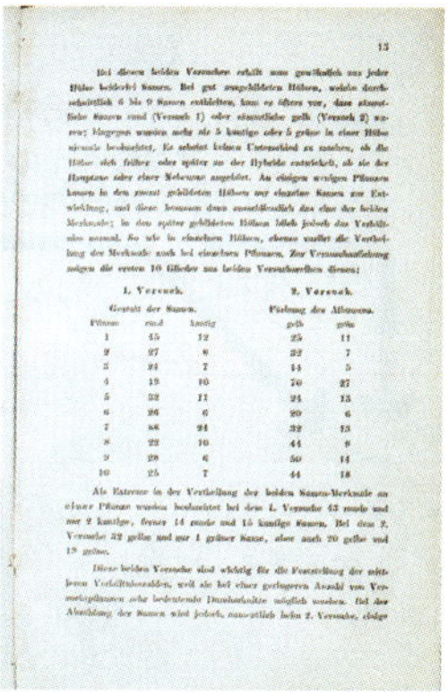

メンデルが発表した論文(左：表紙，右：中ページ)
(ドイツ語で書かれている)

①2個体間で受精や接合を行わせることを交配という。

2 メンデルの実験

メンデルは対立している形質に注目した

エンドウの形質には，種子が丸いものとしわがあるもの，茎の丈が高いものと低いものなどが見られる。このように，たとえば種子の形に関して，“丸”と“しわ”のように異なる形質が見られる場合，それらを**対立形質**という。

メンデルは，図1 のように，何世代にもわたって育てても形質を変えない対立形質をもつ2つの個体どうしを親(Pと略す)として交配させて，生じた子(**雑種第一代**とよびF_1と略す)にどのような形質が現れるかを調べた。さらに，雑種第一代どうしを自家受粉[①]させ，生じた孫(**雑種第二代**とよびF_2と略す)には注目する形質がどのように現れるかを調べた 表1 。

図1 メンデルの実験

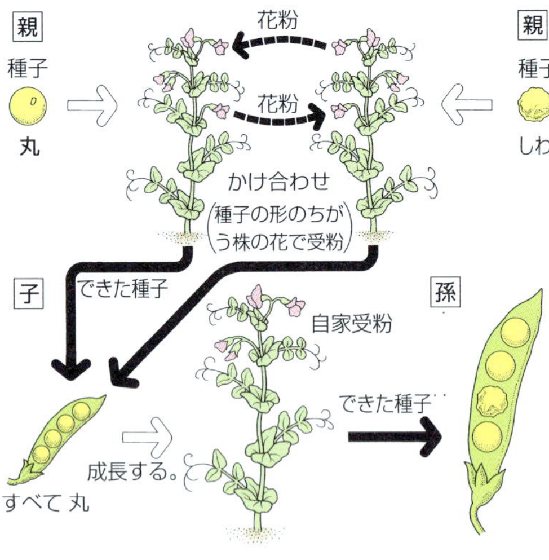

メンデルはエンドウを用いて，対立形質に注目した遺伝の実験を行った。

図2 エンドウの花

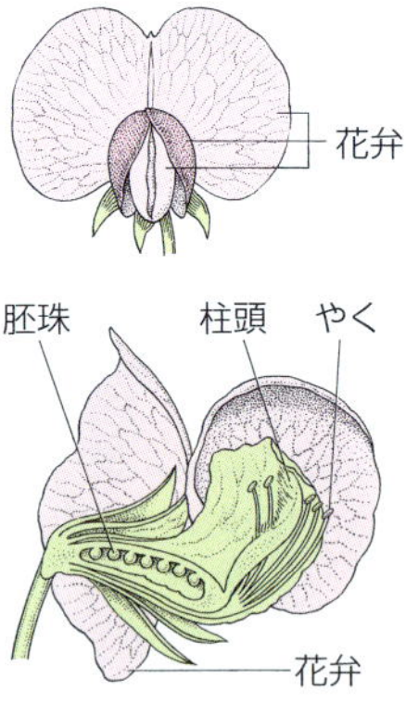

①同一個体内で受粉することを自家受粉という(p.72参照)。エンドウも自家受粉するが，ここでは，親は自家受粉しないようにし，子では自家受粉させている。

下の表1から，F_1の形質とPの形質の関係，F_2の形質とPの形質の関係について規則性を考えてみよう。また，F_2には対立形質の両方が混じって現れている。その比(**分離比**)を計算してみよう。

遺伝現象には規則性があった

丸の種子としわの種子のエンドウを両親として生じるF_1には，丸の種子だけが現れ，しわのものは現れなかった。しかし，そのF_1の自家受粉によって生じた孫では，丸の種子のものとしわの種子のものが，ほぼ3：1の割合で現れた。他の形質についても同様であることがわかる。

表1 メンデルの選んだエンドウの対立形質とその交配結果

形質	種子の形	子葉の色	種皮の色	熟したさやの形	未熟なさやの色	花のつき方	茎の高さ
親(P)	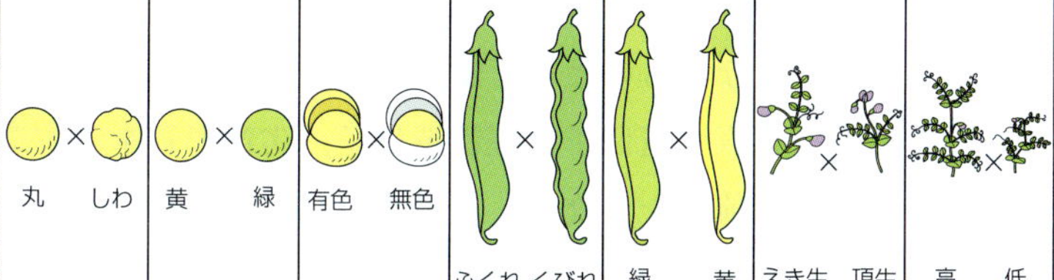 丸 × しわ	黄 × 緑	有色 × 無色	ふくれ × くびれ	緑 × 黄	えき生 × 頂生	高 × 低
雑種第一代(F_1)	丸	黄	有色	ふくれ	緑	えき生	高
雑種第二代(F_2) 優性 / 劣性	5474個 丸 / しわ 1850個	6022個 黄 / 緑 2001個	705個 有色 / 無色 224個	882個 ふくれ / くびれ 299個	428個 緑 / 黄 152個	651個 えき生 / 頂生 207個	787個 高 / 低 277個
雑種第二代(F_2) 分離比	2.96:1	3.01:1	3.15:1	2.95:1	2.82:1	3.14:1	2.84:1

種子の形(左：丸，右：しわ)

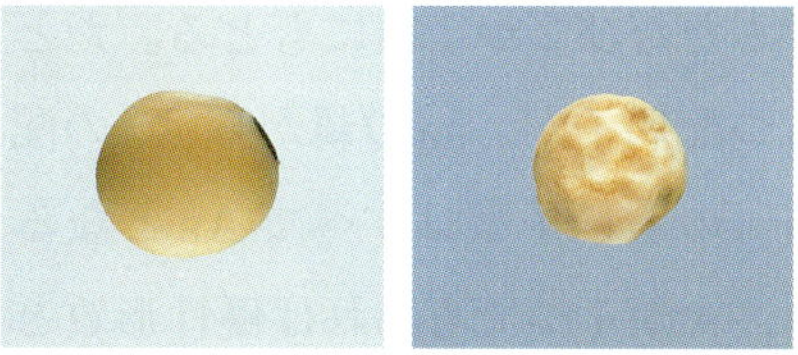

子葉の色(左：黄，右：緑)

3 遺伝のしくみ

F_1には一方の形質だけが，F_2には優性:劣性が 3:1 に現れた

メンデルの実験の結果は次のように整理される。

(1) F_1には，対立形質の一方だけが現れる。

F_1に現れるほうの形質を**優性形質**，現れない形質を**劣性形質**といい，F_1に優性形質だけが現れることを**優性の法則**という。

(2) F_2には，対立形質の両方が現れ，優性形質を示すものと劣性形質を示すものが３：１の割合となる。

体細胞では遺伝子はAAのように２つで１組になっている

メンデルは，この結果を説明するため，“丸の種子”や“しわの種子”などの形質のもとになるものとして**遺伝子**(当時は「因子」とよんだ)を想定した。優性形質を表す遺伝子を優性遺伝子，劣性形質を表す遺伝子を劣性遺伝子として，前者を大文字，後者を小文字で示した。このように対立形質に対応した遺伝子を**対立遺伝子**という。

メンデルは，遺伝子はそれぞれ，AA，Aa，aaのように２つで１組になっていると考えた。

このように，個体のもつ遺伝子の構成を**遺伝子型**という。これに対し，“丸”や“しわ”などのように外に現れた形質を**表現型**という。

交配で遺伝子の組合せはどうなるか

今，図3 のように，優性遺伝子をA，劣性遺伝子をaとすると，親の“丸”はAA，“しわ”はaaとなる。そして，配偶子ができるとき，それぞれの遺伝子は１つずつに分かれて配偶子に入る。これを**分離の法則**という。そして受精により，遺伝子はふたたび２つ１組にもどる。たとえば，遺伝子型AAの親からはAをもつ配偶子が，aaの親からはaの配偶子が生じ，両者が受精して生じるF_1の遺伝子型はすべてAaとなる。ここで，Aはa に対して優性，つまり，Aが１つでもあれば優性形質となるので，F_1はすべて丸の種子となる。

次に，F_1(遺伝子型Aa)がつくる配偶子は，Aのものとaのものが同じ2分の1ずつの確率で生じる。これらの配偶子を自家受精させてできるF_2の遺伝子型には，AA，Aa，aaの3通りがあり，それらが生じる確率は，2枚の硬貨を投げたとき[表・表]，[表・裏]，[裏・裏]が出る確率と同じである。つまり，AAが4分の1，Aaが2分の1，aaが4分の1の確率で生じる。したがって，個体数がじゅうぶん多ければ，優性形質 のもの (AA，Aa)と劣性形質のもの(aa)の分離比は，ほぼ3：1となる。

一般に，AAやaaのように同一遺伝子の組合せをもつ個体を**ホモ接合体**，Aaのように対立遺伝子の組合せをもつ個体を**ヘテロ接合体**という。そして，注目する遺伝子がすべてホモ接合になっている系統を**純系**という。

また，1組の対立形質だけが異なるホモ接合体の両親間の雑種を**一遺伝子雑種**という。

図3 優性の法則と分離の法則

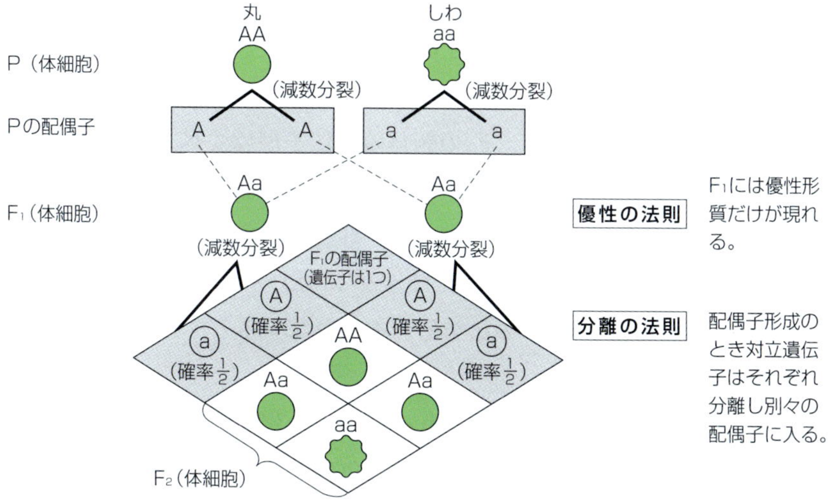

2組の対立形質に同時に注目すると

エンドウでは，種子の形(丸としわ)と子葉の色(黄色と緑色)は，それぞれ１組の対立遺伝子に支配されている対立形質である。メンデルは，この２つに同時に注目して交配して雑種を得た。

種子が丸で子葉が黄色のもの([丸・黄]と表す)と，種子がしわで子葉が緑色のもの([しわ・緑]と表す)の純系の個体どうしを親(P)として交配したところ，F_1はすべて[丸・黄]となった。さらにこのF_1を自家受粉させると，F_2は[丸・黄]：[丸・緑]：[しわ・黄]：[しわ・緑]が，ほぼ９：３：３：１に分離した 図4 。

独立の法則

この結果を遺伝子型で考えてみよう。いま，種子の形に関する遺伝子をＡとａで，子葉の色に関する遺伝子をＢとｂで示すと，F_1の結果から，種子については“丸”の遺伝子が優性(A)，“しわ”が劣性(a)で，子葉については“黄色”の遺伝子が優性(B)，“緑色”が劣性(b)であることがわかる。また，Ｐの遺伝子型は[丸・黄]がAABB，[しわ・緑]がaabbであることもわかる。

Ｐのつくる配偶子は，２組の対立遺伝子がそれぞれ分離の法則に従うので，AABBの個体からはAB，aabbからはabの遺伝子をもつ配偶子だけが生じる。したがって，F_1の個体の遺伝子型はすべてAaBbとなり，ＡとＢが優性なので表現型はすべて[丸・黄]となる。

F_1の自家受精によって生じたF_2は， 図6 のように[丸・黄]：[丸・緑]：[しわ・黄]：[しわ・緑]が，ほぼ９：３：３：１になる。ここで，“丸：しわ”，“黄色：緑色”の比をそれぞれ計算すると，いずれも３：１となっている。

これは，２組の対立遺伝子がそれぞれ別々の相同染色体にあり，配偶子がつくられるとき，それぞれの相同染色体が他の相同染色体とは無関係に分かれて配偶子に入るので，配偶子にAB，Ab，aB，abの４種類の組合せが等しく４分の１の確率(つまり１：１：１：１の比)で生じた

ためである 図5 。このように，複数の対立遺伝子がたがいに独立に配偶子に分配されることを**独立の法則**という。また，2組の対立形質について異なる両親（ホモ接合体）間の雑種を**二遺伝子雑種**という。

図4 二遺伝子雑種の遺伝

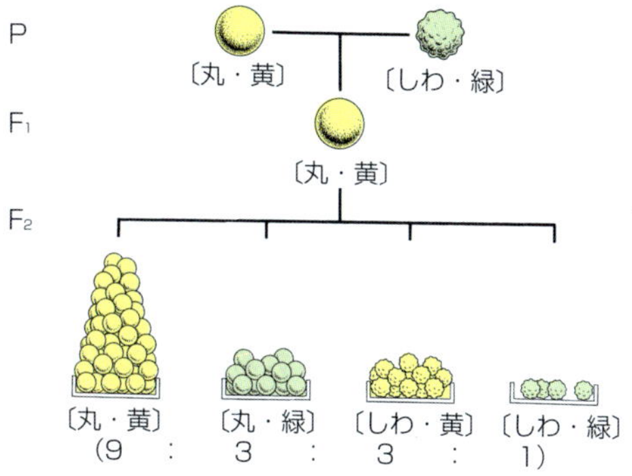

図5 二遺伝子雑種の F_1 の配偶子のでき方

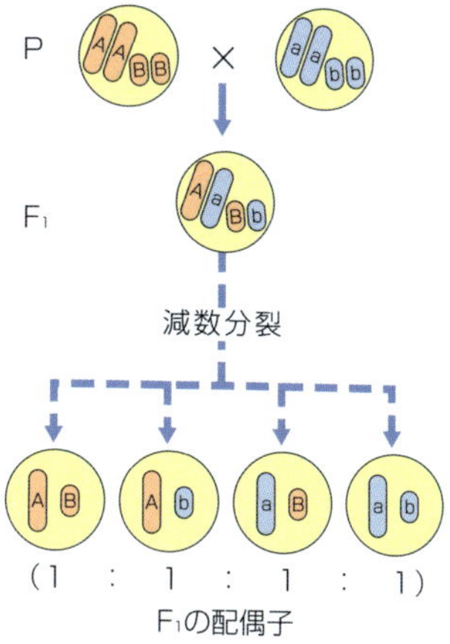

図6 二遺伝子雑種を遺伝子型で考える

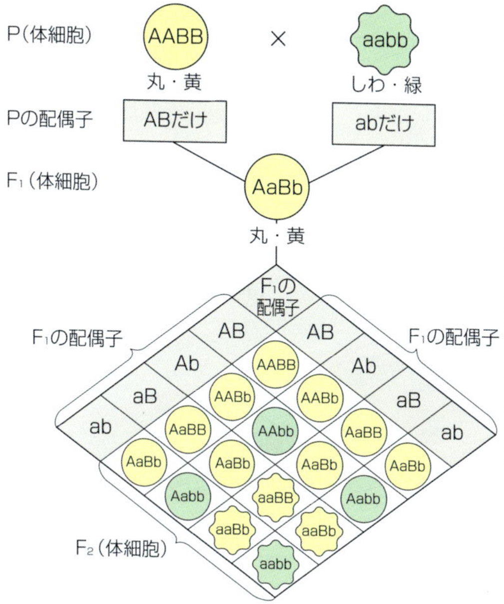

F_2 の分離比

遺伝子型の分離比		表現型の分離比	
AABB	1	丸・黄	9
AABb	2		
AaBB	2		
AaBb	4		
AAbb	1	丸・緑	3
Aabb	2		
aaBB	1	しわ・黄	3
aaBb	2		
aabb	1	しわ・緑	1

検定交雑

表現型が優性形質の個体には，優性のホモ接合体とヘテロ接合体があり，外見上からは遺伝子型を区別できない。しかし，表現型が劣性のものは劣性ホモ接合体だけである。ある個体を劣性ホモ接合体と交雑[①]させた場合，その個体がつくる配偶子の遺伝子型がそのまま次代の個体の分離比として現れてくるので，もとの個体の遺伝子型を推定することができる。このような交雑を**検定交雑**という。

たとえば，前ページのF_1（遺伝子型AaBb）を劣性ホモ接合体(aabb)とかけ合わせると，次代には[丸・黄]：[丸・緑]：[しわ・黄]：[しわ・緑]の分離比は1：1：1：1となる。これは，F_1の個体がつくった配偶子がAB：Ab：aB：ab＝1：1：1：1であることを意味している 図7 。

図7　検定交雑の例（エンドウの種子の形と子葉の色）

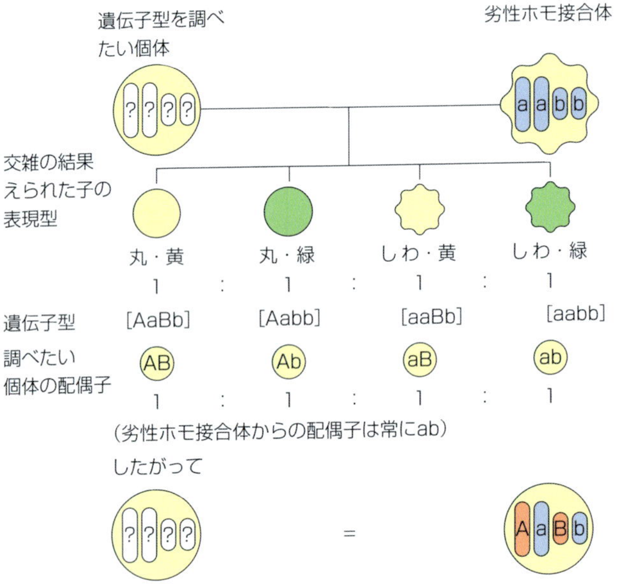

①遺伝子型の異なる2個体間の交配を交雑とよぶ。

4 形質と遺伝子

親から子へ遺伝子の伝わり方はメンデルの法則どおりでも，対立遺伝子のはたらきや遺伝子の相互作用により，形質の現れ方はさまざまである。

ヘテロ接合体が中間の形質を示すものもある(不完全優性)

キンギョソウでは，赤花と白花の個体を交配すると，F_1はすべて桃色花となる 図8 。このように，ヘテロ接合体に優性と劣性の中間の形質が現れる場合がある。この対立遺伝子間の関係を**不完全優性**といい，桃色花のような雑種を**中間雑種**という。

3つで1組の対立遺伝子もある(複対立遺伝子)

ヒトのABO式血液型は，赤血球の表面に存在する物質の違いによって生じ，A型，B型，O型およびAB型の4通りの表現型がある 図9 。ABO式血液型を表す遺伝子はA，B，Oの3種類がある。遺伝子AとBはいずれも遺伝子Oに対して優性で，AとBの間には優劣関係はない。このように，1つの形質に3つ以上の対立遺伝子があるとき，これらの遺伝子を**複対立遺伝子**という。

図8 不完全優性(キンギョソウの花色)

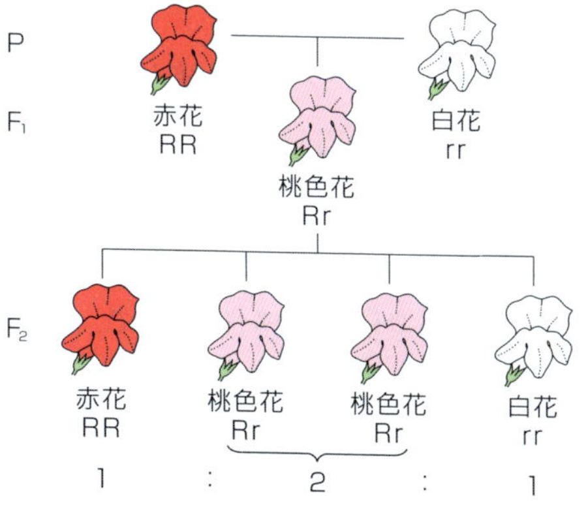

図9 複対立遺伝子による遺伝(ABO式血液型)

表現型	遺伝子型
A型	AA
	AO
B型	BB
	BO
AB型	AB
O型	OO

ホモ接合になると個体が生存できない遺伝子もある(致死遺伝子)

毛色が黄色のハツカネズミどうしの交配では，F_1には毛色が黄色と灰色のものが２：１の比で現れる。灰色のものどうしの交配では，必ず灰色だけが生じる。これは，黄色の遺伝子が，毛色については優性遺伝子であると同時に，ホモ接合になると発生の初期に死んでしまう劣性の**致死遺伝子**でもあるためである 図10 。

１つの形質に複数の遺伝子が相互作用している場合もある

ナズナの実の形には，うちわ形とやり形がある。あるうちわ形の純系とやり形の純系を交配するとF_1はすべてうちわ形となり，F_1の自家受粉によるF_2ではうちわ形：やり形が15：１に分離する。これは，うちわ形という１つの形質を現す遺伝子が２種類あり，どちらか一方があればうちわ形となるためである。このように，２種類以上の遺伝子がそれぞれ独立に同じ形質を表す場合，それらを**同義遺伝子**という 図11 。

スイートピーにはいろいろな品種があるが，ある白色の系統と，別の系統の白色花を交配すると，F_1はすべて有色花となり，F_1の自家交配によるF_2では有色花と白色花が９：７に分離する。これは，色素のもとになる物質(色素原)をつくる遺伝子Ｃと，それを発色させる酵素をつくる遺伝子Ｐがあり，この両方がそろったときだけ色素が生じるためである。このように，２つ以上の遺伝子が補足し合って１つの形質を現す場合，それらを**補足遺伝子**という 図12 。

カイコガには，白まゆをつくる系統と黄まゆをつくる系統がある。この両者を両親として図13のように交配すると，F_1はすべて白まゆとなり，F_1どうしの交配によるF_2では白まゆ：黄まゆが13：３に分離する。これは，黄色を発現する遺伝子(Y)のほかに，色の発現を抑制する遺伝子(I)があると考えればよい。つまり，黄色遺伝子が優性(Y)で，抑制する遺伝子Iがない(劣性遺伝子iだけをもつ)場合だけ黄まゆになる。発現を抑えるIのような遺伝子を**抑制遺伝子**という 図13 。

以上の遺伝子の相互作用の例は，メンデルの独立の法則が成り立つときの，F_2の分離比（9：3：3：1）の変形として理解することができる。

図10　致死遺伝子による遺伝（ハツカネズミの毛色）

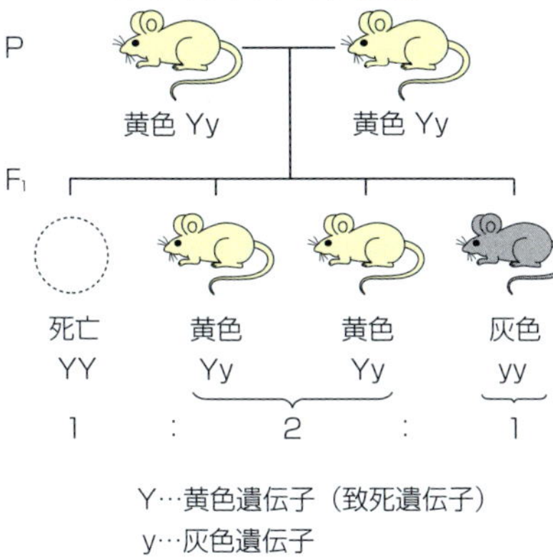

Yは毛色に関しては優性の遺伝子だが，ホモ接合になると致死作用をもつため，YYの個体は胎児の段階で死ぬ。

図11　同義遺伝子による遺伝（ナズナの実の形）

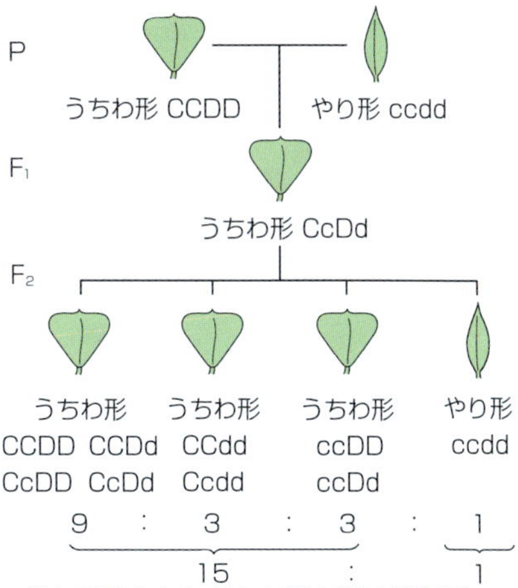

CとDはともにうちわ形を現す遺伝子で，一方だけでもうちわ形となる。したがって，やり形はccddだけである。

図12　補足遺伝子による遺伝（スイートピーの花色）

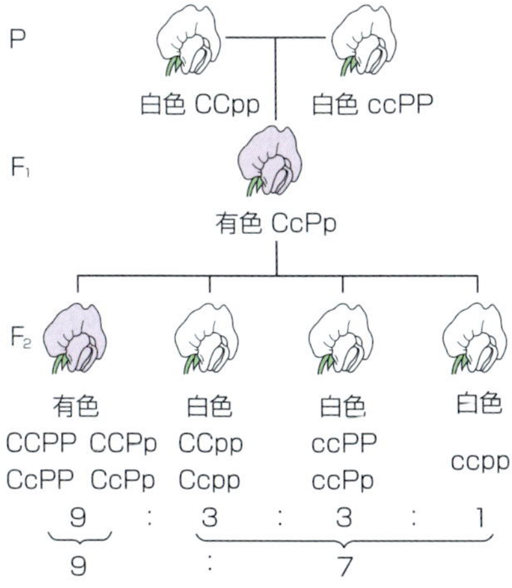

CとPはたがいに補足し合って形質を発現する。すなわち，CとPがそろったときだけ有色となり，どちらかが欠けても白色となる。

図13　抑制遺伝子による遺伝（カイコガのまゆの色）

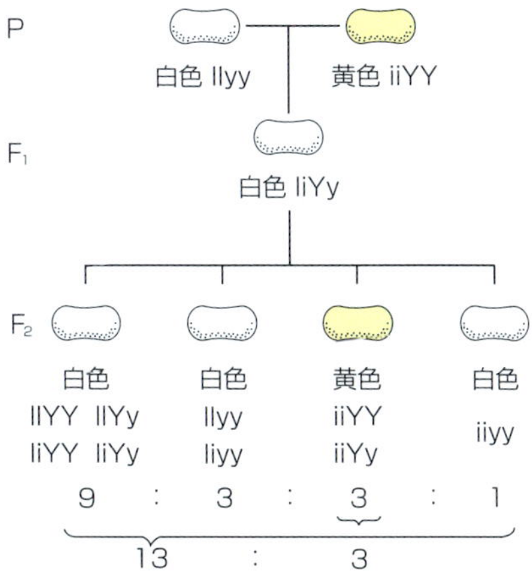

Yは色素を形成して黄色まゆを発現するが，IがあるとYのはたらきが抑制されて，白色となる。

B 染色体と遺伝子

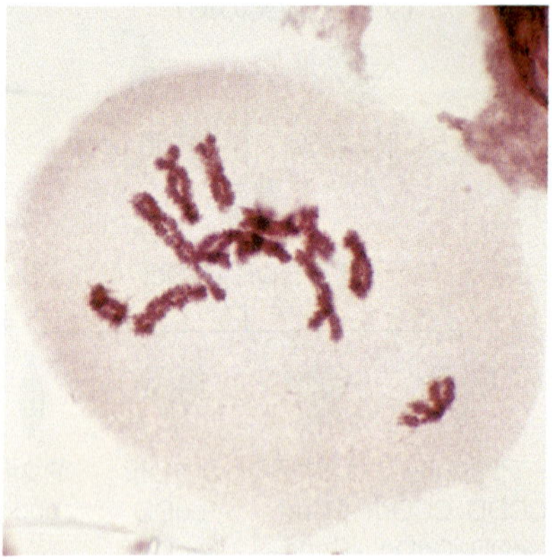
減数分裂で対合した染色体（ユリ，×800）

生物のもつ遺伝形質の数はきわめて多いが，その生物のもつ染色体数はそれほど多くない。これは，1本の染色体に多数の遺伝子が存在しているからである。同一染色体にある遺伝子は相伴って行動をすることになる。

さらに，減数分裂の際に，染色体が交さすることがあり，このとき遺伝子の組換えがおこる。ここでは，遺伝子の組合せとその変化について理解を深めることにしよう。

1 遺伝子の存在場所

遺伝子は染色体中にある

1902年，サットンは，メンデルの考えた対立遺伝子の行動 図1 を生殖細胞の形成から受精までの染色体の動きと比較することで，メンデルの「因子」が細胞の核に含まれる染色体の一部であると考えた。

生殖細胞ができるとき，母細胞では対になった相同染色体が存在するが，その後減数分裂で，相同染色体が1本ずつ分かれて配偶子に分配される。そして，受精によってふたたび1対の相同染色体にもどる 図2 。また，相同染色体の分離の仕方は染色体ごとに独立で，メンデルの独立の法則における遺伝子のふるまいと一致する。

独立の法則があてはまらない

1905年，ベーツソンとパネットは，スイートピーの花の色と花粉の形に注目して二遺伝子雑種をつくり， 図3 のような結果をえた。この F_2 では，表現型の分離比が9：3：3：1とは大きくずれた値となり，[紫花・長花粉]と[赤花・丸花粉]の現れ方がいちじるしく多かった。つまり，この二遺伝子雑種には独立の法則が当てはまらないことになる。

図 1　メンデルが考えた１組の対立遺伝子の行動

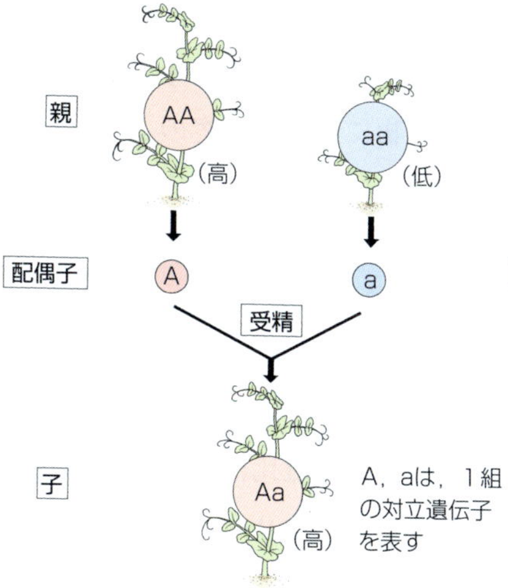

図 2　染色体の動き(１対の相同染色体に着目した場合)

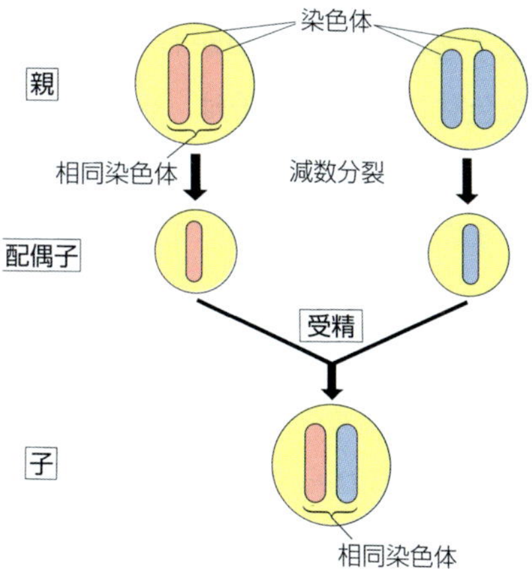

図 3　スイートピーの花色と花粉の形の遺伝

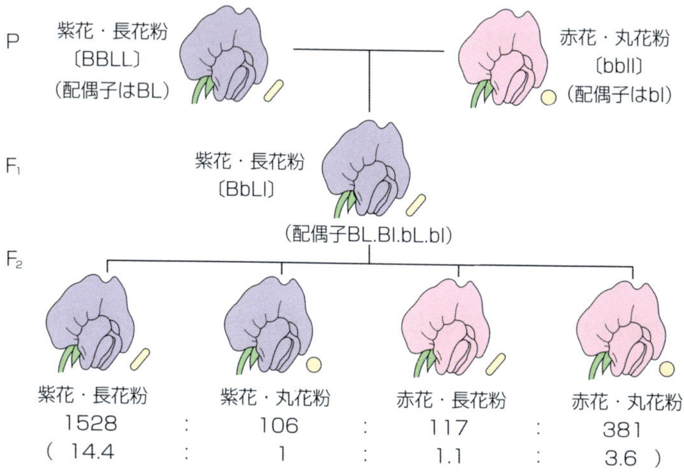

スイートピーの二遺伝子雑種を使った交配実験では，F_2はメンデルの独立の法則に当てはまらないような分離比を得た。

2 連鎖と組換え

2つの形質が同じ染色体にある

モーガンは，図3 の結果を説明するために，「花の色にかかわる遺伝子と花粉の形にかかわる遺伝子が同じ染色体にある」と考えた。同じ染色体にある遺伝子は，ふつうは同じ乗り物に乗った乗客のように，行動をともにする。このとき，これらの遺伝子は**連鎖**しているという。

また，連鎖した遺伝子の群を連鎖群といい，1本の染色体には多数の遺伝子が連鎖群になっている。

いま仮に，2組の遺伝子が完全に連鎖している場合は，遺伝子型がBbLlのF_1からつくられる配偶子の種類は2種類しかない(**完全連鎖**) 図4 。これらを自家交配した場合，次の代の分離比は両方とも優性形質のものと両方とも劣性形質のものとが3：1となり，他の形質の組み合わせは生まれてこないはずである。

染色体の乗換えの結果，遺伝子の組換えが起こった

モーガンは，次に「花の色と花粉の形を決める遺伝子は連鎖しているが，一部の配偶子で遺伝子の組合わせが変わった」と考えた。これを遺伝子の**組換え**という。連鎖している遺伝子の組換えが起こるのは，減数分裂の第一分裂において相同染色体が対合したとき，複製した染色体どうしが交さし，その部分で染色体の一部が交換されるためである。これを染色体の**乗換え**という 図5 。

図3 の実験結果について，紫花と赤花の遺伝子をBとb，長花粉と丸花粉の遺伝子をLとlで表し，この2組の対立遺伝子が連鎖しているとして考えてみよう。もし連鎖が完全であれば，F_1(遺伝子型BbLl)の個体からできる配偶子はBLと blの2種類だけであり，F_2では［紫花・長花粉］と［赤花・丸花粉］のみが3：1で生じるはずである。しかし，一部の配偶子で遺伝子の組換えが起こり，BL，Bl，bL，blの4種類の配偶子が8：1：1：8の割合でできたと考えると，F_2の個

体の表現型の分離比は，［紫花・長花粉］：［紫花・丸花粉］：［赤花・長花粉］：［赤花・丸花粉］が13.3：1：1：3.8となる 表1 。この分離比は 図3 の実験結果とよく合っている。

図4 完全連鎖している場合

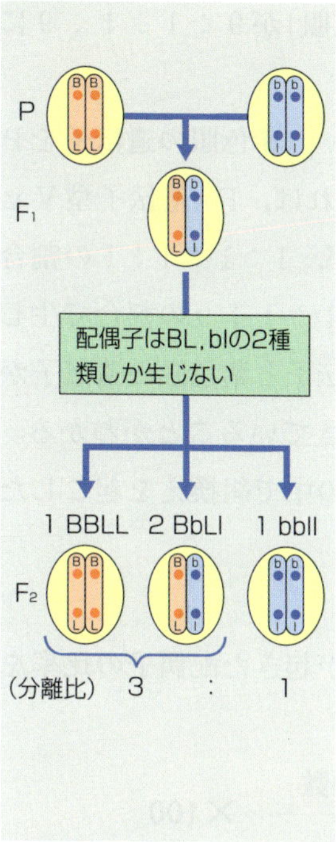

図5 減数分裂における乗換えの起こり方と配偶子の種類

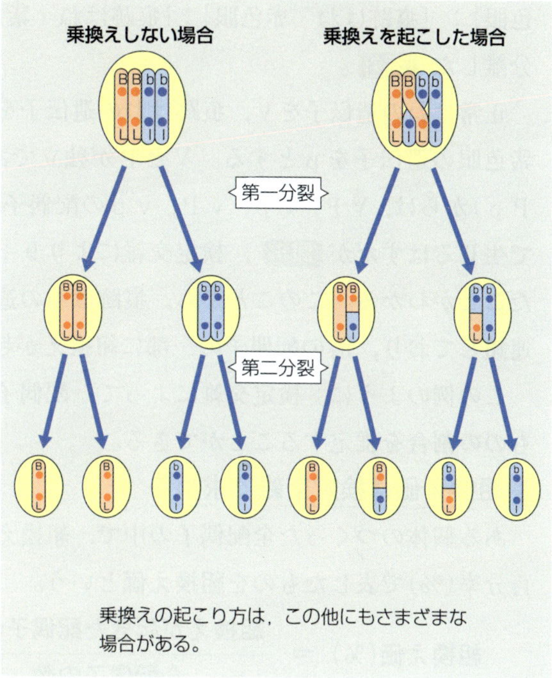

表1 組換えが起きている場合の分離比

	8 BL	Bl	bL	8 bl
8 BL	64 BBLL	8 BBLl	8 BbLL	64 BbLl
Bl	8 BBLl	BBll	BbLl	8 Bbll
bL	8 BbLL	BbLl	bbLL	8 bbLl
8 bl	64 BbLl	8 Bbll	8 bbLl	64 bbll

表現型の合計

［紫花・長花粉］：［紫花・丸花粉］：［赤花・長花粉］：［赤花・丸花粉］
＝226：17：17：64
≒13.3：1：1：3.8

（図3の実験結果）
＝1528：106：117：381
≒14.4：1：1.1：3.6

検定交雑によって生じる配偶子の比と遺伝子構成を知る

ショウジョウバエで，［正常はね・赤色眼］の雌と［痕跡はね・紫色眼］の雄を交配すると，F_1はすべて［正常はね・赤色眼］となった。このF_1の［正常はね・赤色眼］の雌に，劣性ホモ接合体である［痕跡はね・紫色眼］の雄を交雑(検定交雑)すると，［正常はね・赤色眼］：［正常はね・紫色眼］：［痕跡はね・赤色眼］：［痕跡はね・紫色眼］が９：１：１：９に分離した **図7** 。

正常はねの遺伝子をＶ，痕跡はねの遺伝子をｖ，赤色眼の遺伝子をＰ，紫色眼の遺伝子をｐとする。ＶとＰが独立であれば，F_1(遺伝子型ＶｖＰｐ)からは，ＶＰ，Ｖｐ，ｖＰ，ｖｐの配偶子が，１：１：１：１の割合で生じるはずだが **図6** ，検定交雑により９：１：１：９の割合で生じたことがわかる。このことから，痕跡はねの遺伝子と紫色眼の遺伝子が連鎖しており，F_1の配偶子の一部に組換えが起きていることがわかる。

この例のように，検定交雑によって，配偶子の中で組換えを起こしたものの割合を推定することができる。

組換え価は検定交雑で求める

ある個体のつくった全配偶子の中で，組換えが起きた配偶子の比率を百分率(％)で表したものを**組換え価**という。

$$\text{組換え価(\%)} = \frac{\text{組換えが起きた配偶子の数}}{\text{全配偶子の数}} \times 100$$

検定交雑の結果から組換え価を求める式は次のようになる。

$$\text{組換え価(\%)} = \frac{\text{組換えが起きた個体数}}{\text{検定交雑でえられた全個体数}} \times 100$$

染色体で乗換えが起きても，着目する遺伝子どうしで組換えが必ず起きるとは限らない。 **図8** をみると，染色体の乗換えが着目する遺伝子の間で起きたときのみ，遺伝子の組換えが起こることがわかる。したがって，染色体における遺伝子間の距離が大きいほど，組換えの起こる確率は大きくなる。染色体のどこでも同じような確率で乗換えが起こると仮定すると，遺伝子間の距離と組換えの起こりやすさ(すなわち組換え価)は，ほぼ比例すると考えられる。

図6　連鎖していない場合の遺伝

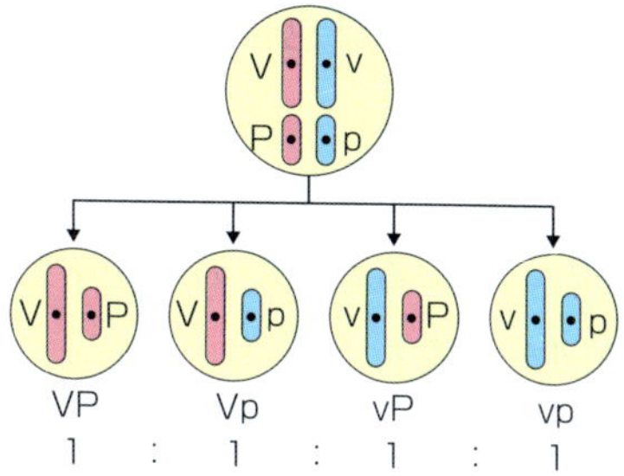

4種類の配偶子が同じ割合で生じる

図7　ショウジョウバエの痕跡はねと紫色眼の遺伝

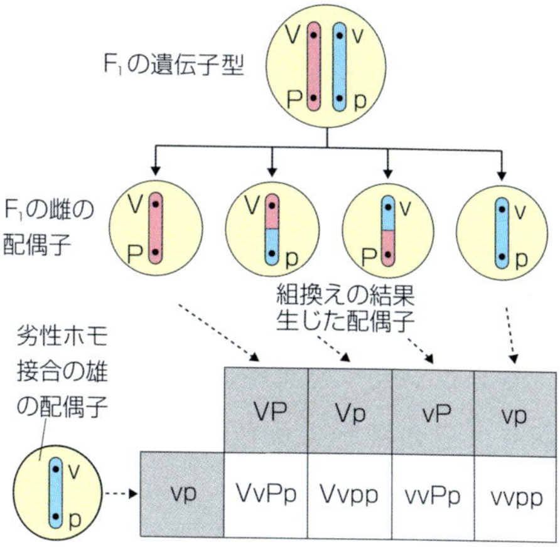

	VP	Vp	vP	vp
vp	VvPp	Vvpp	vvPp	vvpp

実験結果	正常はね赤色眼	正常はね紫色眼	痕跡はね赤色眼	痕跡はね紫色眼
	36個体	4個体	4個体	36個体

（図7の説明）
右の表から，F_1の雌の4種類の配偶子は，VP：Vp：vP：vp=9：1：1：9の割合で生じたことがわかる。

図8　遺伝子間の距離と組換え価

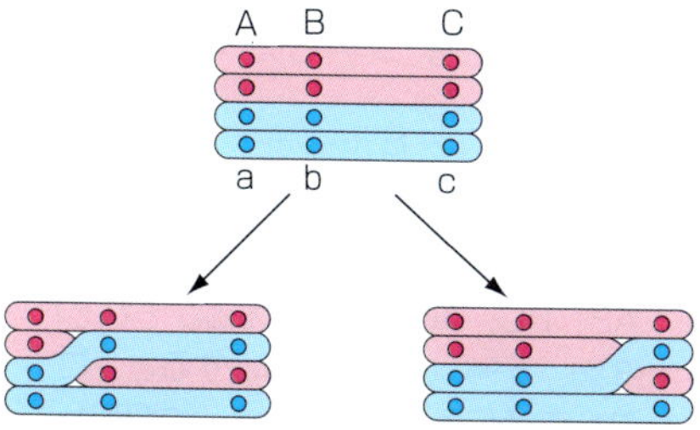

AaとBbの間で組換えが起きる。（BCとbcは連鎖したまま）

BbとCcの間で組換えが起きる。（ABとabは連鎖したまま）

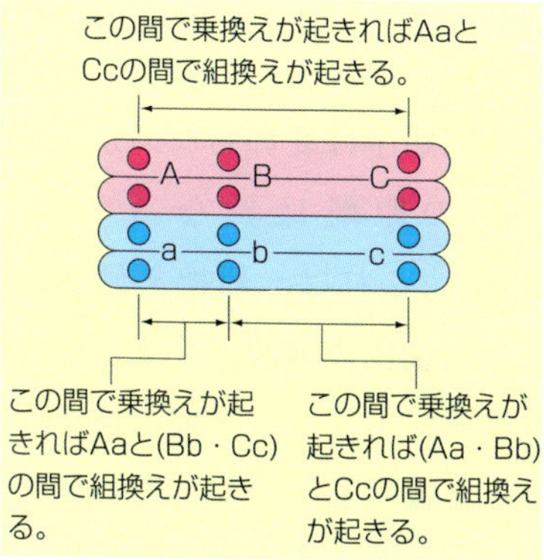

この間で乗換えが起きればAaとCcの間で組換えが起きる。
A B C
a b c
この間で乗換えが起きればAaと(Bb・Cc)の間で組換えが起きる。
この間で乗換えが起きれば(Aa・Bb)とCcの間で組換えが起きる。

3 染色体地図と唾腺染色体

組換え価から遺伝子の相対的位置がわかる

組換え価が染色体における遺伝子間の距離に比例することから，それぞれの遺伝子間の組換え価を求め，それをもとにして染色体の遺伝子の相対的な位置を決めることができる 図9 。

このようにして染色体の遺伝子の位置を表したものを**染色体地図**という。モーガンは，キイロショウジョウバエのいろいろな形質の遺伝子について組換え価をもとめ，詳細な染色体地図を作成した。

唾腺染色体の横しまから遺伝子の位置がわかる

ショウジョウバエやユスリカなどの昆虫の幼虫には唾腺という器官があり，その細胞の染色体(**唾腺染色体**)は間期でも観察することができ，ふつうの染色体の100～150倍の大きさがある 図10 。この染色体には，約5000本の横しまが存在し，その位置や数は染色体ごとに一定している。

形質に変化を起こした個体の唾腺染色体を観察すると，特定の染色体の特定の横しまに変化が見られる。このことから，その横しまの位置にその形質にかかわる遺伝子があることがわかる。

組換え価をもとにして作成したショウジョウバエの染色体地図と，唾腺染色体の観察や減数分裂のときの染色体の観察から求めた実際の遺伝子の位置を比べると，遺伝子の配列順序は変わらないが，遺伝子間の距離は異なっている 図11 。これは，組換え価をもとにした染色体地図が，染色体のどの場所でも同じ確率で乗換えが起こると仮定してつくったものであるのに対し，実際には，乗換えの

図9　三点交雑

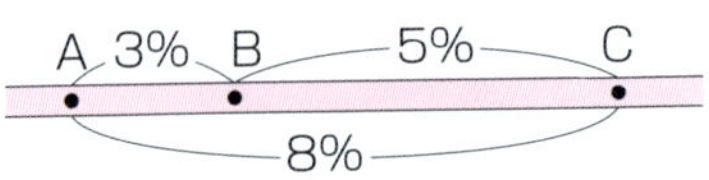

連鎖している遺伝子A，B，C間で，AB，BC，AC間の組換え価がそれぞれ3％，5％，8％であるとすると，これらの遺伝子は上の図のように配列していると推定される。

このように，連鎖している3つの遺伝子を選んで，相対的な位置を求める方法を三点交雑という。

起こりやすさは染色体の場所によって異なっているためである。

図10 キイロショウジョウバエの幼虫の唾腺（左）と唾腺染色体(右)

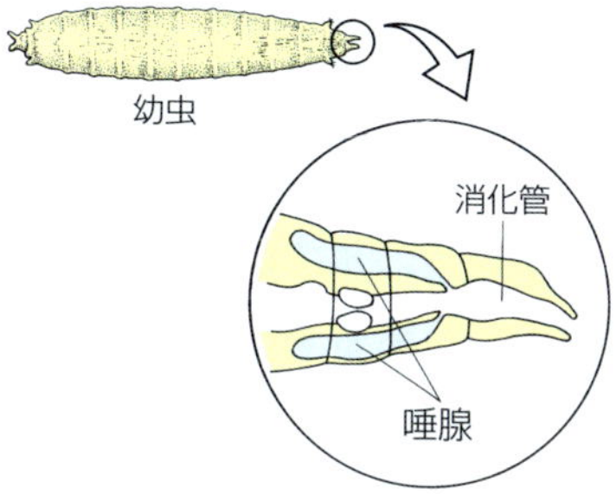

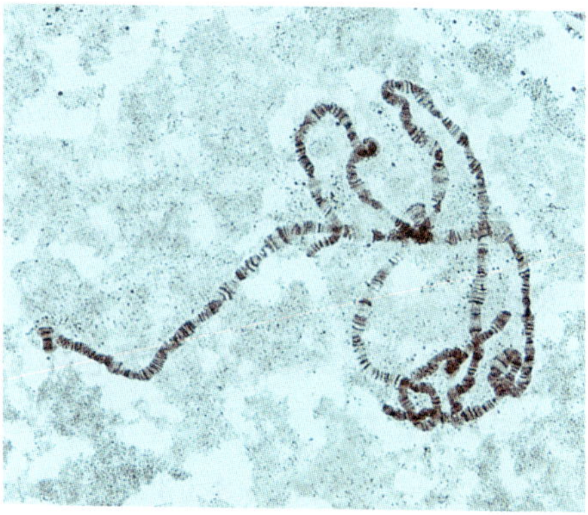

（×300）

図11 組換え価から求めた染色体地図(右)，唾腺染色体の観察から得た遺伝子の位置との比較(左)

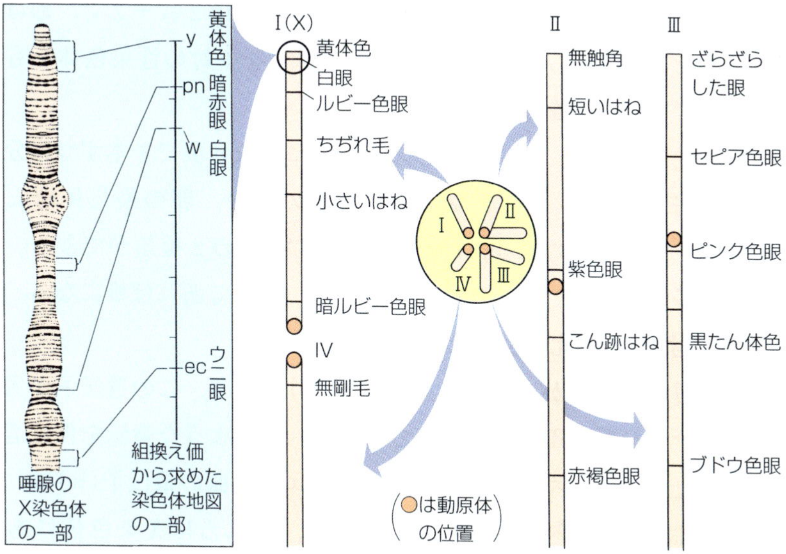

4 性と遺伝

染色体は雌雄で異なる

個体が雄になるか雌になるかは，多くの生物で遺伝的に決められている。つまり，染色体の中には性を決定する染色体(**性染色体**)があり，雌と雄ではその組合せが異なっている。ヒトやショウジョウバエの性染色体は2本あり，それぞれ**X染色体**，**Y染色体**という。雄ではX染色体とY染色体が1本ずつ，雌ではX染色体が2本(1対)ある 図12,13。

性染色体以外の染色体を**常染色体**という。常染色体は，相同染色体が2本ずつ対になっており，ヒト($2n = 46$)では44本(22対)，ショウジョウバエ($2n = 8$)では6本(3対)である。常染色体を2Aで表すと，ヒトやショウジョウバエの染色体の構成は，雌は2A + XX，雄では2A + XYと表すことができる。このように，雌が同等な1対の性染色体をもち，雄がそうでない場合を**雄ヘテロ型**①という。

一方，ニワトリやカイコガの染色体構成は，雄は2A + ZZ，雌は2A + ZWと表される。このように，雄が同等な1対の性染色体をもち，雌がそうでない場合を**雌ヘテロ型**②という。

2本の性染色体は，常染色体と同じように減数分裂で1本ずつに分かれる。つまり，ヒトやショウジョウバエの場合，卵の染色体構成はA + Xの1種類しかないが，精子はA+X，A+Yの2種類ができる。受精した精子がA+Xであれば子は雌になり，A+Yであれば雄になる。

性別により分離比が異なる形質がある

ある形質の遺伝子がXまたはZ染色体だけにあり，この遺伝子が劣性の場合，その形質の現れ方は雌雄で異なる。このような遺伝を**伴性遺伝**という。たとえば，キイロショウジョウバエの白眼の遺伝子(w)は，野生型の赤眼の遺伝子(W)に対して劣性で，これらはX染色体にある。雌の場合は，w遺伝子がホモ接合にならないと白眼にならないが，雄の場合はX染色体が1本しかないので，w遺伝子が1つあれば白眼になる。

赤眼の雌と白眼の雄を交配すると，F_1はすべて赤眼となり，F_1の交配で生じるF_2は，雌はすべて赤眼，雄は赤眼：白眼が1：1となる 図14。ヒトの赤緑色盲や血友病の遺伝子もX染色体にある劣性遺伝子で，伴性遺伝をする。

図12　ショウジョウバエの性の決定

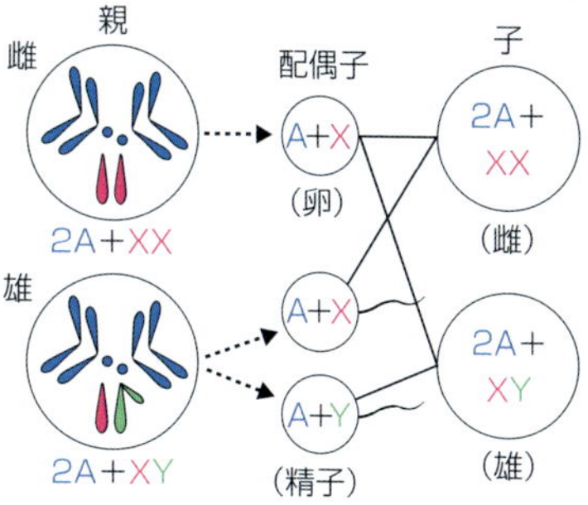

図13　ヒトの性染色体と常染色体

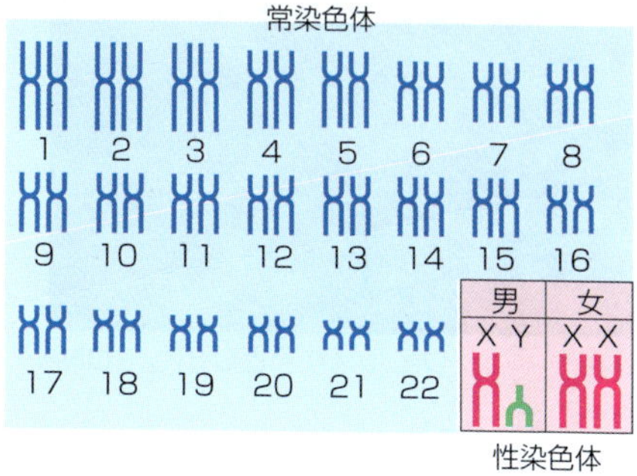

図14　キイロショウジョウバエの眼色の伴性遺伝

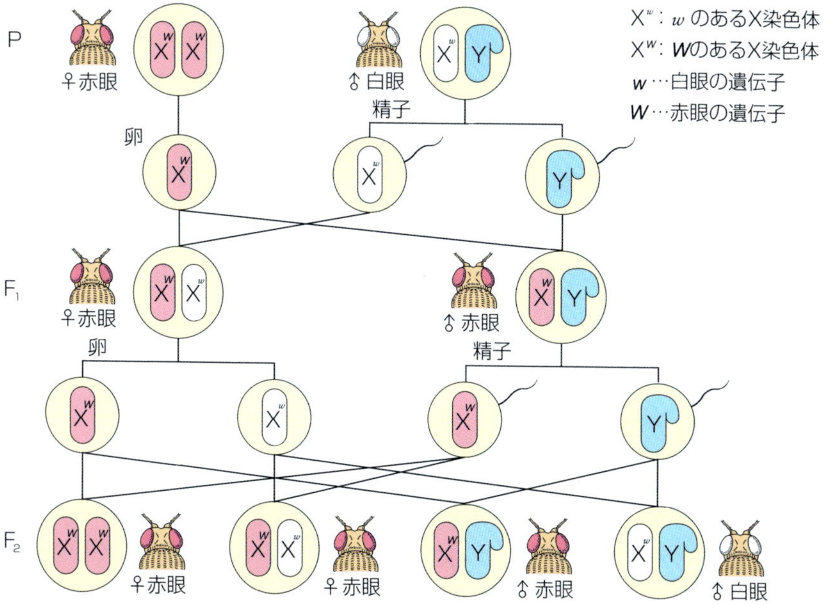

①雄がX染色体とY染色体をもつ場合をXY型といい，雄がX染色体を1つだけもちY染色体を欠く場合(トンボやバッタなど)をXO型という。

②雌がZ染色体とW染色体を持つ場合をZW型といい，雌がZ染色体を1つだけもちW染色体を欠く場合(ミノガなど)をZO型という。

C 遺伝子の本体

ウイルスからとび出したDNA

遺伝子が染色体に実在すると考えられるようになるにつれ，遺伝子の本体は何かという研究が進められ，遺伝子とDNA（デオキシリボ核酸）の関係が注目されるようになった。

遺伝子の本体がDNAであることはどのように証明されたのであろうか。この節では，現在の遺伝子を中心とした生物学の基礎について学習することにしよう。

1 遺伝子の本体の解明

遺伝子はどのような物質か

1869年，ミーシャーは傷口の膿(うみ)に含まれる細胞の核中からタンパク質とは異なる物質を発見し，ヌクレインと命名した。後に，この物質は**DNA**(デオキシリボ核酸)とよばれる物質で，タンパク質とともに染色体の成分であることが明らかとなり，遺伝子の本体はタンパク質かDNAのどちらかだと考えられるようになった。タンパク質のもつさまざまな機能や複雑な構造が比較的早くから気づかれていたのに対し，DNAの研究は遅れていたため，遺伝子の本体はタンパク質であろうという考え方が研究初期にはあった。

DNAは細菌に形質転換を起こした

肺炎の病原体である肺炎双球菌には，被膜をもち病原性のあるS型菌と，被膜をもたず病原性のないR型菌とがある。S型菌をネズミに注射するとネズミは肺炎を起こすが，R型菌や煮沸殺菌したS型菌をそれぞれネズミに注射してもネズミは肺炎を起こさない。肺炎双球菌のこの性質は遺伝的に決まっているので，ふつうR型菌からS型菌が生じることはない。

1928年，グリフィスは煮沸殺菌したＳ型菌を，生きているＲ型菌に加えてネズミに注射したところ，ネズミは発病し，その体からは生きているＳ型菌が大量に見つかった 図1① 。さらに，このＳ型菌の形質は子孫に遺伝した。これは，生きたＲ型菌が，死んだＳ型菌の何かの影響を受けてＳ型菌に変わったためと考えられる。このような現象を**形質転換**という。

形質転換を引き起こす物質は何かを調べるため，エイブリーらは，Ｓ型菌の抽出液をＲ型菌に加えて培養してみた。すると，Ｒ型菌の中にＳ型菌へ形質転換するものが現れた。また，抽出液をDNA分解酵素で処理してからＲ型菌に加えたときにはＳ型菌は出現しなかったが，抽出液をタンパク質分解酵素で処理してからＲ型菌に加えたときには，Ｓ型菌が出現した(1944年) 図1② 。これは，形質転換を引き起こす物質がタンパク質ではなくDNAであること，すなわち，遺伝子の本体がDNAであることを示している。

図1　肺炎双球菌の形質転換

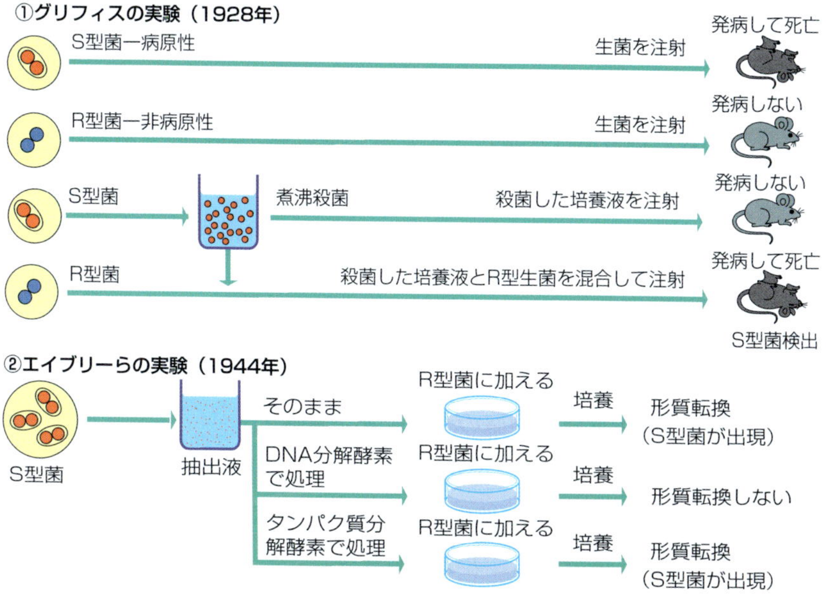

ウイルスによる証明

ウイルスは，核酸がタンパク質に囲まれた構造をしていて，他の細胞に感染し，その細胞内の物質を使って自分と同じ構造をもつ子ファージを複製する。T_2ファージという大腸菌に感染するウイルスがあり，その成分はタンパク質とDNAである。1952年，ハーシーとチェイスは，タンパク質とDNAにそれぞれ目印をつけて，T_2ファージのどの成分が大腸菌の中に入って子ファージをつくるもとになるかを調べた 図2。その結果，菌の中に入るのはリンを含むDNAだけであり，そのDNAをもとにして，タンパク質をともなった子ファージがつくられることがわかった。この実験により，DNAが遺伝子の本体であることは決定的となった。

真核生物でもDNAによって形質転換が起こる

真核生物で遺伝子の本体がDNAであることが直接証明されたのは，やや後のことである。マウスの培養細胞で，チミジンキナーゼという酵素をつくる遺伝子をもたない細胞に，この遺伝子のDNAを加えてみた。するとチミジンキナーゼをつくる細胞が現れ，増殖した 図3 。これは，真核細胞でも細菌と同様，DNAにより形質転換が起きたことを示す。つまり，加えたDNAは細胞内にとり込まれて形質を発現させ，分裂時にはもとからあった遺伝子とともに受け継がれたのである。

細胞中のDNA量

細胞中のDNA量を調べてみると，次のような特徴があることがわかる。

(1) 体細胞1つ当たりのDNA量は，細胞の種類によらず一定である 表1。

(2) 配偶子のDNA量は体細胞の半分である 図4 。

卵や精子など配偶子では，染色体数だけでなくDNA量も体細胞の半分であり，受精によって体細胞と同じDNA量になる。このことは，DNAが遺伝子の本体であることと合致する。

図 2 T₂ファージの増殖

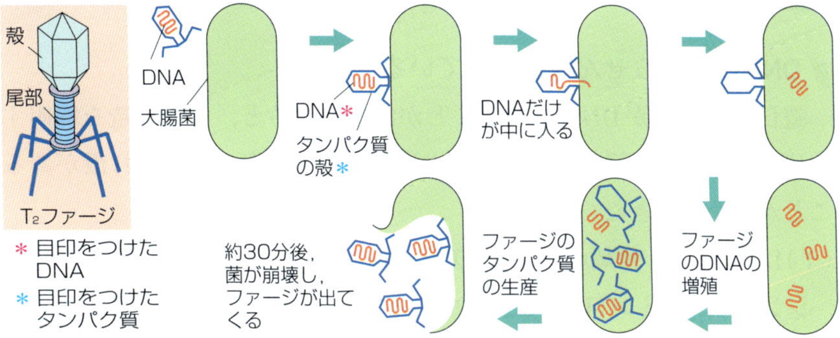

図 3 チミジンキナーゼ遺伝子による形質転換

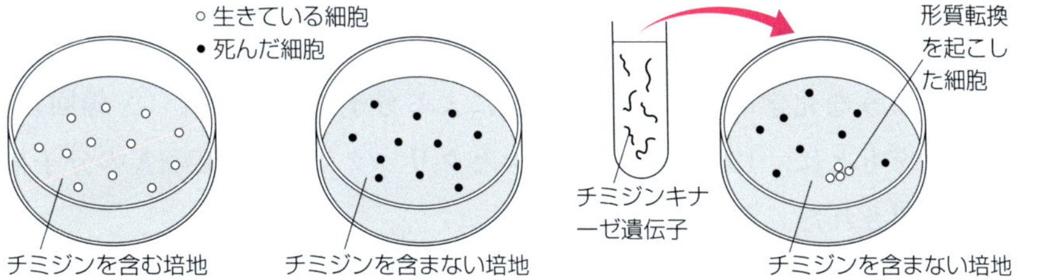

チミジンキナーゼ遺伝子をもたない細胞は，チミジンという物質を含む培地では生き続けるが，チミジンを含まない培地に移すとすべて死んでしまう。

チミジンキナーゼ遺伝子をもたない細胞にチミジンキナーゼ遺伝子のDNAを加え，それをチミジンを含まない培地に移しても，生き残る細胞が現れる。

表 1 さまざまな生物の各細胞のDNA量

	1細胞あたりのDNA量(pg)		
組　織	ウシ	ネズミ	ニワトリ
腎　臓	6.4	6.7	2.4
すい臓	6.8	6.7	2.4
赤血球	—	—	2.3
骨　髄	—	6.9	2.6
精　子	3.3	—	1.3

pg(ピコグラム)＝1／10^{12}g

図 4 配偶子形成と受精におけるDNA量の変化

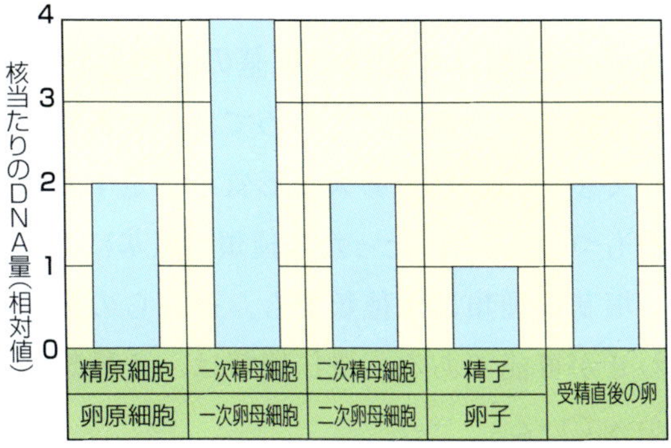

2 遺伝子の本体DNA

DNAは二重らせん構造をしている

遺伝子の本体がDNAであることが認められると，その構造を解明する研究が進んだ。そして，DNAはどの生物でも次のような特徴があることがわかってきた。

(1)DNAは，4種類の塩基[①]（アデニン(Aと略)，グアニン(G)，シトシン(C)，チミン(T)）を含んでいる。

(2)さまざまな生物のDNAに含まれる4種類の塩基の割合を調べると，4種類のうち2種類ずつ(AとT，GとC)が，それぞれほぼ同じ割合となる 表2 。

このような化学的事実とX線照射による分子の構造解析（X線回折(かいせつ)）の結果をもとに，1953年，ワトソンとクリックによってDNAの分子構造が解明された。それによると，

(1)4種類の塩基が多数連結してできた長い鎖がある。

(2)長い鎖が2本並んで対となり2本鎖となっている。その2本鎖の間で，対をなす塩基(AとT，GとC)どうしが弱く結合している。その際，4種類の塩基は，常に決まった相手とだけ相補的に結合する性質をもつ 図5 。

(3)2本鎖は，全体にらせん状にねじれている(**二重らせん構造**) 図6 。

遺伝情報は4種類の塩基の配列として書かれている

生物のもつ形質はきわめて多様であり，地球上の生物の種類もきわめて多い。これら膨大な形質を指定する遺伝情報は，それぞれの生物がもつDNAの，たった4種類の塩基によって書かれているのである。

塩基の種類は4種類でも，それらの配列の仕方には，多くの組み合わせが可能である。遺伝情報は，4種類の塩基の配列であることがわかっている。

1つの生物をつくるのに必要な遺伝情報の全体を**ゲノム**という。現

在，ヒトをはじめとするさまざまな生物について，DNAの塩基配列を1つ1つ解読し，遺伝子の全容を解明しようという計画(ゲノム計画)が進められ，ヒトのDNAの配列はそのほとんどが解読されるにいたった。その結果，ヒトのDNAには約30億対もの塩基配列があり，その中に約3万個の遺伝子が含まれていると推定されている。

表2 DNAの4種類の塩基の割合

	G	A	C	T	A/T	G/C
ウシ(肝臓)	21.0	28.3	21.1	29.0	0.98	1.00
ヒト(肝臓)	19.5	30.3	19.9	30.3	1.00	0.98
酵母菌	18.5	31.3	17.1	32.9	0.95	1.09
大腸菌	24.9	26.0	25.2	23.9	1.09	0.99

図5 4種類の塩基の相補的な結合

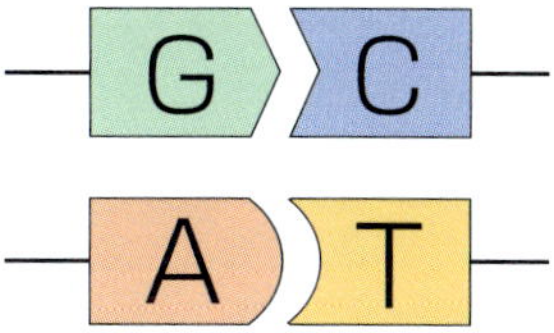

GとC，AとTの組み合わせでしか結合しない。

図6 DNAの構造と4種類の塩基配列の模式図

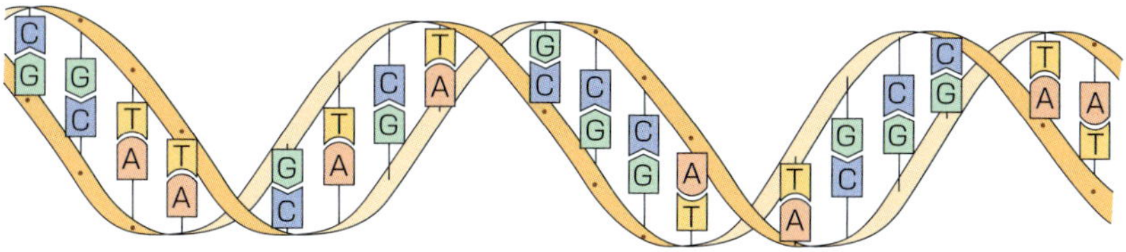

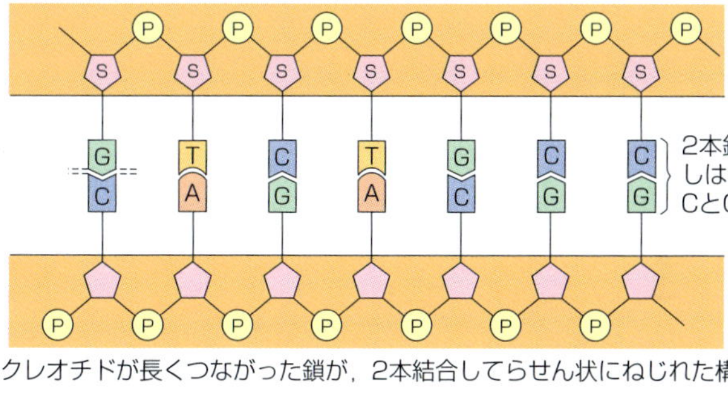

DNAは，ヌクレオチドが長くつながった鎖が，2本結合してらせん状にねじれた構造をもつ。

①水に溶かすと水溶液が塩基性を示すため塩基とよばれる有機物。

第4章

環境と動物の反応

A．体液とその恒常性
B．動物における刺激受容と応答

A 体液とその恒常性

体液より塩分濃度が高い海水を飲んでも，のどの渇きはおさまらない。
第1章で学んだように，細胞のまわりの水溶液と細胞内液の浸透圧が異なる場合，水の浸透が起きて細胞が正常に生存できなくなる。このため、生物の体には，体液の塩分濃度を常に調節するしくみが存在している。これから，動物が体内の状態を調節するしくみについて学んでいこう。

1 内部環境としての体液

多細胞生物の細胞は体液に浸されている

淡水中で生活するゾウリムシの場合，外界から体内に常に水が浸透してくる。ゾウリムシは，収縮胞という細胞小器官で水を排出することで，細胞内の浸透圧を調節している 図1 。これは，細胞内の浸透圧が変化すると，細胞の生命活動を正常に営むことができないからである。

ゾウリムシなどの単細胞生物では，細胞は外の環境(**外部環境**)に直接ふれている。しかし多細胞生物の場合，ほとんどの細胞は外部環境に直接ふれることはなく，**体液**の中に浸されている。多細胞生物の細胞が直接ふれている環境は体液である。このように，体液を細胞にとっての環境としてみたとき，体液のことを**内部環境**という 図2 。

内部環境はほぼ一定に維持される

多細胞生物では，細胞は酸素や栄養分など必要な物質を体液中から取り入れ，二酸化炭素や，細胞の活動で生じた老廃物を体液中に排出している。このため，体液中のさまざまな物質は，放っておけば消費されたり蓄積したりして濃度が変化する。しかし，細胞が正常な活動を安定して行うためには，内部環境がほぼ一定の範囲に維持されていなくてはならない。このため，多細胞生物の体は，内部環境をほぼ一定に保つための調節をたえず行っている。たとえば魚類では，体液の浸透圧を一定に保つために，えらや腎臓，消化管などの器官で，水や塩分の吸収量・排出量を能動輸送により調節している 図3 。

生物が内部環境を常に一定の範囲に保とうとする性質を，**恒常性（ホメオスタシス）**という。内部環境には体液の浸透圧の他，酸素や二酸化炭素の濃度，グルコースの濃度，体液のpH，また，恒温動物の場合は体温などがある。これらを常にほぼ一定の範囲に維持することで，体の細胞は形態的にも生理的にも安定な状態に保たれ，個体としての生存が維持されるのである。

図1　ゾウリムシの水の排出

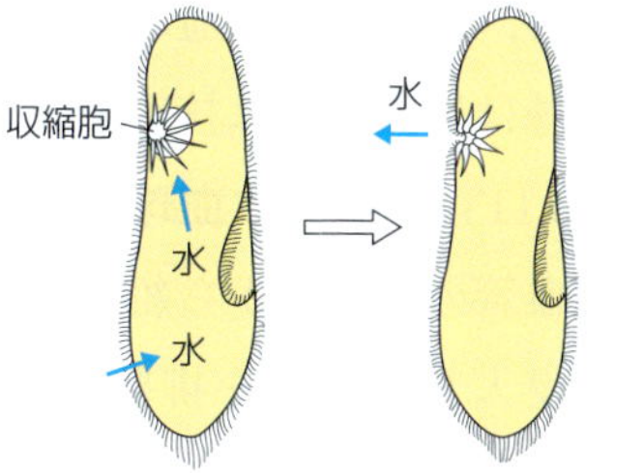

ゾウリムシは収縮胞を使って，余分な水を体外に排出している。

図2　外部環境と内部環境

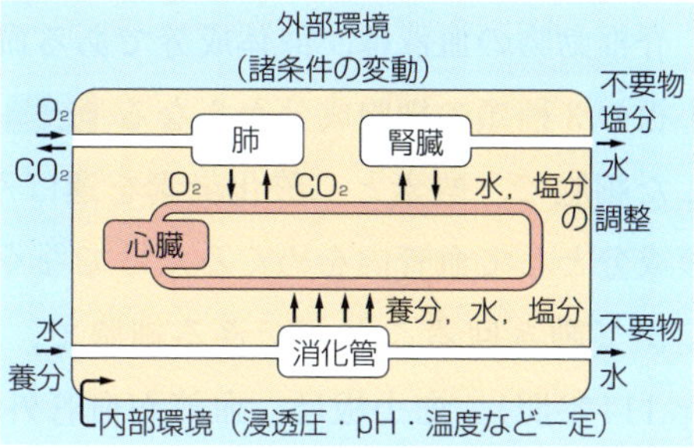

体液は，細胞が直接ふれている環境であり，外部環境に対して内部環境という。

図3　魚類の体液の浸透圧調節

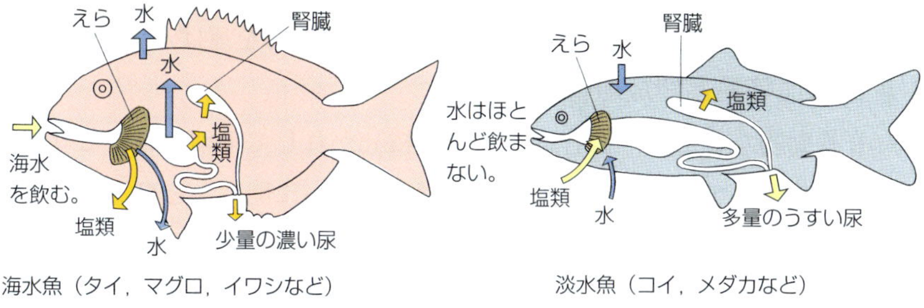

海水魚（タイ，マグロ，イワシなど）　　淡水魚（コイ，メダカなど）

海水魚では，海水のほうが体内より浸透圧が高いため，えらなどから常に水分を奪われている。このため海水魚は多量の海水を飲み，少量の濃い尿を排出している。一方，淡水魚では逆に，常に外界から水が入ってくる。このため淡水魚はほとんど水を飲まず，大量のうすい尿を排出している。

2 体液の循環とそのはたらき

脊椎動物の体液には血液，組織液，リンパがある

血管内を流れる体液が**血液**である。心臓から出た血管は組織に入ると細くなりながら枝分かれし，毛細血管となって組織にくまなく分布する。血液は毛細血管に入ると，液体成分(**血しょう**)の一部が毛細血管壁のすき間から組織中にしみ出し，組織の細胞を直接浸す。これが**組織液**である 図4 。組織液は細胞に栄養分を供給し，細胞から老廃物を受け取るはたらきをする。組織液の大部分は毛細血管に再吸収され，他はリンパ管に入って**リンパ**となる。リンパはリンパ管内を移動し，鎖骨下静脈で血液と合流して体循環系に入る。

体液の成分はどれも大切なはたらきをしている

脊椎動物の血液は，液体成分である血しょうと，赤血球，白血球，血小板の3種類の細胞成分からなる 図5 。**赤血球**はほ乳類では核が消失した細胞で，酸素と二酸化炭素を運ぱんする(p.113参照)。**白血球**は血液成分として血管内をめぐるだけでなく，毛細血管のすき間から組織中に出て動き回ることができる細胞で，体内に侵入した異物を排除する(p.114参照)。**血小板**は，血液が血管外へ流出したときに凝固するしくみにかかわる。**血しょう**には，さまざまなタンパク質，脂肪，塩分，グルコースなどが溶けている。血しょうは，小腸で吸収した栄養物質や，内分泌腺から分泌されたホルモン(p.120参照)などを運ぱんする。

閉鎖血管系と開放血管系

脊椎動物などでは，血管は動脈から枝分かれして毛細血管となり，ふたたび集まって静脈となるので，血管が組織中に開くことはない。このような循環のしくみを**閉鎖血管系**という。閉鎖血管系では，血液の一部は毛細血管から組織中にしみ出るが，大部分は閉じた血管内を流れ続ける。一方，エビやカニ，貝類などでは，心臓から出た血管は組織中に開いており，体液は動脈の末端から組織中に流れ出てそのまま組織液とな

る。組織液は組織の細胞を浸した後静脈に吸い込まれ，心臓にもどる。このような循環のしくみを**開放血管系**という 図6 。

図4　血液・組織液・リンパ

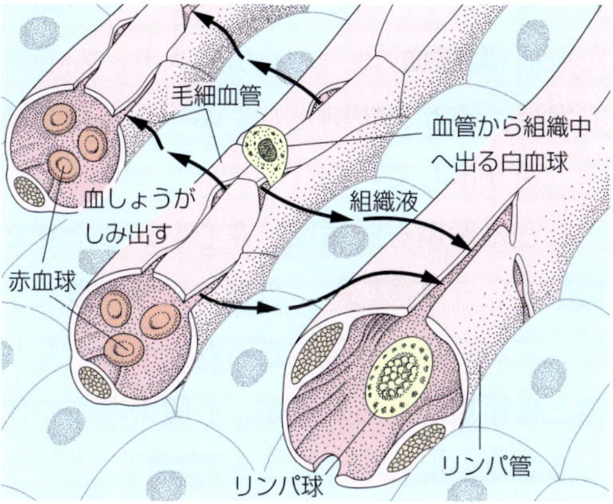

細胞は実際よりも少なく描いてある。リンパ球は白血球の一種である(p.172参照)。白血球の中には毛細血管のすき間から組織内に出るものもある。

図5　血球の種類

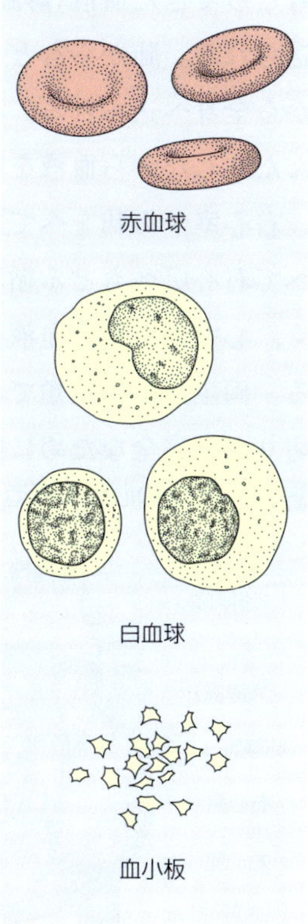

図6　閉鎖血管系と開放血管系

① 閉鎖血管系

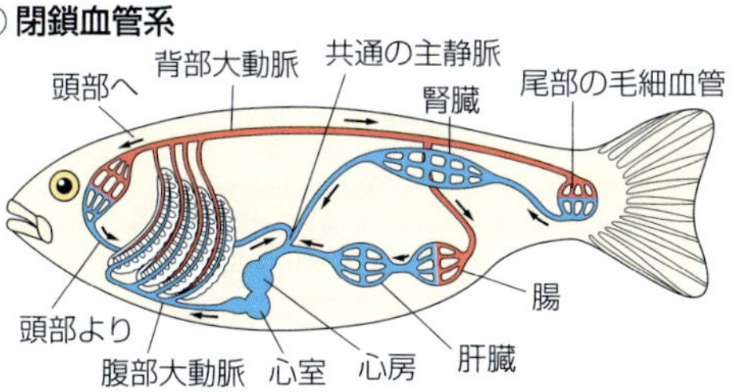

② 開放血管系

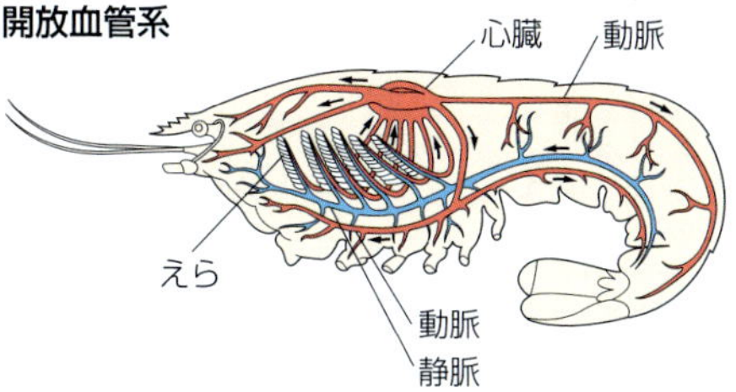

表1　血球の大きさと数(ヒト)

	大きさ(μm)	数(個/ml)
赤血球	7～8	450万～500万
白血球	5～20	4000～8000
血小板	2～3	10万～40万

心臓の構造

血液は心臓の拍動によって体内を循環している。ほ乳類では，心臓は4つの部屋に分かれた構造をもつ 図7左 。静脈から血液が入ってくる部屋を**心房**，血液を動脈へ送りだす部屋を**心室**という。全身の組織からもどってきた血液(**静脈血**)は右心房に入り，右心室に移動してから肺へ送られる。肺からもどってきた血液(**動脈血**)は，左心房に入り，左心室から全身へ送られる。心房と心室は，交互に規則正しくふくらんだり縮んだりしながら血液を吸い込み，送り出している。

右心室から肺をへて左心房へもどる循環を**肺循環**，左心室から全身をへて右心房へもどる循環を**体循環**という 図7右 。魚類では肺循環がなく，心室から出た血液はえらをへてから体の各部へ送られ，心房へもどる。両生類やは虫類では肺循環と体循環が見られるが，心臓の左右の仕切りが不完全なために動脈血と静脈血が混じってしまう 図9 。

図7　ヒトの心臓の構造

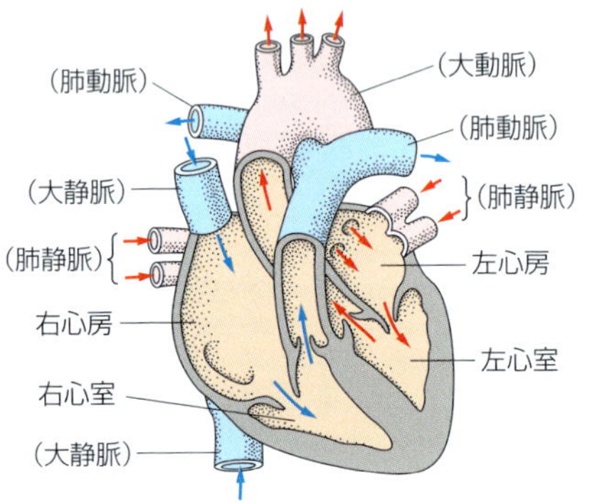

図8　体循環・肺循環

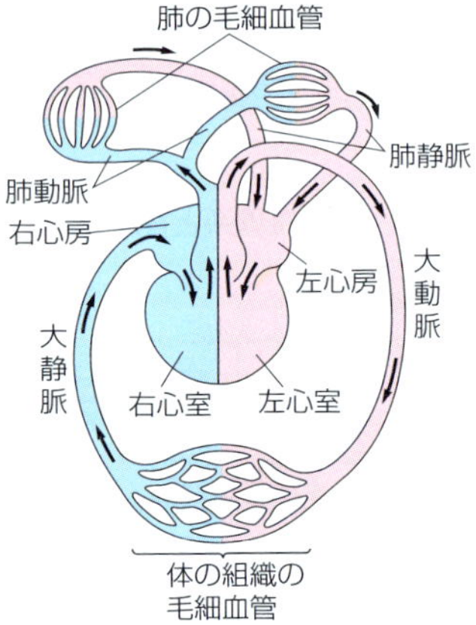

図9　魚類・両生類・は虫類の心臓の構造

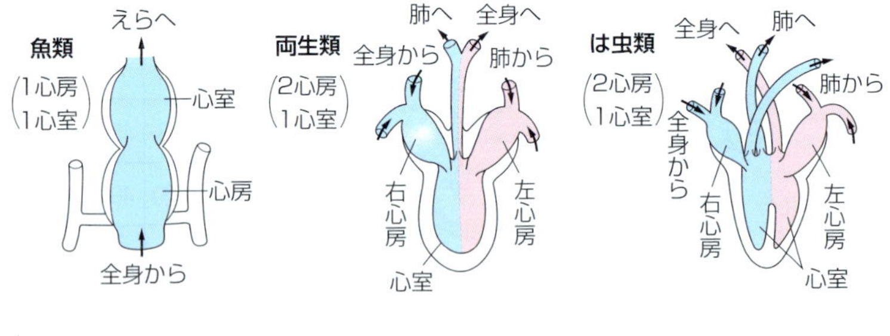

赤血球は酸素と二酸化炭素を運ぱんにかかわる

血液は呼吸器官と全身の組織との間を循環し，酸素(O_2)と二酸化炭素(CO_2)を運ぱんしている。酸素は，ふつう水にわずかしか溶けない(1 *l* 中に約 3 *ml*)。しかし，私たちの血液は 1 *l* 中に約 200*ml* という多量の酸素を含むことができる。これは，赤血球に多量に含まれる**ヘモグロビン**という色素タンパク質のはたらきによる。ヘモグロビンは，酸素濃度の高いところではすみやかに酸素と結合してオキシヘモグロビン(鮮紅色)となり，酸素濃度の低いところではすみやかに酸素を手放す 図10 。ヘモグロビンのこの性質によって，血液は酸素濃度の高い肺やえらでは酸素を取り入れ，酸素が消費されて少なくなった組織中では酸素を手放して細胞に供給することができる。

二酸化炭素は酸素よりはるかに水に溶けやすいため，一部は血しょう中に直接溶けて運ばれる。しかし大部分は赤血球中に入り，さらに水に溶けやすい形に変えられ，血しょう中に溶けて運ばれる。そして肺ですみやかに気体の二酸化炭素にもどされて排出される。

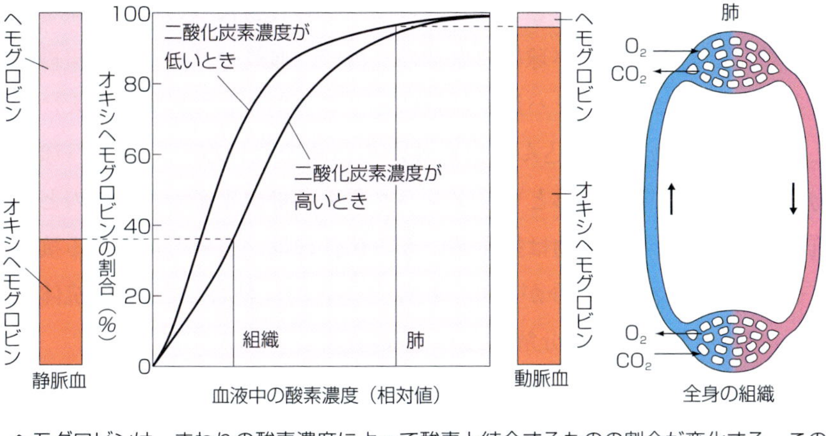

図10　血液中の酸素濃度とオキシヘモグロビンの割合

ヘモグロビンは，まわりの酸素濃度によって酸素と結合するものの割合が変化する。この性質により，赤血球は肺から組織へ酸素を運ぱんすることができる。さらに，ヘモグロビンが酸素と結合する割合は，二酸化炭素濃度によっても影響される。二酸化炭素濃度が高い場合に比べ，低い場合のほうが酸素と結合しやすくなる。このことは肺と組織の間の酸素運ぱんの効率をさらに高めている。

血小板は血液凝固にかかわる

血液を放置すると，血しょうタンパク質の一つである**フィブリン**と血球成分が凝固する(**血液凝固**)。このときの沈殿を**血餅**，上澄みを**血清**という。血液凝固には血小板が重要な役割をになう。出血したときには，まず血管の破れたところに血小板が集まってかたまりをつくる。そして血小板のはたらきによりフィブリンの合成が促進され，フィブリンと血球がからみあって血ぺいができ，傷口がふさがれて止血する。

白血球は侵入者から体を守る

私たちの体には，細菌やウイルスなどがたえず侵入し，増殖しようとしている。いっぽんに生物体には，これらの異物を排除するしくみが備わっており，このしくみを**生体防御**という。脊椎動物などでは，微生物などの異物と自分の体を構成する物質とを区別して，異物だけを排除するしくみがある。さらに異物の種類は記憶され，ふたたび同じ種類の異物が侵入してきた場合はすみやかに排除される。このしくみを**免疫**といい，白血球が重要なはたらきをしている。

体内に異物が侵入すると，異物に出会った白血球は**食作用**によって細胞内に取り込み分解してしまう。さらに，その異物についての情報をリンパ球に伝える。リンパ球は白血球の一種で，血管やリンパ管，組織内などを移動したり，リンパ節やひ臓にとどまったりして異物の侵入に備えている。異物を取り込んだ白血球から情報を受け取ったリンパ球は，物質の情報に応じた**抗体**というタンパク質を多量に生産する。このとき，抗体のもとになった異物は**抗原**という。抗体には，自分と対応する抗原とぴたりと結合する部分があり，抗原と選択的に結合して(**抗原抗体反応**)，抗原を凝集したり分解したりする 図11 。

このように，抗体によって異物を処理するしくみを**体液性免疫**という。この他，リンパ球にはウイルスに感染した細胞やがん細胞などを直接攻撃するものもあり，このしくみを**細胞性免疫**という 図12 。

免疫とアレルギー

免疫と同じようなしくみによって，生体に不都合な症状が現れることもある。ある抗原に対して免疫ができている生体にもう一度同じ抗原が入ると，過敏に反応して強い拒否反応を起こすことがある。これを**アレルギー**といい，花粉症やぜん息，じんましん，アトピー性皮膚炎などがその例である。

図11　抗原抗体反応

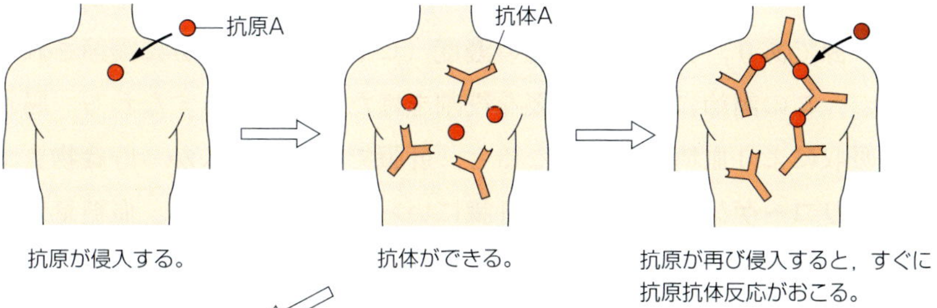

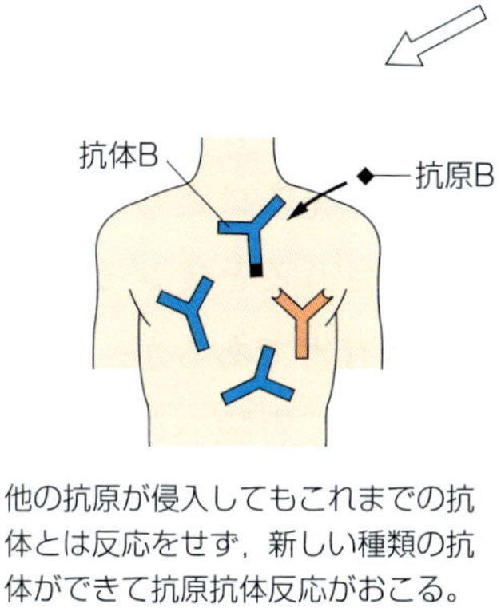

抗体B
抗原B
他の抗原が侵入してもこれまでの抗体とは反応をせず，新しい種類の抗体ができて抗原抗体反応がおこる。

図12　体液性免疫と細胞性免疫

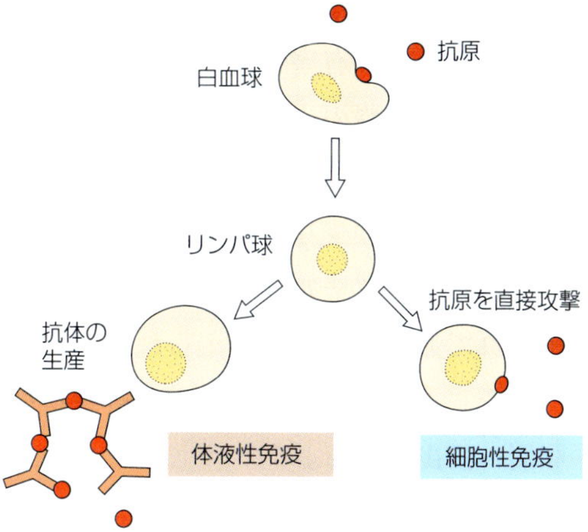

3 体液成分の調節

肝臓は体液成分の調節に重要な器官である

肝臓はヒトでは最も大きな器官で，その重さは成人で1～1.5kgくらいある。肝臓には肝動脈と肝静脈のほかに**門脈**が入っている 図13 。小腸で吸収されたグルコースやアミノ酸などは，門脈を通っていったん肝臓に入る。

血液中のグルコースを**血糖**という。グルコースは細胞の主要なエネルギー源であり，常にほぼ一定の濃度（ヒトでは約1 g/*l*）に調節されているが，この調節に肝臓が重要な役割をはたしている。すなわち，腸からの吸収により血糖量が多くなると，肝臓でグルコースから貯蔵物質である**グリコーゲン**が合成され，肝臓にいったん蓄えられる。血糖量が少なくなると，グリコーゲンはグルコースへと分解されて血中に放出される。

肝細胞には，物質の合成や分解にかかわる酵素が他の器官より多く含まれ，さまざまなタンパク質や脂肪などの合成と分解を行う。また，肝臓には血液中の有害物質を分解し，無害な物質に変えるはたらきもある。たとえば，細胞の主成分であるタンパク質は分解されるとアンモニアを生じる。アンモニアはそのままでは生体にとって有害であるが，肝臓で尿素など毒性の少ない物質に変えられ，血液によって腎臓へ運ばれ排出される。アルコールなどの有害物質を摂取した場合も，やがて肝臓で分解されて無害な物質に変えられる。

また，古くなった赤血球の分解産物などは，**胆汁**として胆管から十二指腸へ排出される。

このように肝臓では，物質の合成や分解などのさまざまな代謝がさかんに行われ，それに伴って発生する熱は骨格筋の次に多い。この熱は肝臓を通過する血液を温めるため，肝臓は体温の維持にも役立っている。

図13 肝臓に出入りする血管

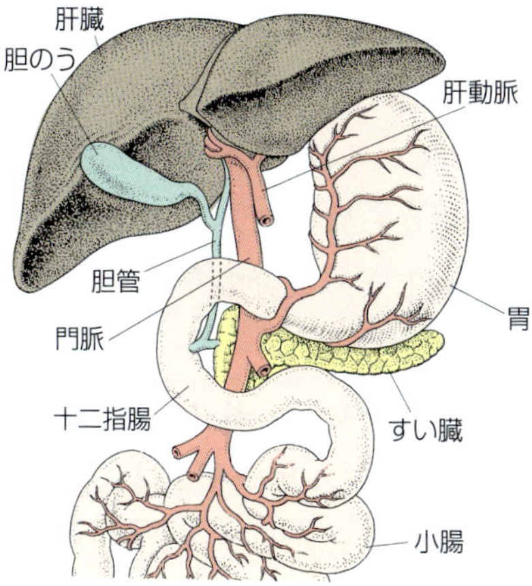

消化管を通って栄養を吸収した門脈と，肝臓の組織に酸素などを供給する肝動脈が入っている。なお，この図では肝静脈は省略してある。

図14 肝臓の血液成分の調節

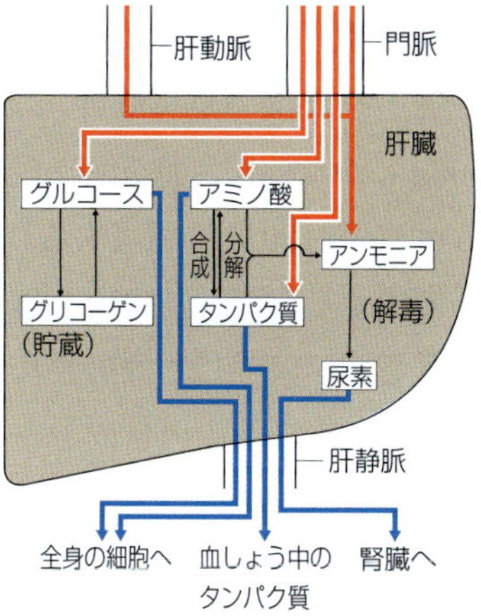

肝臓ではグリコーゲンの合成・分解，タンパク質の合成・分解，アンモニアなどの有害物質の解毒など，さまざまな調節が行われている。

図15 肝臓の微細構造

肝臓の毛細血管は肝動脈と門脈が合流したもので，やがて中心静脈に集まって肝静脈となる。また，胆管からは胆汁が分泌される。

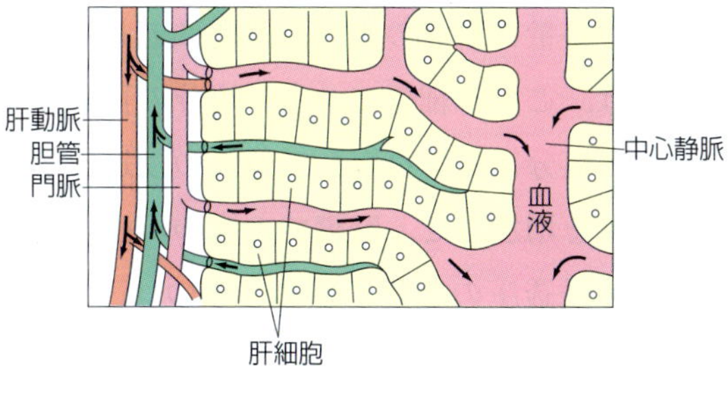

腎臓は血液中の不用物質をろ過して排出する

腎臓は，血液中の水や塩分の排出量を調節することによって，体液の浸透圧をほぼ一定に維持している。腎臓は左右両方合わせてもわずか400gしかないが，毎分約1lもの血液が流れている(心臓から送り出される血液の約20％に相当する)。血液は腎動脈から腎臓に入り，腎静脈へと循環する 図16 。腎臓を通過する血液の血しょう成分のうち，不用な物質などが尿として排出される。

尿をつくるための単位となる構造を**ネフロン**といい，片方の腎臓だけでおよそ100万個もある。ネフロンは，**腎小体(マルピーギ小体)**，**腎細管**，毛細血管からなっている。腎小体では，糸球体からボーマンのうに，血しょう中のタンパク質以外の血しょう成分がろ過される。ここでろ過された液を**原尿**という。原尿中には有用な物質も多く含まれており，原尿が腎細管を通過する間に，グルコースのほぼすべてと水，また必要な塩分などが毛細血管に再吸収され，残りが尿として排出される。

腎臓は体液の浸透圧調節も行っている

腎細管における再吸収は，細胞の能動輸送(p.19参照)の代表的な例であり，その量は血液の成分や濃度に応じて調節される。私たちの体液の浸透圧は，この腎細管での水や塩分の再吸収量によって調節されている。たとえば塩分を多く摂取して体液の浸透圧が上昇すると，腎細管は水の再吸収量を増加させ，腎臓での水の排出が抑えられる。

体液の浸透圧の変化を感じとるのは，間脳の**視床下部**(p.122参照)である。浸透圧が上昇すると視床下部の指令により，すぐ下にある**脳下垂体**(p.122参照)から**バソプレシン**というホルモン(p.120参照)が血液中に分泌される。バソプレシンは集合管の水の再吸収を促進する。水の再吸収や水を飲むことにより，体液の浸透圧はもとにもどるが，体液の総量が増加するので，血圧(血管にかかる血液の圧力)が一時的に上昇する。すると腎臓は水と塩分の排出を促進する。このように，腎臓は血圧の調節にもかかわっている。

図16 腎臓の構造とそのはたらき

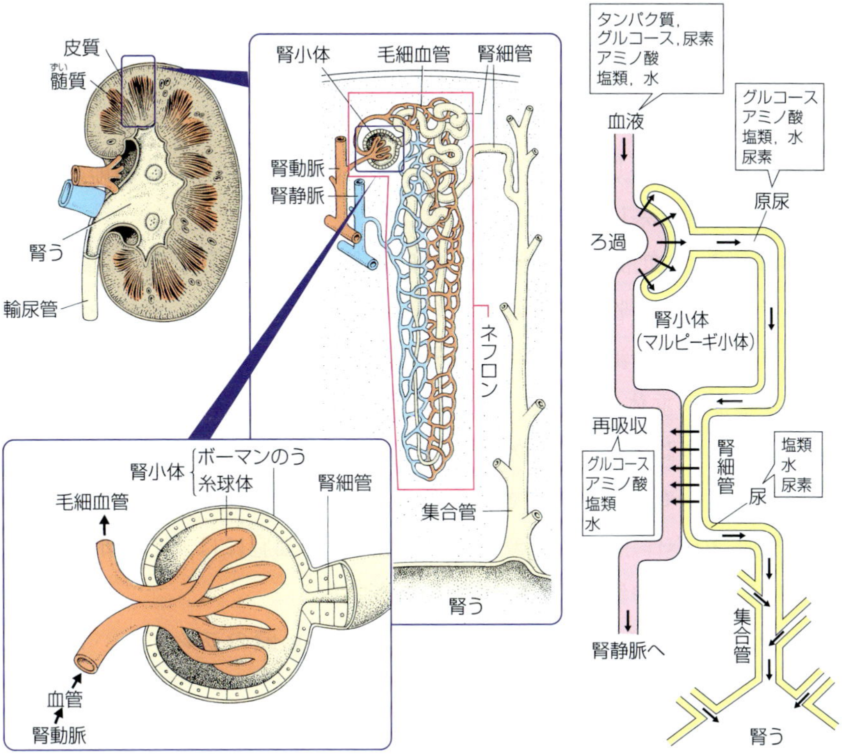

表2 血しょうと尿の中の主な物質濃度の比較

成分		血しょう(%)	尿(%)	濃縮率(倍)
有機成分	タンパク質	7〜9	0	−
	糖	0.10	0	−
	尿素	0.03	2	70
	尿酸	0.004	0.05	12
	クレアチニン	0.001	0.075	75
無機成分	ナトリウム	0.30	0.35	1
	カリウム	0.020	0.15	7
	塩素	0.37	0.6	2

4 個体としての恒常性の調節

体液の恒常性に腎臓と肝臓が大きな役割をはたしていることを学んだが，私たちの体には，肝臓や腎臓など個々の臓器のはたらきを，さらに統一的に調節するしくみが存在する。1つはホルモンによる調節，もう1つは自律神経系による調節である。

ホルモンは血液中に分泌され標的細胞だけに作用する

一般に，特定の物質を分泌する組織や器官を**腺**といい，汗腺や消化腺のように体外に分泌するものを**外分泌腺**という。一方，バソプレシンを分泌する脳下垂体のように，特定の物質を血液中に分泌する腺もある 図17 。このようなものを**内分泌腺**といい，分泌される物質を**ホルモン**という。ホルモンは血流とともに体中に行きわたるが，特定の細胞(**標的細胞**)にのみ作用をおよぼす。これは，標的細胞には，そのホルモンとだけ結合する物質(**受容体**)があるためである。

内分泌腺には脳下垂体のほか，甲状腺，すい臓のランゲルハンス島，副腎などがある 図18 。

図17　外分泌腺と内分泌腺

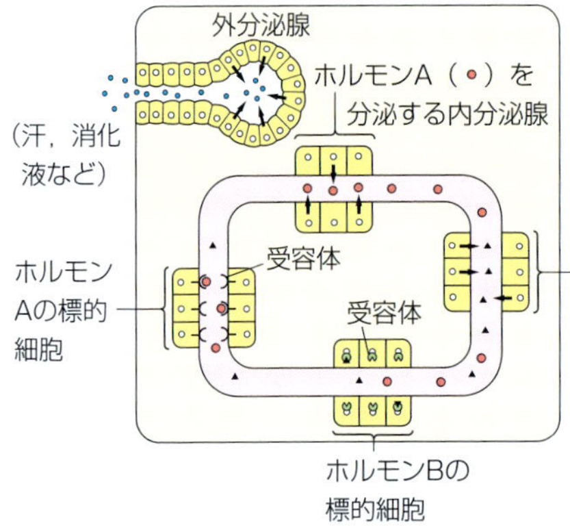

腺には分泌物が導管を通って体外へ分泌される外分泌腺と，導管がなく，分泌物が血管内に直接放出される内分泌腺がある。

図18　ヒトのさまざまな内分泌腺

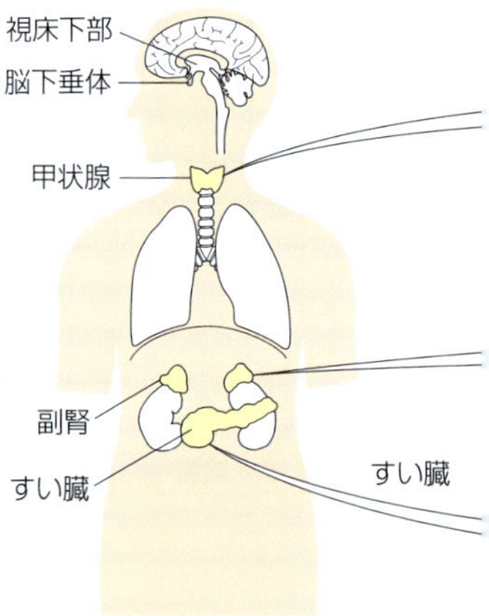

ホルモンの量はフィードバックによって調節されている

血液中のホルモンの量は，多すぎても少なすぎても恒常性に重大な影響をおよぼすため，その量は厳密に調節されている。

ホルモン分泌量の調節のしくみを**チロキシン**を例に見てみよう。チロキシンは細胞の代謝を促進するホルモンで，不足すると体温や神経活動の低下などが起こり，多すぎると高体温や心拍数の上昇などが起こる。

チロキシンは**甲状腺**から分泌される。そして，甲状腺のチロキシン分泌は，脳下垂体前葉から分泌される**甲状腺刺激ホルモン**(甲状腺に作用してチロキシンの分泌を促進する)により調節される。甲状腺刺激ホルモンの分泌はさらに，間脳の視床下部がつくるホルモン(脳下垂体前葉に作用して甲状腺刺激ホルモンの分泌を促進する)により調節される。

血液中のチロキシン濃度が上昇すると，視床下部はそれを感知し，脳下垂体へのホルモン分泌を抑制する。そして脳下垂体前葉の甲状腺刺激ホルモンの分泌も抑制される。その結果チロキシンの分泌も抑えられる。すなわち，チロキシン量の変化が，それを支配している器官に作用して，チロキシン量が調節される。このような調節のしくみを**フィードバック**といい，恒常性の調節に広く見られるしくみである 図19 。

図19　フィードバックによるチロキシンの調節

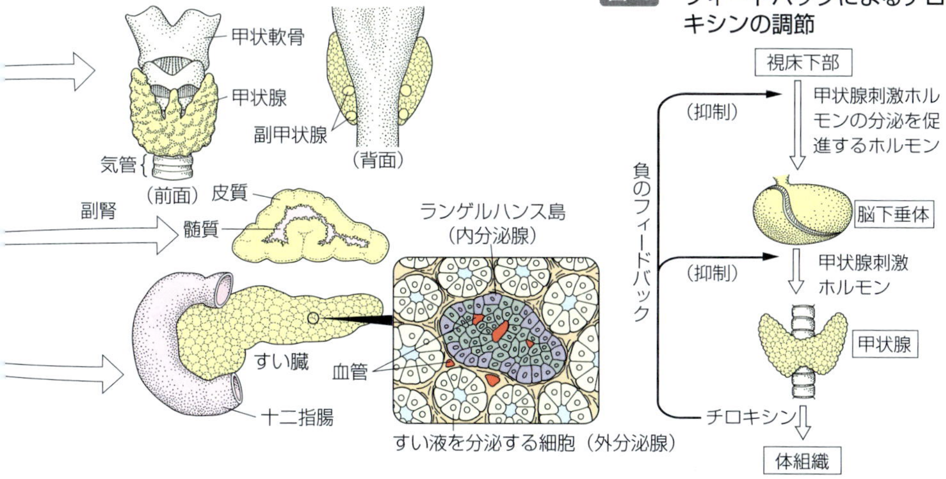

視床下部と脳下垂体

ホルモンの分泌調節の中心にあるのが**脳下垂体**である。脳下垂体は，脳の下につき出た小指の先ほどの大きさの器官で，前葉・中葉・後葉の３つの部分からなる 図20 。前葉は，甲状腺刺激ホルモンや副腎皮質刺激ホルモンなどを分泌し，他の内分泌腺の活動の調節を行う。

脳下垂体の活動は，さらに**間脳**の一部である**視床下部**によって調節されている。視床下部は間脳の底部に位置し，すぐ下の脳下垂体と神経細胞や毛細血管で連絡している。視床下部にはホルモンを分泌する機能をもった神経細胞(**神経分泌細胞**)があり，脳下垂体の活動を促進するホルモンや抑制するホルモンを分泌している。

脳下垂体の後葉からは，バソプレシン(p.118参照)などのホルモンが分泌される。これは視床下部の神経分泌細胞でつくられたものが，後葉に貯えられて分泌されたものである。

視床下部はこのように内分泌系の中枢であるとともに，自律神経系の中枢でもあり，その両面から恒常性の全体を調節・維持している。

自律神経系は内臓のはたらきを調節している

私たちがぐっすり眠っているときでも，内臓[①]は正常に活動している。これは，内臓の活動が自動的に調節されているためである。このような調節を行っている神経系を**自律神経系**という[②]。自律神経系は，中脳，延髄，脊髄から発してさまざまな内臓に分布しており，内臓のはたらきを適切に調節する 図21 。自律神経系の中枢も間脳の視床下部にある。

自律神経系は**交感神経**と**副交感神経**からなる。多くの場合，一方が器官のはたらきを促進すれば他方が抑制するように(**拮抗的に**)作用し，器官のはたらきを調節している。交感神経が興奮すると，その末端から**ノルアドレナリン**が，副交感神経では**アセチルコリン**が分泌されて各器官に作用する。たとえば心臓の拍動は，右心房のへりにある洞結節(ペースメーカー)の細胞が自動的にリズムをもって興奮することで生じる 図22 。しかし拍動の速さは交感神経からのノルアドレナリンにより促進され，副交感神経からのアセチルコリンにより抑制される。すなわち，運動したり興奮したりすると交感神経によって心拍数が増加し，安静にしていると副交感神経によって心拍数は減少する。

　また，胃や腸などの消化管では，ぜん動運動や消化液の分泌は，心臓の場合とは逆に，副交感神経によって作用が促進され，交感神経によって抑制される。

図20　視床下部と脳下垂体

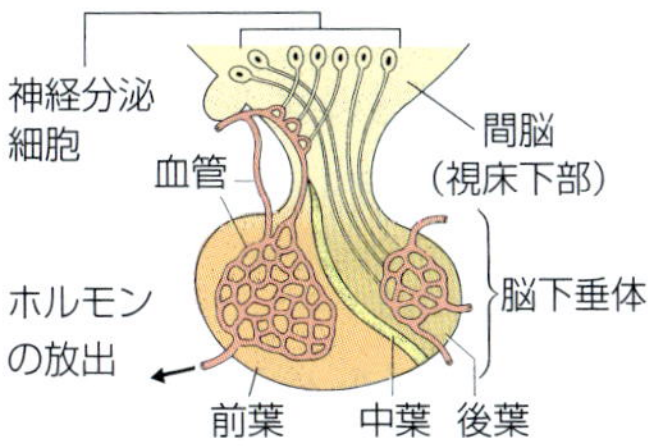

脳下垂体はホルモン分泌調節の中心である。

図21　自律神経系の分布

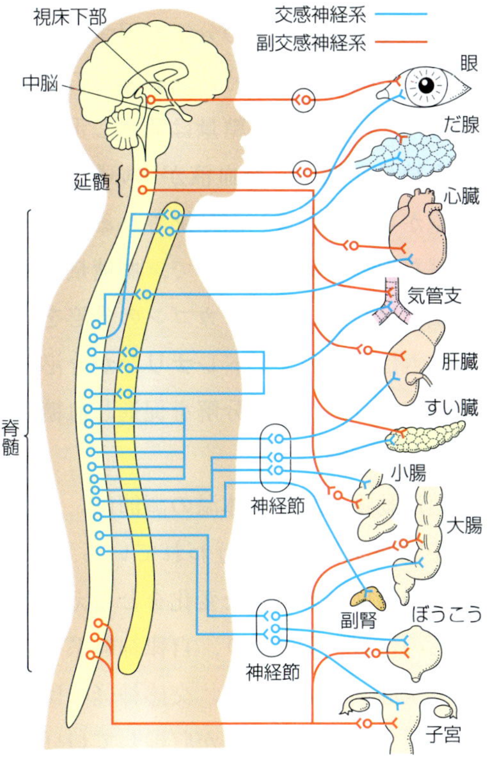

図22　心臓の拍動の調節

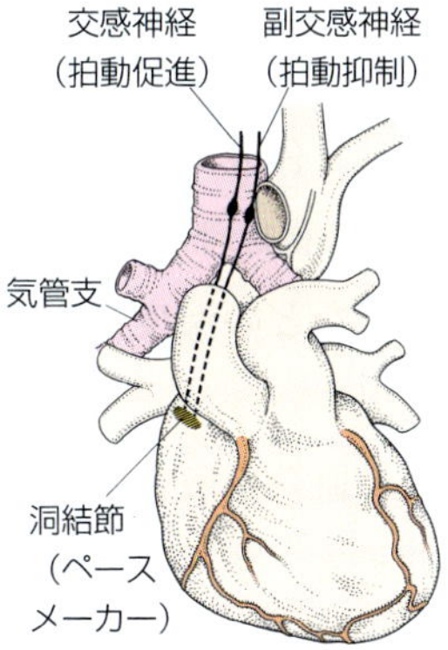

①消化器系，循環器系（心臓や血管など），泌尿器系（腎臓や膀胱など），呼吸器系などの諸器官が含まれる。

②神経系には，目や耳，皮膚などの感覚器官から情報を脳に伝えたり，脳から筋肉などへ運動の指令を伝える神経系もある。これらは後に学習する。

自律神経系とホルモンは協調してはたらく

●血糖量の調節

血糖量は，肝臓でのグリコーゲンの合成と分解，細胞のグルコース消費量の増減などで調節されているが，この調節は，多くのホルモンと自律神経系の協調によって支えられている 図23 。

食事の後には血糖量が一時的に上昇する。この血液がすい臓を流れると，すい臓の**ランゲルハンス島**のB細胞から**インスリン**が分泌される。また，血糖量の上昇は視床下部でも感知され，副交感神経がすい臓にはたらいてインスリンの分泌を促す。インスリンは，細胞のグルコースの消費を促進すると同時に，肝臓でのグリコーゲン合成を促進するホルモンで，この結果，血糖量は低下し正常値にもどる。

血糖量が低下した血液がすい臓を流れると，ランゲルハンス島のA細胞から**グルカゴン**が分泌される。グルカゴンは肝臓でのグリコーゲン分解を促進するホルモンで，血糖量を上昇させる。また，交感神経がすい臓にはたらいてグルカゴンの分泌を促す。さらに，交感神経は副腎髄質にもはたらいて**アドレナリン**が分泌される。アドレナリンもまた肝臓でのグリコーゲンの分解を促進し血糖量を上昇させるはたらきがある。

●体温の調節

恒温動物における体温の調節は，代謝による産熱量と体表からの放熱量を調節することで行われている。体温調節の中枢は視床下部にあり，血流の温度のわずかな変化をとらえるとともに，皮膚などの温度受容器からの情報を受け取り，自律神経系を通じて指令を出す。

外気温が低下すると，交感神経のはたらきで体表の血管が収縮して熱の放散を抑え，立毛筋が収縮して(鳥肌)，発汗を抑える。さらに，副腎髄質からのアドレナリンの分泌によって体がふるえ，心拍数が増加し，甲状腺からはチロキシンが分泌されて代謝が促進される。

外気温が高くなると，代謝や心臓の拍動は抑制される。体表の血管は拡張して熱の放散を高めるとともに発汗が促される。

図23 血糖量の調節のしくみ

①食事前後の血中インスリンとグルカゴン濃度の変化

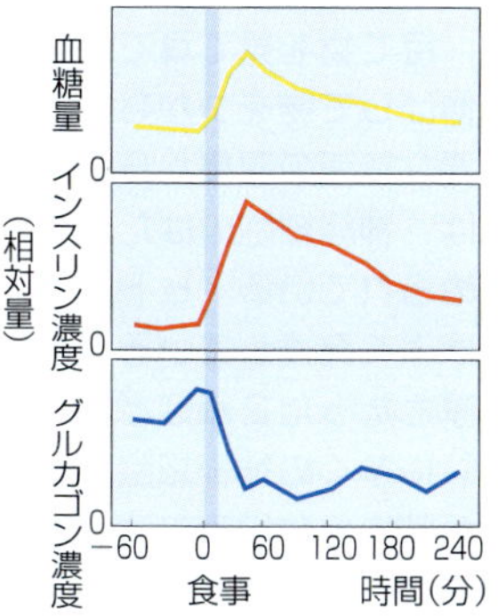

血糖量が増加するとインスリンの分泌量が増加し，グルカゴンの分泌量は抑制される。

②血糖量の調節

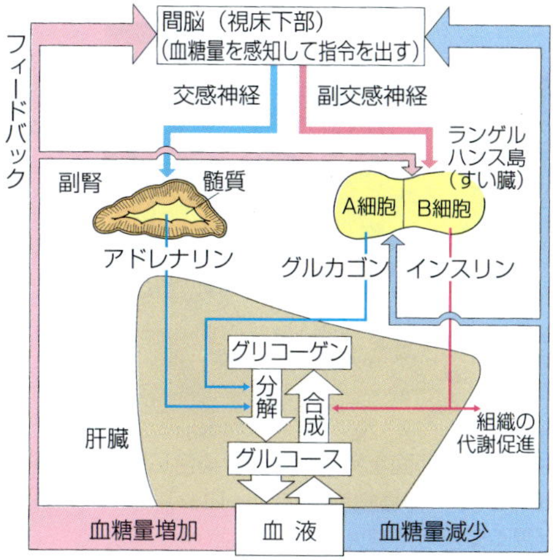

参考資料

―――インスリンと糖尿病―――

血糖量を下げるホルモンはインスリンだけである。インスリンの分泌量が低下したり標的細胞の感受性が低下したりすると，細胞内にグルコースが十分取り込まれなくなり，また，肝臓でグルコースをグリコーゲンに変えて貯蔵することができなくなる。このため血糖量が異常に上昇し，腎臓の再吸収能力をこえると，尿中にグルコースが排出される。これが糖尿病である。糖尿病になると，腎細管で再吸収されなかった糖によって尿の浸透圧が上昇し，より多くの水が尿細管に入る。このため多尿となり，強い渇きが起こり多量の水を飲む。治療しないままにしておくと最終的には死にいたる。糖尿病には過食や運動不足などの生活習慣が影響していると考えられる。

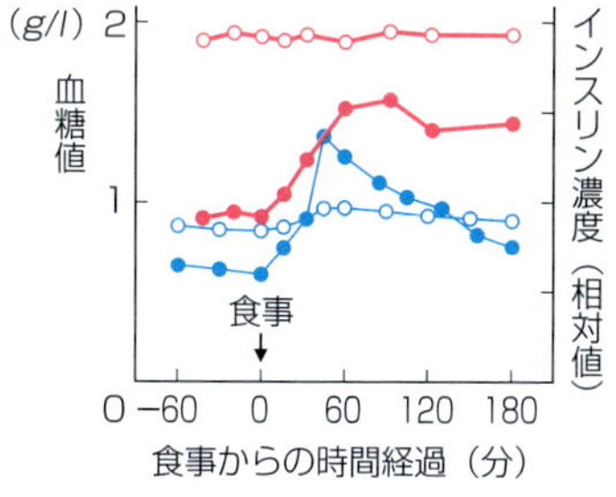

健康な人（−）と糖尿病患者（−）の血中インスリン濃度（●●）と血糖量（○○）の変化
この糖尿病患者は，標的細胞の感受性が低下している例である。

B 動物における刺激受容と応答

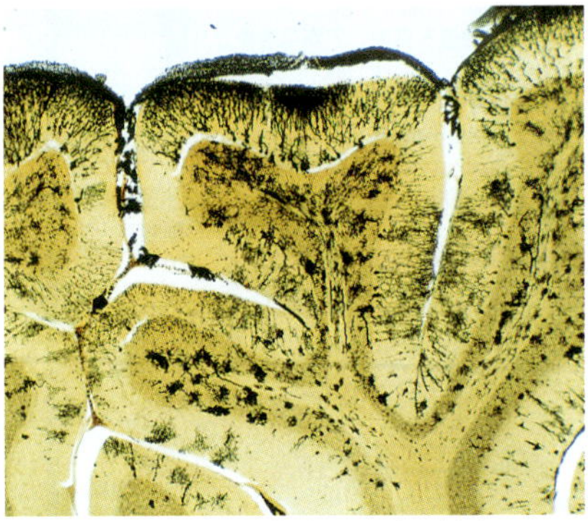

ネコの脳の断面を特殊な方法で染色したもの（×20）。神経細胞（ニューロン）の一部が黒く染まって見える。

私たちは，目で物を見て耳で音を聞き，手を伸ばして物をつかむ。この活動に必要な情報の収集から応答までの過程は，神経細胞のはたらきによって進められている。ヒトなどほ乳類の脳はよく発達しているといわれるが，厚さたった2㎜ほどの脳の表面(皮質)に多くの神経細胞が分布し，それが脳の主な役割を演じていることは驚異である。ここでは，動物の神経細胞のはたらきなどについて見ていくことにしよう。

1 刺激の受容から応答へ

飛んでくるボールを受け止めるには

私たちは，環境の情報を刺激として受け取り，これに対応して生活している。たとえば，サッカーのゴールキーパーが飛んでくるボールを受け止めるときは 図1 ，まず①目でボールを見る。②目で見たことが，神経を通して脳に伝えられ，③ボールの来る手元の位置を予測して手を差し出して止めるように脳が命令を発する。④その命令は神経を通して手や腕の筋肉へと伝えられ，⑤筋肉が伸び縮みして体全体を動かしてボールを止める，という一連の過程が進むと考えられる。

この過程は，目(**受容器**)が受け取った外界の刺激から脳に伝える信号をつくり出す刺激受容の過程，その信号を脳(**中枢**)へ伝え，脳からの命令を筋など(**効果器**)へ伝える情報伝達の過程，最後に神経が伝える信号が効果器のはたらきとして現れる応答の過程から成り立つと考えられている 図2 。情報伝達の過程では，受容器からの情報が神経の活動として脳へ伝えられ，脳で統合・判断されて，応答を導く脳からの信号が効果器へ伝えられる。

図1 サッカーのゴールキーパー

刺激を感覚器で受け取ってから行動を起こすまでには，情報の伝達や認識，思考，判断などのさまざまな処理が脳の中で行われている。

図2 受容器，中枢，効果器

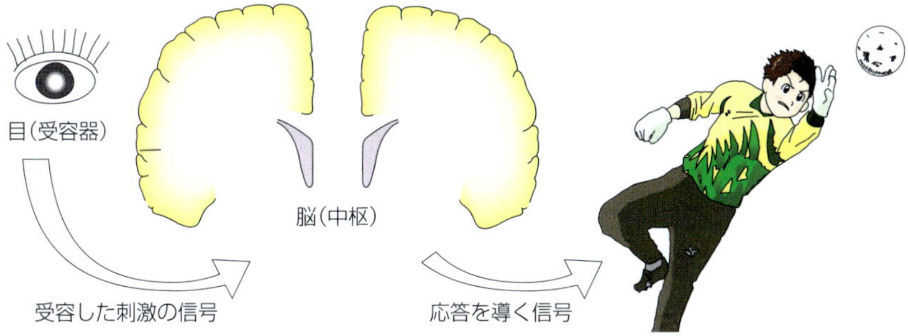

受容器は刺激を受け取ると，その刺激の情報を信号として脳に伝える。脳は受け取った信号を処理した後，効果器に向けて信号を出力する。

2 受容器による刺激の受容

感覚器はそれぞれが決まった刺激を受ける

ヒトには，目，耳，鼻，舌などのさまざまな感覚器(**受容器**)があり，光に対しては目，音に対しては耳というように，受けとる刺激の種類は感覚器ごとに決まっている。それぞれの感覚器の感覚細胞にだけ興奮をひき起こす刺激を，その感覚器の**適刺激**という。

刺激には，光，音，重力，振動などの物理的な特性が情報となる物理的刺激と，においや味の化学物質による化学的刺激とがある 表1 。光の一種の赤外線や紫外線などが，ヒトの目では感じ取れないように，同じ刺激でも適刺激となるのは，限られた特性をもつ刺激だけである。

興奮の強さはいつも一定

感覚細胞の興奮を電気的な信号として測定する 図3 と，一定以上の強さになると興奮を引き起こすことが分かる。この興奮は，神経細胞を通じて中枢に伝えられる。神経細胞において興奮を引き起こす刺激の最小の強さを**閾値**(いき)といい，閾値以上の刺激であれば，刺激の強さと無関係に一定の大きさの興奮が生じる。この関係を**全か無かの法則**といい，筋細胞にも同じ特徴がある 図4 。

興奮の発生頻度が情報になる

感覚細胞などを閾値以上のいろいろな強さで刺激すると，1つ1つの興奮の大きさはいつも同じであるが，一定の時間に生じる興奮の頻度が刺激の強さに応じて多くなる 図5 。1回の興奮に数ミリ秒かかるので，興奮の頻度は，1秒間当たり数百回が限度でそれ以上にはならない。

また，感覚器には閾値の強さの異なる多数の感覚細胞があり，感覚器全体として刺激の強さが強いほど興奮する感覚細胞の数が多くなる 図6 。感覚器から中枢へ伝えられる興奮は，感覚細胞の興奮のまとまったものであり，その興奮の大きさは，興奮している感覚細胞の数によって決まると考えられている。

表1　ヒトの感覚器と適刺激

感覚	感覚器	適刺激
視覚	目	可視光①
聴覚	耳	音（20～20,000Hz）
味覚	舌	味覚物質
嗅覚	鼻	におい物質
皮膚感覚	皮膚感覚器	圧力，振動，温度など
平衡感覚	半規管，前庭	重力，加速度など
深部感覚	筋紡錘など	張力など

①ヒトの目が感じる光は波長が約400～700nm（ナノメートル）の範囲の光で，これを可視光という（1nm = 0.001μm）。

図3　興奮の測定

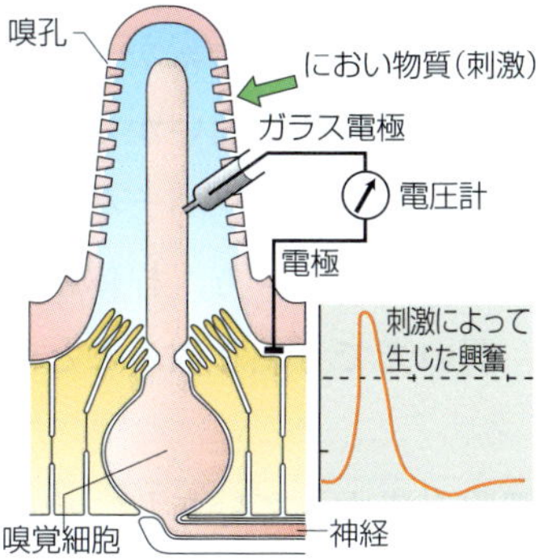

塩化カリウム溶液を入れたガラス細管を昆虫の触角の嗅細胞に突き刺してガラス電極とする。嗅細胞の近くに置いたもう1つの電極とガラス電極の間に電圧計をつけて測定する。

図4　全か無かの法則

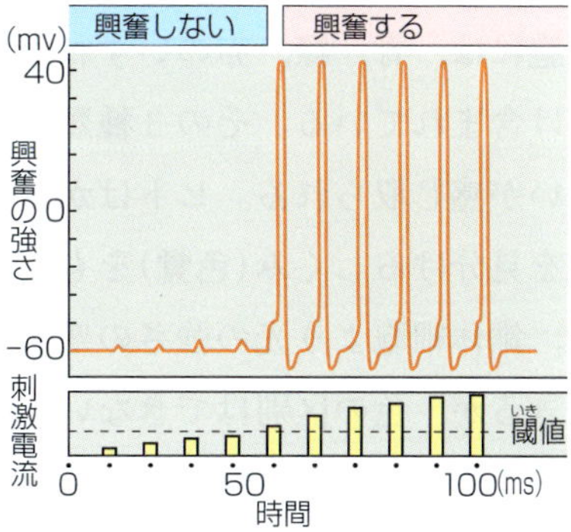

刺激の強さが一定の値（閾値）を超えると神経細胞は興奮する。刺激の強さをそれ以上強くしても，いつも同じ強さの興奮しか起こらない。

図5　刺激の強さと興奮の起き方

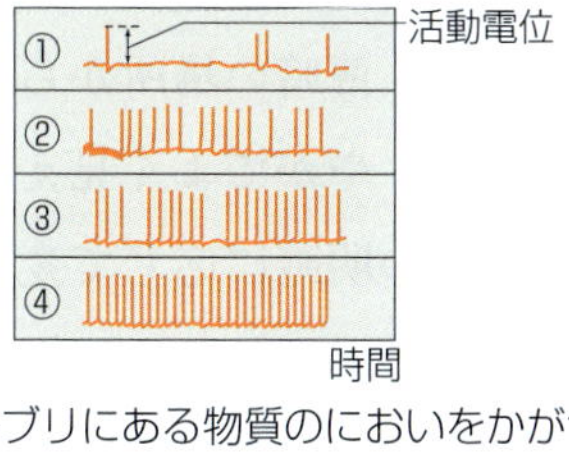

ゴキブリにある物質のにおいをかがせたときの神経の興奮のようす。物質の濃度は　が最も小さく，　が最も大きい。

図6　感覚器における興奮の大きさ

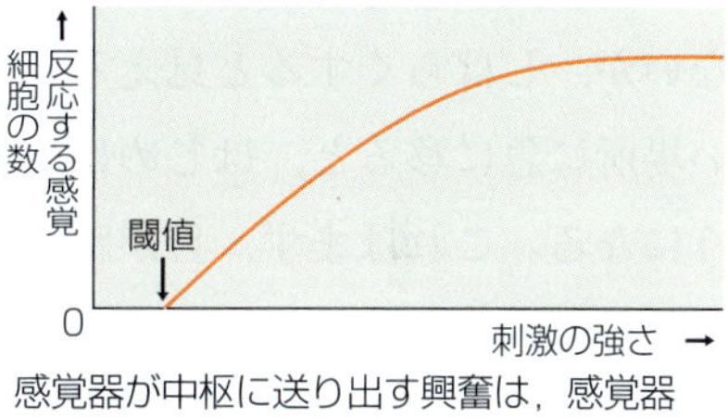

感覚器が中枢に送り出す興奮は，感覚器の感覚細胞の興奮のまとまったものである。

ヒトの目には２種類の視細胞がある

ミミズなどでは，体表に散在する感覚細胞で周囲の明暗や光の当たり方を感じ取っているが，ヒトは，**視細胞**の集まった**目**を持っている。

目の角膜と瞳孔を通過した光は，水晶体（レンズ）で屈折してガラス体を通り，視細胞の並ぶ網膜上に像を結ぶ。網膜に光が当たると，網膜の視細胞は興奮し，その興奮が視神経に伝わる。視神経は**盲斑**から眼球を出て脳に興奮を伝える 図7 。その結果，像の見えたことが脳で感じ取られる。

ヒトの視細胞には，**桿(かん)体細胞**と**錐(すい)体細胞**の２種類がある。１個の錐体細胞には，青，緑，赤のいずれかの光に特によく反応する色素が１種類だけ含まれている。その３種類の錐体細胞の興奮の程度の違いから色の違いが感じ取られる。ヒトばかりでなく，サル，ハト，ミツバチなども色を見分けるしくみ（**色覚**）をもつことが知られている。一方，桿体細胞は，錐体細胞より光の強さの変化に敏感で，弱い光でも感じ取ることができるが，色の区別はできない。

網膜の中央付近（**黄斑**）には，おもに錐体細胞が集中して分布し，その周囲から網膜の端にかけて桿体細胞が分布している。しかし，視細胞から集まった視神経の束が眼球から出ていく盲斑では，視細胞がないので光を感じ取れない。

目は明るさに合わせて光を感じ取る

明るい場所から薄暗い場所に急に移ると，はじめはまわりがよく見えないが，しばらくすると見えるようになる。逆に，薄暗い場所から明るい場所に急に移ると，はじめはまぶしく感じるが，やがてよく見えるようになる。これはまず，目が瞳孔の大きさを周囲の明暗に応じて変化させ，目に入る光の量を調節することができるからである。さらに視細胞は，光に対する感度を明暗に応じて変化させることができる。暗い所では，光に反応する色素が視細胞に蓄積して光を感じる感度が上がり（**暗順応**），逆に光が多いと，色素が減って感度が下がる（**明順応**）。明るい所と暗い所では，桿体細胞の感度は数万倍も変わることが知られている。瞳孔の変化や視細胞の色素量の変化には時間がかかるために，周囲の明るさに目が慣れるまでには遅れが生じる。

図 7　ヒトの目と網膜の構造（右目の水平断面）

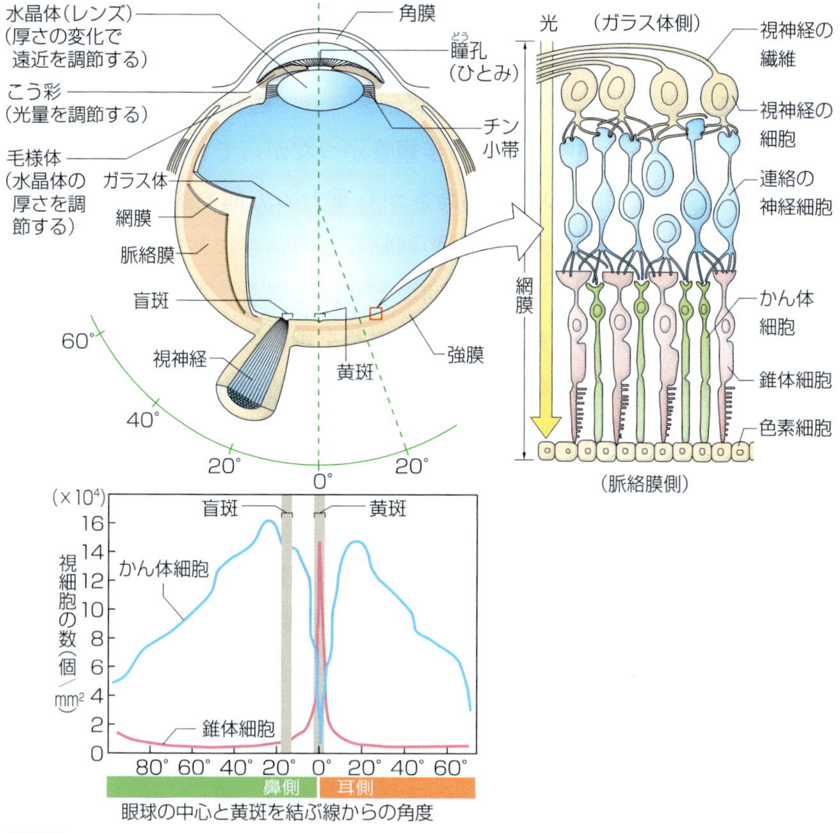

図 8　ヒトの目の遠近調節のしくみ

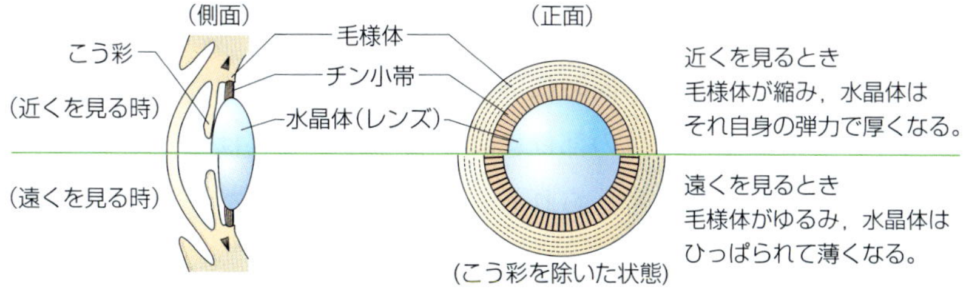

感覚毛が振動すると，音が聞こえる：聴覚

ヒトの耳は，**外耳**，**中耳**，**内耳**の３つの部分からなる 図9 。音は空気の振動として耳殻に入り，外耳道を通って**鼓膜**を振動させる。この振動は鼓膜につながった**耳小骨**で増幅された後，内耳の**うずまき管**内のリンパに伝えられる。リンパが**基底膜**を振動させると，その上にあるコルチ器の**聴細胞**の感覚毛がおおい膜にふれて，聴細胞の興奮が起きる 図10 。この興奮が，聴神経から脳に伝えられて聴覚が生じる。

うずまき管には，**前庭**と３つの**半規管**がつながっている 図9 。前庭の感覚細胞の感覚毛上の耳石の動きから重力の方向や変化を知覚する。３つの半規管内の感覚細胞は，体の回転などの動きにともなって生じる管内のリンパの動きから回転の方向などを感じ取る。これらの平衡感覚器により体のつり合いや動きを感じ，姿勢を正確に保つことができる。

微量な化学物質が感覚を起こす：味覚と嗅覚

舌の**味覚芽** 図11 や鼻の粘膜の**嗅細胞**では，化学物質が感覚細胞の細胞膜に結合すると，それぞれの興奮が生じる。この興奮が，それぞれの感覚神経を通じてそれぞれの中枢に伝わり，味覚や嗅覚を感じる。

イヌなどの動物や昆虫は，嗅覚の鋭いことが知られている。たとえば，カイコガの雄の触角にある性フェロモン①の嗅細胞は，性フェロモン分子が１つ結合するだけでも興奮が起きるといわれている。

さわるとわかる：触覚・温覚

皮ふには，ものに触れたときの圧力，痛み，冷たさや温かさなどを感じる感覚細胞が分布している。分布の仕方は体の場所により差があり，手のひらのように密に分布する場所もあれば，しりや背中のように分布の少ない場所もある。

つまようじなどを２本同時に触れたとき，その刺激を２つの点として識別できる最短距離は体の部位により異なる。これは感覚細胞の分布の違いを反映していると考えられる。

図9　ヒトの耳の構造

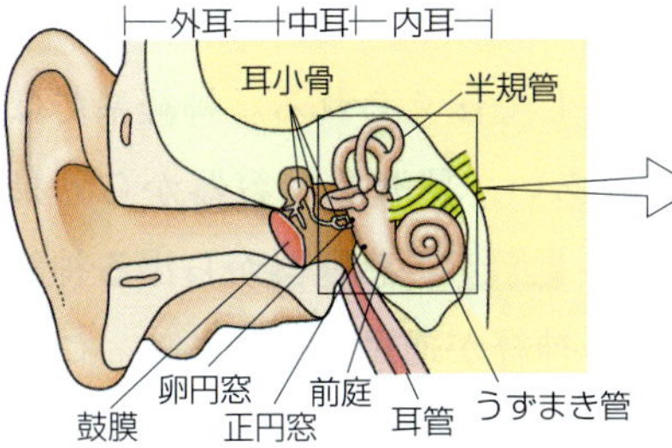

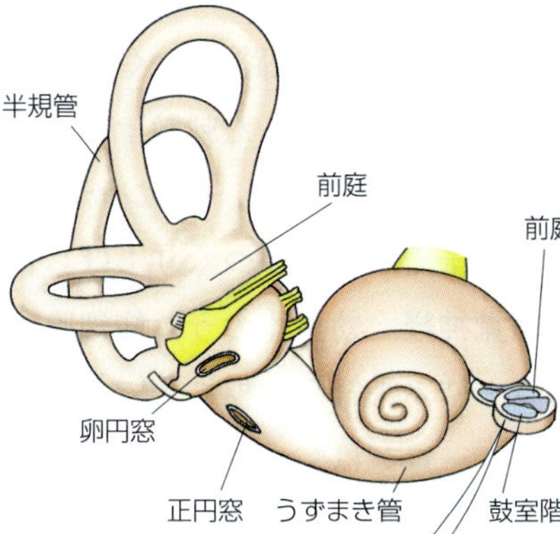

ヒトの耳は外耳・中耳・内耳の３部分からなり，聴覚と平衡覚の受容体がある。

図10　ヒトの耳における音の受容

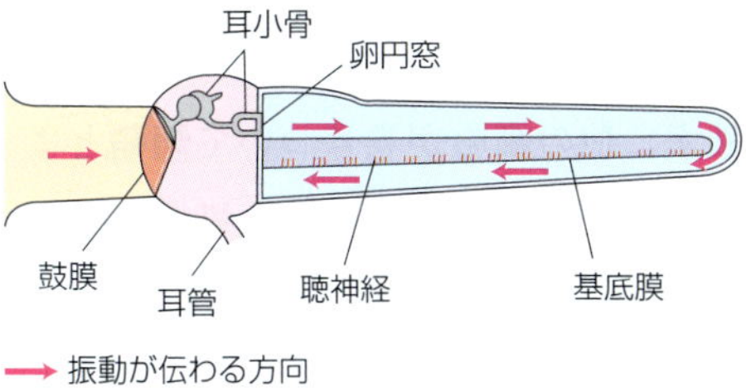

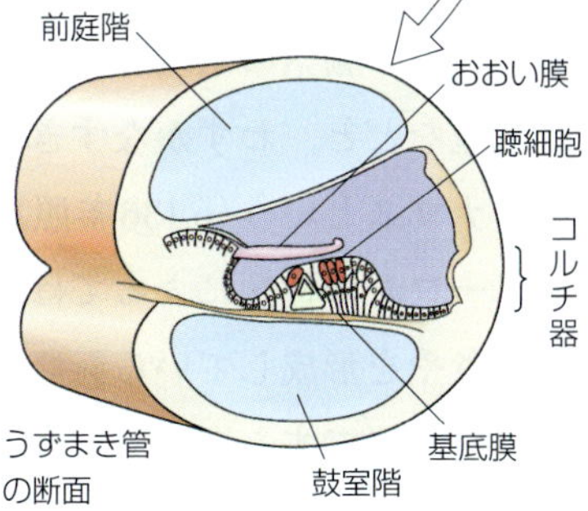

うずまき管をまっすぐに伸ばした模式図。うずまき管内の基底膜のうちもっとも振動する場所は，リンパを伝わってくる音の波長に応じて決まる。これによって，音の高低を聞き分けている。

図11　舌の味覚芽

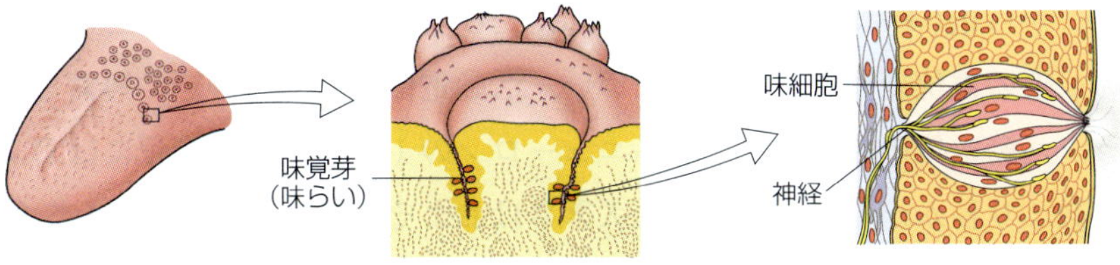

複数の味細胞が集まって味覚芽をつくっている。味細胞は，それぞれ異なる化学物質に対して興奮することで味の違いが感じ取られる。

---

①体外に分泌され同種個体間の情報伝達にはたらくにおい物質。

3 情報の伝達と神経系

ニューロンが経路をつくる

感覚器で受けとった刺激は神経の興奮として伝えられる。神経系では，多数の**神経細胞**(**ニューロン**)がつながりあい，興奮を受容器から効果器まで伝える経路がつくり上げられている 図12 。感覚器から出る神経が**感覚神経**，効果器のうち筋細胞に達する神経が**運動神経**である。この両者を結ぶ神経が**中枢神経**である。

ニューロンは，一般的には核のある**細胞体**を中心にして，そこから伸びて枝分かれする多数の**樹状突起**と１本の**軸索**(**神経繊維**)からなっている 図13 。軸索の末端は，他のニューロンの細胞体や樹状突起，または筋細胞などと，わずかなすき間をへだてて接しており，この接する部分をシナプスという(p.136参照)。

ニューロンの種類によっては，軸索に他の細胞が巻きついて**髄鞘**(ずいしょう)とよばれるさやを形成している 図14 。並んで巻きついた髄鞘と髄鞘の間には一定の間隔ですき間があり，このすき間を**ランビエの絞輪**という。

ニューロンは興奮する

いっぱんに細胞膜は電気を通しにくい性質をもち，細胞膜の内側が外側に対して電気的に負(−)の状態に保たれている 図15 。このとき，細胞膜の内外で生じている電位の差①を**静止電位**という。

軸索を微弱な電流などで刺激すると，細胞膜の内側の電位が急激に負(−)から正(＋)に逆転し，その後ふたたびもとの静止電位にもどる。この一連の電位変化を**活動電位**といい，活動電位の発生を**神経の興奮**という。活動電位の発生，すなわちニューロンの１回の興奮の過程にはおよそ数ミリ秒かかり，活動電位の大きさはおよそ100ミリボルトである。

---

①電気的なエネルギーの差のこと。電圧と同じと考えてよい。

図12　神経系の経路

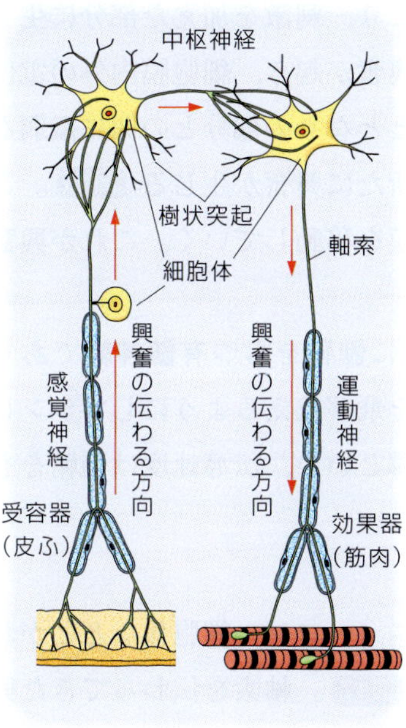

神経系は神経単位（ニューロン）が集まってつくられており，個体の刺激に対する反応を調節している。

図14　有髄神経の軸索と髄鞘

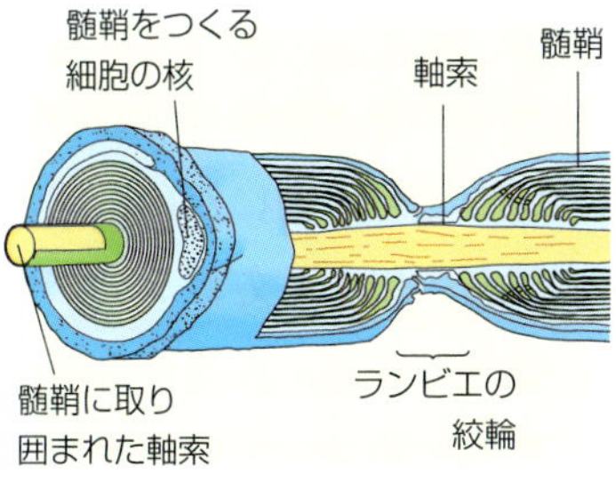

神経細胞には，軸索のまわりに髄鞘をもつ有髄神経と，もたない無髄神経がある。

図13　ニューロンの構造

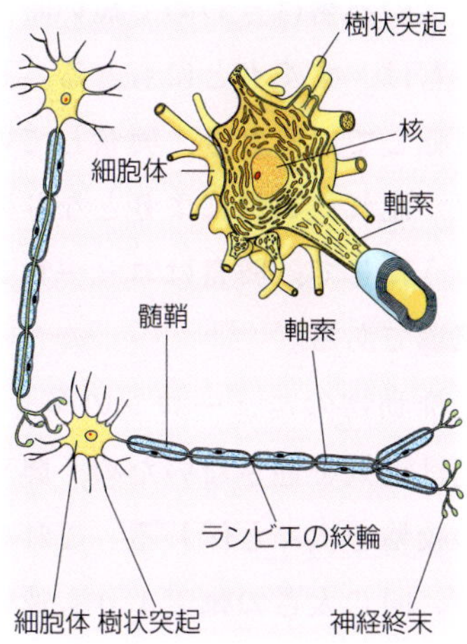

ニューロンは核が存在する細胞体，軸索，樹状突起から成り，軸索の長いものは1mにも達する。

図15　静止電位と活動電位の発生

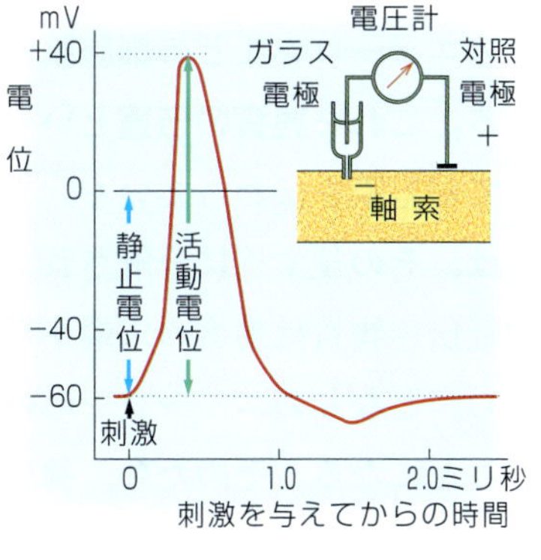

軸索に細い電極を入れて，伝導と電位変化の関係を調べたもの。静止状態では細胞膜の内側が外側に対して約60mV低く，刺激を受けると細胞膜内外の電位差が瞬間的に逆転する。

1つの興奮が次の興奮を生み出す

神経の興奮はきわめて短い時間内に起こり，刺激を加えた部分に生じた興奮は，すぐもとにもどる。しかし，興奮が起き，細胞膜内外の電位が逆転しているとき，興奮している部分ととなりの部分との間に微弱な電流が流れ，これによりとなりの部分で新たに興奮が生じる 図16 。このようにして，興奮はニューロンの細胞膜を移動していく。これが**興奮の伝導**である。

脊椎動物のニューロンの多くは，軸索に髄鞘をもつ**有髄神経**であり，髄鞘は電気を通さないため，興奮は髄鞘を飛び越えるようにしてランビエの絞輪を次々と伝わる。これを**跳躍伝導**といい，伝導速度は髄鞘をもたない同じ太さの軸索よりも速い[①] 図16 。

興奮はとなりのニューロンに伝わる

シナプスは，軸索の末端ともう1つのニューロンの細胞体などとがわずかのすき間をはさんだ構造をしている 図17 。軸索を伝わってきた興奮が軸索の末端に達すると，軸索の末端から**アセチルコリン**や**ノルアドレナリン**などの**神経伝達物質**がこのすき間に放出される。この物質がとなりのニューロンなどの細胞膜に達すると，その細胞膜に新しく興奮が生じる。これを**興奮の伝達**という。こうして生じた興奮が，新たな興奮として細胞膜を伝わっていく。また，新しい興奮を生み出した神経伝達物質は，その後すぐに分解されてその役目を終える。

神経伝達物質は軸索の末端からのみ放出されるので，興奮は軸索の末端から，となりのニューロンの細胞体や筋細胞などの方向にだけ伝達されることになる。そのため，神経系における興奮の伝わり方はシナプスの部分で一方通行に整理される。たとえば，感覚神経は感覚器から中枢へ向かってだけ，または運動神経は中枢から筋肉へ向かってだけ興奮を伝えることになる。

①興奮は太い軸索ほど速く伝導することが知られている。

図16　軸索における興奮の伝導のしくみ

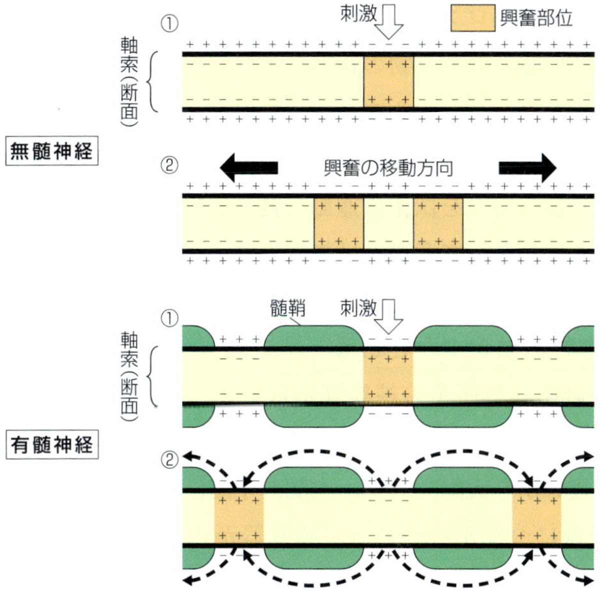

軸索の一部分を刺激すると，興奮は両側に伝わっていく。無髄神経では数ｍ／秒の速さで興奮が伝導されるが，有髄神経では興奮がランビエの絞輪を飛び飛びに伝導するため，伝導速は120ｍ／秒に達する。

図17　シナプスにおける興奮の伝達

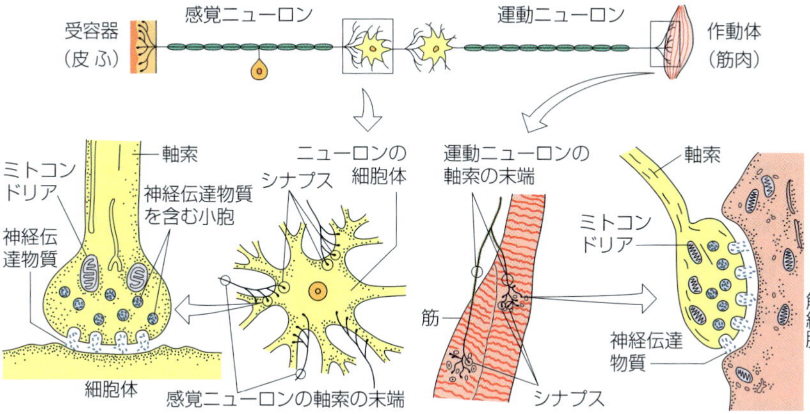

興奮が軸索の末端まで伝導すると，となりのニューロンや筋とのすき間に，アセチルコリンやノルアドレナリンなどの神経伝達物質が放出される。

脊椎動物の神経系は中枢神経系と末しょう神経系からなる

神経系では，多数のニューロンが，シナプスによって連結し合い，複雑な連絡網を構成している。脊椎動物の神経系は，**脳**と**脊髄**からなる**中枢神経系**と，中枢から全身へ分布する**末しょう神経系**とから成り立っている 図18 。末しょう神経系は，受容器で生じた興奮を中枢へ伝える**感覚神経**，中枢から効果器へ命令を伝える**運動神経**，内臓や血管壁の平滑筋や心臓や分泌腺などに分布して意識とは無関係にそれらのはたらきを調節する命令を伝える**自律神経系**(p.122参照)からなる。

中枢神経系が動物の活動をつかさどる

脊椎動物の中枢神経系は外胚葉の神経管から発達した管状神経系で，内部の空所は体液で満たされている。その前端部分が**脳**である。脳はその構造とはたらきの違いから**大脳**，**間脳**，**中脳**，**小脳**，**延髄**(えんずい)に分けられる 図19 。延髄は脊髄につながっている。感覚器から送られた情報は，脳のさまざまな中枢で処理された後，効果器に伝えられる。

大脳の断面を見ると，細胞体が集中した表層(**皮質**)の**灰白質**とおもにニューロンの軸索で構成された内側(**髄質**)の**白質**とに区分できる。大脳の皮質には，末しょう神経から伝えられる感覚の情報を統合する中枢や随意運動を制御する中枢のほかに，推理，思考，認識，判断，記憶などの活動を行う中枢がある。大脳の髄質は，おもに神経細胞の興奮を伝える役割をはたしている。

中脳，間脳，延髄は全体で**脳幹**とよばれている。脳幹には，眼球の運動や瞳孔の開閉の中枢(中脳)，ホルモンや自律神経系の中枢(間脳)，血流の調節や呼吸の中枢(延髄)など，生命維持に重要な機能の中枢がある。また小脳には，体の平衡などを調節する中枢がある。

延髄の下方から腰の付近にまで達する脊髄は，多数のニューロンが脳と末しょう神経を結び，興奮の伝達経路となっている 図20 。また，刺激に対して無意識に起こる応答(反射；p.142参照)の中枢でもある。

図18　ヒトの神経系

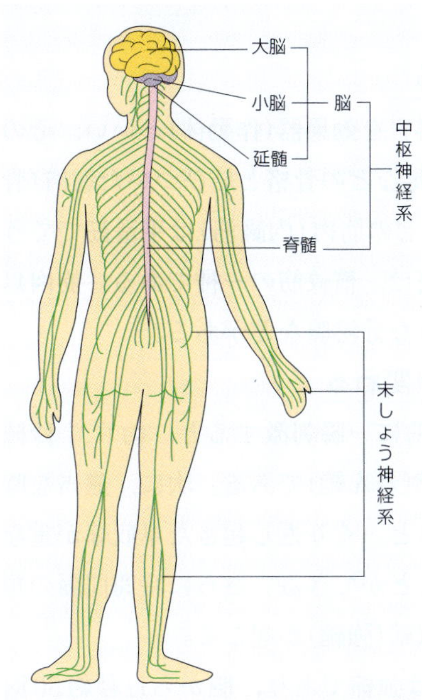

図19　ヒトの脳

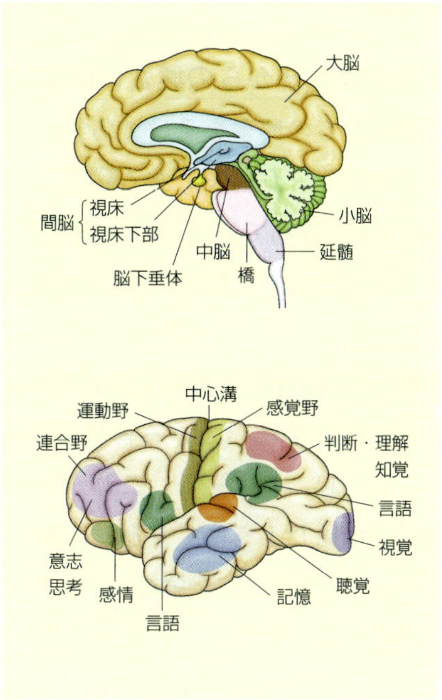

図20　中枢神経系と末しょう神経系の結びつき

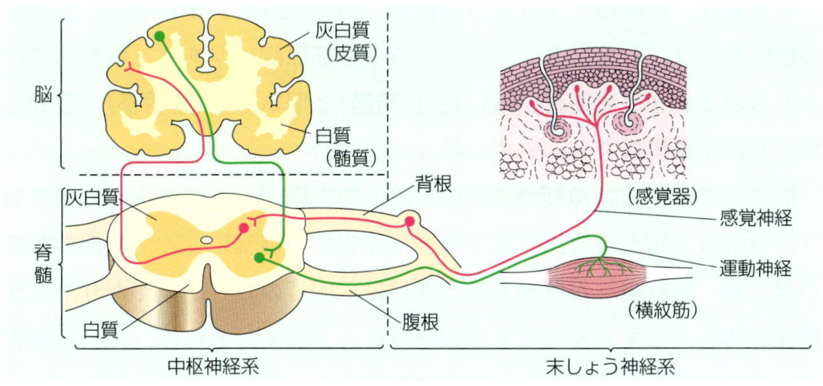

脳ではニューロンの細胞体が皮質に集中しているが，脊髄では中央に集まっている。そのため，脊髄の灰白質は中央に，白質は表層にある。

4 刺激に対する応答

筋肉は神経からの興奮に応答する

神経からの興奮を受けて応答する器官を**効果器**(**作動体**)といい，その代表的な器官が**筋肉**である 図21 。手足などの骨格と結びついた筋肉(骨格筋)は**横紋筋**で構成され，消化管などの筋肉(内臓筋)は**平滑筋**でできている。また，心臓の筋肉である心筋は，横紋筋の一種である。筋肉以外の効果器として，唾腺や汗腺のような分泌腺などがある。

刺激の間隔により筋収縮の強さが変わる

骨格筋に接続している神経を電気的に一瞬刺激すると，約 0.1 秒続く収縮が起こる 図22 。これが**単収縮**(**れん縮**)である。次に，適当な時間間隔で同じようにくり返し刺激すると，くり返し起きた単収縮が重なり合った収縮(**不完全強縮**)を起こすことができる。さらに時間間隔の短い刺激をくり返すと，持続的で強い収縮(**強縮**)が起こる。

体内で起こる筋肉の収縮は，通常は強縮であり，脳から毎秒約50回の興奮が骨格筋に伝えられると起きる。また，単収縮は，無意識に起こる応答(反射；p.142参照)などにみられることがある。

筋収縮のしくみ

骨格筋は，**筋繊維**とよばれる円筒形の細胞(**筋細胞**)からなる。筋繊維の細胞質には，おもにタンパク質からなる**筋原繊維**があり，横紋筋では，その名のとおり筋原繊維の暗い部分(**暗帯**)と明るい部分(**明帯**)が整列して交互にしま模様をつくっている。

横紋筋では，運動神経の軸索の末端と筋細胞がシナプスをつくっており，軸索の末端から放出される神経伝達物質の刺激によって筋肉の収縮が起こる。筋原繊維が収縮するときには，明帯の長さが短くなり，しま模様の間隔がせまくなることが観察される 図23 。その後，神経伝達物質による刺激がなくなると，筋肉は弛緩する。収縮していた筋原繊維が弛緩するときには，明帯が長くなってしま模様の間隔が広がる。

図21　筋の構造

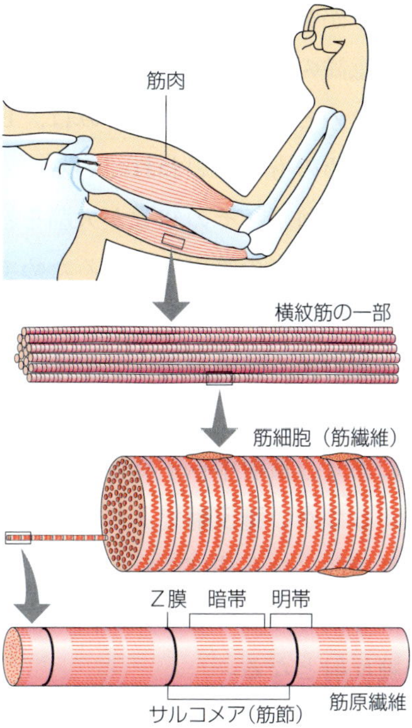

図22　筋の収縮の測定

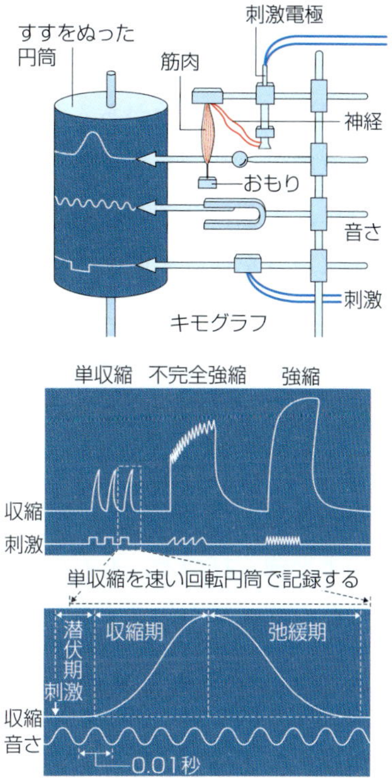

筋の収縮を直接記録する方法として，キモグラフがよく使われている。潜伏期があるのは，神経からの刺激がシナプスで処理されているからである。

図23　筋原繊維の収縮と弛緩(電子顕微鏡像)

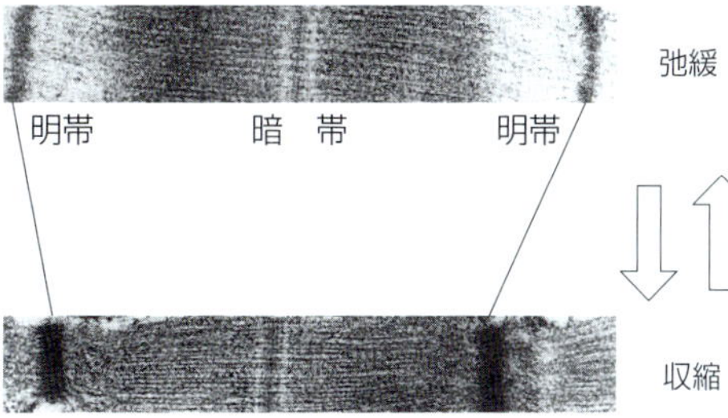

弛緩しているときに見えた白い部分（明帯）が，収縮したときには短くなりほとんど見えなくなっている。

反射は脊髄を中枢にしている

立ったまま眠くなり意識がかすれ，ひざが突然屈して腰を落としそうになり，はっと気がついたときには，無意識のうちにひざが伸びて腰を落とさずにすんだ経験があるだろうか。このときはたらくしくみは，ヒトが無意識のうちに直立姿勢などを保つためのものといわれている。

これは，大脳にひざの屈曲の知覚が伝わる前に，その知覚が大脳を経由せずにひざを伸ばす筋肉への刺激となってひざの筋肉に伝わるためである。大脳の支配を受けず，刺激に対して無意識に起こるこのような反応を**反射**といい，受容器→感覚神経→反射中枢→運動神経→効果器という経路で起こる。この経路が**反射弓**である。

反射中枢は，脊髄や延髄，中脳などにあり，反射中枢が脊髄にある場合を**脊髄反射**という 図24 。その一例が**しつがい腱反射**である。しつがい骨の下を強く打つと，ももの筋肉が瞬間的にひき伸ばされた状態になる。これを筋紡錘が知覚すると，興奮が脊髄を介してももの筋肉に伝わり，ひざから下が跳ね上がるしつがい腱反射となる。

生物体にはいろいろな効果器がある

●分泌腺による分泌　汗腺や唾腺などの外分泌腺は，汗，消化酵素，フェロモンなどを体外に放出し，内分泌腺はホルモンを血液中に放出する。分泌腺の活動は，自律神経や他のホルモンにより調節されている。

●発光器による発光　ホタルの腹部には神経により支配された発光器がある。目に入った特定の光が刺激となって発光し，雌雄で交信する 図25 。

●発電器官による発電　電気魚の仲間は横紋筋の筋細胞に由来する発電器官をもち，外界に電流を流すことができる。この電流の一部を体の別の場所にある電気受容器で常に感じ取っている 図26 。獲物や敵などが接近すると，周囲の電流の流れ方が変わる。電気魚はこの変化を感じ取ることで獲物や敵の大きさ・動きなどを知る。電気魚の中には，敵を追い払ったり獲物をつかまえやすくするために，数10～数100ボルトの電圧を発生させるものもある。

図24　脊髄における神経のつながりとしつがい腱反射の経路

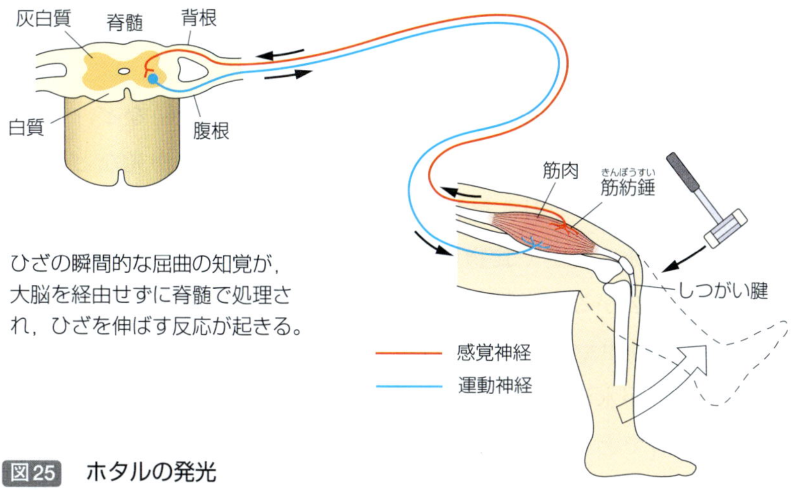

ひざの瞬間的な屈曲の知覚が，大脳を経由せずに脊髄で処理され，ひざを伸ばす反応が起きる。

図25　ホタルの発光

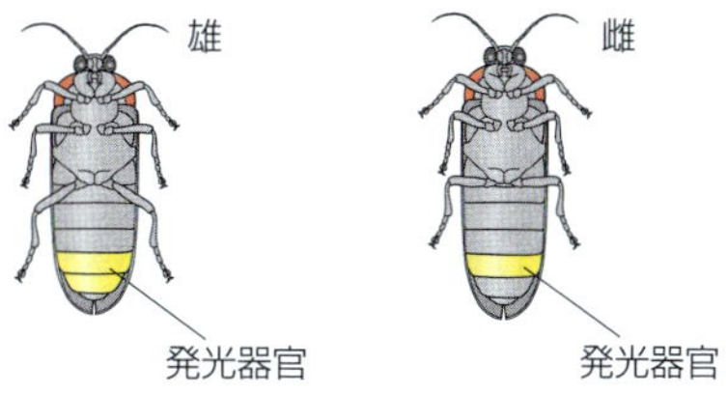

ホタルは発光により雌雄の情報伝達を行う。雄は雌より強い光を出すことができる。

図26　電気魚による電流の発生

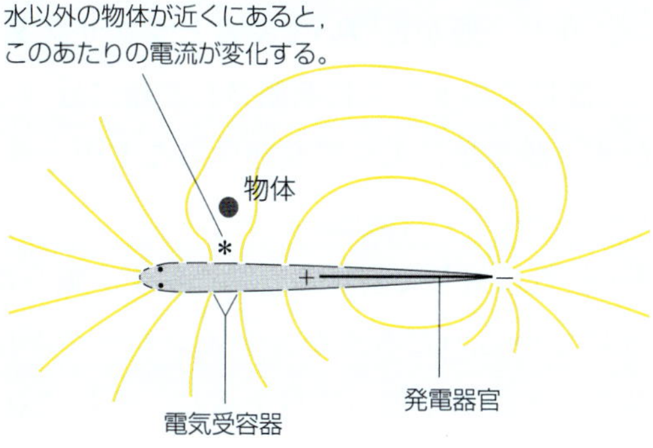

デンキウナギ

5 動物の行動

刺激に対する応答としての動物の行動

動物の行動では，食物を得る(摂食)，子孫を残す(繁殖)など，その目的がはっきりしていることが多く，体内の生理的な変化や光などの外界の刺激をきっかけとして引き起こされると考えられている。

卵に向かって泳ぐ精子や食物に接近するゾウリムシは，それぞれ卵や食物から周囲に広がる化学物質を刺激として知覚し，それに応答して接近する。ハエの幼虫やミミズなどは，光から逃れようと移動する 図27。

また，メダカが水流の中で同じ位置に定位するのは，メダカが周囲の景色の変化を目でとらえたり，水流の強さを刺激として感知しているからである。これらの行動では，同じ刺激に対していつも同じ応答が現れることが特徴であり，様式が生まれつき備わっている行動(**生得的行動**)の代表的な例である。一方，動物の行動には，刺激に対応するための様式が経験によって後天的に獲得され，記憶として残る場合もある(**学習**)。動物がどの行動様式をもつかは神経系の発達の程度と深く関係し，一般的には，神経系の発達した動物ほど行動様式が複雑である。

生得的行動を引き出す刺激はいつも決まっている

イトヨやハリヨなどのトゲウオの雄は，春の日照時間の変化が刺激となって腹部が赤くなり，川の浅瀬に水草や石で巣をつくる。他の雄が巣の周辺に近づいてくると追い払うが，雌が近づいてくるとジグザグダンスという独特の泳ぎ方をする。雌はこのダンスに刺激されて雄に近づく。その後，雄が巣に雌を導いたり，雌が巣に入って産卵するなどの一連の配偶行動が決まった順序で次々と進んでいく 図28 。

巣をつくった雄は，雄と雌の接近に対して別々の行動を示す。彼らは，相手の性別をどのように見分けているのだろうか。ティンバーゲンは，巣をつくったイトヨの雄にさまざまな形や色の模型を示し，それに対してどのような行動が現れるかを調べた。イトヨの雄は，本物の雄に形はそっくりだが腹部が赤くない模型に対しては何の反応も示さない。しかし，形は本物らしくないが腹部が赤い模型には追い払う行動をとった。また，普通の腹をした本物の雌にはダンスをしないが，腹部のふくれた模型に対してはダンスをすることがわかった 図29 。

この結果から，イトヨの雄は，雄に対しては腹部の赤い色が，雌に対しては腹部のふくれた形が刺激となって，生得的に定まった特定の行動を引き起こすと考えられる。このように生得的行動の直接の引き金となる刺激を**信号刺激**という。

図27 クロバエ幼虫の光に対する行動

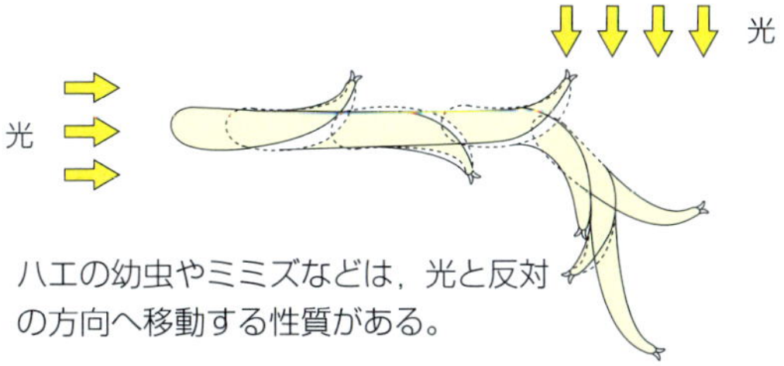

ハエの幼虫やミミズなどは，光と反対の方向へ移動する性質がある。

図28 イトヨの配偶行動

①雄が巣の材料を集めてきて巣をつくる。

②粘液を出して巣をかためる。

③雌が来るとジグザグダンスをして求愛する。

④巣の入口へ雌を導く雄。

⑤巣の中で雌が産卵し，雄は外で見守る。

⑥雄が巣をくぐり抜けて放精する。

おたがいの応答が次の行動を呼び出す

雄が雌の尾部をつつかなくても，雌の入った巣を棒でゆするだけでも雌は産卵する。このことからイトヨは，信号刺激があればそれに対応して生得的に1つの行動を起こすことがわかる。また，腹の赤い雄の本物らしくない模型を，巣に近づいてきた雌の周囲でジグザグダンスに似せて動かすと，雌は模型に近づく。さらに，雌の動きに合わせて雄の行動に似せて動かすと，雌を巣に導くことができる 図30 。

このように，イトヨの雌雄が交互に起こす行動が相手に対する信号刺激となって次の行動が引き出され，全体として，雌雄が巣に入り産卵・放精するという一連の行動の連鎖となる。しかし，その途中で他の雄が巣に近づいたためにその雄を追い払う行動が起きると，それまでの雌雄による行動の連鎖は中断され，途中からは再開できない。このことから，この一連の行動が完結するためには，雌雄の出会いから受精と産卵にいたるまで行動が連続することが重要であることがわかる。

図29 イトヨの雄の信号刺激

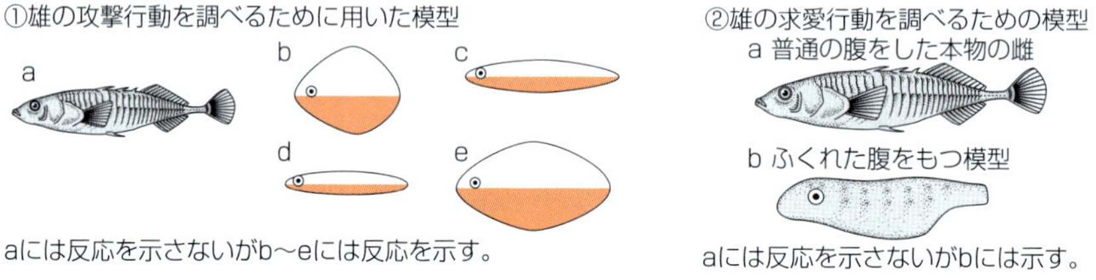
①雄の攻撃行動を調べるために用いた模型
a
b
c
d
e
aには反応を示さないがb～eには反応を示す。
②雄の求愛行動を調べるための模型
a 普通の腹をした本物の雌
b ふくれた腹をもつ模型
aには反応を示さないがbには示す。

図30 雄模型の動きについてくるイトヨの雌

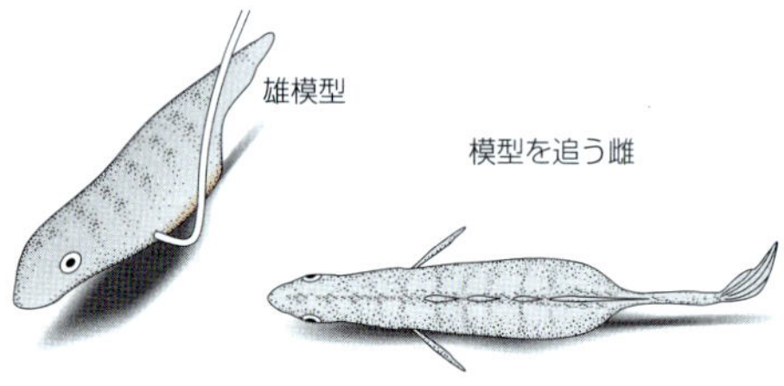
雄模型
模型を追う雌

腹の赤い雄の本物らしくない模型を，雄の行動に似せて動かすと，雌は模型を追って巣に導かれた。

第5章

環境と植物の反応

A 植物の生活と環境

植物は，太陽の光エネルギーを利用して，二酸化炭素と水から生命活動に必要な有機物を合成する。そして酸素を放出する。現在の大気中に酸素は約20％含まれており，動物などの呼吸に利用されている。一方，二酸化炭素は約0.04％と低いが，その上昇は地球温暖化の原因の一つとして危惧されている。一方，生物の生存に水は不可欠である。水の少ない陸上で生活する植物にとって，どのようにして水を取り込むかは大きな問題である。

1 植物における水の取り込みと移動

植物の根が水を吸収する

植物を鉢植えにして育てるとき，ときどき水をやる必要がある。水は鉢の土にやりさえすれば，植物そのものに水をかけなくてもふつうは育つ。根が土壌中の水を吸収し，その水が植物の体全体に運ばれるからである。では，植物の根はどのような構造をしているだろうか。アブラナやダイズなどの双子葉植物の根は主根と側根からなっている。一方，イネやトウモロコシなどの単子葉植物の根はひげ根とよばれ，多くの細い根が土壌中を広がっている。根の表面には，一般に**根毛**が数多く見られる 図1 。

根で取り込まれた水は根の中の方へ移動する

陸上植物の根は，地上の植物体を支えるとともに，水を取り込むはたらきをもっている。根毛は，根の先端（根冠）から少し上のところで多く見られる独特の形をした細胞である。根毛が発達すると，根全体の表面積が増すことなどから，水の吸収が有利になる。根の表面から吸収された水は，根の細胞のすき間や細胞の中を通って根の中心部に移動する。そこで，水は維管束の木部の**道管**（または**仮道管**）に移動し，

地上部に運ばれる 図1 。

若いコムギやトウモロコシの若い芽生えを切ってみよう。切り口から水がにじみ出てくる。これは，吸水した水を上へ押し上げる圧力(**根圧**)がはたらいているからである。

図1　根における水の吸収と移動

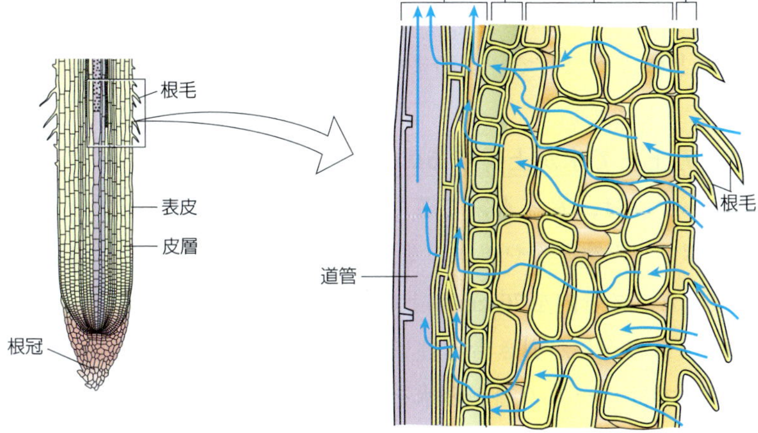

参考資料

植物に食紅など無害な色素を溶かした水を吸わせて，根が水を吸収する様子を観察してみよう。

食紅を溶かした水を植物に吸わせる

根毛（ホウセンカ）（×150）

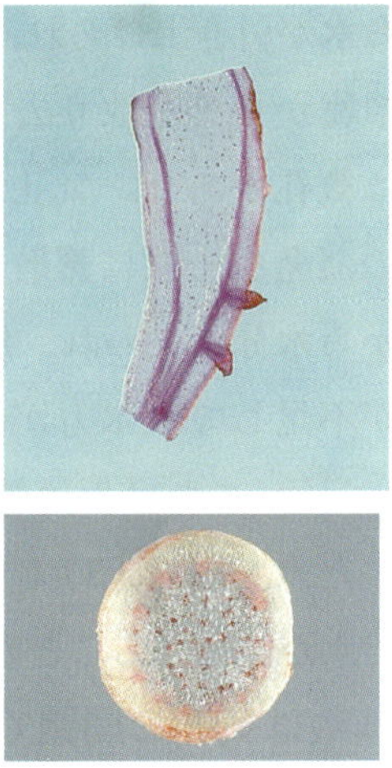

根の縦断面（上）と横断面（下）

上部が真空でも水は約10mしか上昇しない

水銀で満たしたガラス管を逆さにして立てると，水銀柱は約76 cmの高さで停止し，それより上は真空となる。これは大気圧によって水銀柱がこの高さまで押し上げるからである。水の場合は約10mの高さまで押し上げられる。地上では，管の上部が真空であっても水は約10mまでしか上昇しない。ところが，樹木には高さ120 mに達するものもある 植物はどのようにして，このような高いところまで水を運ぶことができるのであろうか。

高い木の上まで水が上昇するのは蒸散による

ツィマーマンは，水と水銀で満たした細いガラス管を図2のように粘土質のポット[1] 図2b や植物の葉 図2c につないで水を蒸発させると，水銀はガラス管内を76 cm以上の高さまで上昇することを示した。

水には分子どうしが引き合う性質がある。このため水で満たされた細い管の中では，一方の端から水を引っ張るともう片方の端までその力は伝わる。この実験で水を引っ張る力を生み出したのは，ポットや葉における水の蒸発である。すなわち，蒸発により失われた分だけ下から水が引き上げられ，それに続いて水銀も引き上げられたのである。

植物から葉を取り去ってしまうと，水の吸収が遅くなる。葉の表面には**気孔**があり，気孔が開くとその孔から水が蒸発する。植物からの水の蒸発を一般に**蒸散**という。葉からの蒸散によって葉の中の細胞間隙から水分が失われ，周囲から水が供給される 図3。周囲の細胞では水が不足して吸水力が高まり，道管(または仮道管)から水が補充される。道管(または仮道管)の中は水で満たされているので，葉の蒸散で生じた水を引き上げる力は根まで伝えられる。こうして高い木の先端まで水が上昇することができるのである[2] 図4 。

蒸散は気孔の開閉で調節される

葉の表面は表皮細胞からなり，クチクラなど水を通しにくい物質でおおわれているものも多い。表皮には気孔が点在している 図5 。気孔は２つの**孔辺細胞**の間のすき間で，ふつう葉の裏側に多い。気孔の開閉は孔辺細胞によって調節される。孔辺細胞が水を吸収して膨圧が生じると，細胞の間の空間が広がって気孔が開き，蒸散が活発になる。逆に，植物体の水分が減って孔辺細胞の膨圧が下がると，気孔が閉じて蒸散が抑えられる。

図2　植物の中を水が上昇する理由を示す実験

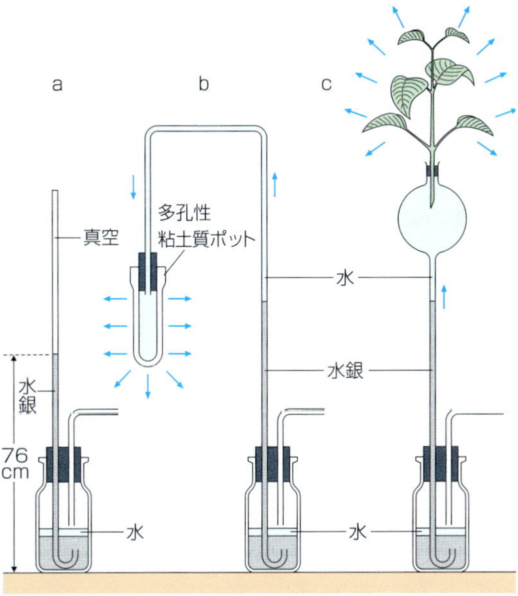

図4　植物体における水の移動

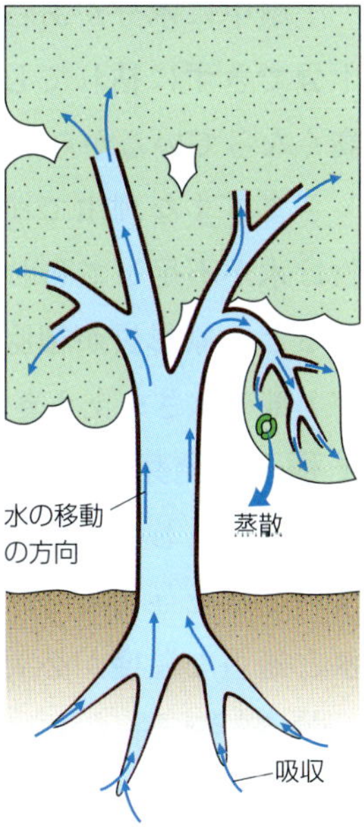

図3　葉における水の移動

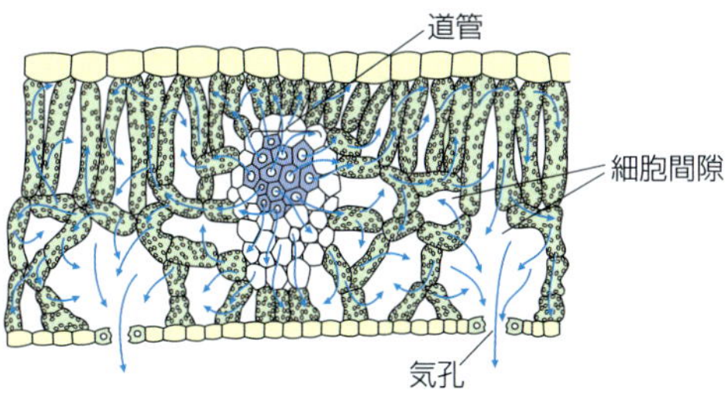

図5　気孔の開閉（ツユクサ）

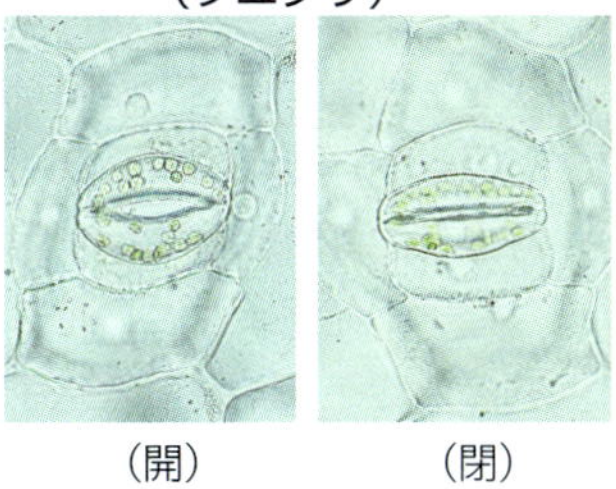

---

①粘土の容器は液体の水は通さないが水蒸気は通すので，中の水が蒸発する。

②生け花では，茎を水中で切ることが多い。これは道管の中に空気を入れないためである。道管中に空気が入ると水が上昇しなくなり，すぐにしおれてしまうからである。

水の取り込みと移動に影響する環境要因

気温が高く，湿度が低く風のあるときは蒸散量が多い。そのため，根での水の吸収も多くなる。しかし，根の周囲の土壌は，砂れきや粘土など場所によってさまざまである。砂地に降った雨はすぐに浸み込み，地面はすぐに乾いてしまう。一方，粘土層は水を通しにくい。多くの植物の根にとって，通気性に富み保水性のよい土壌が適している。

土壌中に水分があっても，塩分が多く含まれていると植物は吸水が十分できずに枯れてしまうことがある(**塩害**)。土壌中の水の浸透圧が高くなっているからである。

さまざまな理由で植物の吸水量が蒸散量より少なくなると，その植物は水が不足してしおれる 図6。これは，茎や葉の細胞内の水分量が減ると，原形質が細胞壁を押す圧力(**膨圧**)が減り，張りを失った細胞が上部の重さを支えきれなくなるからである。

種子の発芽にも水の吸収が重要である

水は成長した植物だけでなく，種子にとっても重要である。種子をまいて水を与えると，やがて発芽する。植物の種子の発芽には酸素と水と適当な温度が必要である。たとえば，アブラナの種子は水を与え

参考資料

―――水の吸収を抑えている種子もある―――

植物の種子は種皮でおおわれているため，長い間休眠しても生き続けることができる。種皮が壊れると，水は乾燥している種子の中へ浸み込むように入り，休眠からさめるのである。植物の中には著しく厚い種皮をもつものがある。厚い種皮は種子の発芽を遅らせることにより，その植物の分布を広げ，好適な生育環境の場所や時期を選ぶのに役立っていると考えられる。

種子の発芽条件は，通常は適度の温度と水分である。また，発芽には酸素も必要である。種子の発芽条件は植物の種類により異なる。森林に生える樹木の種子には，山火事などの熱で種子の厚い殻に割れ目が生じて水が入り発芽しやすくなるものもある。また，動物に食べられ，消化管を通ることで発芽しやすくなるものもある。

ると1日くらいで発芽する 図7 。しかし，アサガオの種子は種皮が厚いので，発芽に日数がかかる。そこで，種皮に軽く傷をつけると，水の吸収が速くなり，発芽までの日数が短くなる。

図6　植物のしおれ（ホウセンカ）

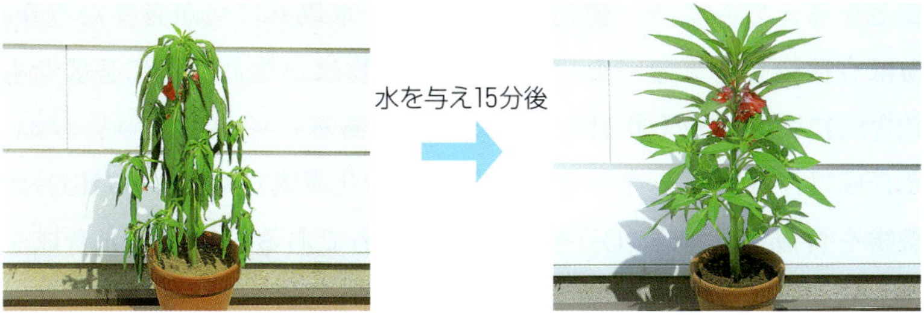

しおれたホウセンカに水を与えると，やがて張りをとりもどす。

図7　アブラナの種子の発芽

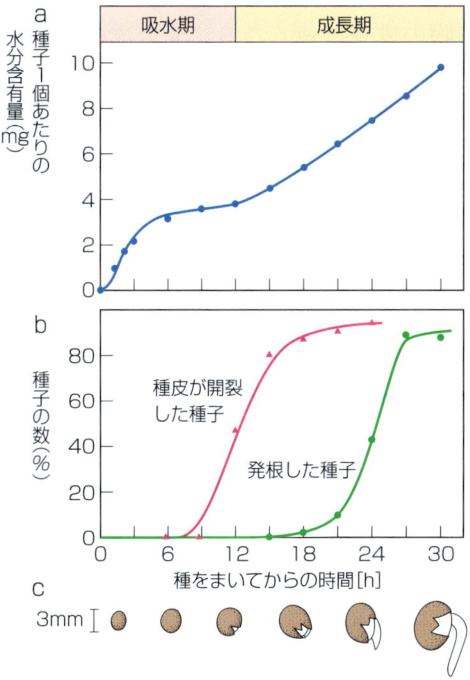

a　水分含有量の増加により吸水の様子がわかる。

b　種皮の開裂は水に浸してから9～18時間で起こり，18～27時間で発根する。

c　平均的な種子の発芽の様子

2 光合成と環境

植物は光合成を行って有機物を蓄える

水の移動について学んだときと同じように，植物を鉢で植えるときのことを考えてみよう。植物の成長には，水以外に何が必要だろうか。植物は有機物を含まない土[①]でも育つ。植物は，生命活動に必要なものを光合成によってつくり出しているからである。

光合成は，光エネルギーを利用して二酸化炭素(CO_2)と水(H_2O)から有機物を合成し，酸素(O_2)を放出する反応である。植物は光合成を葉のさく状組織や海綿状組織で行って，生命活動に必要なエネルギーをデンプンなどの有機物として蓄える 図8 。蓄えられた有機物は師管を通って地下茎や新しい芽，種子などへ運ばれていき，貯蔵されたり，さまざまな生命活動に利用される。

光合成が盛んに行われれば植物の成長は速くなる。光合成の活発さの度合い(**光合成速度**)は，一定時間あたりの二酸化炭素の取り込み量や酸素の発生量を測定することで求められる。また，1日間などやや長い時間単位での光合成速度は，デンプンなど光合成産物の蓄積量や植物体の乾燥重量の増加を調べることで知ることができる。光合成は

図8 光合成

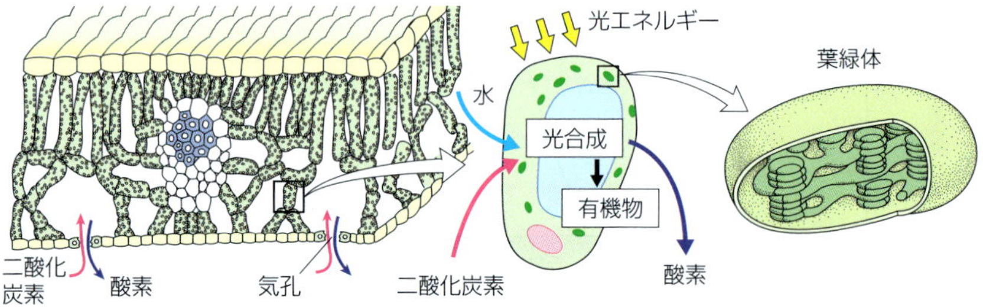

①雲母を焼いてできたバーミキュライトなどが知られている。

陸上の植物のほか，水草や海藻，微細な藻類，ラン細菌などでも行われる。陸上の空気に触れる環境だけでなく，湖沼や川，海の中で，そして，熱帯の温暖なところから北極や南極の氷の上まで，光の当たるところであれば，地球上のさまざまな環境で光合成は行われている。

光合成は葉の細胞の中にある葉緑体で行われる

陸上植物では光合成はおもに葉で行われる。光合成に必要な二酸化炭素は葉の表面にある気孔から取り入れられる。ホウレンソウやツバキなどの葉の中はさく状組織と海綿状組織の細胞が層をなして並び，細胞の中に多数の葉緑体が見られる 図9，図10 。葉緑体には，**クロロフィル**という色素が含まれており，そのために植物は緑色に見える。光合成はこの葉緑体で行われる。

一方，原核生物であるラン細菌は葉緑体はないが，細胞で光合成を行う。

図9　様々な植物の葉緑体

アサガオの葉の海綿状組織

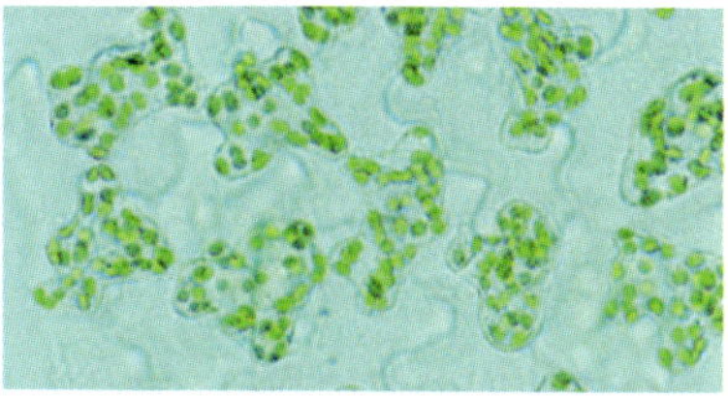

（×300）

水草（クロモ）の葉

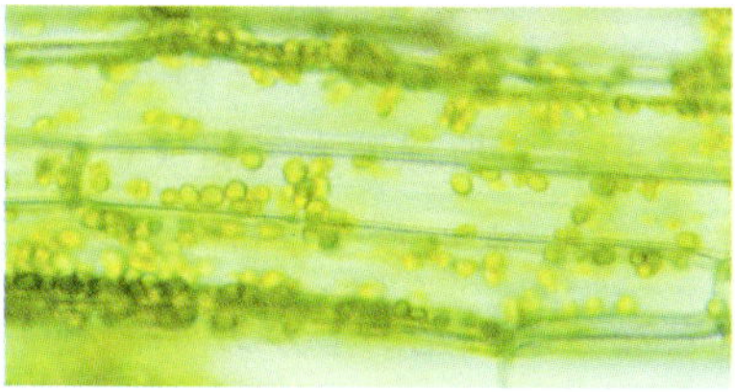

（×200）

図10　葉緑体の電子顕微鏡像（イネ）

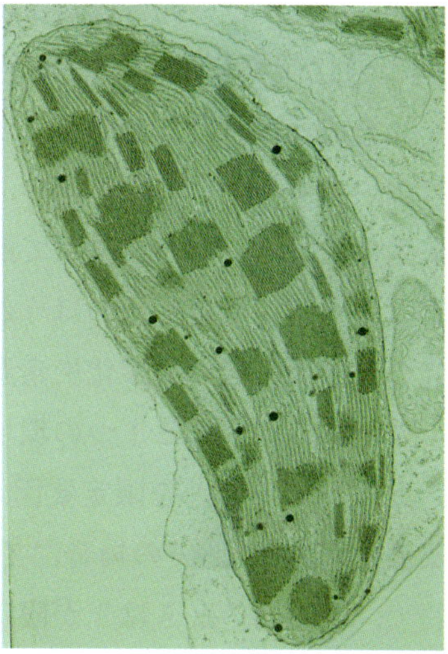

（×2000）

強い光を受けると光合成がさかんになる

光合成速度はふつう，光の強さや大気中の二酸化炭素濃度，温度などの環境要因によって変化する。光合成速度は光が強いほど大きくなり，ある光の強さで最大光合成速度に達して飽和する 図11。最大値に達したときの光の強さを光飽和点という。

一方，光の強さがゼロのとき，すなわち暗黒中では光合成速度はゼロになるはずである。しかし実際には，暗黒中では酸素が吸収され，二酸化炭素が放出される。呼吸が行われているからである。酸素(または二酸化炭素)の出入りがなくなるのは，ある強さの光が当たっているときであり，このときの光の強さを**光補償点**という。光補償点で光合成速度が見かけ上ゼロになるのは，呼吸による酸素の吸収速度(**呼吸速度**)と光合成速度が等しくなっているからである。

このことからわかるように，酸素の放出速度(または二酸化炭素の吸収速度)を実測して得られた値は見かけの光合成速度である。真の光合成速度は見かけの光合成速度に呼吸速度を加えた値となる①。

二酸化炭素に対しても光合成速度は飽和曲線を示す

光合成速度は，二酸化炭素濃度に対しても飽和曲線を示す 図12。葉に強い光が当たっている場合，二酸化炭素濃度が高くなるにつれて光合成速度は大きくなり，やがて飽和して最大光合成速度となる。弱い光のときより強い光のときのほうが最大光合成速度の値は高い。また，弱い光のときは，低い二酸化炭素濃度で最大光合成速度に達する②。

このように，ある1つの環境要因によって光合成速度が抑えられているとき，その要因を**限定要因**という。現在の地球の大気組成(二酸化炭素濃度が約0.04％)の場合，イネ，コムギ，ホウレンソウなど多くの植物で，光が弱いときは光が限定要因となるが，光が十分ある晴天の日中では二酸化炭素濃度が限定要因となっている 図13。

図11　光合成速度に及ぼす光の強さの影響

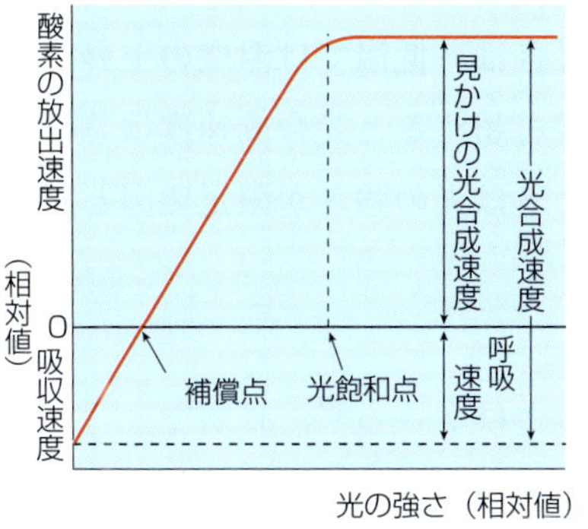

光合成速度は光の強さが増すにしたがって大きくなる。しかし，光飽和点に達するとそれ以上は大きくならない。

図12　光合成速度と二酸化炭素濃度との関係

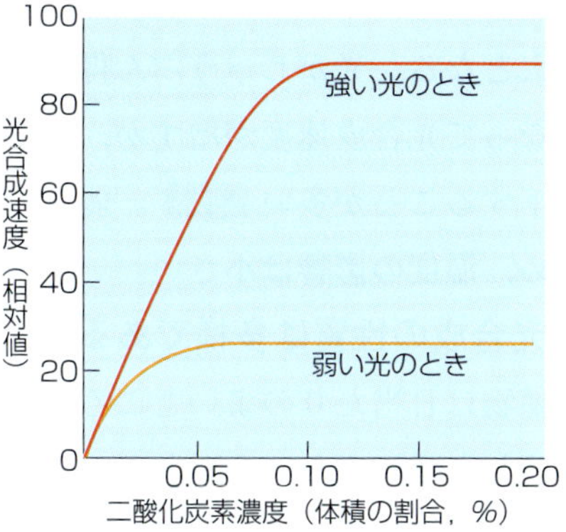

光合成速度は，同じ光の強さのもとでは二酸化炭素濃度が高くなるほど大きくなるが，ある濃度に達するとそれ以上は大きくならない。

図13　光合成速度の限定要因と光の強さの関係

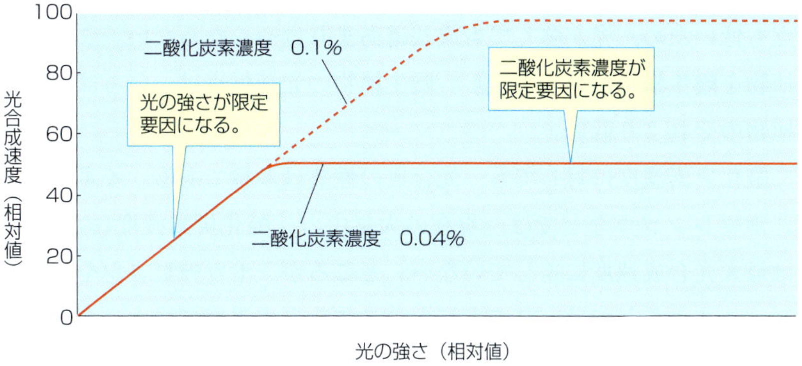

光が弱いときには，光の強さが限定要因となっている。しかし光の強さが光飽和点以上になり最大光合成速度に達したところでは，二酸化炭素濃度が限定要因となる。二酸化炭素濃度を上げると，光飽和点は右へ移動し最大光合成速度は大きくなる(図中の点線)。

---

①ここでは，呼吸速度が光の有無にかかわらず一定であると仮定している。

②二酸化炭素濃度に対して見かけの光合成速度を表した場合も，光強度の場合(図11）と同じように，ある二酸化炭素濃度で速度がゼロとなる。この二酸化炭素濃度を二酸化炭素の補償点という。

温度も光合成速度に影響する

温帯から熱帯に生育する植物では，ふつう25～40℃で光合成速度が最大となる。光がじゅうぶん得られるときは，低温では温度の上昇にともなって光合成速度が増すが，ある温度を超えると光合成速度は急激に低下することが多い 図14 。弱い光のときは光の強さが限定要因となるため，温度の影響は小さい。

光合成の性質は多様である

植物は日当たりのよいところに生えるとはかぎらず，日陰や，ごく短時間しか日の当たらないところに生える場合もある。植物には日当たりのよい環境・悪い環境にそれぞれ適したものがあり，これには光合成の光飽和点と光補償点の違いが関係している。

トマトやヒマワリなどは光飽和点が高く，日当たりのよい環境で成長がはやい。このような植物を**陽生植物**という。一方，アオキやベニシダなどは光補償点が低いため日当たりの悪い環境でも生育できるが，光飽和点も低いため，光が強くても成長はあまりはやくならない。このような植物を**陰生植物**という 図15 。陰生植物の光補償点は，いっぱんに陽生植物のそれより低い。

二酸化炭素濃度に対しても，光合成の性質は多様である。イネやコムギ，ホウレンソウなどでは，現在の大気中の二酸化炭素濃度（約0.04％）では最大光合成速度に達していない。ところが，トウモロコシやサトウキビ，ススキなどでは，この大気中の二酸化炭素濃度で最大光合成速度を示す 図16 。

光合成の性質は１本の樹木の中でも変化する

１本の樹木でも，日当たりのよい場所と悪い場所とでは葉の性質が異なることが多い。強い光のもとで生育した葉（**陽葉**）では，葉が厚く，光飽和点と補償点が高い。一方，弱い光のもとで生育した葉（**陰葉**）では，陽葉に比べて光飽和点も補償点も低い。さらに，陽葉ではクチクラ層が発達していることが多く，乾燥に強いと考えられている。

図14　光合成速度と温度の関係

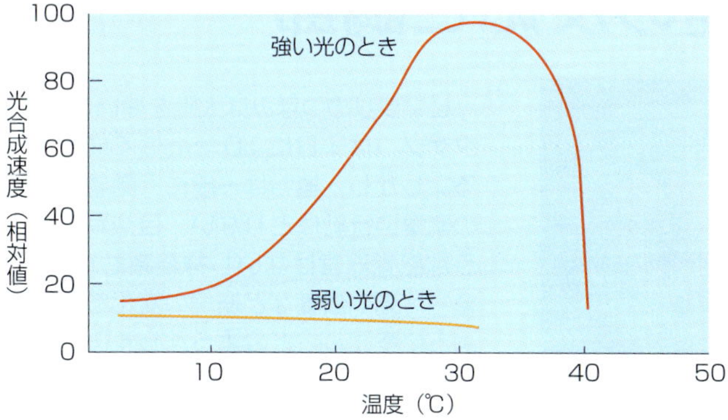

光合成速度は温度によっても影響を受けるが，それは光の強さの条件によって異なる。

図15　光の強さに対する光合成速度の比較

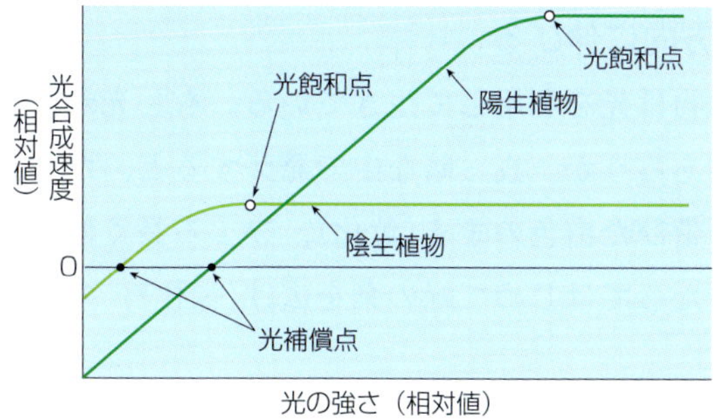

陽生植物は日当たりのよい環境では光合成速度が大きいのではやく成長するが，光補償点が高いので日当たりの悪いところでは成長できない。一方，陰生植物は日当たりのよい所では陽生植物より成長が遅いが，光飽和点も光補償点も低いので，日当たりの悪い環境でも生育することができる。

図16　二酸化炭素濃度に対する光合成速度の比較

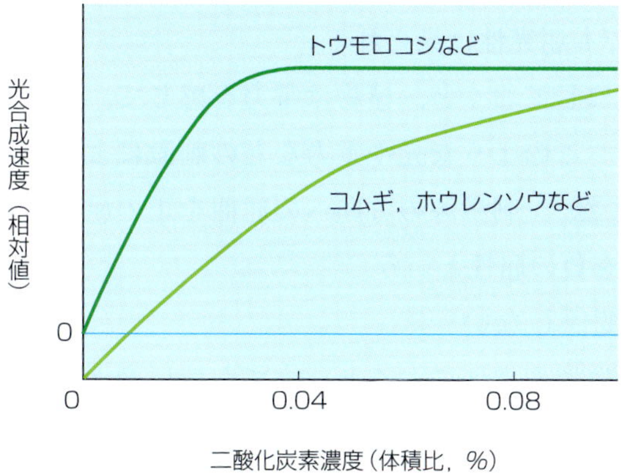

コムギなどでは，現在の大気中の二酸化炭素濃度（約0.04%）では最大光合成速度に達しないが，トウモロコシなどのように大気中の二酸化炭素濃度で最大光合成速度に達するものもある。

B 植物の反応と調節

ヒマワリのつぼみは太陽を追いかけ，タケノコは1日に10 cm近く成長する。しかし，植物は一般に，動物ほどの素早い行動はとれない。目や耳のような感覚器官はないし神経系もない。植物は光や温度など環境の変化をどのように察知し，どのようなしくみで生きぬいているのであろうか。

1 屈性と傾性

植物の茎は光の当たる方向に伸びる

前節で学んだように，植物は光を利用して生きている。もし光がなかったら植物はどうなるのであろうか。真っ暗な中で発芽すると，たとえばダイズは，やや黄色味を帯びた白色のまま(黄化)，ひょろ長く伸びる(もやし；図1)。光に当たってはじめて緑の葉を広げ(緑化)，茎がしっかりするのである。

そのとき，もし光が横から当たったら植物はどうなるのだろうか。茎は光の方向に，根はその反対方向に屈曲する。この性質を**屈光性**という。植物の芽生えでは，茎が光の方向に向き，根は光と反対の方向に伸びる 図2 。ヒゲカビなど菌類でも屈光性は見られる。

また，植物の芽生えを横にしておくと，植物は重力を感じて，茎は上向きに，根は下向きになる。このような光や重力などの刺激による屈曲をまとめて，**屈性**とよぶ 表1 。刺激源の方向への屈曲を正の屈性，刺激源から離れる方向の場合を負の屈性という。

傾性は刺激の方向には関係しない

アサガオの茎(つる)の先に棒を立てておくと，立てた棒に巻き付くように成長する。棒に触れると，茎はその方向に屈曲する。このように，触れる方向，すなわち刺激の方向に依存して屈曲する反応をいっぱんに**屈性**という。屈光性は光の当たる方向に生じる屈性の一つである。

一方，オジギソウに手を触れると葉をたたんでしまうが，葉のどこに触れても葉を閉じる。このように，刺激の方向とは関係なく，一定方向に屈曲する性質を**傾性**という。オジギソウの葉の傾性は葉の基部にある葉沈の膨圧が変化することによる。これと似た現象には食虫植物の捕虫運動がある。ムジナモは接触刺激により，捕虫葉の間に小動物をはさみこむようにして捕まえるのである。

図1 植物の芽生えにおよぼす光の効果

a　暗中に置いたもの　　b　光を照射したもの　　c　暗中で発芽させた種子（もやし）

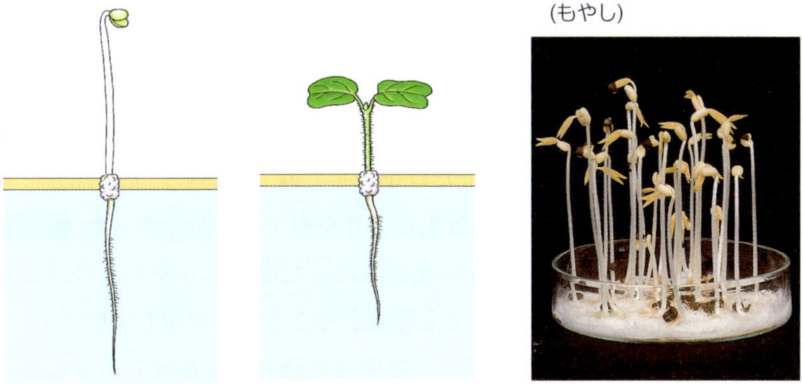

図2 植物の芽生えに横から光を当てたときの変化（水耕栽培のため根にも光が当たる）

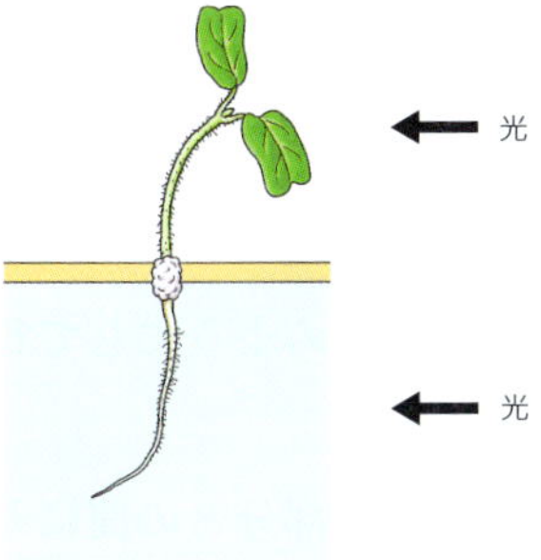

植物は横から光を受けると茎は光の方向に，根は反対の方向に伸びる

表1 屈性のいろいろ

刺激	名称	一般的な性質
光	屈光性	茎（正） 根（負）
重力	屈地性	茎（負） 根（正）
しめり気	屈湿性	根（正）
接触	屈触性	つる（正） まきひげ（正）

2 植物の成長の調節

幼葉鞘は先端で光を感じて下部で屈曲する

光の方向への屈曲はどのようにして起こるのであろうか。屈光性をはじめて研究したのはダーウィンである。彼とその息子は，イネ科植物のクサヨシを発芽させ，その幼葉鞘[1]を用いて，次のような実験を行った。

【実験1】　クサヨシの幼葉鞘に一方向のみから光を当てて育てると，幼葉鞘は光の方向に屈曲した 図3① 。幼葉鞘の先端部分に透明なキャップをかぶせても，キャップのないときと同じく光の方向に屈曲したが，不透明なキャップをかぶせると屈曲しなかった。

この結果から，幼葉鞘が光を感じるのは先端部分であることがわかる。では，光を感じた先端部分が屈曲するのだろうか。それとも，異なる部分が屈曲するのだろうか。ダーウィン父子は，続いて実験を行った。

【実験2】　幼葉鞘の先端部分だけを残して砂でおおい，先端部分に光を当てた。すると，屈曲したのは先端よりやや下の部分であった 図3②。

この結果は，屈曲する場所は光が当たった場所よりやや下の部分であり，そこは光が当たってなくても屈曲が起こることを示している。

これらの実験から，光を感じるのは幼葉鞘の先端部分であること，光を受けたという情報が先端部分からやや下部に伝達され，そこで屈曲が起きることが明らかとなった。

屈曲が起きるのは，屈曲する部分では光の当たる側より当たらない側の方がはやく成長するからである。このように成長速度の部分的な違いにより形態に変化が生じる現象を**成長運動**という。

先端の情報はどのようにして下部へ伝えられるのか

幼葉鞘の先端が光を受けたという情報の伝達は，どのようにして行われるのだろうか。

ボイセン＝イェンセンは，幼葉鞘の先端部分と屈曲部分との間にゼラチンなどをはさんで屈光性の実験を行った。

【実験3】　アベナ(マカラスムギ)の幼葉鞘の先端を切り，下部との間にゼラチンを置いた。ゼラチンは水や溶質の分子を通す物質である。この幼葉鞘に光を当てたところ屈曲した 図4① 。これに対し，水や溶質を通さない雲母片を光の当たらない側に差し込んだ場合は屈曲しなかった。一方，雲母片を光の当たる側に差し込んだ場合は屈曲した 図4② 。

図3　ダーウィン父子の実験

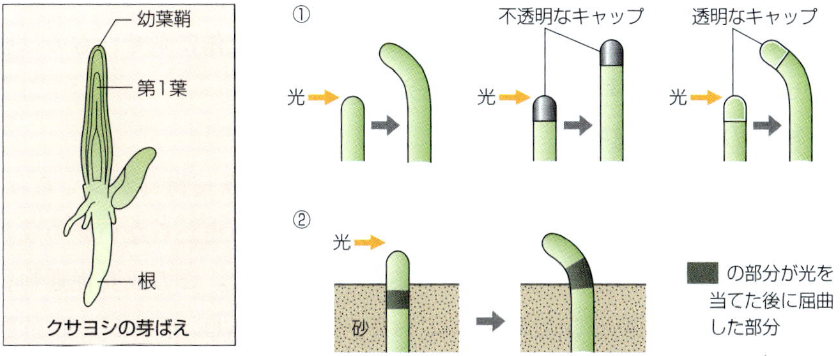

① クサヨシの幼葉鞘に一方向から光を当てると幼葉鞘は光の方向に屈曲する。幼葉鞘に不透明なキャップをかぶせると屈曲しないが，透明なキャップをかぶせた場合はキャップのない場合と同様に屈曲した。

② 幼葉鞘を先端を残して砂でおおった。先端に光を当てると屈曲したが，屈曲は光が当たっていなかった部分で起きることがわかった。

図4　ボイセン=イェンセンの実験

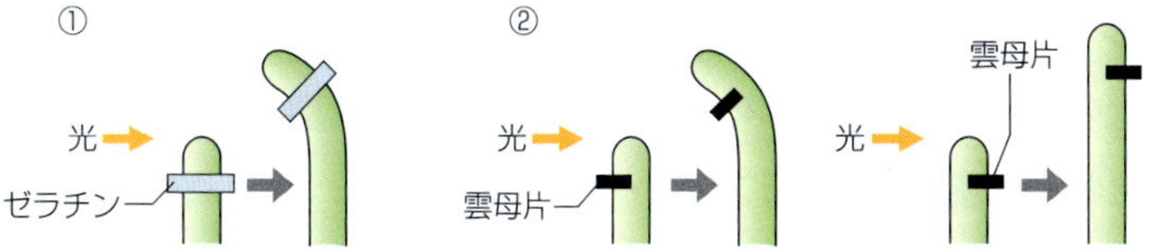

① アベナ(マカラスムギ)の幼葉鞘の先端を切り，下部との間にゼラチンを置いた。光を当てると屈曲した。

② 雲母片(水や水に溶ける物質を通さない)を，光の当たる側に差し込んでも幼葉鞘は屈曲した。しかし，反対側に差し込んだときは屈曲しなかった。

---

①イネ科植物の種子が発芽したときに最初に地上に出る部分。筒状の鞘になっていて中に第一葉が入っている。

前ページの実験3から，幼葉鞘の先端が光を受けて，何らかの物質がゼラチンを通って幼葉鞘の下の部分に移動したことがわかる。また，②の実験から，この物質の移動は光が当たる反対側で起こることもわかる。

【実験4】　ウェントらは，幼葉鞘の先端を切って寒天(ゼラチンと同様，水や溶質を通す物質)の上に乗せておいた。こうすることで，情報を担う物質をしみ込ませた寒天片が得られる。その寒天片を，先端を切った幼葉鞘の断面の上に乗せる実験を行った。すると，断面の片側だけに乗せた場合はその反対方向に屈曲した。しかし，断面全体に乗せたものは屈曲せず全体が成長することがわかった 図5 。

植物の成長促進物質

以上の実験から，幼葉鞘の屈曲は，先端である成長物質がつくられ，それが光の当たらない側の下部へと移動して，光の当たらない側の成長を促進することで起こると考えられるようになった。この成長促進物質は今日では**オーキシン**と呼ばれており，その正体は **インドール酢酸**(**IAA**)などの化合物であることがわかっている。幼葉鞘が屈曲する部分，すなわち先端より少し下部は，一つ一つの細胞が伸長するところである。水の供給が十分なときは，細胞の膨圧が高く(p.152参照)，細胞壁でそれを抑えている。この細胞にオーキシンが作用すると，細胞壁が柔らかくなり，膨圧を抑えきれなくなって細胞が伸びるのである。

オーキシンは植物ホルモンの一つである

オーキシンのように，植物体のある部位で作られ，別の部位で生理作用を引き起す物質を**植物ホルモン**という。植物ホルモンには，オーキシンのほか，後述するジベレリン(p.166参照)やサイトカイニン(p.172参照)などが知られており，植物の生活のいろいろな時期に複雑に作用する。たとえばオーキシンは，次項でも述べられるように，茎や根の成長制御のほか，発根の促進や側芽の成長抑制作用ももっている。

オーキシンによる成長促進は，茎や根などの器官の違いにより，また，濃度の違いにより，作用の程度が異なっている 図6 。どの器官でもある濃度で最大となり，それより濃くなると低下して成長阻害を引き起こす。根は茎や芽よりも低い濃度で成長促進が見られる。

図5 ウェントの実験

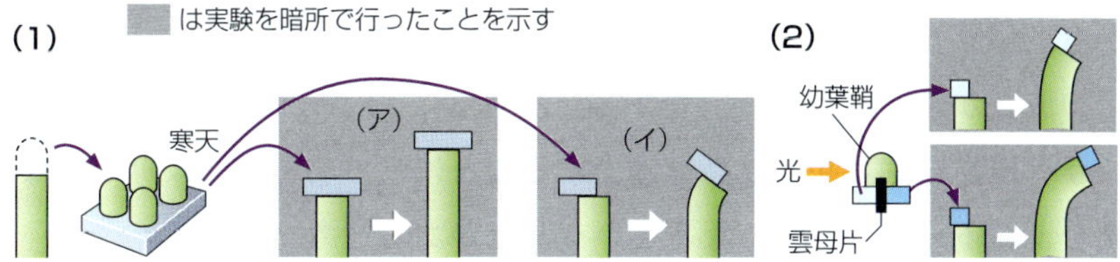

（1）幼葉鞘の先端を切って寒天の上にのせておいた。その寒天を，(ア)先端を切った幼葉鞘にのせると幼葉鞘は伸長した。(イ)先端を切った幼葉鞘の片側にのせると，幼葉鞘は寒天をのせた側と逆向きに屈曲した。（2）幼葉鞘の先端を雲母片で仕切った寒天上にのせ，横から光を当てた。この寒天の両側をそれぞれ別の幼葉鞘の上にのせると，光の当たらなかった側の寒天のほうが，屈曲される作用が大きかった。

図6 オーキシンの濃度とその作用

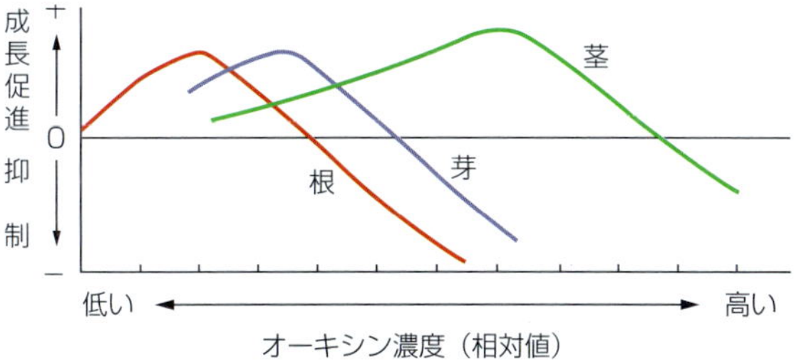

オーキシンの効果は，植物の部位によってその最適濃度が異なる。

参考資料

――オーキシンの定量と生物検定――

水溶液中の物質の濃度は，ふつう化学反応を用いたり測定機器を用いたりして測定する。しかし，生物のほうが機器よりも感度がよく，簡単に微量の物質の濃度を測定できる場合がある。

オーキシンはごく低濃度で茎の伸長を促進する。また，古くから研究に用いられたアベナ（マカラスムギ）の幼葉鞘では，オーキシン濃度と一定時間あたりの伸長量との関係がすでにわかっている。そこで，アベナの幼葉鞘を先端から一定の長さに切ったものをオーキシンを含む水溶液に浮かべておき，一定時間後に伸長した長さを測定すれば，水溶液中のオーキシンの濃度が求められる。このように，生物の反応を使って物質の存在や量を測定する方法を，いっぱんに生物検定という。

植物が頂芽の成長を優先するしくみ

ソラマメなどでは茎の先端(頂芽)が成長する。茎の先端から少し下のところで，茎を切ってみよう。すると，切ったところの下の葉のつけ根から，側芽が伸びてくる 図7 。これは，頂芽が成長している間は，側芽の成長が抑えられるからである。植物のこのような性質を**頂芽優勢**という。植物は，頂芽の成長を優先することによって背丈がより高くなり，光をより多く受けやすくなるという利点があると考えられる。

頂芽優勢の原因もオーキシンである。オーキシンの作用の仕方は頂芽と側芽で異なり，側芽に対しては成長を抑制するようにはたらく。頂芽の先端の分裂組織でオーキシンがつくられ頂芽の成長を促進するが，オーキシンはさらに下へ移動して，側芽の成長を抑えるのである。頂芽が切られるとオーキシンが移動してこなくなるので，側芽の成長が促される。この切り口にオーキシンを与えると，側芽の成長は抑えられる。

また，植物をふやす方法のひとつに枝を切って土にさす方法(さし木)がある。さした枝からはやがて根が伸びて，新しい個体がつくられる。オーキシンは，このときの発根を促進する作用ももっている。

ジベレリンも植物の成長を促進する植物ホルモンである

イネには，草丈が異常に伸び，結実できなくなる馬鹿苗病という病気がある。これは稲作農家にとって恐ろしい病気である。馬鹿苗病はカビの一種である馬鹿苗病菌によって引き起こされる。1938年，藪田貞次郎らはこのカビが生産する物質を抽出し，**ジベレリン**と命名した。その後，ジベレリンは，植物の頂芽や未熟な種子などでも合成されていることが明らかとなった。

トウモロコシ畑にまれに背丈の低い株が現れることがある。遺伝的にジベレリンをつくれなくなった株である 図8 。ジベレリンはそのほか，細胞分裂の促進，種子の発芽促進(p.174参照)，花芽形成の誘導(p.170参照)，果実の発育促進(p.172参照)などの作用をもつ。

植物ホルモンはいっぱんに，きわめて低い濃度で植物体に大きな作用を及ぼす。

図7　ソラマメの苗における頂芽優勢の実験

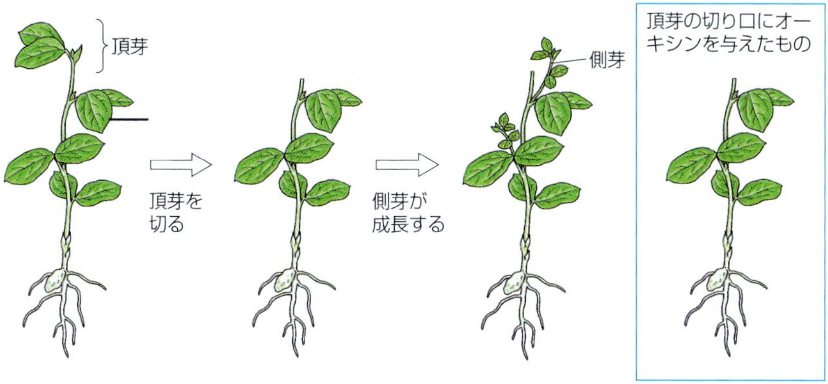

頂芽を取り去ると，すぐ下の葉の基部から側芽が成長する。頂芽を切り取った切り口にオーキシンを与えると，側芽の成長は抑えられる。

図8　トウモロコシにおけるジベレリンの影響

トウモロコシには，まれに背丈の低い株が現れる。この株にジベレリンを与えると野生型と同じくらいの背丈まで成長する。

3 花芽の形成

植物は昼夜の長さから季節を知る

ガーナーとアラードは1920年頃，ダイズの種子を春から夏にかけて約10日おきに種をまき栽培した。ところが，早くまいたものも遅くまいたものも 9 月に開花した。ダイズは個体の齢には関係なく季節に従って花芽を形成したのである。彼らは，温度を変えるなどさまざまな条件で花芽の形成を調べ，花芽形成に昼または夜の長さが関与していることをつきとめた。生物が日長の影響を受けて反応する性質を**光周性**という。

アサガオやオナモミ，キク，イネなどは昼の長さがある特定の時間より短くなると花芽を形成する(**短日植物**)。一方，ダイコンやコムギは昼の長さがある特定の時間より長くなると花芽を形成する(**長日植物**)。

植物は夜の長さを測っている

それでは，植物は昼と夜のどちらの長さを測っているのだろうか。たとえば，アサガオは昼間(**明期**)が14時間，夜(**暗期**)が10時間の条件に置かれると花が咲く 図9 。しかし，暗期の間にわずかな時間でも光が照射されると花芽形成は起こらない。この操作を**光中断**という 図10 。光

参考資料

―――ホウレンソウの品種と日長―――

東洋品種　　西洋品種

ホウレンソウは長日植物で，初夏に花芽形成する。花芽形成すると味が落ちるため，日本で古くから栽培されているホウレンソウ（東洋品種）では，日長時間の短い秋に種をまくことが多い。しかし，春や夏に種をまいても花芽形成しないホウレンソウもある。これは西洋品種で，東洋品種とは葉の形で見分けることができる（右図）。ヨーロッパは日本より緯度が高いため，夏の日長時間がより長い。このような環境で生育してきた西洋品種は，日本の夏の日長では花芽形成しにくいので，日本では夏も栽培できるのである。

中断が起こることは，植物が昼でなく夜の長さを測っていることを示している。

花芽形成を誘導する最短または最長の夜の長さを**限界暗期**という 図11。アサガオとカラシの限界暗期はそれぞれ約9時間と12時間である。その一方で，トマトやインゲン，キュウリ，トウモロコシなど花芽の形成に日長が関係しない植物もある(**中性植物**)。

図9 発芽直後から短日処理をしたアサガオ

図10 暗期の長さと花芽形成との関係

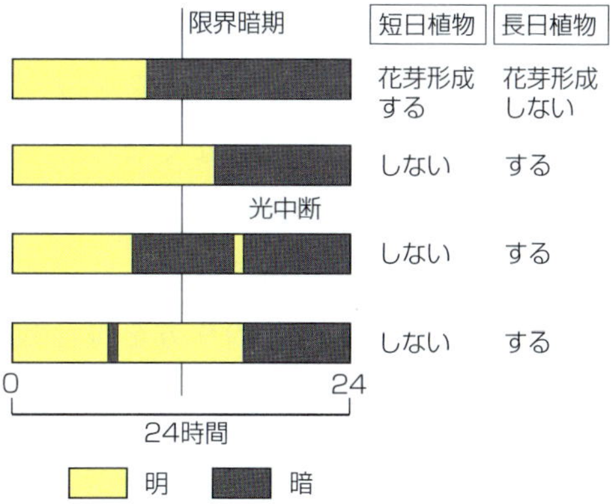

光中断が起こることから，連続した夜(暗期)の長さが花芽形成を決定していることがわかる。

図11 1日のうちの明期の長さと花芽形成との関係(アサガオとアブラナ科のある種)

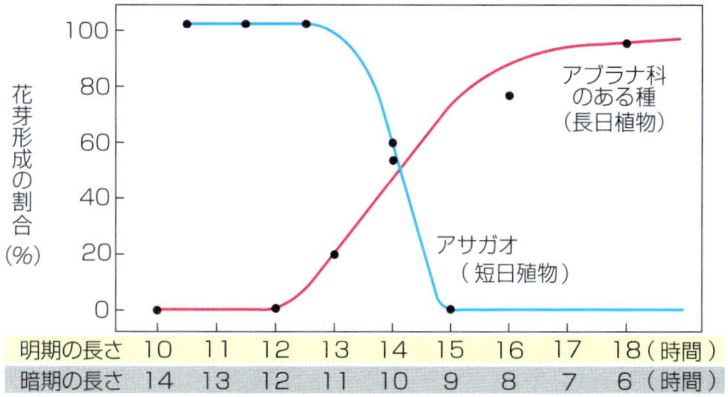

アサガオは夜が9時間より長くないと花芽を形成しない。アブラナ科のある植物の場合は夜が12時間より短くないと花芽を形成しない。

日長を感じるのは葉である

光中断という現象から，植物は夜の長さを感知していることが明らかとなった。それでは，植物はどの程度の強さの光を感じているのであろうか。満月と新月の日は年ごとに異なるにもかかわらず，アサガオなどの植物は毎年同じころに花をつける。このことから，植物は月の明るさでは光中断を起さないと考えられる。一方，街灯の周辺では街路樹が花をつけなくなることがある。この街路樹の場合は，街灯の光強度でも光中断の光として感じるのであろう。

それでは，植物はどの部分で光を感知しているのであろうか。短日植物であるオナモミのすべての葉を取り除いてしまうと，花芽形成の条件においても花芽を形成しなくなる。このことから，光を感知しているのは葉であることがわかる。では，花芽形成を促す情報はどのようにして葉から花芽形成の場所に伝えられるのであろうか。2本のオナモミを茎の途中でつぎ木し，その片方を短日処理し，他方を長日条件にしておいたところ，長日条件にしておいた株にも花芽が形成されることがわかった 図12 。この結果は，花芽形成の情報が茎を通って伝えられたことを示す。そこで花芽形成を促す物質**フロリゲン**(花成ホルモン)の存在が想定されている。今日，いくつかの植物で，ジベレリンやその他の化合物が花芽の誘導に有効であることが示されている 図13 。しかし，さまざまな植物の種に共通の花芽誘導物質はまだ見つかっていない。

冬の低温期間を過ぎてはじめて花をつける植物もある

秋に播種するコムギやダイコンは，温室の中に置かれると春になっても花芽をつけない 図14 。一定期間低温にさらされてはじめて，適切な日長条件で花芽を形成するのである。この低温処理によって花芽を形成させることを**春化**(バーナリゼーション)という。キャベツの春化処理では，葉を除去したものでも，また，茎頂だけを冷やした場合でも効果がある。このことから，低温刺激を感じているのは茎頂分裂組織であろうと推測される。

図12 花芽形成の情報が茎を通って伝えられることを示す実験

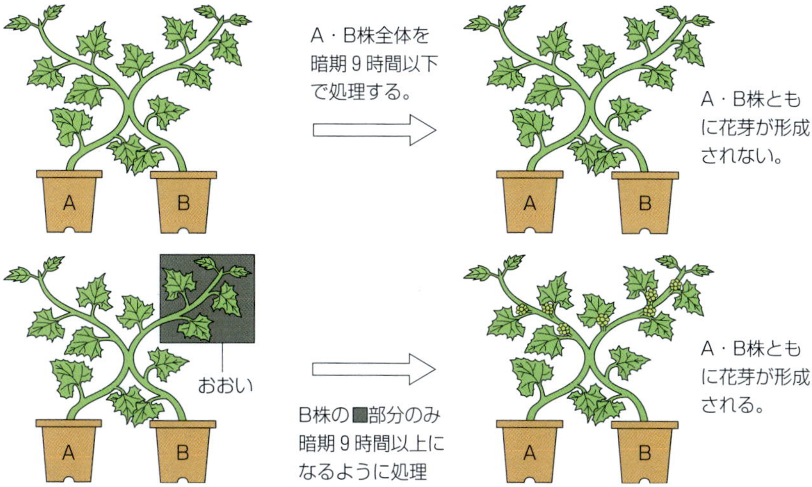

オナモミは短日植物で，限界暗期は９時間である。

図13 ジベレリンによる花芽の誘導

キャベツのなかまのあるもの（a）にジベレリンを与えたところ，bのように花芽を形成した。

図14 春化処理の効果（ヒヨス）

a．ヒヨスは長日植物であるが，春化処理をしないと長日条件下に置かれただけでは花芽を形成しない。

b．春化処理してから長日条件に置くと花芽を形成する。

4 結実と落葉

果実の発育と成熟の調節

トマトやリンゴなど果実は，動物にとって重要な食料である。そして，果実の中に作られる種子は，植物の繁殖のために重要である。しかし種子のはたらきはそれだけではない。たとえばブドウの実は，ふつうは種子がなければ成熟できない。しかし，ブドウのつぼみをジベレリンの水溶液に浸すと，胚珠が未発達のまま子房が成熟することが知られている。こうして種子のないブドウ(種なしブドウ)をつくることができる 図15 。これは，ジベレリンには着果(果実をつけること)を起こさせる作用があるからである。種子がなくても果実が形成される現象を**単為結実**という。

まだ青いバナナとリンゴを同じ箱に入れておくと，バナナの成熟を早めることができる。この原因は，リンゴの果実が放出するエチレンであることが知られている。**エチレン**は，果実の成熟を早めるなどのはたらきをもつ植物ホルモンであることが知られている。

落葉の調節

秋は紅葉の美しい季節である。落葉樹は，環境条件のいい時期には葉を広げて光合成を行なうが，不利な条件になると葉を落とし，次にまた環境条件がよくなるまで待つ。日長時間が短くなると，葉を支えている葉柄のつけねに離層を形成する 図16 。植物は葉の中の物質を分解し，紅葉する。そして，離層の細胞の細胞壁を溶かして，葉を切り離すのである。この落葉の過程には，植物ホルモンの一つである**アブシシン酸**という物質と，エチレンが促進的に作用することが知られている。

エチレンによる落葉促進作用は，19世紀のヨーロッパにガス灯がともったときに問題となった。ガス灯から発生したエチレンによって，ガス灯のまわりの樹木が，季節に関係なく落葉してしまったからである。

一方，葉の老化や離脱は，**サイトカイニン**という植物ホルモンによって抑えられる。サイトカイニンは，茎頂などの分裂組織で細胞分裂を促進する。

図15 種無しブドウの作り方

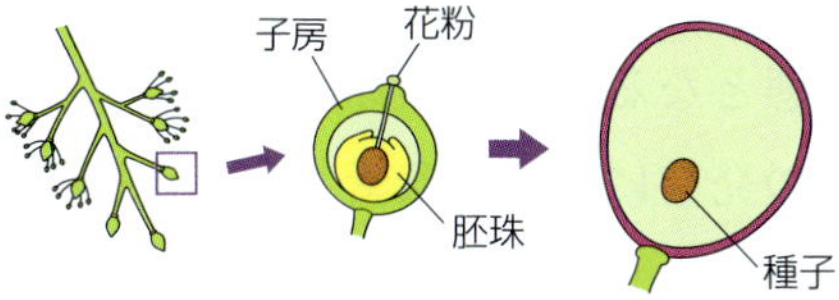

自然状態では，受粉によって種子ができ，子房が肥大する。

ジベレリンにより，受粉しないまま子房が肥大して種なしブドウになる。

図16 離層が形成される葉柄の基部の断面図

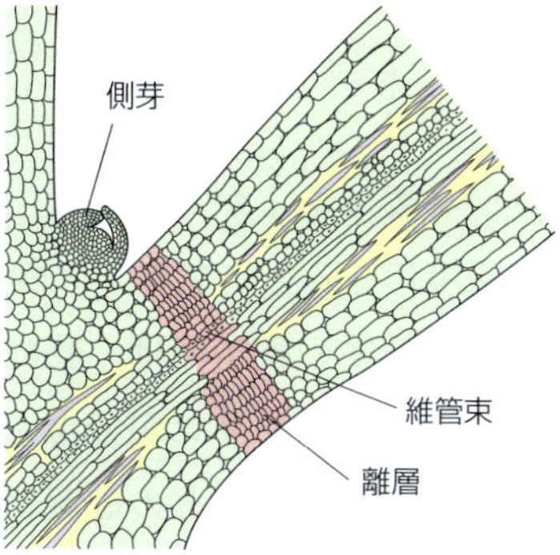

葉は離層のところで，幹や枝と離れて落ちる。

図17 植物の成長や老化と植物ホルモン

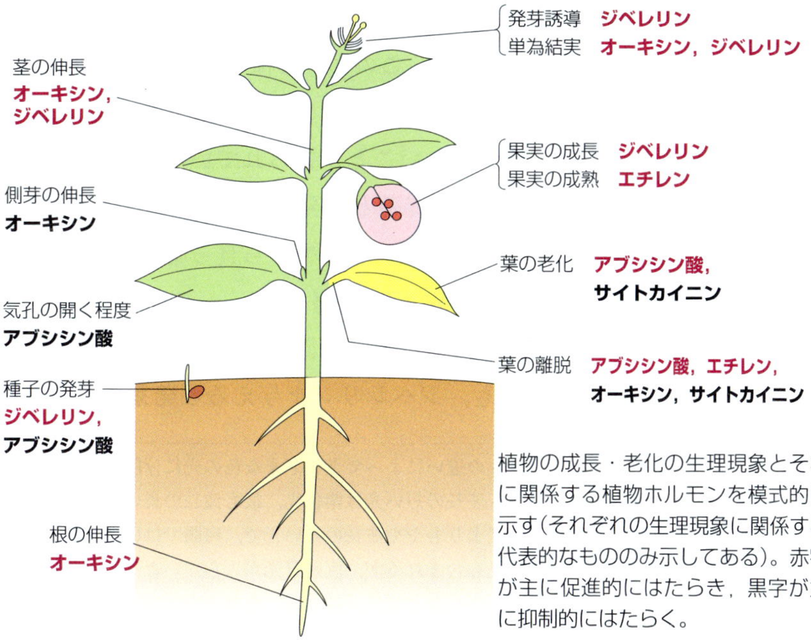

植物の成長・老化の生理現象とそれに関係する植物ホルモンを模式的に示す(それぞれの生理現象に関係する代表的なもののみ示してある)。赤字が主に促進的にはたらき，黒字が主に抑制的にはたらく。

5 種子の発芽と調節

種子の発芽のしくみ

種子は，子房の中で成熟し**休眠**状態となる。種子の休眠を保つ植物ホルモンはアブシシン酸である。種子の発芽には水と酸素，および適度な温度が必要であるが，これは，種子が吸水し，温度や酸素など生育に適した環境になるとアブシシン酸が減少して休眠が解除されるからである。

イネ科植物の種子では，胚乳にデンプンが蓄積されている。吸水すると，胚からジベレリンが分泌される。続いてアミラーゼなどの分解酵素によってデンプンなどの貯蔵物質が分解される。そこで，胚は分解産物の糖などを吸収して成長し，発芽するのである 図18。

種子の発芽と環境

レタスの種子をペトリ皿の中に入れ，水で湿らせて発芽させてみよう。真っ暗でなければ多くの種子が発芽する。しかし真っ暗な場所で吸水させると，発芽する種子はわずかになる。このことからレタスの種子は発芽に光を必要とすることがわかる。このような種子を**光発芽種子**という。光発芽種子の発芽に必要な光は，光合成で必要な光より弱い光でも十分であり，赤色光が特に効果が大きいことが知られている。そして，赤色光を当てた直後に遠赤色光[①]を当てると，発芽は抑えられる。種子を湿らせた後，赤色光と遠赤色光を交互に当ててから真っ暗な場所にもどすと，最後に当てた光の影響が残存する 表2。

さらに，この光の作用は植物ホルモンで置き換えることもできる。光発芽種子は真っ暗な場所でも，ジベレリンを与えると発芽する。一方，

---

①白色光をプリズムに通すと，波長の違いによってさまざまな色の光に分解される。肉眼で見ることのできる光のうち最も波長の短い光は紫色光，最も波長の長い光は赤色光である。遠赤色光とは，その赤色光よりもやや波長の長い光で，肉眼ではほとんど見えない。自然光には赤色光も遠赤色光も含まれるが，直射日光が入らない森林の中では遠赤色光の割合が高い。このためタンポポなど光発芽種子は，森林の中ではほとんど発芽できない。

光照射下でも，アブシシン酸を与えると発芽は抑えられる 図19 。

図18 種子の発芽のしくみ

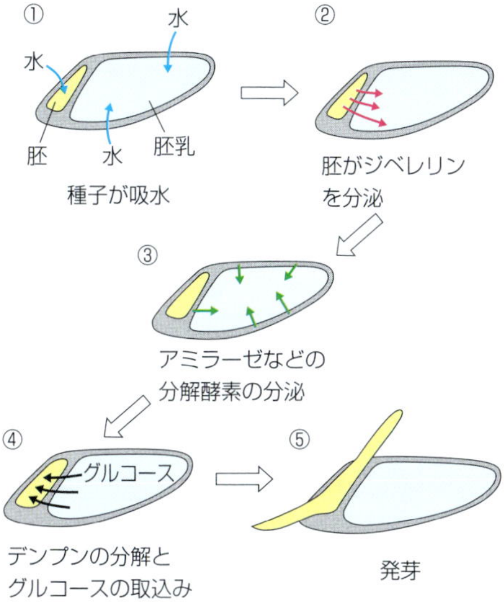

表2 レタスの種子の発芽におよぼす光の影響

光処理	発芽率（%）
暗黒	8.5
R	98.0
R→FR	54.0
R→FR→R	100.0
R→FR→R→FR	43.0

R：赤色光を1分間照射したことを示す。
FR：遠赤色光を1分間照射したことを示す。
（R → FR は赤色光を照射後すぐに遠赤色光を照射したことを示す）。

図19 光発芽種子と植物ホルモンによる発芽の制御

ペトリ皿にろ紙をしいて湿らし，レタスの種子をまく。赤色光を照射すると発芽するが，暗所では発芽しない（左列）。このことから光発芽種子の発芽には赤色光が必要であることがわかる。しかし暗所でも，ジベレリンを与えると発芽する（中列）。一方，赤色光を照射しても，アブシシン酸を与えると発芽は抑制される（右列）。

第6章 タンパク質と生物体の機能

A 生物体内の化学反応と酵素

ホタルの発光：ルシフェラーゼという酵素のはたらきによる

タンパク質は漢字で蛋(たん)白質と書く。「蛋」とは卵という意味で，蛋白質とは卵の白身をつくっている物質という意味で名付けられた語である。英語ではタンパク質は protein (プロテイン)という。この語はギリシャ語の「第一人者」という意味の語に由来する。それは，タンパク質は細胞の中で第一人者とよぶにふさわしい重要なはたらきをしているという意味が込められている。

この章では，生命の担い手の第一人者であるタンパク質，そしてその中でも，生体内の化学反応を進めている酵素について学んでいこう。

1 生体物質としてのタンパク質

タンパク質は細胞の主要な成分である

細胞を構成している物質を見ると，約70％が水であることがわかる 図1 。水以外では，最も多い物質は**タンパク質**である。他に脂質①や糖質②などがあるが，私たちの体はタンパク質でできているといっても過言ではない。私たちが肉，魚，卵などを食べるのは，身体の維持にタンパク質の補給が不可欠だからである。

植物細胞は，細胞壁やデンプン粒などが発達しているためセルロースやデンプンなど糖質が多いが，原形質の主成分は動物と同じくタンパク質である。

タンパク質は20種類のアミノ酸が多数つながった物質である

タンパク質は，**アミノ酸**が多数結合した物質である。生物体のタンパク質を構成するアミノ酸は， 図2 に示すように中心に1個の炭素原子(C)があり，そのまわりに**アミノ基**($-NH_2$)，**カルボキシル基**($-COOH$)，水素($-H$)およびいろいろな**側鎖**(図では$-R$で示す)が結合した構造をもつ。側鎖の種類によってアミノ酸にはいろいろな種類のものがある 図3 。生物体のタンパク質を構成しているアミノ酸は20種類ある。

図1 生物体の構成物質

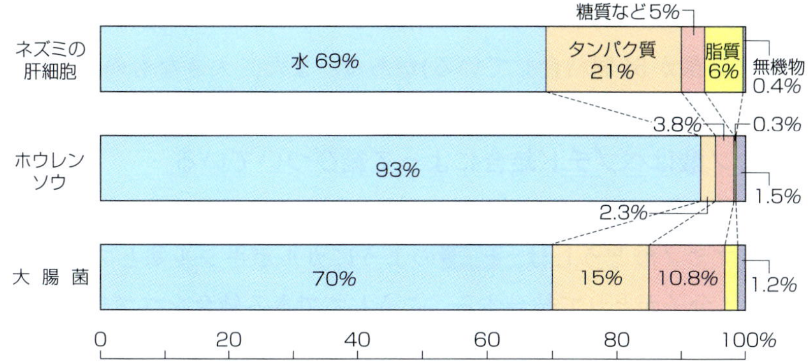

図2 生物のタンパク質を構成するアミノ酸の基本構造

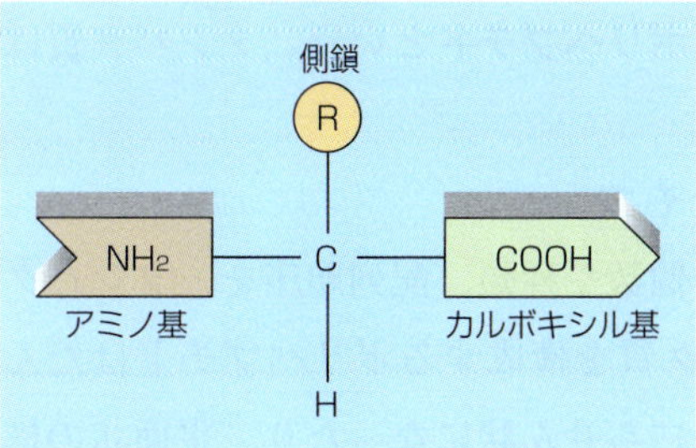

図3 アミノ酸の構造例

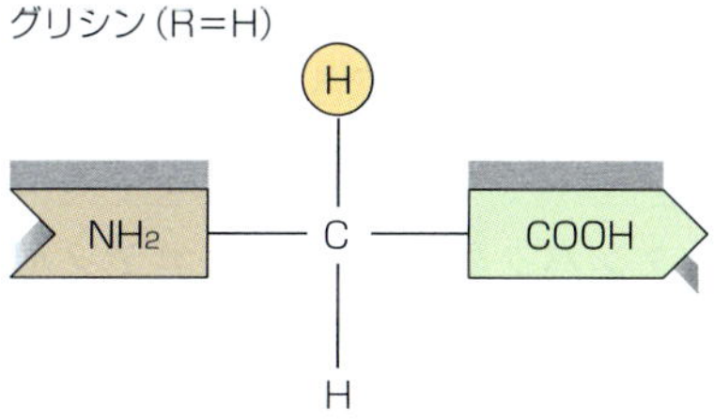

グリシンはもっとも簡単な側鎖（水素原子H）をもつアミノ酸である。

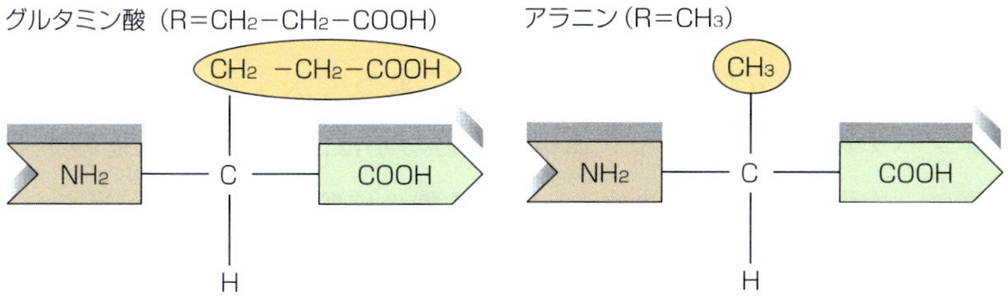

---

①生物体の構成物質のうち，脂肪などのように水に溶けにくく有機溶媒に溶けやすい物質の総称。

②炭水化物ともいう。グルコース（ブドウ糖）などの糖や，糖が結合したデンプンなどを総称したものである。

われわれの体には多くの種類のタンパク質が存在する。そしてそれぞれのタンパク質によってアミノ酸がどのような順序で結合するか，またいくつ結合するかは異なる。比較的小さなタンパク質，つまりアミノ酸の数が少ないものの例として，血糖値を下げるホルモンであるインスリン(アミノ酸が51個結合している)がある。また，大きなものとしては，筋肉に含まれるミオシン(アミノ酸が約4000個結合している)などがある。

アミノ酸はペプチド結合によって結びついている

タンパク質の中で，アミノ酸どうしはどのように結合しているのだろうか。アミノ酸どうしは，図4のようにカルボキシル基とアミノ基とから水1分子がとれて結合する。こうしてできる結合を**ペプチド結合**という。したがって，できたタンパク質の片方の端には必ずアミノ基があり，他方の端には必ずカルボキシル基がある。一般に2個以上のアミノ酸がペプチド結合でつながった化合物を**ペプチド**といい，多数のアミノ酸が鎖状に長くつながった化合物を**ポリペプチド**という。タンパク質はポリペプチドでできている。

タンパク質は複雑な立体構造をもつ

タンパク質を構成するアミノ酸の個数や種類，配列順序を，タンパク質の**一次構造**という図5。タンパク質を構成するポリペプチドはたんにまっすぐな鎖状ではない。部分的にらせん状になったり，平面状の構造をとったりする。そして，全体としてきわめて複雑な**立体構造**をつくっている図6。

タンパク質の立体構造は一次構造によって決まる

タンパク質がどのような立体構造をとるかは，基本的にはそのタンパク質の一次構造によって決まる。アミノ酸の種類や配列順序が異なれば，タンパク質の立体構造も異なってくるので，タンパク質はその種類ごとに特有の立体構造をもつ。

生物体内のタンパク質のはたらきは，そのタンパク質特有の立体構造によっている。

図 4 ペプチド結合

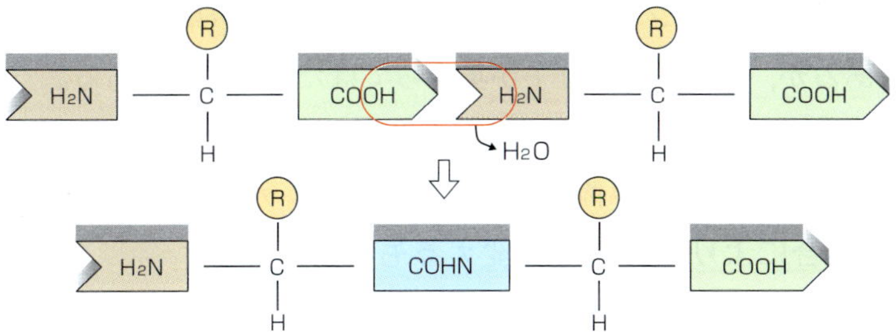

図 5 タンパク質の一次構造(ヒトのインスリン)

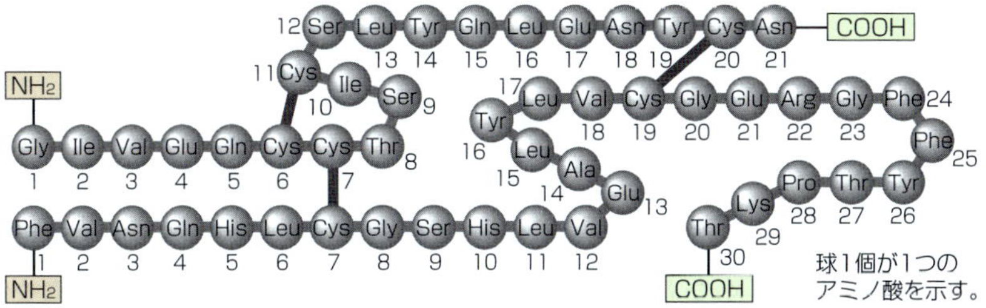

図 6 タンパク質の立体構造

らせん状

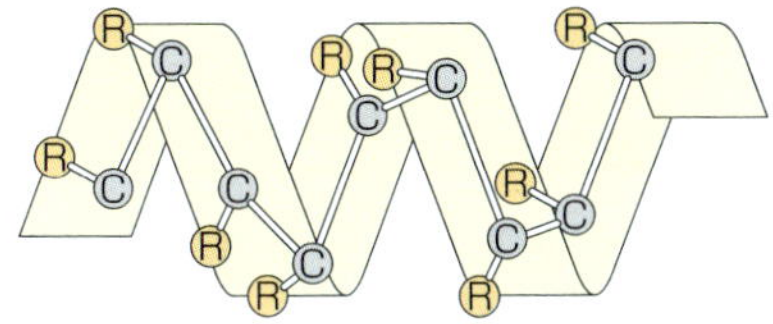

平面状

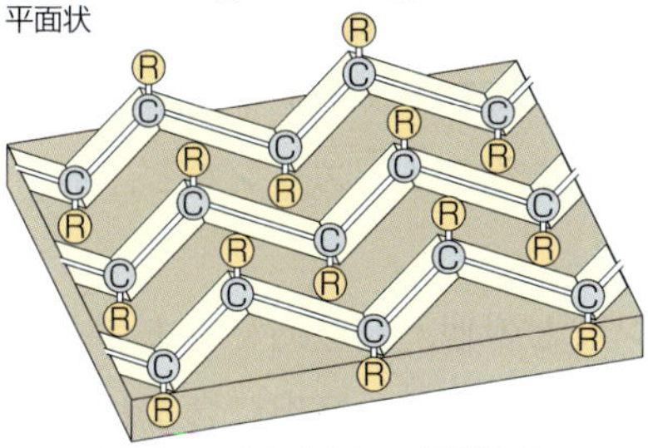

アミノ酸の中心の炭素(C)および側鎖(R)のみ示す。

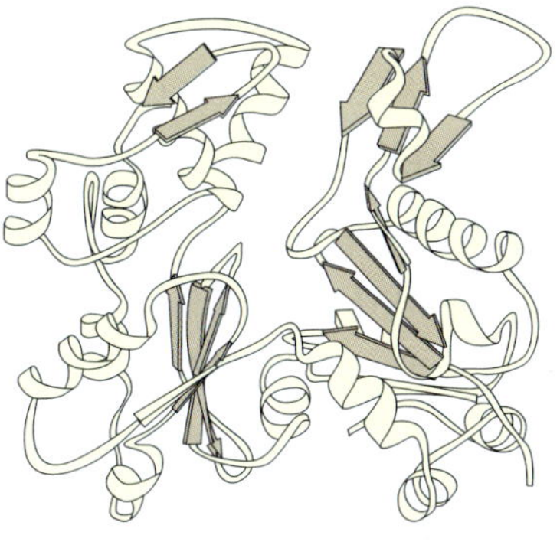

筋肉をつくるタンパク質アクチン

コイル状の部分はらせん状,矢印の部分は平面状構造を示す。

タンパク質には数個の分子があわさったものもある

私たちの体をつくるタンパク質の中には，1分子ずつ(単量体)ではたらくものもあるが，いくつかの分子が集まってはたらくものもある。

たとえば赤血球に含まれるヘモグロビン[①]は，分子4個が合わさった構造をしている(四量体といい個々の分子をサブユニットという) 図7。

物質との結合により立体構造を変えるものもある

ヘモグロビンのはたらきは，高酸素濃度のとき酸素と結合し，低酸素濃度のとき酸素を手放すことである。ヘモグロビンが四量体であることには，どんな意味があるのだろうか。

四量体をとるヘモグロビンでは，1つのサブユニットに酸素が結合すると，残りのサブユニットの性質が変化して酸素と結合しやすくなり，逆に4つのサブユニットのどれかが酸素を手放すと，他のサブユニットも酸素を離しやすくなるという性質をもっている。酸素と結合したものの割合が肺では高くなり，筋肉などでは急に低下する。組織に酸素を供給できる仕組みはこの性質による 図8。

タンパク質には，このように特定の物質と結合することによって立体構造を変化させるものがある。

ヒトの体をつくるタンパク質は数万種類ある

私たちの体内には，どのようなタンパク質があるだろうか 図9。赤血球中のヘモグロビンのほか，体に侵入した異物を攻撃する抗体もタンパク質(免疫グロブリン)である。毛髪に含まれるケラチンや皮ふや骨に含まれるコラーゲンもタンパク質である。また，インスリンなど，ホルモンとしてはたらくものもある。

だ液中のアミラーゼや胃液のペプシンなどの他，細胞内でさまざまな化学反応を支配する酵素もタンパク質である。また，筋肉に含まれるアクチンやミオシン(p.218)は，収縮をつかさどるタンパク質である。さらにタンパク質の中には，細胞膜にあって細胞への物質の出入りを調節したり(p.222)，感覚細胞やホルモンの標的細胞などにあって外部からの信号を受容するはたらきをするもの(受容体)もある(p.224)。また，DNAの特定の部位に結合して遺伝子の発現を制御するタンパク質もある(p258)。

図7　ヘモグロビンの立体構造

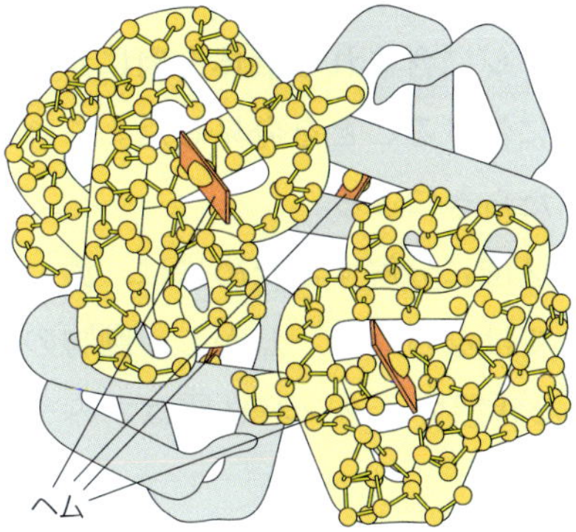

図8　酸素解離曲線

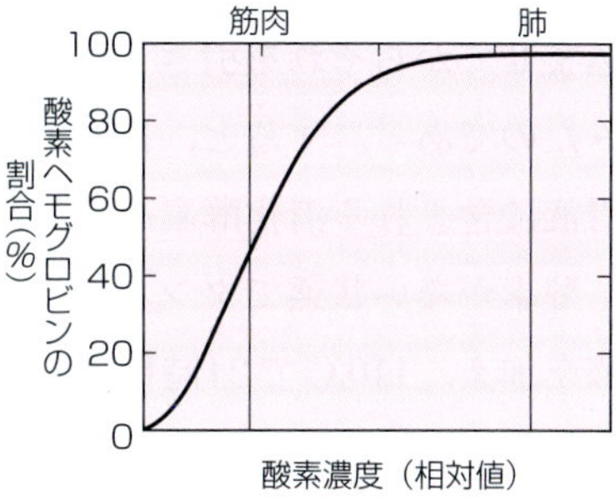

図9　ヒトの体内にはさまざまなタンパク質がある

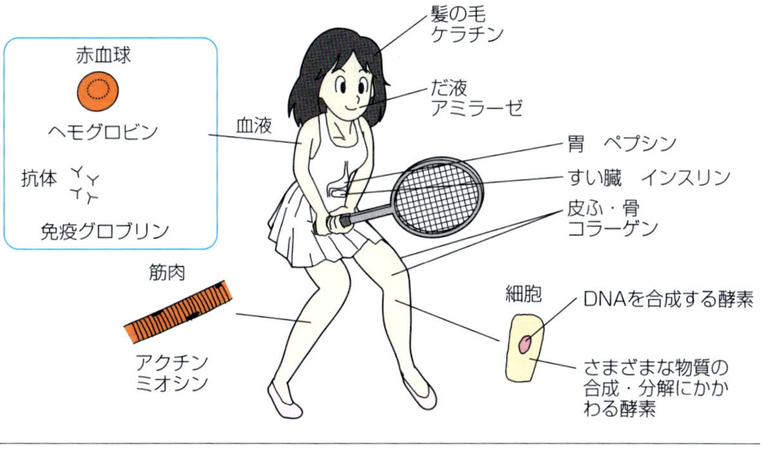

①ヘモグロビンは，ヘムという鉄を含む色素がポリペプチド（グロビン）に結合しており，そのため赤い色をしている。

2 酵素の性質

酵素は少量で化学反応を円滑に行わせる

イタリアのスパランツァーニは1783年，動物の消化作用を調べるために次のような実験を行った。飼っていたタカにスポンジ(海綿)を飲み込ませてからそれを引き上げて，スポンジに含まれる液体を肉にかけてみたのである。すると，肉がとろとろに溶けることを発見した。これは胃液に含まれる消化酵素ペプシンのはたらきによる。

酵素がない状態でタンパク質をアミノ酸に分解するためには，濃い塩酸を加え，110℃で24時間加熱しなくてはならない。しかし，動物の消化管内では，約37℃というおだやかな状態で，タンパク質はすみやかにアミノ酸に分解される。

このように，酵素は体内での化学反応を円滑に進めるものであり，その量は少量でよい。これは，酵素が反応の前後でそれ自身変化しない，つまり触媒として作用するためである(後述)。酵素のいくつかの例を表1に示す。

酵素は無機触媒とは異なる性質を示す

二酸化マンガンなど無機化合物の触媒(無機触媒)も，化学反応を円滑

表1 酵素の例

酵素名	存在する場所	はたらき
アミラーゼ	だ液など	デンプンを麦芽糖に分解する
ペプシン	胃液	タンパク質をポリペプチド，アミノ酸に分解する
リパーゼ	すい液	脂肪を脂肪酸，グリセリンに分解する
コハク酸脱水素酵素	細胞のミトコンドリア	コハク酸から水素を奪う
DNAポリメラーゼ	すべての細胞	DNAの合成にかかわる

に進める点は酵素と同じである。しかし酵素には，無機触媒と異なるさまざまな性質がある。

参考資料

触媒は活性化エネルギーを低下させる

触媒が化学反応を円滑に進めることができるのは，化学反応における活性化エネルギーを低下させるためである（下図）。ある物質AがBに変化し，その際Q J(ジュール)のエネルギーが放出される化学反応を考えてみよう。このとき放出されるエネルギーQをこの反応の反応エネルギーといい，物質Aのもつ化学エネルギーとBのもつ化学エネルギーの差である。化学反応が起きるためには，Aはいったんエネルギーの高い状態になる必要があり，それに要するエネルギーを活性化エネルギーという。活性化エネルギーは，特定の物質があると小さくなることがあり，このときの物質を触媒という。なお，触媒があると化学反応が円滑に進むが，反応エネルギーQの値は触媒を用いても用いなくても変化しない。

図10 活性化エネルギーの低下

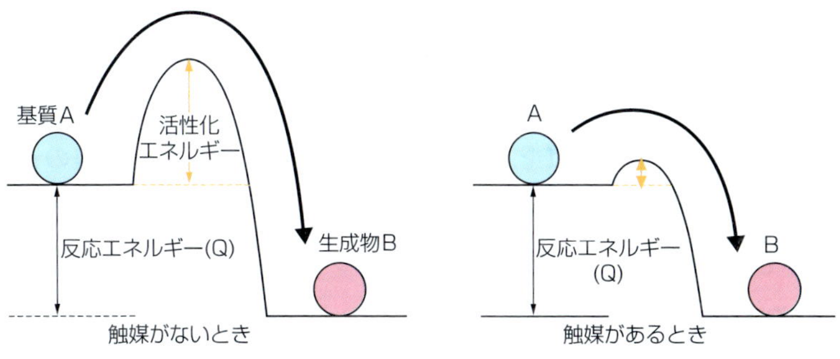

酵素のさまざまな性質はタンパク質の性質によっている

酵素は次のような性質をもつことがわかっている。酵素がこれらの性質をもつのは，酵素の本体がタンパク質であることによっている。

【熱に弱い】 多くのタンパク質は熱により**変性**(この場合は熱変性)を起こす。この現象は，透明な卵白が熱すると不透明になり固まることや，透明感のある白身魚の筋肉が，熱すると白くなることなどに見ることができる。熱変性したタンパク質は，常温に戻してもふつう元にもどらない。タンパク質の変性は，タンパク質の立体構造が崩れることによる 図11。タンパク質が変性すると，酵素のはたらきは失われる。これを酵素の**失活**という。

酵素のはたらきの強さ(活性)と温度の関係を見ると，低温では，無機触媒による反応と同様，酵素のはたらきは鈍い。そして温度が上昇するにつれて活性も上昇するが，40℃付近から急に活性は下がる。これは，温度上昇とともに酵素の熱変性がじょじょに起こるためである。一方，二酸化マンガンなどの無機触媒では変性が起きないため，温度上昇に伴い活性は上昇し続ける① 図12。

酵素活性が最も高くなる温度をその酵素の**最適温度**という。いっぱんに酵素の最適温度は40℃付近にある。私たちの体温は約36℃に保たれているが，これは酵素がはたらく上で重要なことである。

【pHの影響を受ける】 タンパク質の立体構造はpHによっても影響を受ける。魚肉が酢の作用によって白く固まるのもそのためである。酵素が最もよくはたらくpHの値を，その酵素の**最適pH**という。血液のpHは約7.4であり，ほぼ中性である。生体内の多くの酵素の最適pHは7(中性)付近であるが，胃液に含まれるペプシン(最適pHは1～2)，すい液に含まれるトリプシン(最適pHは約8)などのような例外もある 図13。

図11 タンパク質の変性の模式図

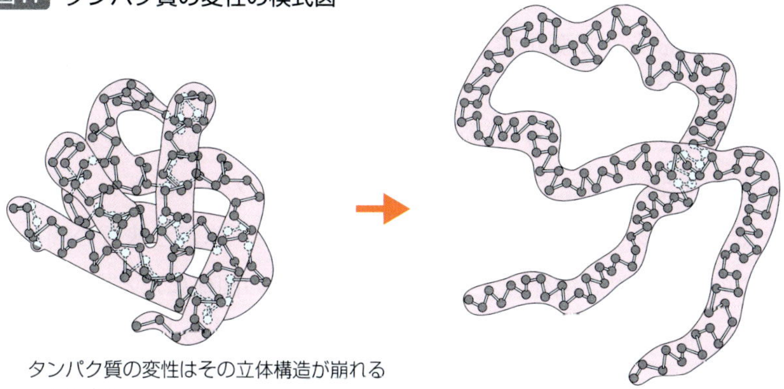

タンパク質の変性はその立体構造が崩れることによる。

図12 酵素反応と温度

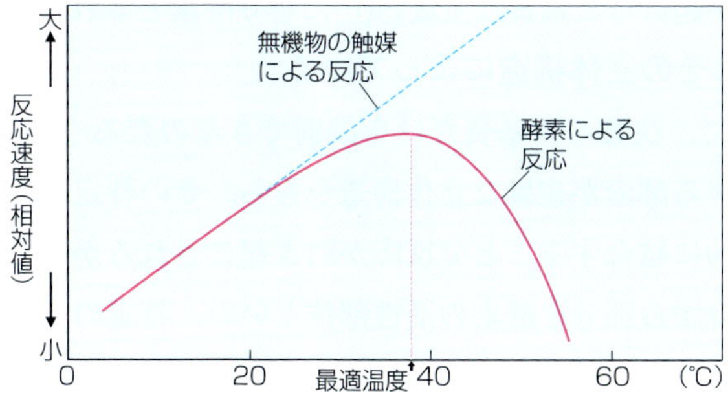

二酸化マンガンなどの無機触媒では温度上昇に伴い活性は上昇するが，酵素による反応では体温に近い温度で最も活性が高まる。

図13 酵素反応とpH

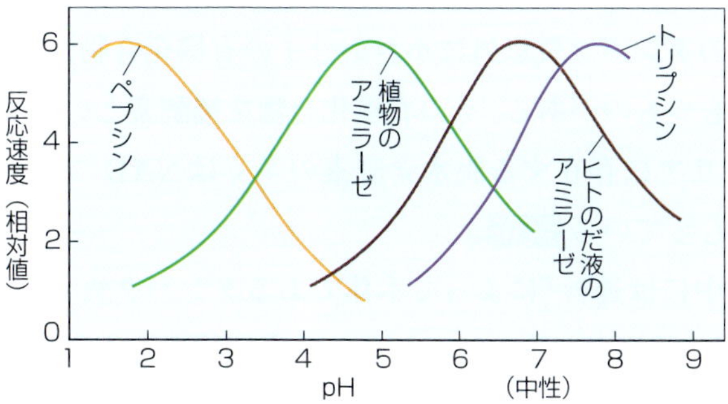

トリプシンはすい液に含まれる酵素で，タンパク質を分解する。

---

①いっぱんに化学反応は，温度が上昇するほど速く進むようになる。それは分子の動きが活発になり，分子が頻繁に出会うようになるからである。

酵素はきまった相手にだけ作用する

酵素の作用を受けて変化する物質をその酵素の**基質**という。酵素はきまった基質にだけ作用する。この性質を**基質特異性**という 図14 。たとえば，だ液に含まれるアミラーゼはデンプンを分解するが，タンパク質には作用を示さない。逆に，すい液に含まれるトリプシンはタンパク質を分解するが，デンプンを分解することはできない。酵素と基質の間に見られるこの正確な対応関係は，よく「鍵と鍵穴」の関係にたとえられる。

基質をS，酵素をE，生成物をPとすると酵素反応は次のように表される。

$$E + S \rightarrow ES \rightarrow E + P$$

すなわち，まず酵素(E)が基質(S)と出会い，**酵素-基質複合体**(ES)が形成される。そこで反応が起こって基質は生成物(P)になり酵素と離れる。

酵素の基質特異性はその立体構造によっている

酵素はどのようにして，決まった基質だけを識別できるのだろうか。それは，タンパク質である酵素が複雑な立体構造をもち，その特定の部分が特定の基質と一時的に結合することで反応が引き起こされるからである。酵素が基質と結合する部分を酵素の**活性部位**といい，特定の基質とだけぴったり結合する構造をもっている 図14 。活性部位の構造はタンパク質の立体構造によって決まる。

タンパク質以外の物質が結合して活性をもつ酵素もある

酵素の中には，本体のタンパク質以外に小さい分子の有機化合物が結合してはじめて活性をもつものがある。その有機化合物を**補酵素**という。たとえば，ミトコンドリアに存在する脱水素酵素の多くはNAD①という物質を補酵素としてもっている 図15 。

補酵素は熱に強く，中には透析②によって本体であるタンパク質と分離するものもある 図16 。補酵素が除かれるとその酵素は活性を失うが，補酵素の濃度を上げるとふたたび活性が見られるようになる。これは，補酵素をもつ酵素では，補酵素がその酵素の活性部位を構成しているからである。

図14 酵素の反応(鍵と鍵穴)

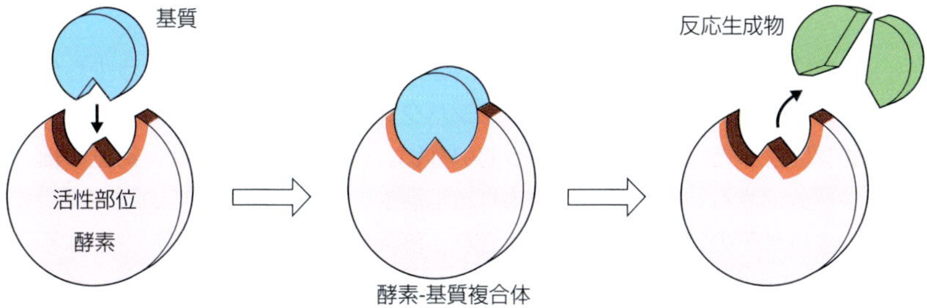

酵素-基質複合体
基質が酵素の活性部位に結合し，反応が起こる。

図15 補酵素が関係する酵素反応

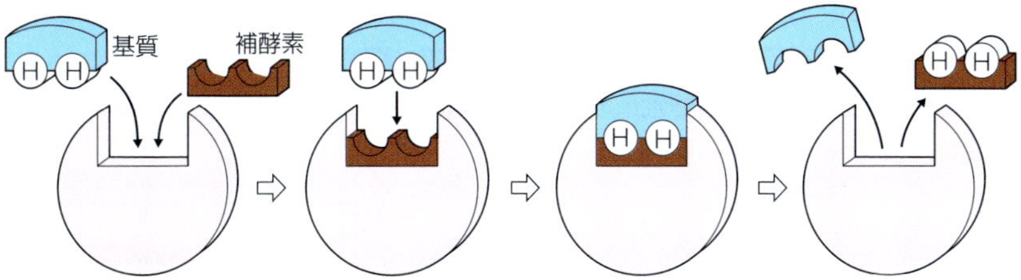

脱水素酵素（基質から水素をうばう反応にかかわる酵素）の反応の模式図（水素はⒽで表す）。

反応が起こり，水素は基質から補酵素に移る。

図16 酵素の透析

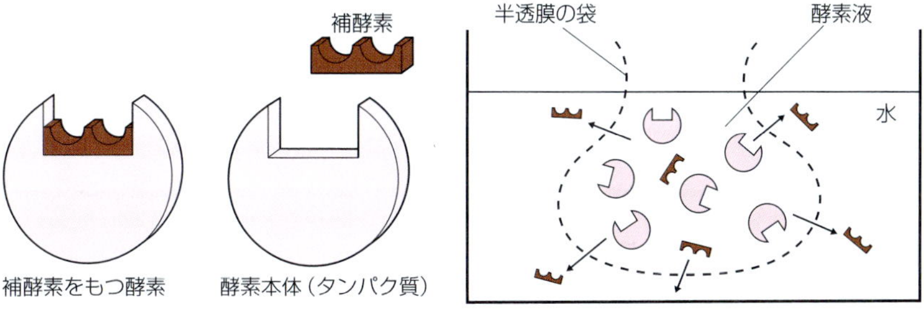

酵素液を半透膜の袋に入れ，水に浸しておくと，補酵素は分子が小さいため，大部分は膜を通過して外に出てしまう。

---

①ニコチンアミド アデニン ジヌクレオチドの略。

②半透膜を用いて溶液の成分を分ける操作を透析という。

参考資料

酵素の中には分解されて活性をもつものもある

胃液に含まれるペプシンは，胃の内壁から分泌されるときはもう少し分子の大きいペプシノーゲンというタンパク質として分泌される。ペプシノーゲンは酵素としての活性をもっていない。ペプシノーゲンは，胃壁の細胞から分泌されると，胃液に含まれる塩酸や，すでに存在しているペプシンにより分子の特定の箇所が切断され，酵素活性をもったペプシンとなる(下の模式図参照)。このようにタンパク質の限られた一部が切断されることを限定分解という。限定分解は，すい臓から分泌されるトリプシンなどにも見られる。このように限定分解を受けてはじめて活性をもつ酵素が消化酵素に多いのは，細胞自身がタンパク質や脂肪を多く含んでいることと関係がある。つまり，酵素を生産する細胞自身が消化されることなく，目的の場所へ行ってはじめてはたらくようになっているのである。

血液凝固にかかわる酵素にも，限定分解を受けてから活性をもつ酵素が知られている（p.228参照）。

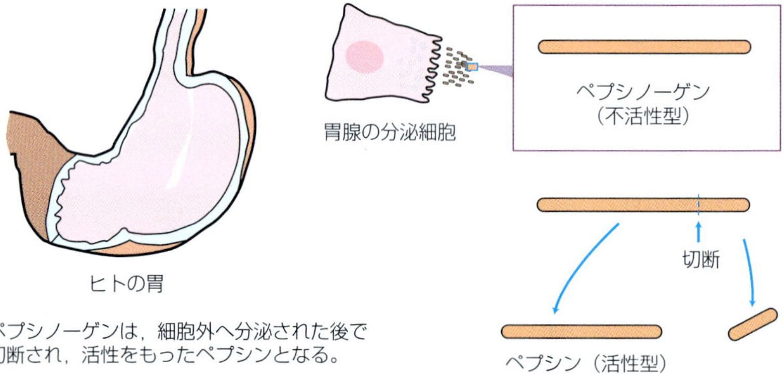

ペプシノーゲンは，細胞外へ分泌された後で切断され，活性をもったペプシンとなる。

基質濃度と酵素の反応速度

酵素のはたらき方の度合い(**酵素活性**)は，ふつう**反応速度**で表す。今，一定量の基質に一定量の酵素を加え，時間経過に伴う反応生成物の量を測定してみる。この結果をグラフに表すと，グラフは右上がりの直線を示し，ある時間から水平に変わる。グラフが水平になったのは，すべての基質が反応生成物に変化したためである。基質の量を変えずに酵素濃度だけを上げると，グラフの右上がりの部分の傾きが酵素濃度にほぼ比例して大きくなる 図17 。この傾き，つまり単位時間における反応生成物の量が反応速度である。

それでは，酵素の反応速度は基質濃度によって影響されるのだろうか。いろいろな濃度の基質溶液に一定量の酵素を加えたときの反応速度を調べると，基質濃度が上がるにつれて酵素の反応速度は大きくなるが，ある濃度で反応速度は最大に達する 図18 。これは，溶液中の酵素のはたらきが限界に達しているからである。すなわち，酵素が触媒作用を示すためには酵素分子が基質分子と一時的に結合する必要があるので，すべての酵素分子が基質と結合してしまうと，それ以上基質があっても反応が速くならないのである。

図17 反応時間にともなう反応生成物の量の変化

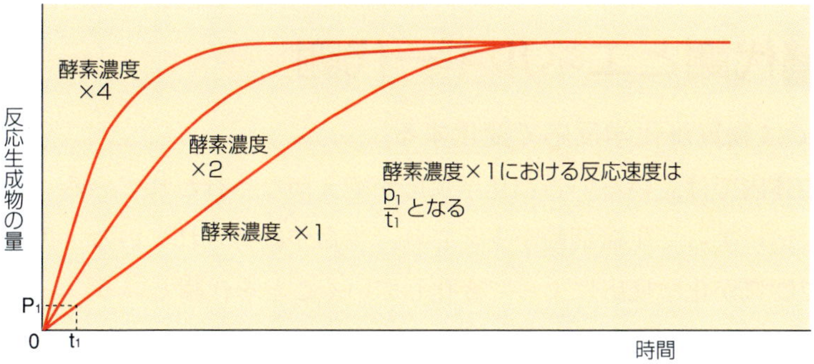

図18 基質濃度と反応速度との関係

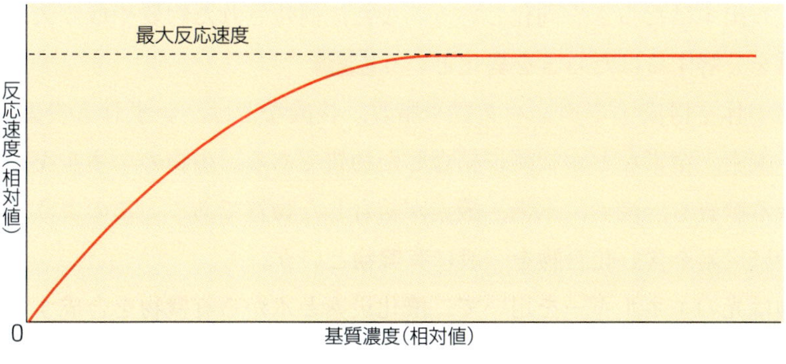

B 代　謝

私たちの体は温かい。私たちは体温を高く維持することで，体内の酵素反応を最適な状態で進めることができる。しかし，体温を維持するためには大量のエネルギーが必要である。また，私たちはたえず体を動かす。筋肉の収縮にもエネルギーが必要である。

私たちは，これらのエネルギーをすべて有機物を食べることによって得ている。そしてその有機物は，もとをたどれば植物が太陽エネルギーを利用してつくったものである。

生物は，この太陽エネルギーをどのようにして取り込み，利用しているのだろうか。

1 代謝とエネルギー代謝

体内では物質が化学反応で変化する

生物の体内では，いろいろな化学反応が絶え間なく行われている。この化学反応によって生命活動が支えられ，生命が維持されている。生物の体内で物質が化学反応によって変化していくことを**代謝**という。

代謝には同化と異化がある

生物が体に取り入れた物質から，体の成分などその生物に必要な物質をつくり出すはたらきを**同化**という。また，同化された物質や取り入れた物質を分解するはたらきを**異化**という 図1。

生物の体を構成するタンパク質や脂質，核酸などは，いずれも炭素，水素，酸素，窒素などが複雑に結合した物質である。生物のエネルギー源となる糖質も，炭素，水素，酸素が結合した物質である。このように分子中に炭素を含む化合物を一般に**有機物**という。

植物は光のエネルギーを用いて二酸化炭素と水から有機物を合成する**(光合成)**。また，ある種の細菌は環境中の物質の化学エネルギーを用いて有機物を合成する(**化学合成**)。これらは二酸化炭素から有機物をつくる同化なので**炭酸同化**という。一方，植物はアンモニアなど簡単な窒素化合物からアミノ酸やタンパク質などをつくる。これを**窒素同化**という。

私たち動物は，消化管から吸収したアミノ酸などの簡単な有機物からタンパク質などを合成する。これも同化である。

有機物は細胞内で二酸化炭素や水などの無機物にまで分解される。この反応を**呼吸**(細胞呼吸)という。呼吸は動物も植物も行う代表的な異化の例である。

独立栄養と従属栄養

光合成を行う植物や化学合成を行うある種の細菌は，外界からとり入れた無機物だけを材料に有機物を合成することができる。このような栄養のとり方を**独立栄養**といい，これらの生物は**独立栄養生物**という。一方，すべての動物，菌類，大部分の細菌などは無機物だけから有機物を合成することができず，独立栄養生物が同化した有機物を栄養としてとり入れなければならない。このような栄養のとり方を**従属栄養**といい，これらの生物を**従属栄養生物**という。

図1 同化・異化

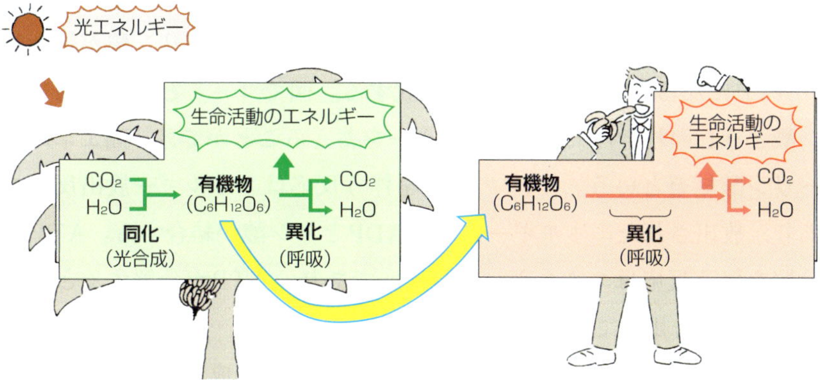

代謝はエネルギーの出入りや変換をともなう

化学反応にはエネルギー放出反応とエネルギー吸収反応がある。エネルギー放出反応は，大きなエネルギーをもつ物質が小さなエネルギーをもつ物質へと変化するとき起こる。呼吸は全体としてはエネルギー放出反応である。有機物の分解によってエネルギーが放出され，そのエネルギーが生命活動に使われる。逆に，小さなエネルギーをもつ物質から大きなエネルギーをもつ物質がつくられるときにはエネルギーが吸収される。光合成では光エネルギーを吸収して無機物から有機物が合成され，光エネルギーは有機物の化学エネルギーに変換される。

このように，代謝はエネルギーの出入りや変換をともなう。代謝をエネルギーの出入りや変換の面から見たものを**エネルギー代謝**という。

エネルギー代謝はATPを仲立ちにして行われる

生体内のエネルギー代謝は，**ATP**という高エネルギーをもつ物質を仲立ちとして行われるという特徴がある。すなわち，エネルギー放出反応で放出されたエネルギーはいったんATPの化学エネルギーとして蓄えられ，そのエネルギーがエネルギー吸収反応で使われる。

ATP**(アデノシン三リン酸)**は，アデノシンという物質に3つのリン酸が結合した構造をしている。末端のリン酸が離れるときエネルギーを放出して**ADP(アデノシン二リン酸)**となる。逆にADPにリン酸が結合してATPになるときエネルギーを吸収する。図で「～」と表してあるリン酸どうしの結合は大きなエネルギーを蓄えることができ，**高エネルギーリン酸結合**という。ATPの生成を伴う反応はエネルギー放出反応であり，放出されたエネルギーによりADPとリン酸が結合する。ATPの分解を伴う反応はエネルギー吸収反応であり，ATPが分解するときのエネルギーを用いて反応が進む 図3 。

ATPの生成を伴う代表的な反応には呼吸や光合成がある。呼吸はまさにATPを生成するための反応である(p.198参照)。呼吸で生成したATPは生体内のさまざまな反応で使われ，そのエネルギーは合成された物質の化学エネルギーや筋収縮の力学的エネルギーなどに姿を変えていく(p.220参照)。

光合成でも，吸収した光エネルギーを用いていったんATPをつくり，そのエネルギーを用いて有機物の合成反応が進む(p.212参照)。

細菌からヒトにいたるすべての生物は，生命活動に使うエネルギーをATPを仲立ちとして得ている。このためATPは生体内の「エネルギー通貨」とも呼ばれている。大腸菌1個には，約100万分子のATPが含まれているが，分裂中の大腸菌は約2秒間でそのすべてをADPに分解してしまう。しかしADPはただちにATPに再生され，ATP分子は何度もくり返して利用されているのである。

図2 エネルギー変換

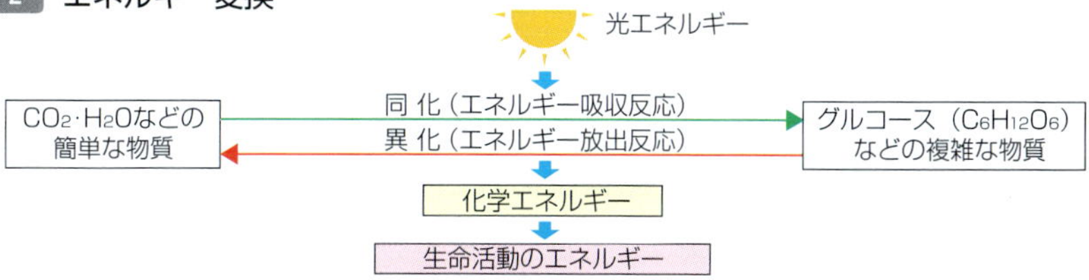

図3 ATPのはたらき

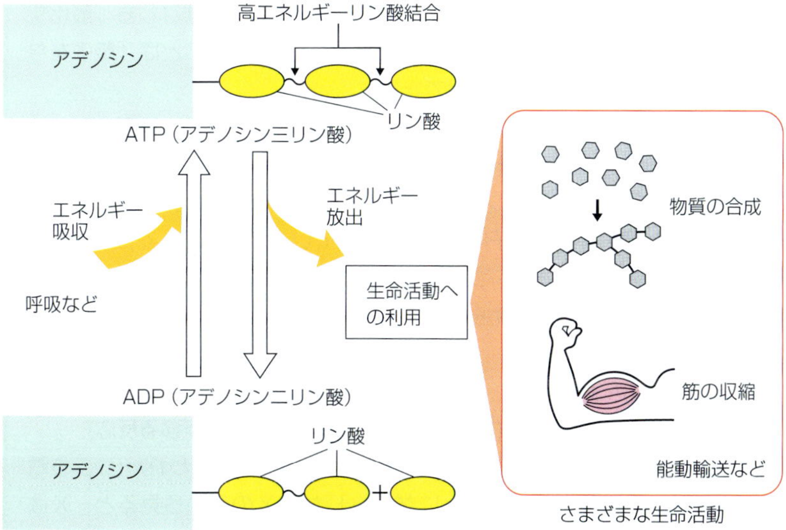

2 異化

細胞も呼吸している

私たちは生まれてから死ぬまで，酸素の多い空気を肺に吸い込み，二酸化炭素の多い空気を肺から出している。このことをふつう呼吸というが，これは生物体と外界との間のガス交換であり外呼吸という 図4。外呼吸により体内に入った酸素は，体液中に入って全身の細胞に行きわたる。

細胞はその活動のエネルギーを得るために，グルコース(ブドウ糖)などの呼吸基質を分解して ATPを生成する。このはたらきが内呼吸(細胞呼吸)であり，このとき酸素が消費される **好気呼吸**と，酸素を用いない

参考資料

——酸化と還元——

中学校では，物質が酸素と結合する反応が「酸化」であると学んだ。

$2Cu + O_2 \rightarrow 2CuO$ (銅が酸化されて酸化銅ができる反応)

酸素原子は電子を引きつけやすい性質をもち，金属など他の物質と結合するときは相手から電子を奪うことにより結合をつくる。たとえば上の例では，酸素は銅原子がもつ電子の一部を奪って自分に引き寄せ，銅と結合する。そして，酸素が相手から離れるときは奪っていた電子を相手に返す。すなわち「酸化する」とは本質的には「電子を奪う」ことであり，「還元する」とは「電子を与える」ことであるととらえることができる。

このようにとらえると，酸化と還元は酸素のやりとりを伴わない反応にも拡張して考えることができる。水素原子は電子を手放しやすい性質をもち，相手に電子を与えることで結合をつくる。たとえばメタン(CH_4)の分子中では，水素がもっていた電子は炭素原子に引き寄せられている。したがって，水素との結合は電子を与えられること，つまり「還元される」ことになる。逆に水素が奪われることは，水素から与えられていた電子もいっしょに奪われる，つまり「酸化される」ことになる。

酸化と還元は常に同時に起こる１組の反応(酸化還元反応)である。

$AH_2 + X \rightarrow A + XH_2$ (物質AH_2から補酵素Xへ水素が移る反応)

この反応を物質AH_2の側から見ると，AH_2はXに水素を奪われた(つまり電子も奪われた)ので酸化されたことになる。しかしXの側から見ると，XはAH_2から水素を得た(電子も与えられた)ので還元されたことになる。

嫌気呼吸がある。呼吸の本質は，細胞が有機物の酸化分解によってエネルギーを得ること，すなわちATPの生成にある。

好気呼吸は3段階の反応からなる

好気呼吸では，呼吸基質は何段階もの反応をへて，最終的に二酸化炭素と水にまで分解される。好気呼吸は，解糖系，クエン酸回路，電子伝達系という3つの連続する反応経路からなる 図5 。ここではグルコース1分子が分解される過程をたどってみよう。

解糖系

1分子のグルコースは，細胞質基質で一連の酵素による分解を受け，2分子のピルビン酸という物質になる 図6 。この過程を**解糖系**という。解糖系では，1分子のグルコースが分解される過程で水素が放出される。水素は2分子の補酵素(NAD^+①)に渡され，NAD^+は還元されてNADHになる。この過程で2分子のATPができる。

解糖系は嫌気的過程であり，酸素は消費されない。

図4 呼吸

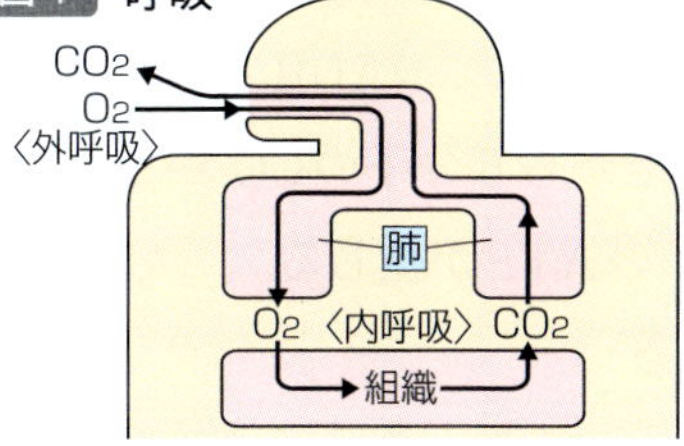

図6 解糖系

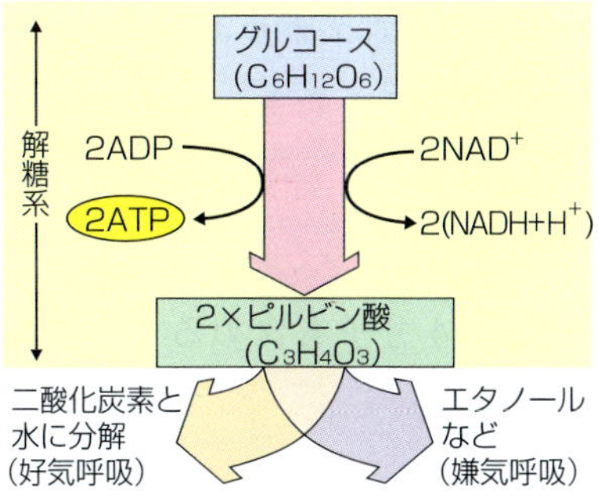

図5 好気呼吸

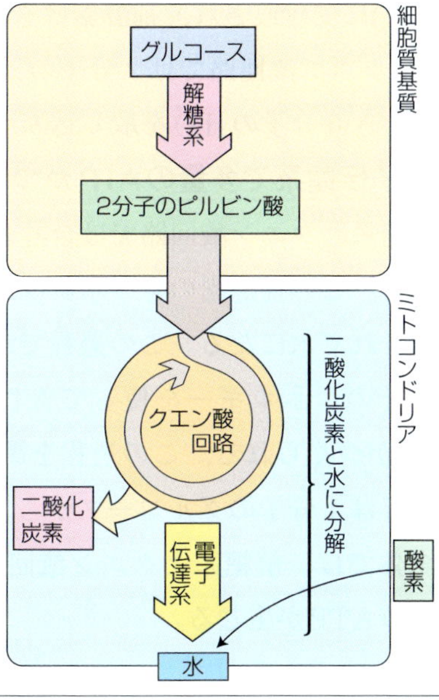

---

①p.188～189参照。

ミトコンドリアは好気呼吸に不可欠である

細胞に入った酸素はミトコンドリアで使われる 図7 。ミトコンドリアは電子顕微鏡で観察すると棒状あるいは球状をしており，周りは外膜，内膜の２枚の膜で囲まれている。内側の部分を**マトリックス**という。内膜は内部に張り出し，クシの歯状の構造物(**クリステ**)をつくっているので表面積は外膜に比べて広い。

細胞質基質で生じたピルビン酸はミトコンドリアに取り込まれる。

ピルビン酸はクエン酸回路で酸化される

ミトコンドリアに入った２分子のピルビン酸はすぐに２分子の活性酢酸になる 図8 。このとき２分子の二酸化炭素と２分子のNADHができる。２分子の活性酢酸は２分子のオキサロ酢酸と結合し，２分子のクエン酸となる。クエン酸は多くの反応をへてふたたびもとのオキサロ酢酸にもどるので反応経路は回路を形成し，これを**クエン酸回路**[①]という。クエン酸回路では脱水素酵素のはたらきにより基質から水素を奪う反応が進行している。基質から奪われた水素は２種類の補酵素(NAD^+とFAD[②])に受け渡され，補酵素はそれぞれ還元されてNADHと$FADH_2$になる。クエン酸回路では２分子のピルビン酸から６分子のCO_2が生じる。このとき６分子のH_2Oを取り込み，２分子のATPが生じる。

電子伝達系で多量のATPがつくられる

解糖系とクエン酸回路では合計10分子のNADHと２分子の$FADH_2$ができる。この補酵素のもつ水素は，ミトコンドリアの内膜で酸素により酸化されて水になる。この過程で水素の酸化によるエネルギーが放出され，そのエネルギーを使ってATP合成酵素のはたらきにより多量のATPがつくられる。この過程を**電子伝達系**という。好気呼吸の電子伝達系では１分子のグルコースから34分子のATPがつくられる。好気呼吸全体では，解糖系とクエン酸回路で生じた４分子も含めると合計38分子のATPが生じる。

図7 ミトコンドリア

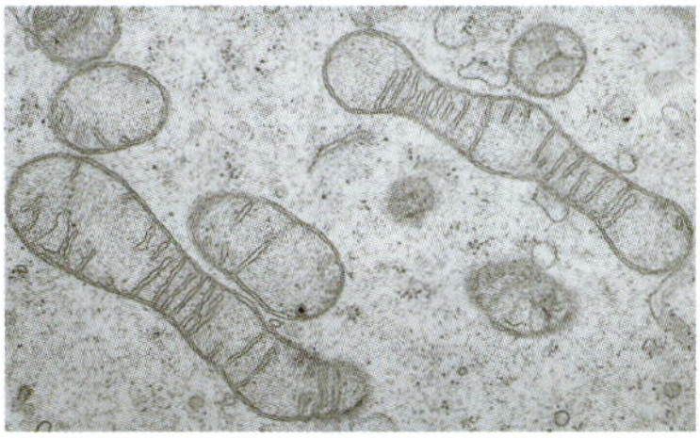

ミトコンドリアの電子顕微鏡像
(ヒトの精巣の細胞，×28000)

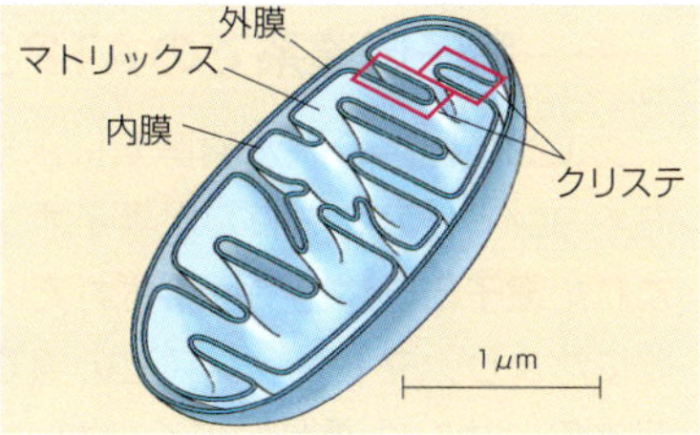

図8 クエン酸回路と電子伝達系

グルコース	+	水	+	酸素	→	二酸化炭素	+	水	+	エネルギー
$C_6H_{12}O_6$	+	$6H_2O$	+	$6O_2$	→	$6CO_2$	+	$12H_2O$		

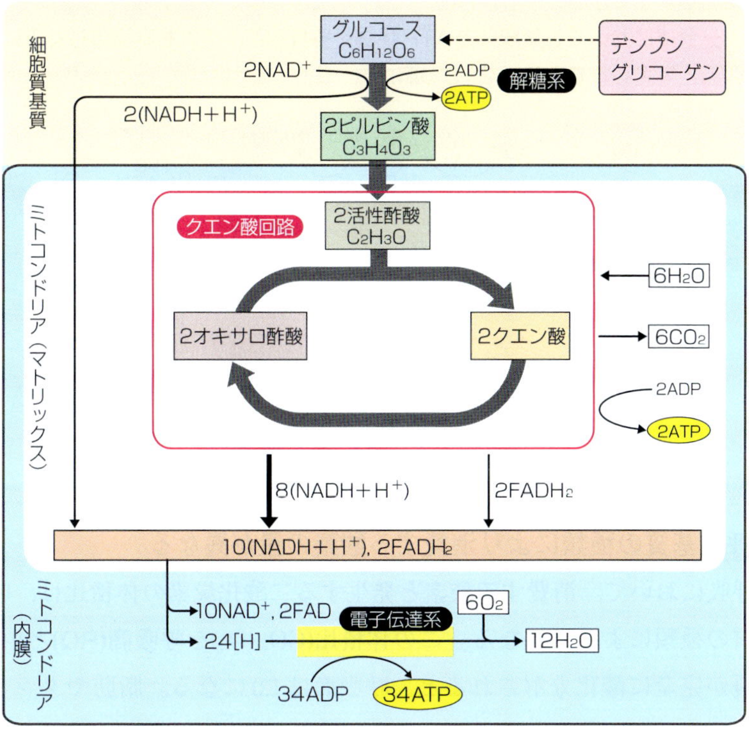

①TCA回路，または発見者の名をとってクレブス回路ともいう。
②フラビン アデニン ジヌクレオチドの略。NAD^+, FADともビタミンBの一種から合成される。

参考資料

―――電子伝達系でのATP生成のしくみ―――

クエン酸回路の脱水素酵素によりピルビン酸からとり出された水素は，ミトコンドリアの内膜で水素イオンと電子に分かれる。電子は膜に埋め込まれた電子伝達体を受け渡されていく。一方，水素イオンは内膜と外膜の間にたまり，マトリックスとの間で水素イオンの濃度差ができる。膜は水溶性のイオンは通過しにくいが，ミトコンドリアの内膜にはたくさんのATP合成酵素があり，内膜と外膜の間にたまった水素イオンはこの酵素によってマトリックスへ運び出され，その際ATPがつくられる。つまり，ATP合成酵素は水素イオンの濃度差を利用してATP合成を行っているのである。電子伝達体の間を移動してきた電子は水素イオンとともに酸素に結合し水ができる。

光合成においても葉緑体でATPがつくられるが，それも同様のしくみによると考えられている(p.213参照)。

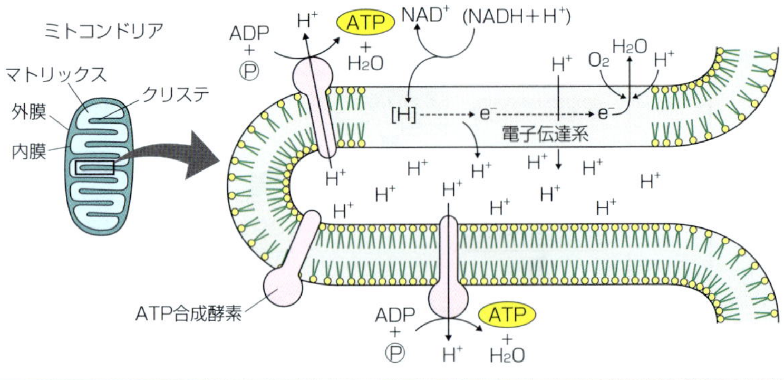

呼吸基質の種類により消費する酸素の量が異なる

呼吸において，消費する酸素と発生する二酸化炭素の体積比は，呼吸基質の種類によって異なる。この体積比(CO_2/O_2)を**呼吸商(RQ)**という。糖質が完全に酸化分解されると，呼吸商は1.0になる。脂肪やタンパク質は，分子中の炭素原子に比べて酸素原子の割合が少ないので，これらを酸化分解するには糖質よりも多くの酸素が必要となる。したがって脂肪やタンパク質の呼吸商は小さくなる。タンパク質の場合，含まれるアミノ酸の種類や割合によって異なるが，RQ値は0.8前後となる。脂肪は0.7前後となる。

参考資料

―――呼吸商と呼吸基質の推定―――

発芽種子を用いた実験の結果から，呼吸商を計算してみよう。

【実験】

図のような装置を用意し，吸水・発芽させたヒマの種子とコムギの種子をそれぞれ別のフラスコに入れ，目盛り付きガラス管につないで温度を30℃に保つ。目盛り付きガラス管の中には，フラスコ内の気体の体積変化を検出できるように少量の液体(指示液体)を入れておく。

この実験装置をA,B,Cの３組用意し，装置Aではフラスコ内の小さな試験管に水を，装置Bでは水酸化カリウム水溶液(KOH，二酸化炭素を吸収する性質がある)を入れる。さらに，対照実験として装置Cでは，種子のかわりにガラス玉を，小さな試験管には水を入れる。

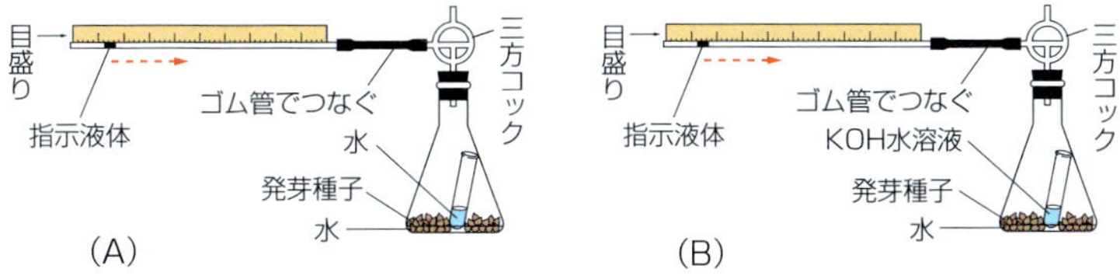

【結果】

フラスコ内の気体の体積の減少量の相対値を右表に示す。なお，装置Cでは指示液体の動きはなかった。

実験系＼材料	ヒマ	コムギ
(A) 水	3.0	−0.1
(B) 水酸化カリウム	10.0	9.9

【計算と呼吸基質の推定】

装置A(KOHなし)における気体の体積の減少量は，発芽種子が吸収した酸素量と放出した二酸化炭素量の差である。一方，装置Bの体積減少量は吸収された酸素量である。表の結果から，ヒマとコムギそれぞれの呼吸商(CO_2／O_2)を求め，その値から，発芽によって消費されたヒマとコムギの貯蔵物質は，主としてどのような成分か推定してみよう。

筋肉では解糖という嫌気呼吸も行われる

筋肉などの細胞は，活発な運動などにより急激にエネルギーを消費して酸素が一時的に不足したときには，嫌気呼吸を行う。グルコース1分子から2分子のピルビン酸と2分子のATPができるが，ピルビン酸は水素を受け取って2分子の乳酸になる。この過程を**解糖**という。解糖で生じた乳酸は筋肉に蓄積し，筋肉の疲労の原因となる。

ヒトでは，乳酸は血液により肝臓へ運ばれ，肝臓でその大部分はグリコーゲンに再合成される。

筋収縮のエネルギー源

図9 筋収縮のエネルギー

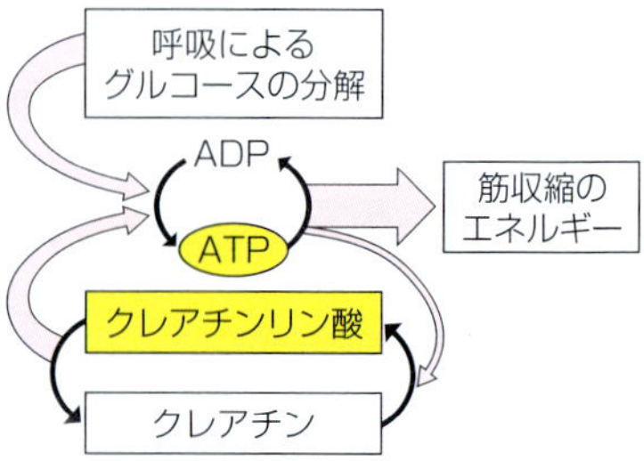

筋収縮の直接のエネルギー源はATPであるが，筋肉には**クレアチンリン酸**という高エネルギーリン酸結合をもつ物質が含まれている 図9。筋収縮に使われるATPは呼吸によって合成されるだけではなく，このクレアチンリン酸の分解によってもつくられる。すなわちクレアチンリン酸は**クレアチン**となりリン酸をADPに渡す。

筋肉が休息している間，クレアチンはATPからのリン酸の供給によりクレアチンリン酸へと再生される。

嫌気呼吸と発酵

微生物の嫌気呼吸によって，糖質などの有機物が分解されることを**発酵**という。

●アルコール発酵　酵母菌は，酸素の豊富な環境では好気呼吸を行うが，嫌気呼吸で生きることもできる。酵母菌の嫌気呼吸(**アルコール発酵**)では解糖系と同様，グルコース1分子から2分子のピルビン酸を生じるが，ピルビン酸は二酸化炭素を放出してアセトアルデヒドとなり，水素を受け取ってエタノールが2分子できる 図10。

●乳酸発酵　乳酸菌は，酸素の乏しい環境でグルコースを乳酸に分解する嫌気呼吸(乳酸発酵)を行う 図11 。乳酸発酵では筋肉における解糖と同様，１分子のグルコースから２分子のピルビン酸を生じ，ピルビン酸が水素を受け取って２分子の乳酸になる。

好気呼吸と嫌気呼吸でのATP生成

好気呼吸と嫌気呼吸の反応経路を比較すると，解糖系は共通する過程であることがわかる 図12 。つまり，一分子のグルコースから２分子のピルビン酸と２分子のATPを生じ，水素が放出されている。しかし，ピルビン酸は好気呼吸と嫌気呼吸で異なる使われ方をする。その結果，好気呼吸では38分子ものATPを生じる。つまり，好気呼吸は嫌気呼吸よりも効率良くエネルギーを発生させる反応であることがわかる。

図10 アルコール発酵

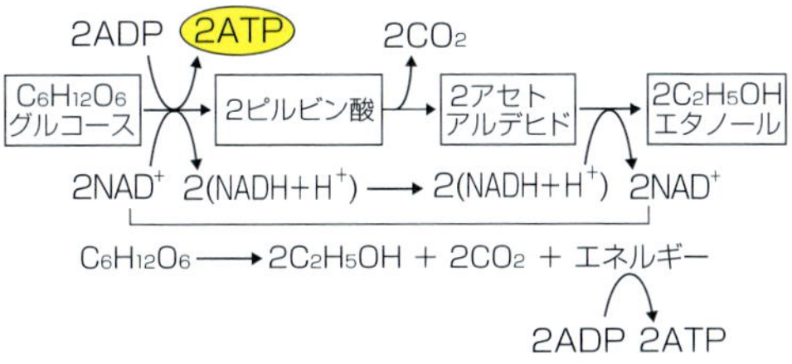

図11 乳酸発酵

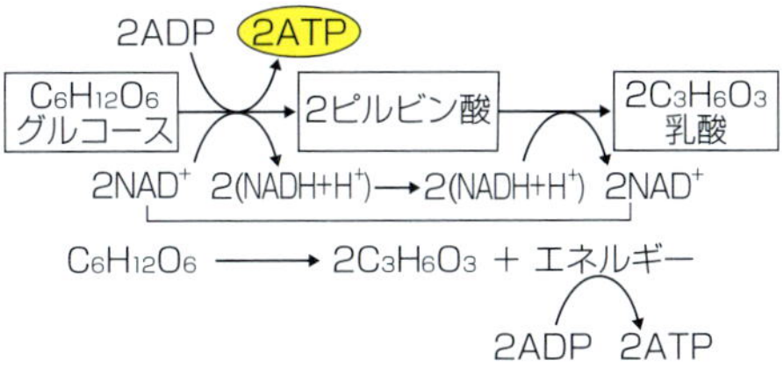

図12 ATP生成量

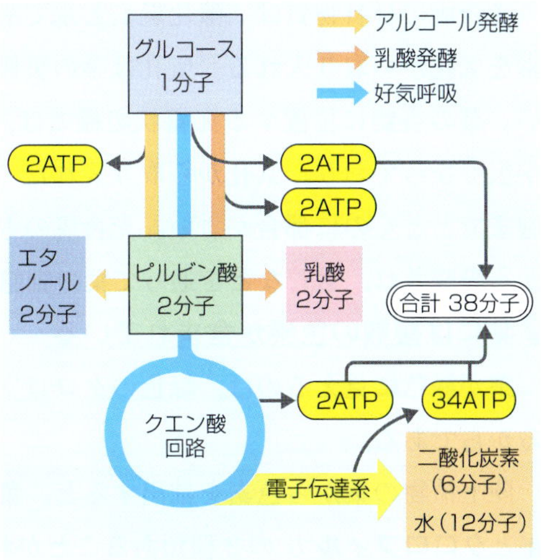

3 同 化

植物は光エネルギーを用いて葉緑体で有機物を合成する

生物の行う代謝の中で，複雑な物質を合成するはたらきが**同化**である。同化の代表的な例としては緑色植物が行う**光合成**がある。

光合成は，緑色植物がおもに葉の細胞の中の葉緑体で行う次のようなはたらきである。

二酸化炭素 ＋ 水 ＋ 光エネルギー → 有機物(デンプンなど) ＋ 酸素

葉緑体の構造

葉のつくりを見ると，葉緑体は葉肉を構成するさく状組織と海綿状組織の細胞，および孔辺細胞に存在することがわかる 図13。陸上植物の葉緑体は直径約 5 μm，厚さ約 2 ～ 3 μmの円盤状で，細胞 1 個あたりふつう数10個含まれている。葉緑体の構造を電子顕微鏡で観察すると，全体が 2 枚の膜で囲まれており，内部には扁平な袋状の構造物(**チラコイド**)が層状に重なっている部分(**グラナ**)と，そのまわりの基質部分(**ストロマ**)があることがわかる。

光合成の材料物質は二酸化炭素と水である。植物は，ふつう二酸化炭素を気孔から取り入れる。気孔は葉の裏側に多く分布している植物が多い。葉の裏側に位置する海綿状組織では，細胞間げき(細胞間のすき間)が広くなっており，気孔から取り入れた二酸化炭素が葉の奥のほうの細胞までとどくのに都合がよい。光合成のもう 1 つの材料である水は，根から吸収され，道管などを通って葉の細胞に送られたものである。

葉には複数の色素が含まれている

葉が緑色に見えるのは，緑色のクロロフィルという色素が含まれているからである。

陸上植物の葉から色素を抽出すると，葉の緑色の色素は**クロロフィル *a*** と**クロロフィル *b*** の 2 種類あることがわかる。葉にはこのほか 橙 色

図13 葉の構造と葉緑体の構造

ツバキの葉の断面

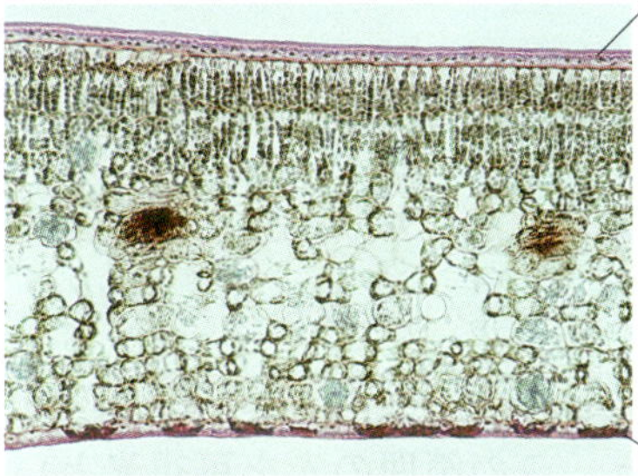

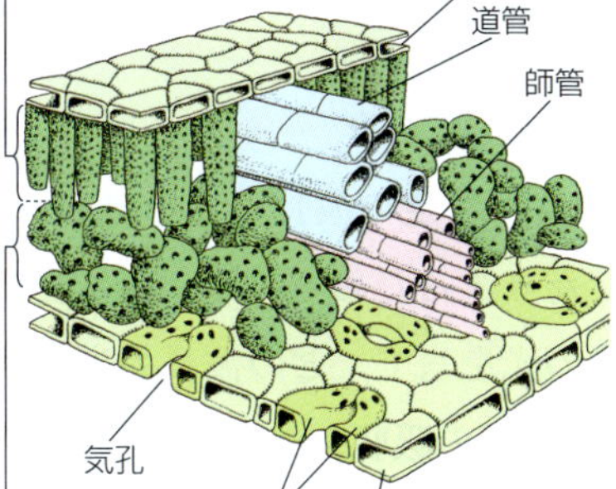

電子顕微鏡で見た葉緑体の内部(×6000)

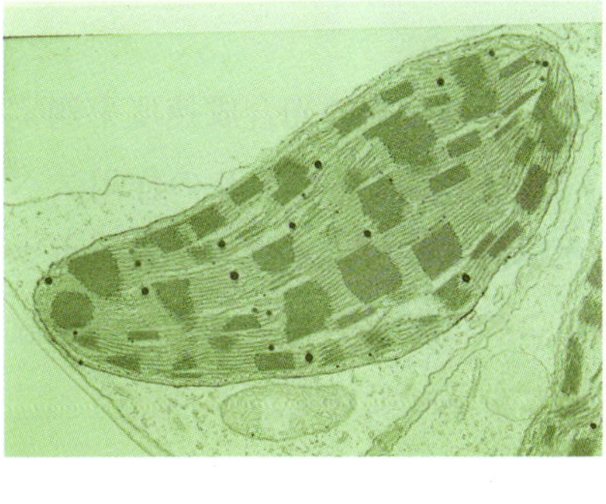

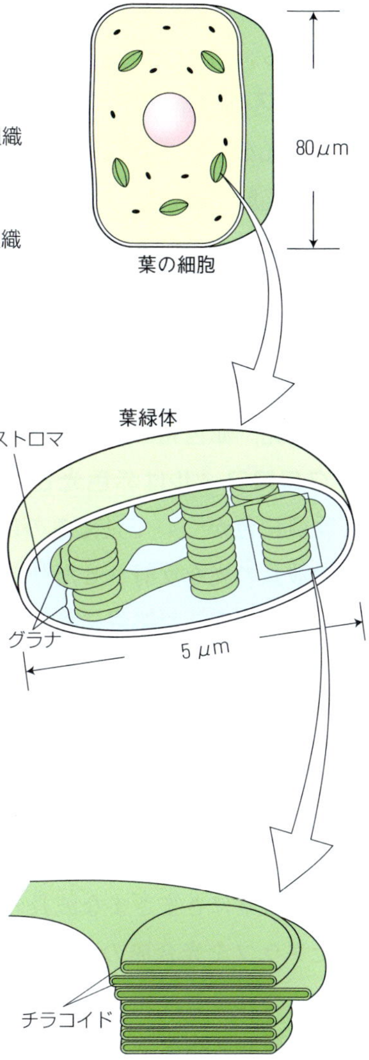

や黄色の色素**カロテノイド**も含まれ，その中にはカロテンやキサントフィルなどがある。これら光合成色素は，葉緑体のチラコイドの膜に結合している。

光のスペクトル

太陽光をプリズムに通すと紫色から赤色までの帯(**スペクトル**)が見られる 図14。これは，光が波としての性質をもっており，光がプリズムを通過するとき屈折する角度が光の波長①によって異なるからである。太陽光に含まれる光の中で，波長が約 400nm②(紫色)から約 700 nm(赤色)までの光をヒトの目は見ることができ，この範囲の光を**可視光**という。可視光以外にも光は存在しており，紫色光よりさらに波長の短い光を**紫外光**，赤色光より波長の長い光を**赤外光**という。

クロロフィルは赤色光と青色光をよく吸収する

物質に色がついて見えるのは，その物質が特定の波長の光を吸収し，他の波長の光を反射させたり，透過させたりするためである。ある光合成色素を溶かした溶液にさまざまな波長の光を当て，どの波長の光が吸収されるかを表したグラフを，その光合成色素の**吸収スペクトル**という。これを見ると，クロロフィルは *a* ,*b* ともに青色光と赤色光をよく吸収し，緑色光や黄色光をあまり吸収しないことがわかる。葉が緑色に見えるのは緑色光付近の光をよく反射するためである。

光合成の主要な色素はクロロフィルである

植物の葉にさまざまな波長の光を当て，そのときの光合成速度を測定したグラフを光合成の**作用スペクトル**という 図15。アオサの作用スペクトルを見ると，光合成速度は青色光と赤色光の付近で高く，クロロフィルの吸収スペクトルと形が似ている。このことはクロロフィルの吸収した光が光合成で主に利用されていることを示している。

多くの陸上植物ではクロロフィル *a* とクロロフィル *b* はほぼ3：1の割合で含まれている。

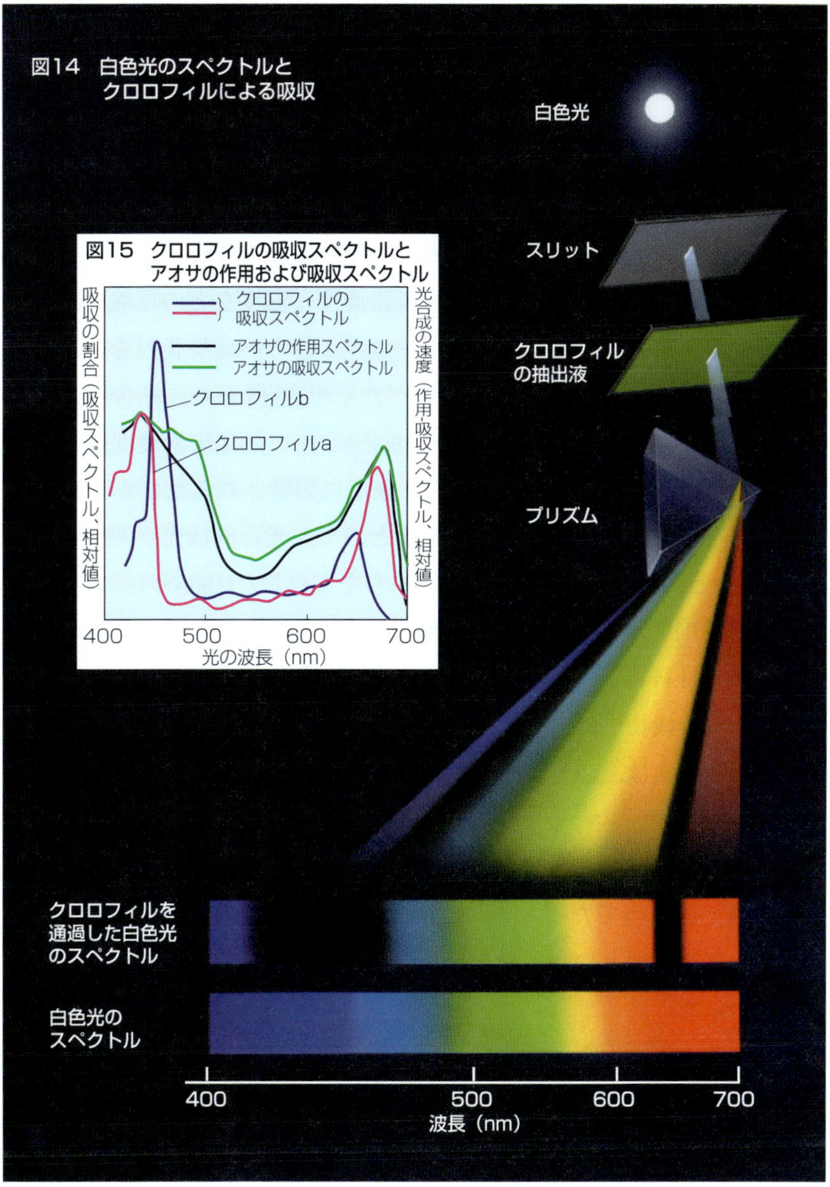

①波を曲線で表したとき山から山までの長さを波長という。

②「ナノメートル」と読む。1 nm = 1/1000 μm。

光合成は2つの反応系からなる

光合成を式で表すと，一般に次のようになる。

$$6\,CO_2 + 12H_2O + \text{光エネルギー} \rightarrow (C_6H_{12}O_6) + 6O_2 + 6H_2O$$

ここで，$(C_6H_{12}O_6)$ はデンプンやスクロースなどの有機物を表す①。それでは，上記の反応のしくみはどのようなものだろうか。

光合成反応は，光の強さ，二酸化炭素濃度，温度などの環境要因に影響を受ける。イギリスのブラックマンは，これらの環境要因をいろいろと変化させて光合成速度の変化を調べた結果 図16 から，光合成には光の強さに影響される過程(光を用いる反応)と，二酸化炭素濃度に影響される過程(二酸化炭素を用いる反応)，温度に影響される反応が存在すると考えた。ブラックマンはそれらをまとめて，光合成は光が関係する反応(明反応)と関係しない反応(暗反応)からなるとした(1905年)。

光合成の1つの段階は水を分解し酸素を放出する反応である

光合成の材料物質は二酸化炭素(CO_2)と水(H_2O)であるから，光合成でつくられる有機物中の炭素は二酸化炭素に由来することがわかる。では，放出される酸素は，CO_2とH_2Oのどちらに由来するのだろうか。

1938年，イギリスのヒルはホウレンソウの葉をすりつぶし，その抽出液に還元されやすい物質であるシュウ酸鉄(Ⅲ)を加えて，二酸化炭素のない状態で光を当てたところ，酸素が発生することを示した 図17 。この反応をヒル反応という。なお，このときデンプンなどの有機物はつくられなかった。

ヒルはこの実験から，光合成で発生する酸素は水の分解により生じるものであると考えた。

ヒルの実験から，光合成の1つの段階として，光を用いて水を分解し酸素を放出する反応が存在すると考えられる。

図16 光合成速度の限定要因

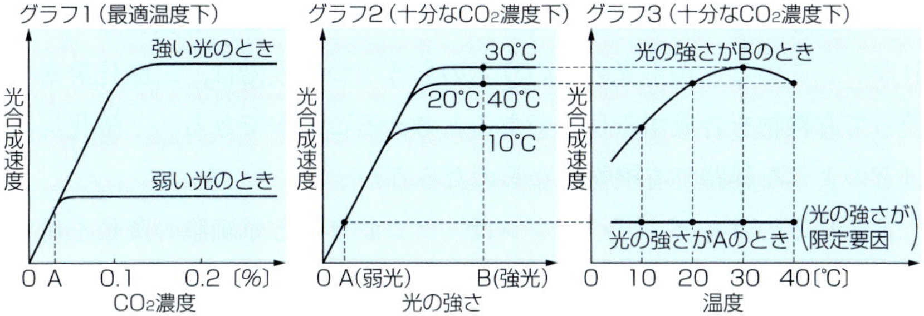

代謝速度は，温度や pH，光の強さ，水分量や栄養分の量などさまざまな要因により影響を受ける。その中で，ある１つの要因がその反応全体の速度を制限している場合，それを限定要因という。

光合成速度は光の強さ，二酸化炭素濃度，温度などの影響を受け，条件によりそのどれかが限定要因となる。ブラックマンはこれらのグラフから，光合成には光の強さが限定要因となる過程，二酸化炭素濃度が限定要因となる過程，温度が限定要因となる過程があると考えた。

たとえばグラフ１の二酸化炭素濃度が 0～Aの範囲では，二酸化炭素濃度が上昇しても，光合成速度には強光下と弱光下で違いがない。これは，光合成には光を使う反応と二酸化炭素を使う反応があり，0～Aでは後者が抑えられているので，光をいくら強くしても光合成全体の速度が抑えられているからと考えられる。また，二酸化炭素濃度がたとえば 0.2 %のときは，今度は二酸化炭素を使う反応は速く進み，光を使う反応の速度によって光合成全体の速度が決まると考えられる。

同様の推論を，グラフ２についても行ってみよう。

図17 ヒルの実験

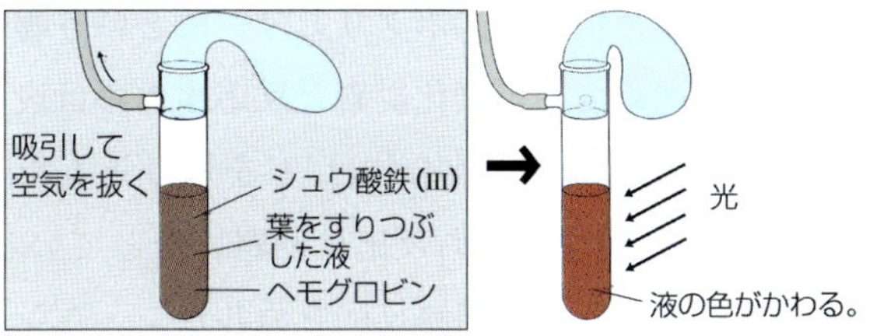

酸素の発生量は，溶液中にヘモグロビンを加えておき，液の色が酸素濃度により変化することを利用して測定した。

---

①デンプンはグルコースがつながったものである。一方，スクロース（ショ糖）はグルコースとフルクトース（果糖）からなる。グルコースもフルクトースも化学式は$C_6H_{12}O_6$である。

二酸化炭素による有機物の合成

ヒル反応では二酸化炭素は使われず，デンプンなどの有機物もつくられない。このことから光合成のうちのもう１つの段階は，二酸化炭素を使って有機物を合成する反応であると考えることができる。二酸化炭素はどのような経路で有機物になるのだろうか。

アメリカのカルビンとベンソンは，クロレラなど単細胞の藻類を用いて次のような実験を行った 図18。

炭素原子(C)には，質量がわずかに重く放射能をもつもの(^{14}Cと表す)が存在する①。彼らはこの^{14}Cから合成した二酸化炭素($^{14}CO_2$)を溶かした培養液をつくり，その中で藻類に光合成を行わせた。そして，^{14}Cがどの物質に取り込まれていくかを時間ごとに追跡した。

すなわち，光を照射してからいろいろな時間(秒)の後に熱いアルコールの入った試験管に移して光合成を止める。そして，その藻類をすりつぶし，抽出液をろ紙の原点につけて，抽出液に含まれる物質を２次元ペーパークロマトグラフィーで展開する 図18b。次に，そのろ紙に放射能を検出できるレントゲン写真用のフィルムをのせ，どの物質に放射能があるかを検出した。

その結果，ごく短時間で^{14}Cが炭素３個をもつ物質に取り込まれ，続いてその他の有機物に^{14}Cが取り込まれていくことが示された。最初に取り込まれた炭素数３の化合物はホスホグリセリン酸という物質であった。彼らは慎重に解析を進めて，二酸化炭素と反応するのは炭素数５の化合物であること，その炭素数５の化合物は^{14}Cを取り込んだホスホグリセリン酸から生成すること(すなわち反応は回路になっていること)を明らかにした。光合成におけるこの回路反応を**カルビン・ベンソン回路**という。デンプンなどの有機物もこの回路の中の物質から合成される。

図18 カルビン・ベンソンの実験

a.藻類の培養装置

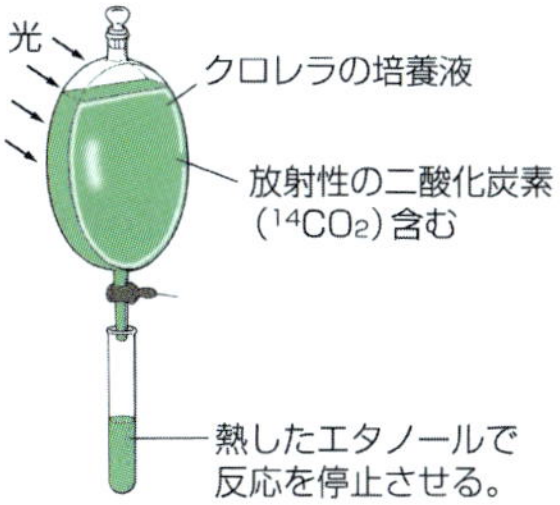

b.2次元ペーパークロマトグラフィーの原理と放射性物質の検出

展開液1で展開後，ろ紙を乾かしてから展開液2で展開をする。

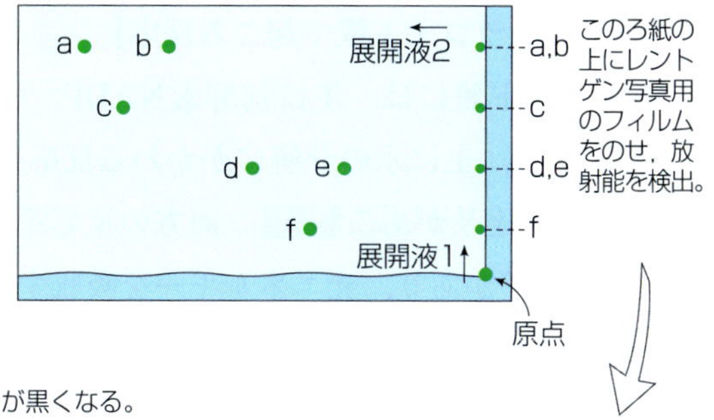

放射能をもつ物質があるところが黒くなる。

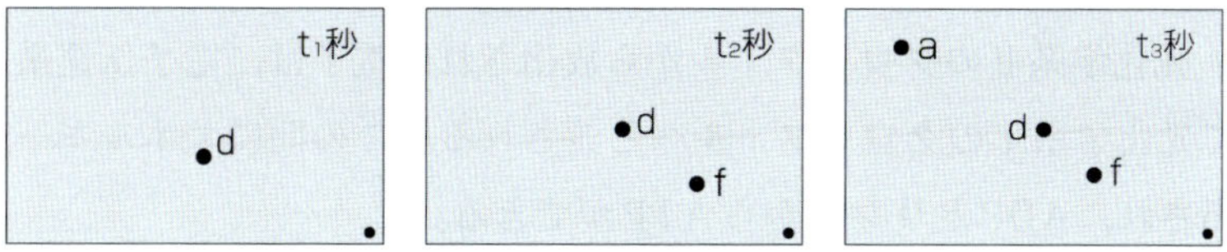

上記のようになれば CO_2 →d→f→a と物質が変化したことがわかる。

c.カルビンとベンソンの実験結果の一部（左）とカルビン・ベンソン回路（右）（模式図）

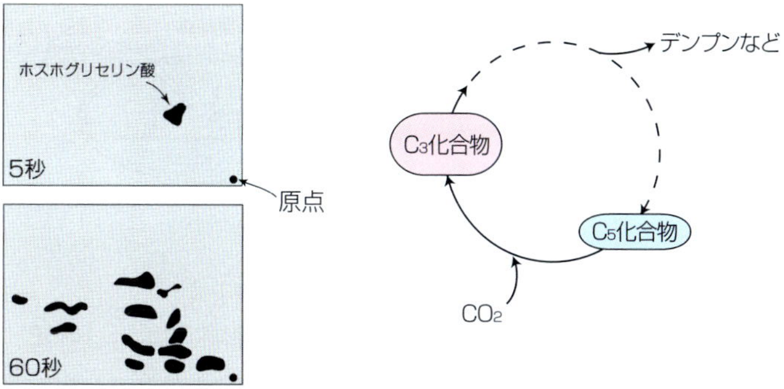

①原子の中には，粒子や電磁波などを自然に放出して別の原子へ変わるものがある。放出される粒子や電磁波を放射線といい，放射線を出す性質を放射能という。化学的性質は通常の炭素原子と同じである。

光合成もATPを介した反応系である

光合成のしくみについては，現在かなり詳しいことが明らかにされている。光合成の反応は次のような段階に分けて説明することができる。

【葉緑体のチラコイド膜で起こる反応】

チラコイド膜には，主に補酵素$NADP^+$[①]の還元にかかわる反応系(**光化学系Ⅰ**)と，主に水の分解にかかわる反応系(**光化学系Ⅱ**)があり，その間に電子伝達系がある 図19 。両方の反応系の中心にそれぞれクロロフィル*a*の分子があり，光エネルギーを吸収すると電子(e^-)を放出する。

(1) 光化学系Ⅰのクロロフィルから放出された電子は，葉緑体内の水素イオンとともに補酵素$NADP^+$を還元してNADPHにする。

(2) 光化学系Ⅱのクロロフィルから放出された電子は，電子伝達系をへて光化学系Ⅰのクロロフィルへと渡される。この間にエネルギーが放出され，ADPとリン酸からATPができる。

(3) 光化学系Ⅱのクロロフィルが電子を放出するとすぐに水が分解され，酸素と水素イオン，そして電子が生じる。電子はすぐに光化学系Ⅱのクロロフィルに補充される。

図19 葉緑体のチラコイド膜で起こる反応

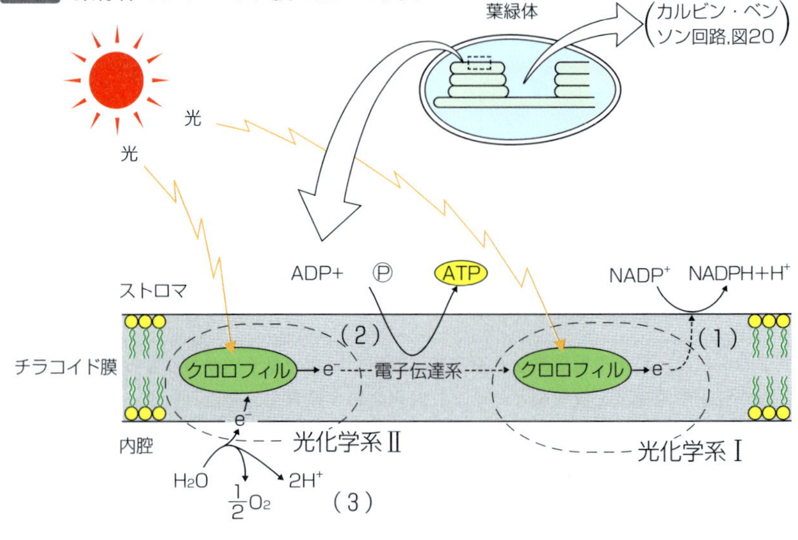

【葉緑体のストロマで起こる反応】

気孔から吸収した1分子の二酸化炭素は，葉緑体のストロマでまず炭素数5の物質と結合し，炭素数3のホスホグリセリン酸(PGAと略) 2分子に変化する。PGAはさまざまな物質に変化しながら，その間に反応(2)でできたATPからリン酸を受け取ったり，反応(1)でできた$NADPH_2$によって還元されるなど，さまざまな反応をへて，ふたたび最初の炭素数5の物質にもどる(**カルビン・ベンソン回路**)。この回路の過程でさまざまな有機物がつくられ，後にそれらからデンプンなどがつくられる 図20 。

なお，カロテンやキサントフィルなどの光合成色素も光エネルギーを吸収するが，得られたエネルギーは最終的には，クロロフィルに渡される。

図20 カルビン・ベンソン回路

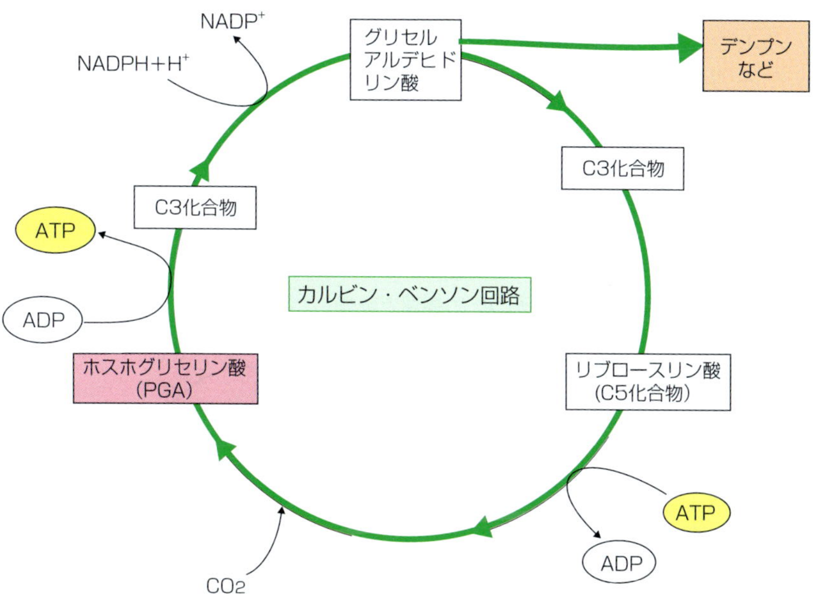

①ニコチンアミド アデニン ジヌクレオチド リン酸という物質である。

参考資料

C₄植物とCAM植物

1965年，ハワイのコーチャクはサトウキビやトウモロコシで，カルビンとベンソンの実験と同様の実験を行った。すると，$^{14}CO_2$として取り込ませた放射能が最初に PGA に現れるのではなく，リンゴ酸やアスパラギン酸など炭素数 4 の化合物(C_4化合物)に現れることを発見した。

これらの植物はC_4植物とよばれ(これに対してCO_2をただちにPGAに固定する植物はC_3植物という)，気孔で取り込んだCO_2をリンゴ酸またはアスパラギン酸にまず固定する。そのときはたらく酵素は，カルビン・ベンソン回路においてCO_2をPGAに固定する酵素に比べ，低いCO_2濃度下でも十分に活性が高い。そしてその後，CO_2をカルビン・ベンソン回路に渡している 図A 。つまり，第一段階でCO_2を濃縮しており，CO_2濃度の低い環境でも光合成を効率よく行うことができる(図B グラフ1)。また，光飽和点や光合成の最適温度もC_4植物はC_3植物に比べて高い(図B グラフ2，3)。そのためC_4植物の光合成能は高く，C_4植物は短時間で速い成長をする。C_4植物では葉の維管束鞘細胞が大きく 図C ，CO_2のC_4化合物への取り込みは柔細胞の葉緑体中で行われ，引き続き起こるカルビン・ベンソン回路は維管束鞘細胞の葉緑体中で起こる。

一方，CO_2のC_4化合物への固定とカルビン・ベンソン回路を，1つの細胞で行う植物もあることがわかった。そのような植物はCAM植物とよばれ，ベンケイソウ科の植物やサボテンなどが知られている。CAM植物では，CO_2のC_4化合物への固定を夜間に，そして昼間にそのC_4化合物を分解してCO_2をつくり，カルビン・ベンソン回路を通ってデンプンなどをつくっている。CAM植物は一般に多肉のものが多く，気孔は気温の低下した夜間に開き，昼間は閉じている。そのため高温で乾燥した環境に適応している。

図A C_4植物のCO_2固定

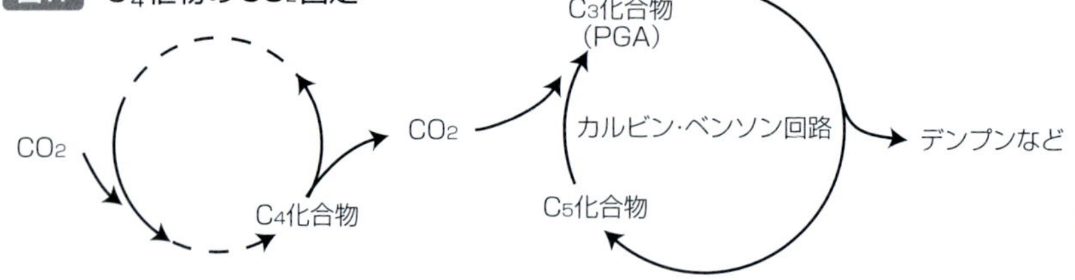

図B　C_3植物とC_4植物の比較

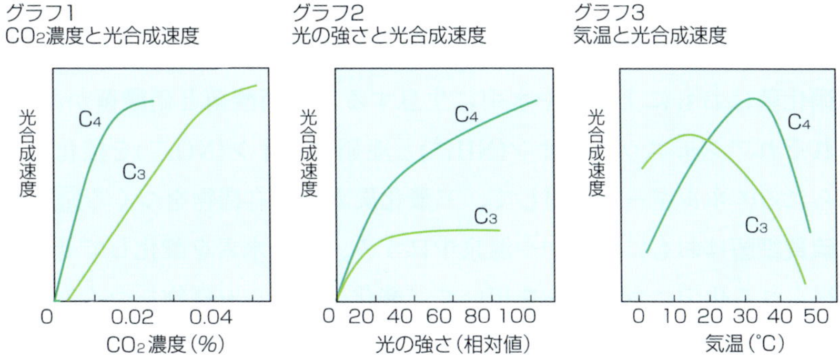

図C　C_4植物(トウモロコシ)の葉の断面

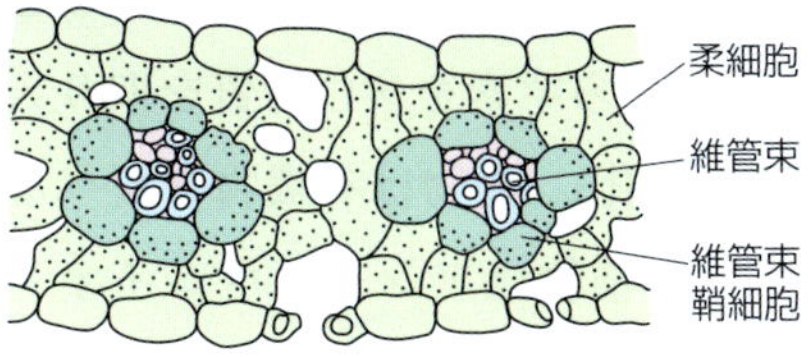

細菌の光合成

原核生物の中でもラン細菌は植物と同じクロロフィルをもち光合成を行うが，その他にも，バクテリオクロロフィルという色素をもち光合成を行う細菌があり光合成細菌という。この細菌は電子供与体として水(H_2O)ではなく硫化水素(H_2S)などを用いるため，酸素は発生しない(右式)。光合成細菌には，紅色硫黄細菌や緑色硫黄細菌などが知られている(沼や土壌中に生息している)。

電子供与体としてH_2Sを用いる紅色硫黄細菌の光合成の化学反応式は，次のようになる。すなわち，植物の光合成では水(H_2O)が還元されて酸素(O)ができるのに対し，紅色硫黄細菌の光合成では硫化水素(H_2S)が還元されて硫黄(S)ができる。

$$6CO_2 + 12H_2S + 光エネルギー \rightarrow (C_6H_{12}O_6) + 12S + 6H_2O$$

光以外のエネルギーを用いて炭酸同化を行う生物もある

細菌の中には光エネルギーを用いずに無機物を酸化して得られる化学エネルギーを用いて炭酸同化(**化学合成**)を行うものがある。化学合成を行う細菌を**化学合成細菌**といい，硝化菌や硫黄細菌などがある。

硝化菌はおもに土壌中や水中に生息する。亜硝酸菌と硝酸菌があり，それぞれアンモニウムイオン(NH_4^+)と亜硝酸イオン(NO_2^-)を酸化して得られるエネルギーを利用して，二酸化炭素から有機物をつくる 図22 。

硫黄細菌はおもに土壌中や温泉中にすみ，硫化水素を酸化してそのとき得られる化学エネルギーを用いて二酸化炭素から有機物をつくる。硫化水素がなくても硫黄を酸化して化学エネルギーを得るものもある 図23 。

窒素は土壌中から吸収される

生物体をつくる有機物の中で，タンパク質，核酸，クロロフィルなどはいずれも窒素を含んでいる。生物は外界から窒素を含む物質を取り入れ，体内でこれらの物質を合成する(**窒素同化**)。動物は有機物を食べることでしか窒素を得られないのに対して，植物はアンモニウムイオン(NH_4^+)などの無機窒素化合物から有機窒素化合物をつくることができる。土壌中には，動植物の遺体や排出物が細菌などにより分解されて生じたアンモニウムイオンや，それをもとに硝化菌によって生じた硝酸イオンなどがある 図24 。植物はこれらのイオンを根から水とともに吸収する。それらは細胞内で還元されてNH_4^+になった後，呼吸などによって生じたさまざまな有機酸と反応していろいろなアミノ酸になり，タンパク質や核酸などがつくられる。

大気中の窒素を直接固定する生物もいる

大気の78％を窒素が占めるが，ほとんどの生物は大気中の窒素を直接利用することができない。しかし，大気中の窒素をアンモニアに変える酵素をもつ細菌がいる。大気中の窒素を直接アンモニアに変えるはたらきを**窒素固定**という。窒素固定を行う細菌には，マメ科植物の根に共生する**根粒菌** 図25 ，土壌細菌の**アゾトバクター**，**クロストリジウム**，ある種のラン細菌などが知られている。これらの細菌ではアンモニアを材料にして，アミノ酸などの有機窒素化合物を合成することができる。

根粒菌は土壌中で単独で生活しているときは窒素固定を行わないが，マメ科植物といっしょになると窒素固定を行う。マメ科植物の根には，根粒菌が多数詰まった**根粒**とよばれるこぶのようなものが多数ある 図25 。根粒菌はマメ科植物の根から光合成でできた糖を供給され，マメ科植物は根粒菌が固定したアンモニアを受け取り，両者とも利益を得ている。生物どうしのこのような関係を**共生**という。

図22 硝化菌の化学合成

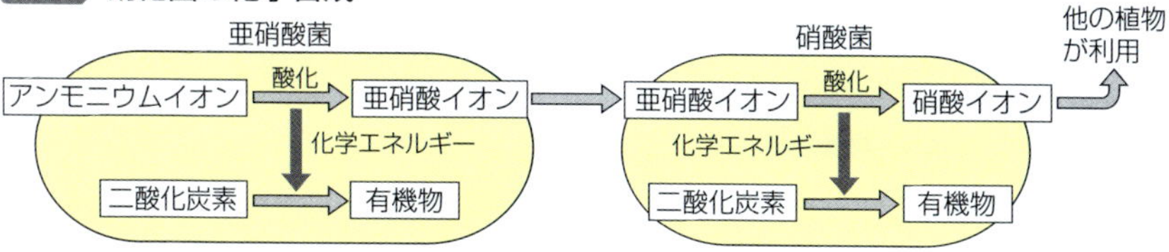

図23 硫黄細菌の化学合成

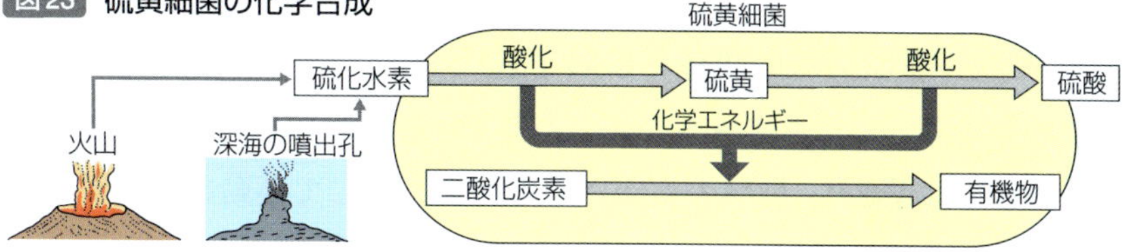

図24 窒素同化と窒素固定

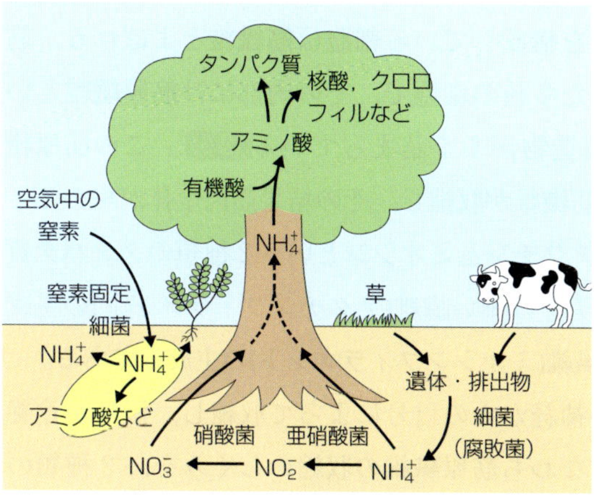

図25 根粒と根粒菌

ダイズの根の根粒

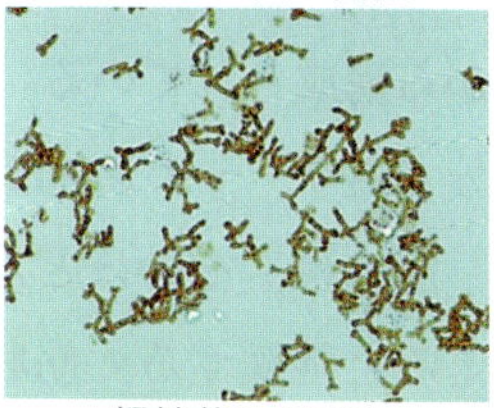
根粒菌(×500)

C さまざまな生命現象とタンパク質

これまで，タンパク質のうち，酵素とその性質について学び，その知識を生かして呼吸や光合成などの代謝について学習した。酵素はいうまでもなく生命現象に不可欠のものであるが，多くのタンパク質のうちの一部にすぎない。

酵素以外にも，生体内には多くの重要なはたらきをするタンパク質が存在する。この節では，運動や恒常性の維持，免疫など生体の重要なはたらきにおいて，タンパク質がどのような機能を果たしているかを学んでいくことにする。

1 生物体の運動とタンパク質

筋収縮は筋原繊維の収縮によって起こる

生物体の動きにはさまざまなものがあるが，動物では筋肉の動きによるものが多い 図1 。動物の筋肉は，どのようにして運動を起こすのだろうか。

筋肉のつくりを見ると，両端は硬くなって腱となり，骨に結合している。骨格筋のような横紋筋を構成している細胞は**筋繊維**とよばれる。筋繊維は多数の細胞が融合した多核の細胞で，その内部には**筋原繊維**という，タンパク質でできた構造物が多く詰まっている 図2 。この筋原繊維が収縮することによって筋繊維が収縮し，その結果筋肉全体が縮むことになる。筋原繊維はおもに**アクチン**と**ミオシン**という2種類のタンパク質から構成されている。アクチンは細い繊維(アクチンフィラメント)の主成分であり，ミオシンは太い繊維(ミオシンフィラメント)の主成分である。

筋肉は，そのほとんどが神経からの信号によって収縮し，信号が途絶えると弛緩する。筋収縮すなわち筋原繊維の収縮のしくみを，2種類のタンパク質のはたらきから見てみよう。

図1 さまざまな筋肉運動

図2 筋肉の構造

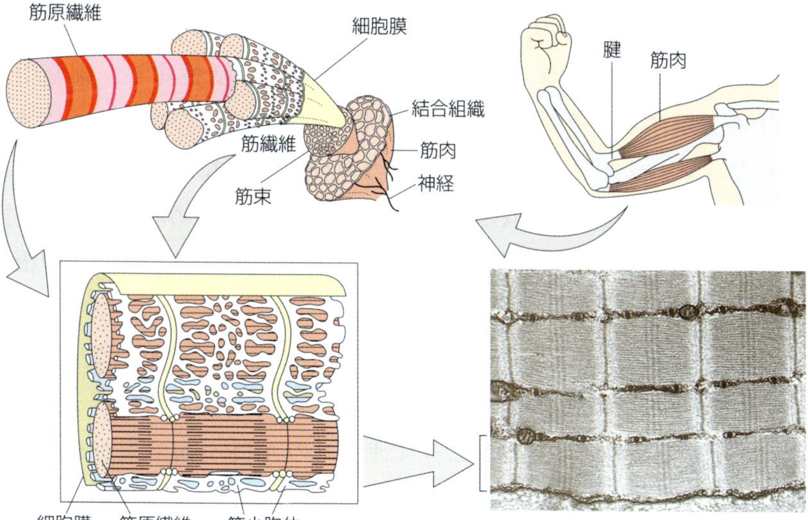

（電子顕微鏡写真，×3000）

参考資料

――火事場の馬鹿力――

私たちは全力をふりしぼっているつもりでも，すべての筋繊維を収縮させているわけではない。事実，握力測定のとき外から電気刺激を与えると，とてつもない力が発生することが知られている。火事などの緊急時に神経が極度に興奮すると，平常時では出せないような力が出ることがある。平常時には筋肉の断裂を防いだり，関節を傷めたりしないように無意識に抑制がはたらいているのである。暗示や薬物などでその抑制をはずすと，スポーツなどではすぐれた記録を出すこともできるが，傷害の危険も高い。

筋原繊維の収縮はアクチンとミオシンのはたらきで起こる

神経からの信号が，ニューロンの軸索(神経繊維)の末端まで達すると，シナプス小胞内にある神経伝達物質アセチルコリンが放出される。すると，筋繊維の細胞膜が興奮(活動電位が発生)し，その興奮は膜全体に伝わる。すると筋原繊維を取り囲んでいる**筋小胞体**から**カルシウムイオン**(Ca^{2+})が放出される 図3。

筋原繊維の太いフィラメントの主成分であるミオシンにはATP分解酵素としてのはたらきがあり，筋小胞体よりカルシウムイオンが放出されないときには不活性状態となっている。しかし，筋小胞体からカルシウムイオンが放出されることによりミオシンは活性化し，細胞中のATPを分解する。その際発生するエネルギーを用いて細いフィラメントと太いフィラメントがたがいの重なりが大きくなるようにすべり込み，その結果筋原繊維が収縮する 図3 図4。そのため収縮により筋原繊維の**サルコメア**(筋節)の幅および明帯の幅は狭くなるが，暗帯の幅は変わらない。

神経からの信号がやむと，神経繊維の末端からのアセチルコリンの分泌が止まる。すると筋繊維の膜の興奮が止み，筋小胞体にカルシウムイオンが取り込まれる。それによりミオシンのATP分解酵素が不活性状態になる。その結果，筋原繊維が弛緩し，筋繊維，筋肉は弛緩する。筋原繊維の収縮がゴムやばねのような機構でなく，タンパク質分子のフィ

参考資料

―――短距離走者とマラソンランナー―――

骨格筋を構成する筋繊維には，収縮速度が速い速筋繊維と遅い遅筋繊維がある。平均的な成人の足の筋肉（太ももの前面の筋肉）には遅筋繊維と速筋繊維がほぼ同じ割合で存在する。すぐれた短距離走者と長距離走者の筋肉を調べたところ，短距離走者では速筋繊維の割合が多く，逆に長距離走者では遅筋繊維の割合が多いことがわかった。このような違いが生まれつきのものなのか，それとも何年も訓練を続けることによって発達したものかはわかっていない。

ラメントの間のすべり込みによるということは驚くべき現象である。

図3 筋収縮のしくみ

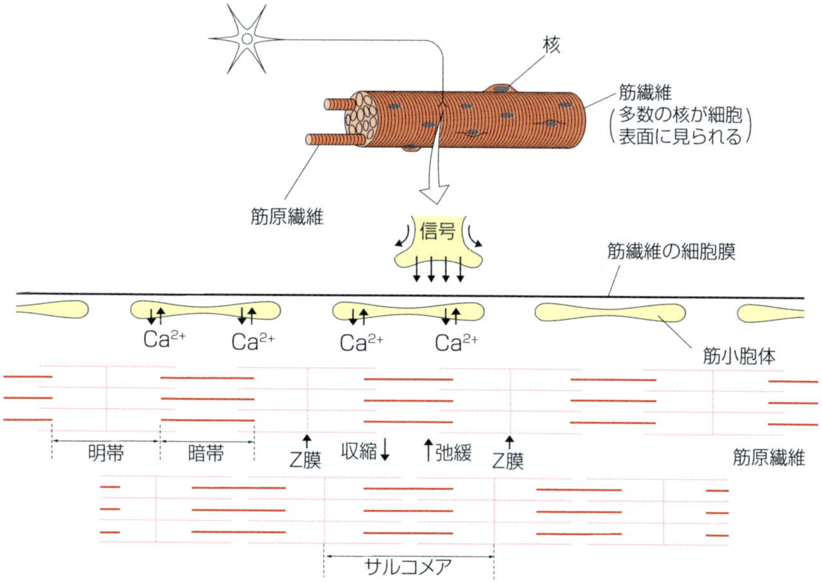

図4 2種のフィラメントの立体モデル(上)および分子モデル(下)

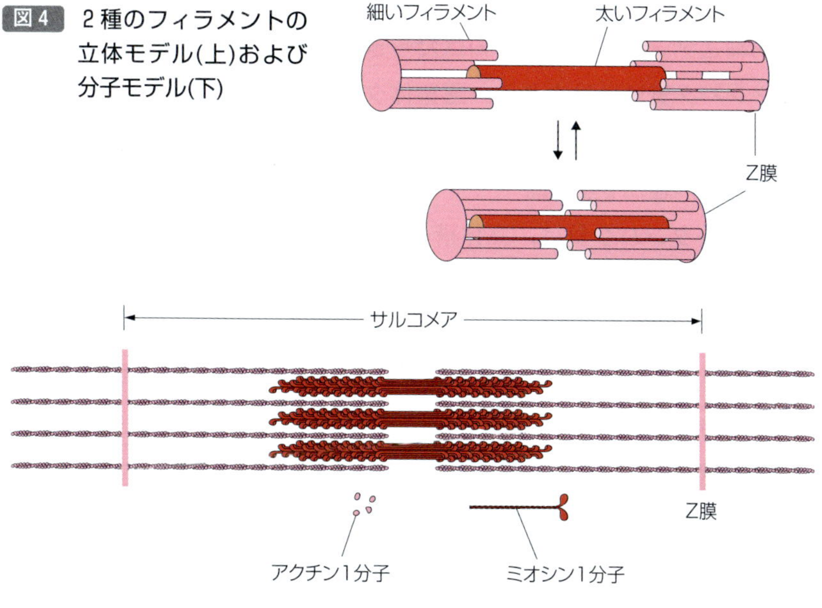

2 情報の伝達とタンパク質

細胞間の情報伝達には細胞膜がかかわっている

生の筋細胞にATPをかけても筋繊維は収縮しない。生きている細胞膜はATPを通さないからである。細胞膜は，細胞内外の成分が混合しないための障壁としての機能をもつ。しかし細胞が生きていくためには，細胞膜は特定の物質を通過させたり，信号物質と結合したりできなければならない。細胞膜は，リン脂質という物質の分子の中にさまざまなタンパク質分子が埋め込まれた構造をしていると考えられている 図5 。これらのタンパク質が，細胞間の情報伝達に不可欠の役割をはたす。

細胞内外の物質輸送とタンパク質

生きている細胞膜の性質の一つに，物質の出入りを調節することがある。リン脂質だけからなる膜は，糖やアミノ酸，イオンなどを通過させることはできない。しかし細胞膜は，これらの物質を通過させることができる。このはたらきを担うのが細胞膜を貫通している**膜内輸送タンパク質**で，特定の物質だけを通過させる通路となっている。

膜内輸送タンパク質は，そのはたらき方から運搬体タンパク質とチャネルタンパク質に分けられる。**運搬体タンパク質**は，膜の片側で特定の物質と結合し，自身の立体構造を変化させることによって特定の物質を膜の反対側へ運ぶ 図6 A 。

チャネルタンパク質は，立体構造を変化させて細胞膜に小孔(チャネル)を形成することにより，おもに無機イオンを急激に通過させる 図6 B 。この通過は拡散による。チャネルタンパク質のほとんどは，Na^+，K^+，Cl^-，Ca^{2+}など特定のイオンだけを選択的に通過させる**イオンチャネル**となっている。

細胞内外ではイオン濃度に差が生じている

生きている細胞の内側では，K^+濃度が高く，Na^+濃度が低い。これに対して血液中ではK^+濃度は低くNa^+濃度が高い①。これは，細胞がエネルギーを使ってNa^+を細胞の外側にくみ出し，同時にK^+を細胞内に取り入れているためである。このしくみは**ナトリウムポンプ**とよばれる。ナトリウムポンプの実体は細胞膜表面にある運搬体タンパク質であり，図7のようにしてイオンを運搬する。この反応はATPの分解をともなうので，このタンパク質はATP分解酵素でもある。このようにエネルギーを使って行われる物質輸送が能動輸送である。

図5 細胞膜の構造

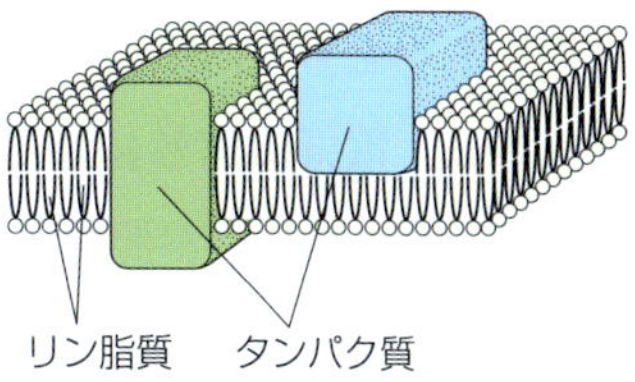

図6 運搬体タンパク質とチャネルタンパク質

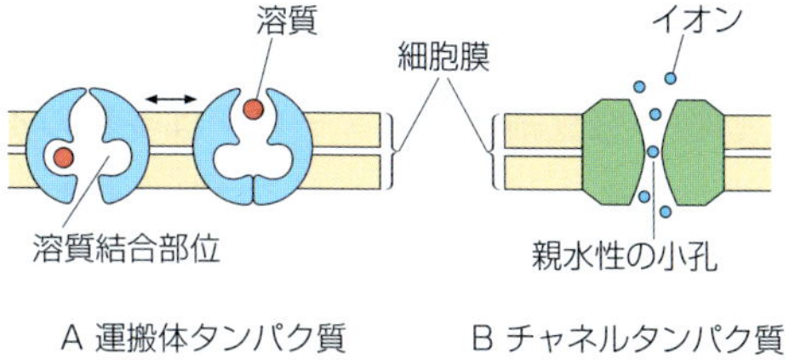

図7 ナトリウムポンプ

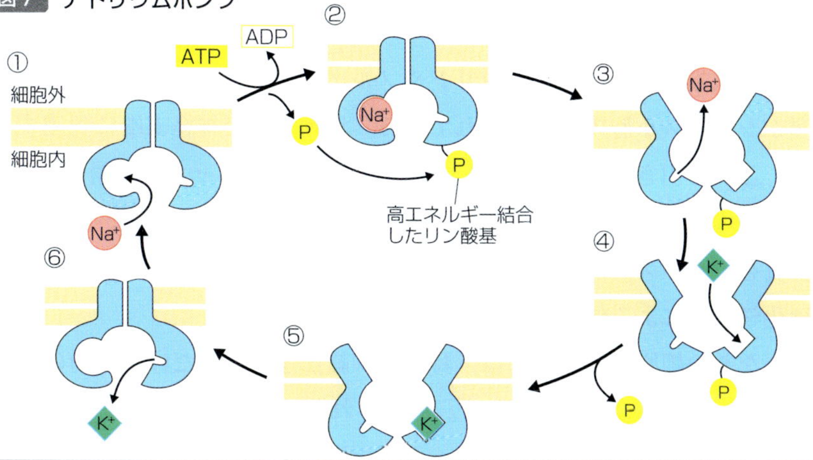

①血液中のイオン組成は海水と似ている。これは，生物は太古の海で生じ海で変遷をとげてきたことと関係があるのだろう（p.302～307参照）。

チャネルタンパク質と膜電位の変動

生きている細胞膜の内側と外側ではわずかな電位差(電圧)が生じており，ふつう細胞の内側が負，外側が正となっている。これを**膜電位**(静止膜電位)といい，運搬体タンパク質の能動輸送によるイオンの濃度差によって生じる。

一方，ニューロンなどの細胞膜には多くのイオンチャネルがある。イオンチャネルが開くとイオンは小孔から瞬時に流入(または流出)し，それによって膜電位が変動する。こうして活動電位が発生する。チャネル開閉の引き金となるのは，周囲の膜電位の変動や，特定の物質との結合などである 図8 。

動物の感覚細胞やニューロンは多数のイオンチャネルをもち，活動電位を信号とする情報伝達のために特殊化した細胞である。電気的信号による情報伝達は動物だけでなく植物でもみられる(p.226「参考資料」参照)。

特定の細胞への情報伝達

感覚細胞やニューロンは，シナプスを介してとなりのニューロンや筋細胞など特定の細胞にだけ興奮を伝える。これはどのようなしくみによるのだろうか。

神経末端では，アセチルコリンやノルアドレナリンなどの**神経伝達物質**がシナプス小胞内に蓄えられている。活動電位が神経末端に到達すると，これが引き金となって神経末端のカルシウムチャネルが開き，Ca^{2+}が細胞内に流れ込む。するとシナプス小胞が細胞膜と融合し，神経伝達物質をシナプス間隙に放出する。こうして，活動電位という電気的信号は化学物質による信号に置き換えられる 図9 。

となりの細胞の細胞膜には，特定の神経伝達物質とだけ特異的に結合するタンパク質(**受容体**)がある。放出された神経伝達物質が受容体に結合すると，それによりイオンチャネルを構成するタンパク質の立体構造が変化してチャネルが開き，イオンが瞬時に流入する 図10 。そしてとなりの細胞に活動電位が発生する。

図8 チャネルタンパク質の開閉のしくみ

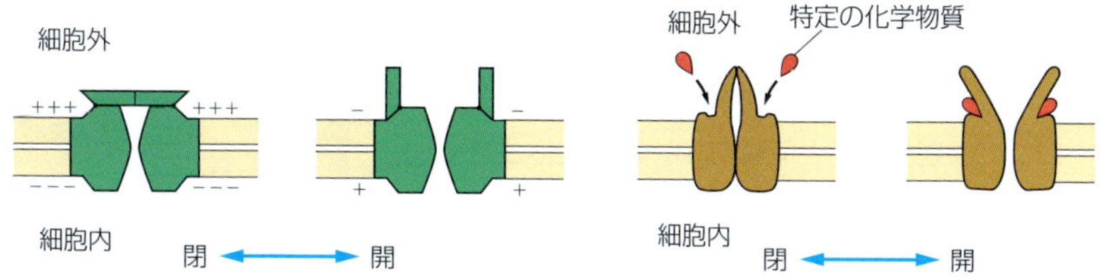

チャネルの開閉が膜電位の変化によるもの（左）と化学物質との結合によるもの（右）がある。

図9 神経の興奮の伝達

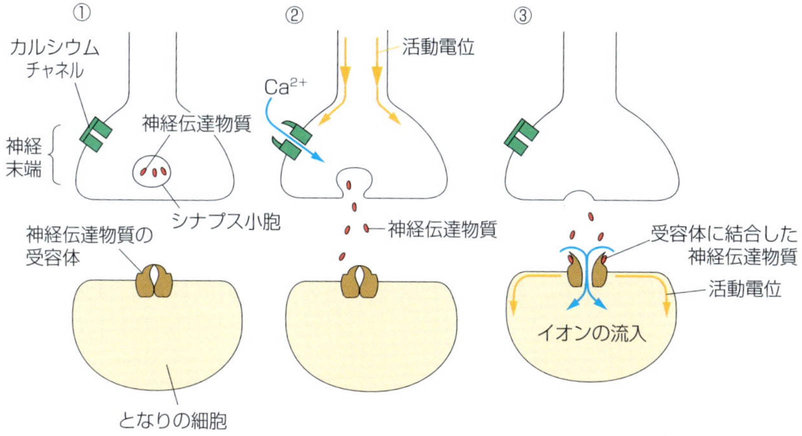

図10 神経伝達物質の結合とイオンチャネルの開閉(アセチルコリンの場合)

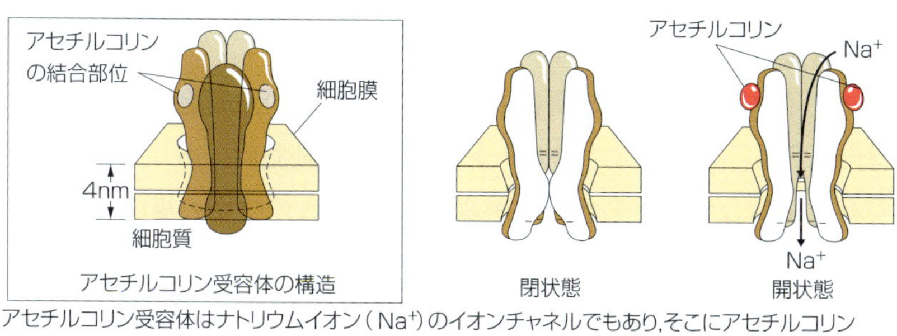

アセチルコリン受容体はナトリウムイオン（Na^+）のイオンチャネルでもあり，そこにアセチルコリンが結合すると立体構造が変化してイオンチャネルが開く。

参考資料

——植物の電気シグナル——

電気シグナルによる情報伝達は，動物のニューロンにかぎったことではない。膜電位は生きている細胞すべてに発生しており，膜電位の変動による細胞間の情報伝達は植物でも見られる。

オジギソウは接触刺激により葉をたたむが，これは葉が感知した接触情報が電気シグナルとして葉の付け根にある細胞へ伝達されるからである。このほか，食虫植物のハエトリグサやモウセンゴケが葉を閉じて昆虫などをとらえる反応もそうである。

ハエをとらえたハエトリグサ

ホルモンによる伝達も受容体のはたらきによる

ホルモンも細胞から細胞へ情報を伝える方法の一つである。ホルモンは特定の内分泌腺でつくられて血液中に放出され，そのホルモンの受容体をもつ細胞(**標的細胞**)にだけ作用をおよぼす。ホルモンの受容体もタンパク質でできており，特定のホルモンとだけ選択的に結合する部分をもつ 図11。

ホルモンには，アミノ酸が連なったペプチドホルモン①と，脂肪の一種であるコレステロールからつくられたステロイドホルモン②がある。ペプチドホルモンは水に溶けやすく(水溶性)，その受容体は細胞膜の表面にある。受容体は，ホルモンが結合すると立体構造を変化させ，細胞内の物質を活性化させて細胞の反応が起こる。

ステロイドホルモンは脂質に溶けやすく(脂溶性)，細胞膜を通過して細胞内に入る。ステロイドホルモンの受容体は細胞内にあり，ホルモンが受容体に結合すると立体構造が変化し，DNAの特定の場所に結合して遺伝子の発現を調節する(p.258参照)。

---

①ペプチドホルモンにはインスリンや成長ホルモンなどがある。

②ステロイドホルモンには副腎皮質ホルモンのほか，性ホルモン(生殖腺でつくられ体に二次性徴を発現させる）がある。

図11 ホルモンの受容体

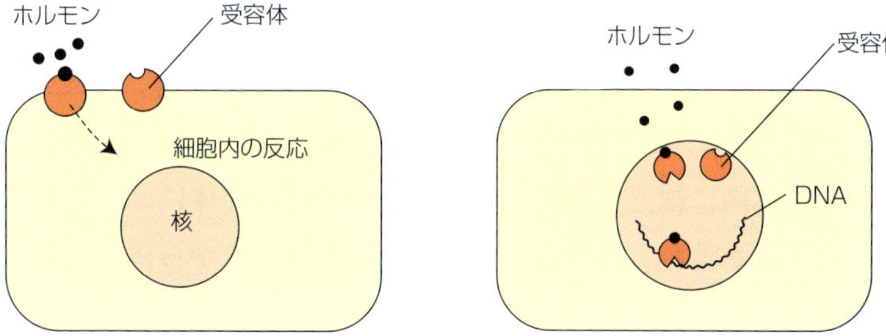

ペプチドホルモン（水溶性）の場合　　ステロイドホルモン（脂溶性）の場合

ホルモンの標的細胞にはそのホルモンと特異的に結合する受容体がある。受容体にホルモンが結合すると受容体は立体構造を変化させ，その情報を細胞内に伝える。

参考資料

——内分泌かく乱物質——

ホルモンの受容体が特定のホルモンとだけ結合するのは，受容体がそのホルモン分子の形にぴったり合う結合部位をもっているからである。私たちの体液中にはおびただしい種類の物質があり，中には構造の似たものもある。しかし受容体は，自然状態で体液中に存在する物質の中で特定のホルモン分子だけを識別し，混乱することはない。これは自然の見事さといえよう。しかし最近になって，自然界には存在しなかった化学物質が人間によって数多くつくりだされ，人や動物の体内にも取り込まれるようになった。これらの中には，ホルモンの受容体がホルモン分子と区別できず，受容体に結合してしまうものがある。本来のホルモン以外の物質が受容体に結合することはホルモンの作用をかく乱する。この他ホルモンの分泌そのものに影響を与えるものなどを含めて，ホルモンの作用をかく乱する物質を内分泌かく乱物質といい（「環境ホルモン」の呼称で知られるようになった），現在研究が進められている。

ホルモンのはたらきは細胞間の情報伝達であり，選択性の高い受容体を通じてきわめて低濃度で作用する。しかし，同じ理由で内分泌かく乱物質もきわめて低濃度で内分泌をかく乱してしまう可能性がある。これは現在深刻に考えなくてはならない環境問題の一つとなっている。

3 生体防御とタンパク質

生体防御

私たちの生活する環境には，細菌やウイルスなどが存在しており，わたしたちの体内に絶えず侵入している。一般に生物体には，これらを排除するしくみが備わっており，このように傷や外敵から体を守るしくみを**生体防御**という 図12。

生物体の表面は皮膚や粘膜などにおおわれ，粘膜が分泌する粘液には殺菌作用をもつものが多い。また，せきやくしゃみなど，体の表面で侵入しようとする微生物などを物理的に排除するしくみもある。

さらに体内に侵入した微生物などは，体液に含まれる白血球などが，細胞内にとり込んで消化する(**食作用**)。白血球は，毛細血管のすき間から組織中に出てはたらくことができる。

血液凝固

血液を採取してしばらく放置すると，液体成分の血しょう中のタンパク質が赤血球や白血球などの細胞成分をからめて，固まりが生ずる。この現象が**血液凝固**であり，血液の固まりを**血餅**(べい)，やや黄色い上澄み液を**血清**という。

私たちの体の血液の約３分の１が失われると組織の呼吸が十分に行われなくなるため，死に至ることがある。外傷を受けて血液が血管から流れだしても，傷口が小さいときには，直ちに血液が凝固するしくみがはたらき，出血を止める(止血)。

出血すると，血しょう中のカルシウムイオンとトロンビンというタンパク質分解酵素のはたらきにより，血しょうにとけている**フィブリノーゲン**というタンパク質が，その一部が分解されることにより水にとけにくい**フィブリン**に変わる。フィブリン分子は集合して繊維をつくり，赤血球や白血球などをからめとり，凝固して血餅となる 図13。通常はトロンビンは不活性状態にあるが，血管が傷つくとはたらき始める。そうでなければ，血液の固まりが血管につまり，脳血栓や心不全を引き起こすことになる。

免疫反応とリンパ球

脊椎動物などでは，微生物に限らず，自分の体を構成する物質(自己の物質)と異物(非自己の物質)を区別し，非自己の物質のみを選択的に排除する。さらに，侵入した異物の種類は記憶され，ふたたびその物質が侵入したときにはすみやかに排除される。このしくみを**免疫**という。

免疫反応は，白血球の一種であるリンパ球が中心的な役割をはたす。リンパ球には**T細胞**と**B細胞**がある。ともに骨髄で分化するが，胸腺で成熟したものがT細胞，胸腺を経ないでひ臓やリンパ節で成熟したものがB細胞である。これらの細胞は，血液によって体内を循環したりリンパ節にとどまって，異物の侵入に備えている図14。

図12 生体防御

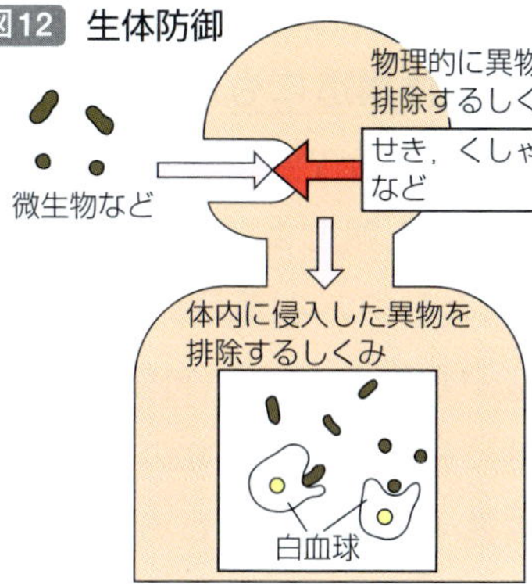

図13 血液凝固のしくみ

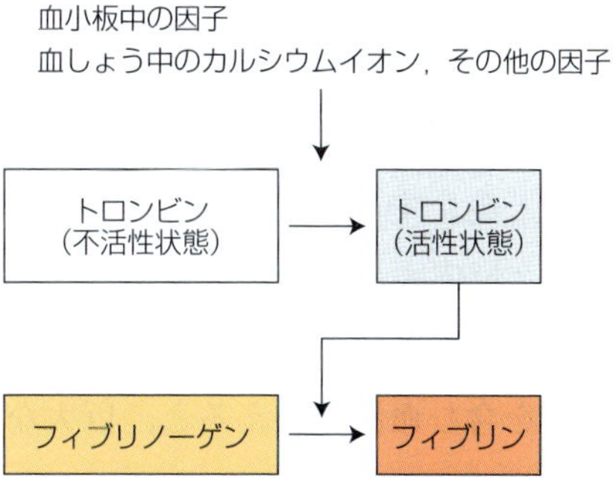

図14 リンパ

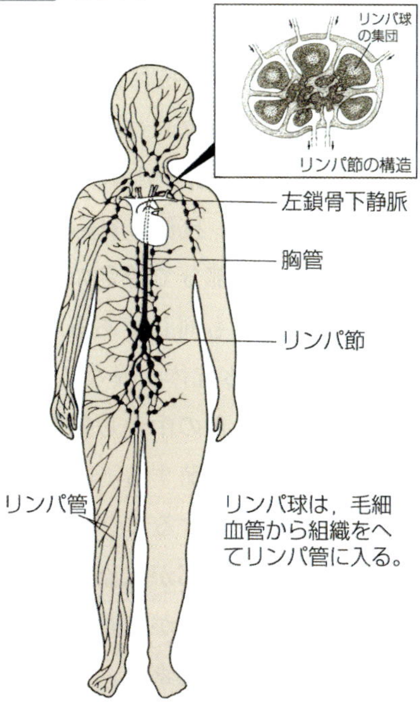

実際には凝固因子として，カルシウムイオンを含めて１２種類が知られている。

体液性免疫では抗原にぴたりと合う抗体がつくられる

免疫のしくみは，多種類の白血球による情報伝達によっている 図15 。

体内に異物が侵入すると，白血球の一種で強い食作用をもつ**マクロファージ**(大食細胞)などがこの異物を捕食し，異物の分解産物を細胞表面に並べてT細胞に抗原として提示する。抗原を認識したT細胞は刺激物質を出して，さらにその情報をB細胞に伝達する。

情報を受けとったB細胞は増殖を開始する。そして侵入した異物と特異的に結合する**抗体**を生産して体液中に放出する。抗体は抗原となった異物だけを識別して，これにぴたりと結合する(**抗原抗体反応**)。抗体に結合された抗原は，白血球などによって識別され，処理される。

ある抗原に対して抗体がつくられると，T細胞とB細胞のそれぞれに記憶細胞が生じ，2度目に同じ抗原が侵入したときは，短時間のうちに多量の抗体がつくられる。このような免疫反応が**体液性免疫**である。

抗原抗体反応の特異性はタンパク質の立体構造にもとづく

B細胞が生産する抗体は，**免疫グロブリン**というY字形をしたタンパク質である。免疫グロブリンの分子は，H鎖とL鎖とよばれるポリペプチドが2個ずつ，計4個のポリペプチドが結合している 図16 。H鎖とL鎖の先端部には，抗原に対応して立体構造が変化する部分(**可変部**)が2か所ある。この部分で特定の抗原と選択的に結合する。残りの部分の構造はどの抗体でも同じである。B細胞は成熟する過程できわめて多種類のもの(生産する抗体が異なるもの)がつくられる。T細胞との相互作用によって，それらの中から抗原と特異的に結合する抗体をつくるB細胞が選び出され，増殖する。体液性免疫はこうして，何百万種類に及ぶ抗原1つ1つに対応することができる。

抗体分子の可変部が抗原の特定の部分と結合する反応が抗原抗体反応である。タンパク質が抗原の場合，抗体と反応する部分は数個から数10個のアミノ酸配列であり，1種類のタンパク質にはふつう複数の反応部位がある。このようなタンパク質を抗体を含む血清に加えると，巨大な集合体をつくって沈殿する。生体内では，このような集合体はマクロファージの食作用により処理される。

研究では，特定の物質だけを検出したり選択的に得たりするために，抗原抗体反応が利用されている。

図15 体液性免疫のしくみ

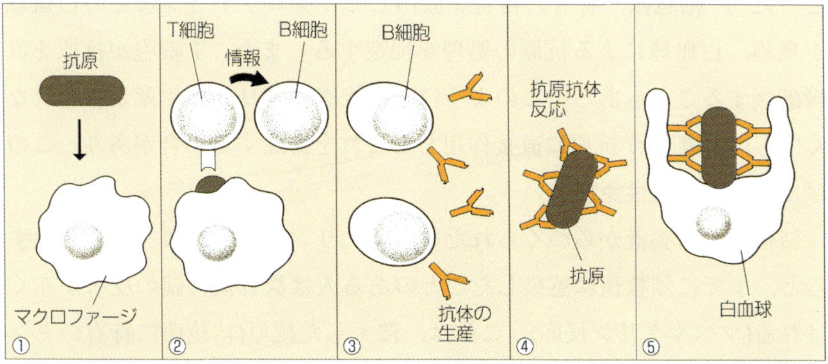

①侵入した異物（抗原）をまずマクロファージが捕食する。マクロファージの表面には抗原の断片が現れる。
②T細胞が，マクロファージの表面の抗原の断片を認識して，その情報をB細胞に伝える。
③T細胞からの情報を受け取ったB細胞は増殖し，多量の抗体を生産する。
④抗体が抗原と出あうと，抗原抗体反応を起こして結合する。
⑤抗体に覆われた抗原は，白血球などによって処理される。

図16 抗体分子の構造

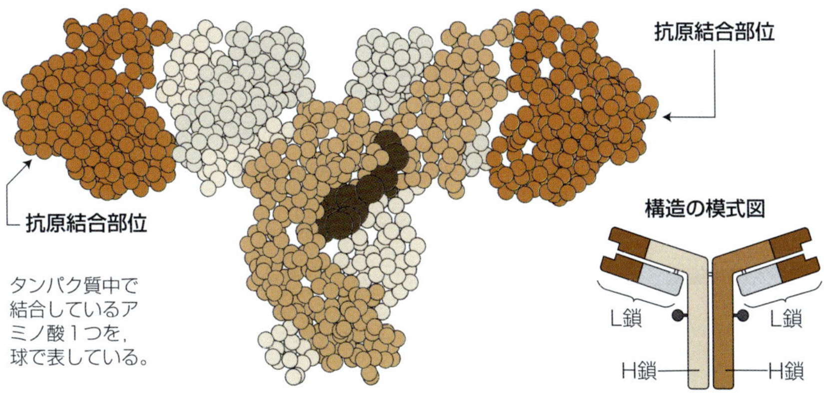

T細胞は自己と非自己を識別する(細胞性免疫)

マクロファージなどは侵入した異物を食作用により取り込み，細胞内消化をするとともに，分解産物を細胞表面に並べてT細胞に抗原として提示する 図17 。T細胞は，細胞表面の抗原を認識することで，自己の細胞と非自己(異物)の細胞を識別することができる。異物の情報を受けとったT細胞は，特有の物質を放出してマクロファージなどの白血球を集め，白血球による抗原の処理を促進する。また，T細胞が抗原を直接破壊することもある。このように，免疫グロブリンの生産が行われなくても，T細胞が抗原に直接作用してこれを排除する場合があり，このはたらきを**細胞性免疫**という。

結核菌の培養液からつくられたツベルクリンタンパク質を腕に注射すると，すでに結核菌に感染したことのある人は数日後に腕の皮膚が赤くはれる(ツベルクリン反応)。これは，侵入した抗原(結核菌に特有のタンパク質)に対してマクロファージやT細胞が集まって反応を起こしているからである。

他人からの移植臓器の定着を妨げる**拒絶反応**も，細胞性免疫に関係した反応である。拒絶反応が起きるのは，移植臓器の細胞表面にあるタンパク質などをT細胞が異物として認識してしまうからである。自己の臓器や一卵性双生児間の移植では，細胞表面のタンパク質が同じであるため拒絶反応は起こらない。

図17 細胞性免疫

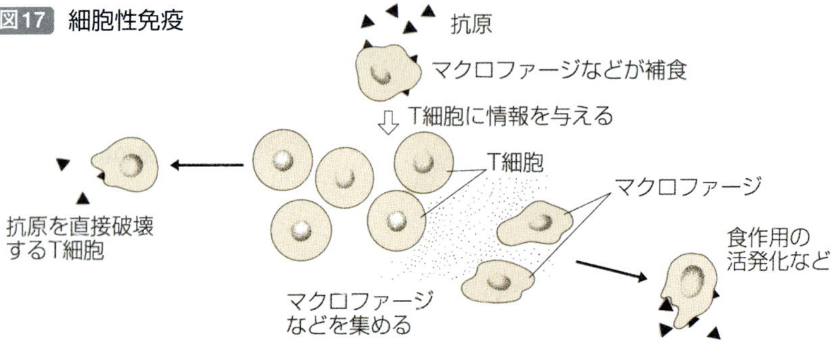

抗原を捕食したマクロファージからT細胞が情報を受けとると，T細胞が活性化する。活性化したT細胞は，自らが抗原を直接破壊したり，特有の物質を放出してマクロファージなどを集め，抗原を破壊させたりする。

免疫の応用とアレルギー

イギリスのジェンナーは，ウシの天然痘である牛痘の菌をヒトに接種して，ヒトの天然痘に対する免疫をつくる方法(**種痘法**)を発見した。同様の方法は，さまざまな病気に対する**予防接種**として現在も役立っている。病原菌を弱毒化して免疫に応用したのはパスツールであり，病気を予防または治療する目的で弱毒化した病原菌などの抗原を**ワクチン**と呼んだ。病原菌に感染する前にワクチンを接種して，発病させずに免疫をつくる方法が予防接種である。ワクチンには，病原菌を抗原性を変化させずに殺菌(弱毒化)したものや，病原菌の出す毒素を無毒化したものなどがある。小児麻痺やはしかのワクチン，結核のBCGなどが弱毒化ワクチンである。破傷風などのワクチンは無毒化したものである。

一方，免疫と同じようなしくみによって，生体に不都合な症状が現れることもある。ある抗原に対して免疫ができている生体にもう一度同じ抗原が入ると，過敏に反応して強い拒否反応を起こすことがある。これを**アレルギー**といい，花粉症やぜんそく，じんましん，アトピー性皮膚炎などはその例である。原因となる抗原を**アレルゲン**という。

参考資料

――エイズ (AIDS) と免疫――

エイズ（後天性免疫不全症候群）は，ヒト免疫不全ウイルス（HIV）の感染によって引き起こされる。ふつう，ウイルスが体内に侵入しても，免疫のはたらきにより排除される。しかしHIVは免疫の主役であるリンパ球に感染するため，免疫機能そのものが低下し，ウイルスを完全に排除することができなくなる。エイズが発病すると，ふだんは見られない感染症（エイズ特有の肺炎や肉腫など）を併発する。これは，ふだんは体内に入っても病気の原因にならない微生物が，免疫機能の低下によって増殖してしまうためである（日和見(ひよりみ)感染）。

HIVの感染力は弱く，体液の接触がなければ感染しない。だから空気や水，抱擁などでは感染しないが，輸血や注射器の回し打ち，性行為，授乳などで感染する場合がある。エイズの予防と治療は現代医学の大きな課題の一つであり，世界的に研究が進められている。

参考資料

抗原抗体反応と血液型

ヒトの血液は，赤血球の表面にどのような表面抗原が存在するかによって分類される。ある表面抗原をもつ赤血球を，これをもたない人に注入すると，その表面抗原に対する抗体が産生される。

赤血球の表面抗原の種類によって，表面抗原Aだけをもつ人（A型），Bだけをもつ人（B型），A，B両方をもつ人(AB型)，A，Bとももたない人（O型）の４種類に分類するのがABO式血液型である（図A）。血しょう中には，これらの表面抗原に対する抗体として抗A抗体と抗B抗体の２種類があり，A型の人は抗B抗体を，B型の人は抗A抗体を，O型の人はその両方をもっている。A抗原とB抗原はだ液や他の体液中にも見出される。輸血では，受血者の血液に適合しない血液が輸血されると，抗原抗体反応が起きて赤血球が大きな塊となり（凝集），重大な障害が起こる（輸血反応）。この他にも400を超える特異的な赤血球抗原が知られており，２人のヒトの赤血球表面抗原がまったく同じ組み合わせであることはほとんどない。

赤血球抗原の大部分は輸血反応を引き起こさないが，血液型の不適合が重大な影響をもたらすものにRh式血液型がある。Rh式血液型は，赤血球表面のRh抗原の有無（Rh^+とRh^-）により分類される血液型で，母親がRh^-型で父親と子がRh^+型の場合には母親とその新生児の間の不適合反応の原因となる（図B）。Rh^-の人は欧米人では15％いるが日本人では0.5%と少ない。

図A ABO式血液型の抗原と抗体（模式図）

血液型	赤血球の表面抗原	血しょう中に含まれる抗体
A	Aのみ	抗B抗体
B	Bのみ	抗A抗体
AB	AとB	なし
O	なし	抗Aと抗B

図B Rh式血液型による不適合反応

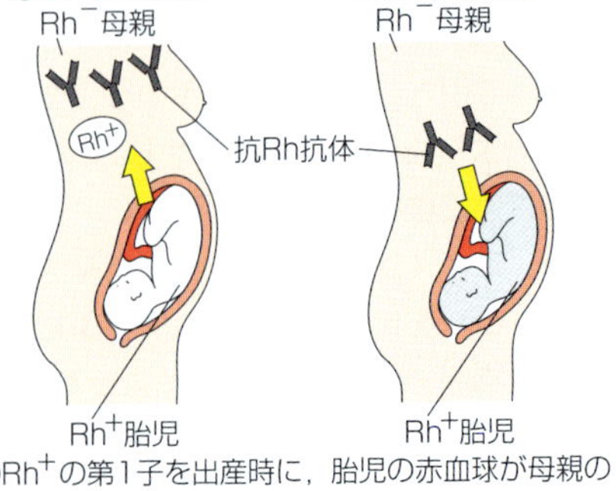

①Rh^+の第1子を出産時に，胎児の赤血球が母親の血液中に入り，母体は抗Rh抗体をつくる。
②Rh^+の第2子を妊娠すると，母体の抗体が胎児の血液中に入り，抗原抗体反応を起こす。

第7章
遺伝情報とその発現

A 遺伝情報とタンパク質の合成

DNA分子の構造(模型)

遺伝子は染色体の中にあって，その本体であるDNAには膨大な量の遺伝情報が含まれている。それらはどのようにして次の世代へと伝えられるのだろうか。また，遺伝子はどのようにして形質を表に表すのであろうか。

ここでは，DNAに含まれる遺伝情報がどのように複製されたり，他の物質へと伝達され，形質として発現していくのかを見てみよう。

1 DNAとその複製

真核細胞の染色体の主成分はDNAとタンパク質のヒストンである

遺伝子の本体がDNAであることは，肺炎双球菌の形質転換の実験(エイブリーらによる)などで証明された。実際に真核細胞の染色体の成分を調べてみるとDNAが多く含まれていることがわかる 図1 。一方，染色体のもう1つの主要な構成成分はタンパク質である。このタンパク質の中で，染色体を形づくる上で欠かせないタンパク質に**ヒストン**があり，DNAとヒストンの複合体が染色体の基本成分となっている 図2 。

一方，大腸菌など原核細胞の染色体は，ヒストンのようなタンパク質をほとんど含まず大部分がDNA(環状になっている)である。したがって真核生物の染色体とは構造が大きく異なるが，DNAの二重らせん構造やこれから述べる塩基の構成などは真核細胞の場合と同じである。

遺伝子の機能はDNAの構造に秘められている

DNAは核酸の一種である。核酸は，リン酸と糖と塩基が結合したヌクレオチドという構成単位が長く鎖状につながった物質である。DNAを構成する塩基にはアデニン(A)，グアニン(G)，シトシン(C)，チミン(T)の4種類があるため，DNAを構成するヌクレオチドは4種類存在する。DNAは，その4種類のヌクレオチドが連なった2本の長い鎖が対をなし，**二重らせん構造**をとっている 図3 。そして，対をなす2本の鎖の間では，塩基のアデニン(A)とチミン(T)，グアニン(G)とシトシン(C)が相補的な結合をしている。

DNAの遺伝子としての機能，すなわち，自分と同じものをつくること(**複製**)，遺伝情報(塩基配列)を他の物質に伝達して形質として表すこと(**形質発現**，p.242～247参照)はいずれも，相補的な塩基の結合に基づいて行われる。

図1 真核生物の染色体の構成成分

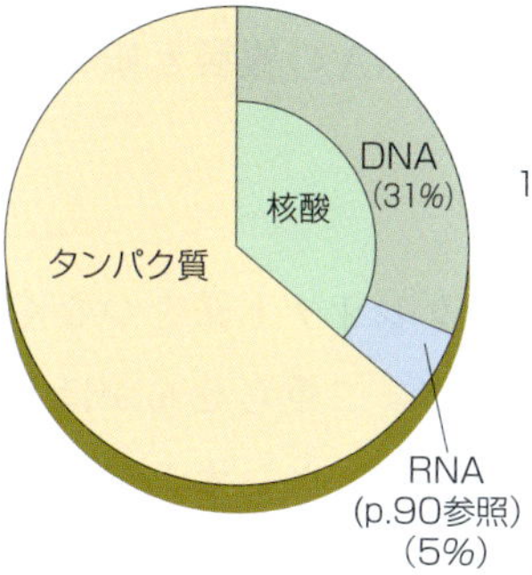

真核生物の染色体は，成分の約3分の1がDNAである。

図2 真核生物の染色体の構造

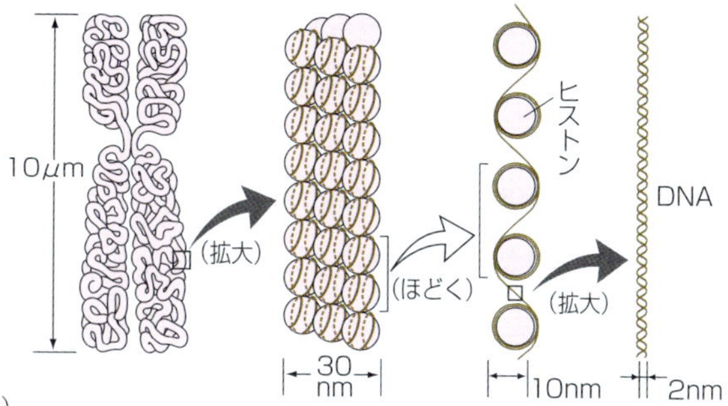

真核細胞の染色体は，DNAのほかにタンパク質ヒストンが主な構成成分となっており，分裂時の凝縮した染色体ではこのように複雑に折りたたまれた構造をとる。

図3 DNA の構造

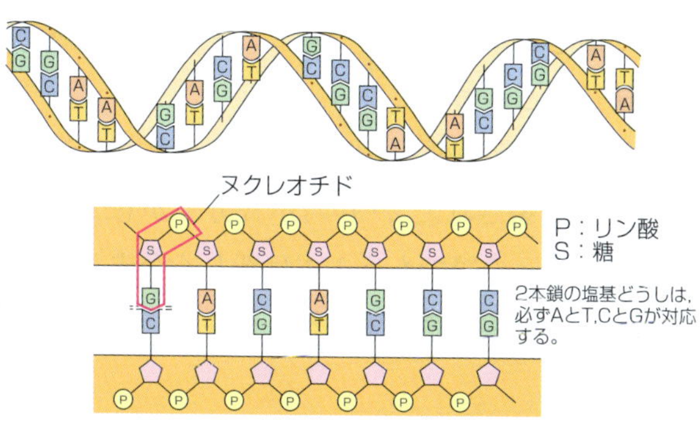

DNAは,ヌクレオチドが長くつながった鎖が,2本結合してらせん状にねじれた構造をもつ。

DNAはすべてが一時期に複製される

体細胞分裂では，DNAの遺伝情報は娘細胞へそっくりそのまま伝達される。そこで，細胞は分裂の前に，もっているDNAをすべて複製して倍加する。真核生物の細胞では，このDNAの複製が間期のある時期に起こり，細胞がもつDNA量はちょうど2倍になる 図4 。このDNAが複製される時期を**DNA合成期**(S期)といい，同時にタンパク質のヒストンも合成されるので，染色体が複製されることになる。一方，複製された染色体が凝縮し，娘細胞への分配が行われる時期が**分裂期**(M期)であり，DNA合成期とははっきりと区別される。両時期の間には2つのギャップ(準備期，G_1期とG_2期)があり，これらをあわせて**細胞周期**という。細胞は1回の細胞周期(G_1−S−G_2−M)の間に，DNAの複製と娘細胞への分配を行う。

DNAの複製は半保存的に起こる

DNAの複製が始まると，まずDNAの2本のヌクレオチド鎖をつなぐ相補的な塩基どうし(AとT，CとG)の結合が切れて，二重らせんがほどける 図5 。核内には，4種類の塩基(A,T,G,C)をもつヌクレオチドが豊富に存在している。1本になったヌクレオチド鎖には，それを構成する各々のヌクレオチドと相補的な塩基をもつヌクレオチドが，**DNAポリメラーゼ**という酵素のはたらきによって順次結合していき，もとの鎖と相補的な塩基配列をもつ新しい1本の鎖をつくる。そしてふたたび2本鎖となり，二重らせん構造をとるようになる。

このように，DNAの複製は元からあった古い鎖をそれぞれ鋳型にして新しい鎖をつくるので，複製された2つのDNA分子がもつ2本のヌクレオチド鎖のうち，1本は元の鎖でもう1本は新しく合成された鎖である。このような複製の仕方を**半保存的複製**という。

図4 細胞周期での核1個あたりのDNA量の変化（マウスのある細胞の例）

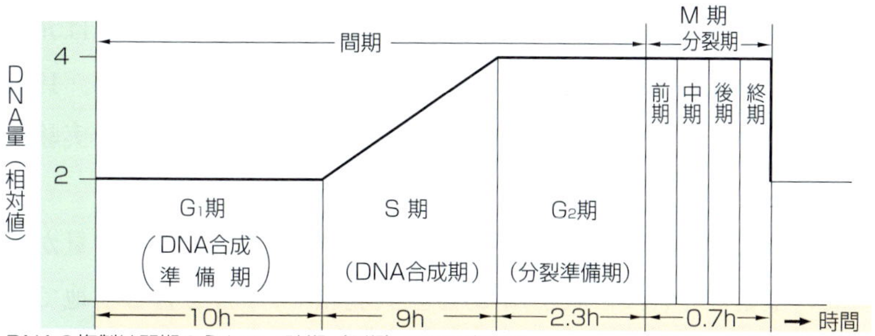

DNAの複製は間期のうちの一時期（S期）のみで起こる。

図5 DNAの複製

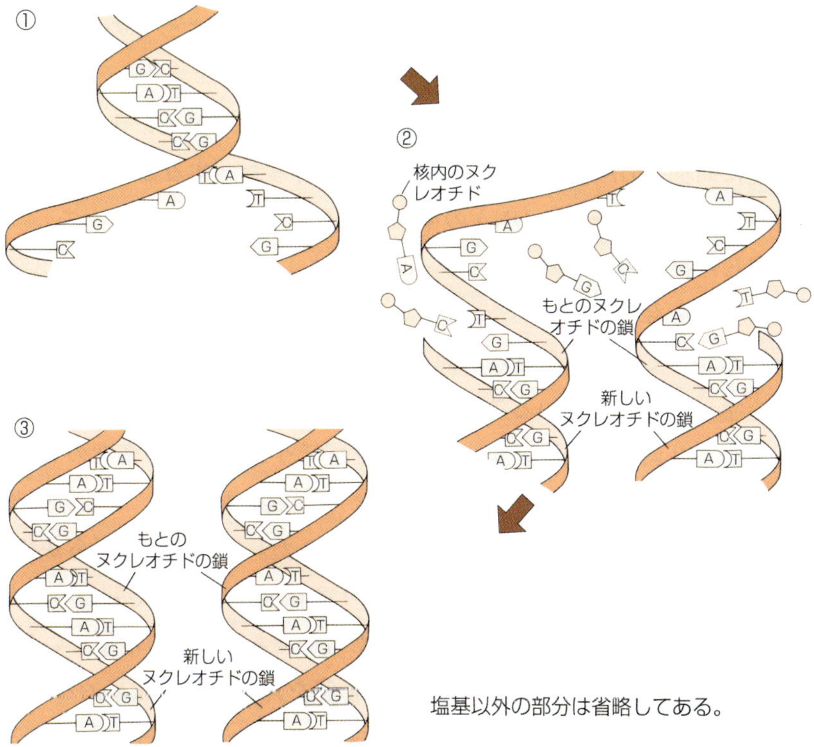

塩基以外の部分は省略してある。

半保存的複製の証明

新たに複製されたDNAの２本のヌクレオチド鎖のうち，１本は元からあったもので，もう１本は新しく合成されたものであることは，1958年にメセルソンとスタールによって，大腸菌を用いた次のような実験によって証明された。

窒素原子には，ふつうの窒素原子と化学的な性質は同じだが質量がわずかに重い窒素原子(^{15}Nと表す)がある。大腸菌を，^{15}Nを含む培地で何代も増殖させると，DNAの中の窒素がすべて^{15}Nで置き換わった大腸菌が得られる[①]。この大腸菌から抽出したDNAと，ふつうの窒素(^{14}Nと表す)で育てた大腸菌から抽出したDNAでは密度がわずかに異なるため，遠心機にかけた結果を比較すると，^{15}Nを含むDNAはふつうのDNA(^{14}Nを含む)の場合よりも遠心管の下方に移動する 図6 。

次に，この大腸菌をふつうの窒素(^{14}N)を含む培地に移し，１回分裂させた後に同様にDNAを抽出して遠心分離を行った。すると今度は，^{15}Nを含むDNAと^{14}Nを含むDNAの中間の位置に移動した。すなわち，１回分裂した後の大腸菌の DNAは，^{15}Nを含むDNAと^{14}Nを含むDNAの中間の密度をもっていた。^{14}Nと^{15}Nの中間の重さの窒素原子は存在しない。したがってこの結果は，１回分裂後の大腸菌のDNAが^{14}Nと^{15}Nの両方を半分ずつ含んでいることを示す。さらに，大腸菌を^{14}Nの培地に移してから２回分裂させた後に遠心分離を行うと，中間の密度のDNAと^{14}NのみのDNAが１：１の比で得られた 図6 。同様に，３回分裂後には１：３，４回分裂後には１：７の比となった。この結果は明らかに，分裂後の２本のヌクレオチド鎖のうち，１本は元からあったもので，もう１本が^{14}Nの培地上で新しくつくられたものであることを示している。

半保存的複製では，DNAのうちの１本鎖を鋳型として相補的な鎖がつくられるので，常に同じ遺伝情報をもつDNAができることになる 図7 。

真核生物では，複製後の２つのDNA分子は，体細胞分裂の分裂期において，縦裂した２本の染色体に別々に入り，それらが２つの細胞に分かれる。したがって，生じた２つの娘細胞は母細胞と同量，同質の遺伝情報をもつことになるのである。

図６ 半保存的複製の証明実験

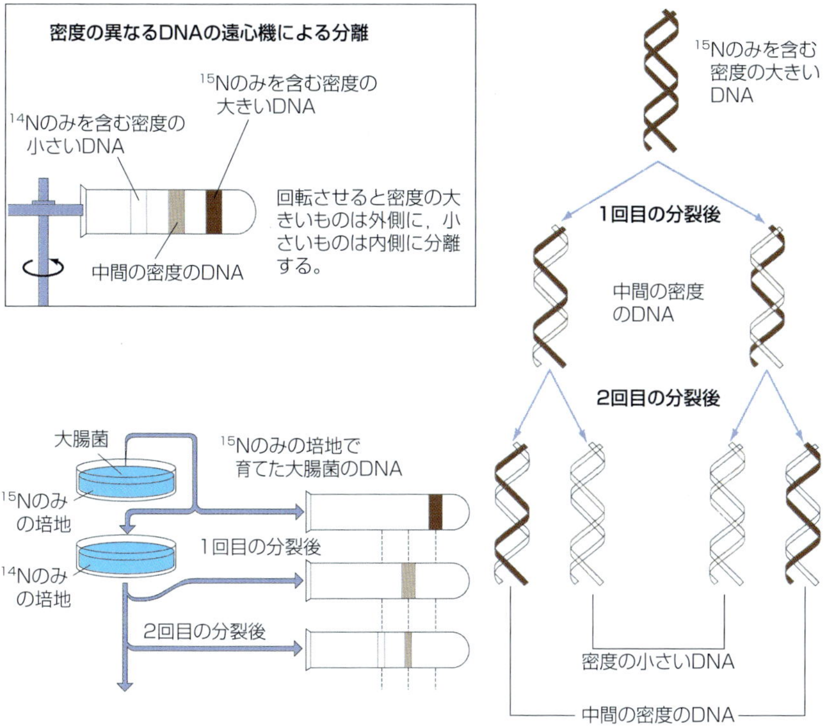

図７ 半保存的複製における塩基配列

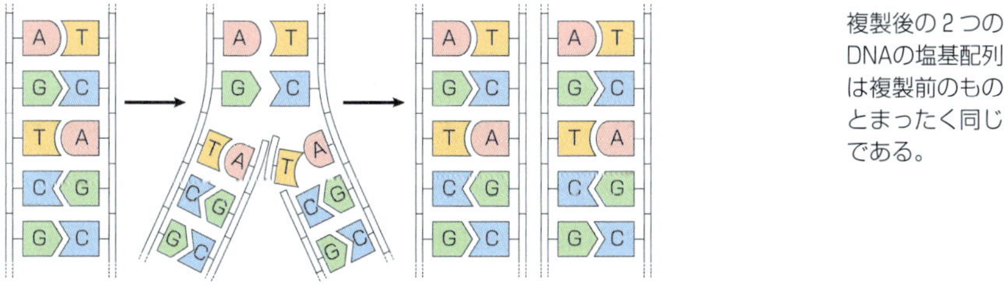

---

①DNAに含まれる４種類の塩基（Ａ，Ｇ，Ｃ，Ｔ）にはいずれも窒素原子（N）が含まれている。

2 遺伝暗号とタンパク質の合成

遺伝情報はアミノ酸に対応している

遺伝情報は，次の代へ伝達されるだけでなく，その形質を表現しなくてはならない 図8 。遺伝情報は DNA 上に書かれた4種類の塩基(A，G，C，T)の配列順序であり，1個の遺伝子は最終的には形質発現のもとになる1個のタンパク質を決めることになる。タンパク質の構造や機能は，構成するアミノ酸の種類や数，結合する順序によって決まるので，DNAの塩基配列が，つくられるタンパク質のアミノ酸配列に対応していると考えられるようになった。

遺伝情報は3つ組で解読される

では，その対応関係にはどのような可能性が考えられるだろうか。

DNAの塩基は4種類しかないのに対し，生物体のタンパク質を構成するアミノ酸は20種類ある 図9 。もし，1種類の塩基が1種類のアミノ酸に対応するならば，DNAの情報は4種類のアミノ酸しか指定できないことになる。もし，塩基の連続した2文字が1つの暗号となって1種類のアミノ酸に対応するならば，その組合わせは $4 \times 4 = 16$ 通りとなり，16種類のアミノ酸を指定できる。しかしながら生物体を構成するアミノ酸は全部で20種類あるのでこれでも不足である。次に，塩基の連続した3文字が1つの暗号となって1種類のアミノ酸に対応するならば，今度は $4 \times 4 \times 4 = 64$ 通りとなって，20種類のアミノ酸を指定するのに十分である。

このように推定された塩基の連続した3文字が1つの暗号となっている塩基配列の解読のしくみは，その後実験的に証明された。すなわち，DNAの塩基配列がAAAであればフェニルアラニン，AGAであればセリンというように，64通りの暗号が20種類すべてのアミノ酸を指定していることがわかった 図10 。塩基の3文字を1つの単位として解読される遺伝情報は**トリプレット暗号**とよばれる。たとえば1500個の塩基配列をもつ1つの遺伝子があった場合，トリプレット暗号に従い，500個のアミノ酸が並んだタンパク質ができることになる。

図8 遺伝情報と形質の発現

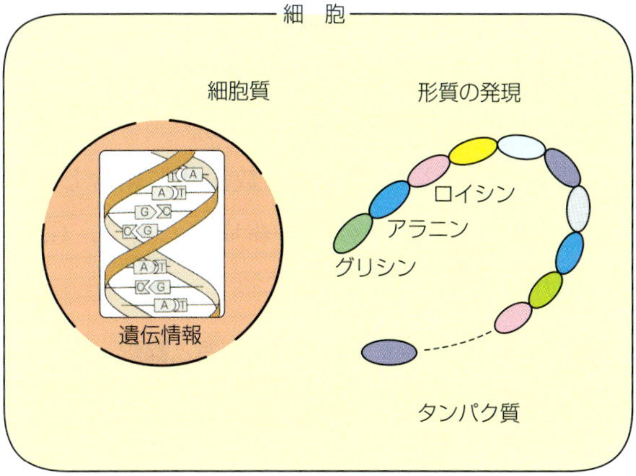

形質の発現はタンパク質の合成である。

図9 DNAの塩基配列とアミノ酸の対応の可能性

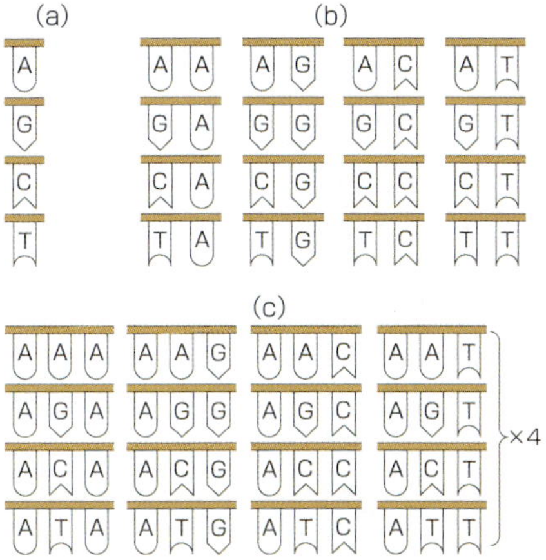

(a) 4種類の塩基がそれぞれ1種類のアミノ酸に対応している場合
[4種類のアミノ酸を指定できる]

(b) 2個の塩基が一組となって1種類のアミノ酸に対応している場合
[16種類(4^2＝16)のアミノ酸を指定できる]

(c) 3個の塩基が一組となって1種類のアミノ酸に対応している場合
[64種類(4^3＝64)のアミノ酸を指定できる]

図10 3塩基配列がアミノ酸を指定している

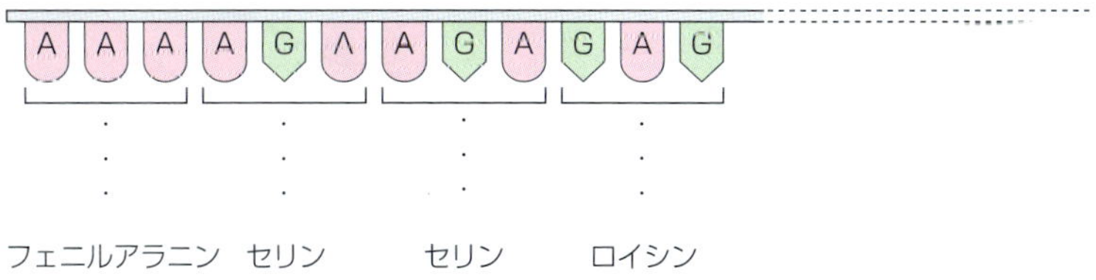

形質発現は細胞質で行われる

遺伝子であるDNAは核内に存在し，核外へ出ることはない。一方，タンパク質の合成などの形質発現は細胞質で行われる。すなわち，遺伝情報は核内のDNAから細胞質へ伝達されなくてはならない。この伝達は，もう1つの核酸である**RNA(リボ核酸)**によって行われる。

形質発現の第一歩は伝令RNAの合成である

RNAもDNAと同じく4種類のヌクレオチドが多数鎖状に結合した構造をしているが，RNAは1本鎖であり，その塩基組成としてA，G，Cの他，Tではなく**ウラシル(U)**をもっている。

遺伝子が発現する際には，まずDNAの2重らせんのうちの1本のヌクレオチド鎖を鋳型にして，**RNAポリメラーゼ**という酵素のはたらきによりRNAがつくられる 図11。この過程を**転写**という。転写では，DNAの複製の場合と同じく，鋳型となるヌクレオチド鎖の塩基配列に相補的な塩基配列をもつ新たなヌクレオチド鎖ができる。すなわち，GにはCが，CにはGが，TにはAが結合する。ただし，AにはTではなく，かわりにUが結合し，結局A，G，C，Uの4種類の塩基配列をもつRNAになる。

このようにして合成された

図11 遺伝情報の転写と翻訳

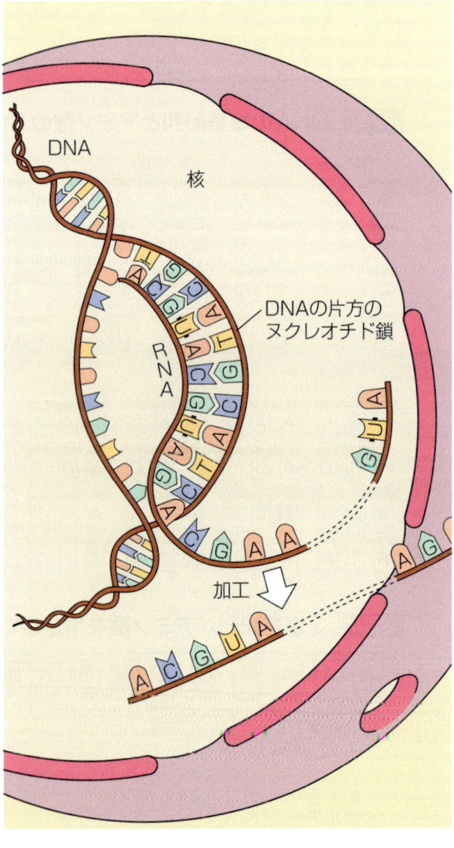

RNAは加工された後，**伝令RNA(mRNA)**①という分子になる。伝令RNAは，核膜孔を通って細胞質へと送られる。細胞質には，扁(へん)平な袋状または管状の**小胞体**という膜構造がある。小胞体の表面などには，**リボソーム**という粒状の構造物が多数見られる。リボソームは，細胞質に移動した伝令RNAと結合する。

複製も転写も，鋳型となるヌクレオチド鎖に相補的なもう1本のヌクレオチド鎖を合成する過程である。ただし，DNAの複製はDNAのすべての部分で起こるのに対し，転写はDNAのうちの一部，しかもどちらか1本の鎖だけを使って行われるのが特徴である 図12 。

①messenger RNAの略。

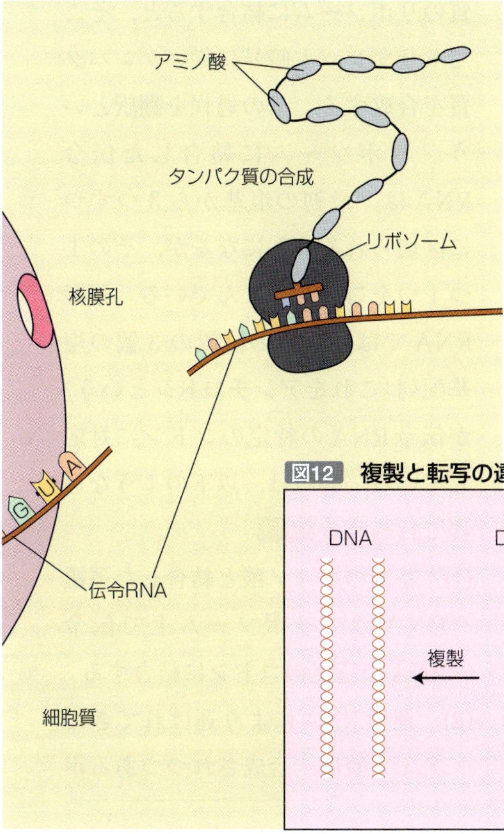

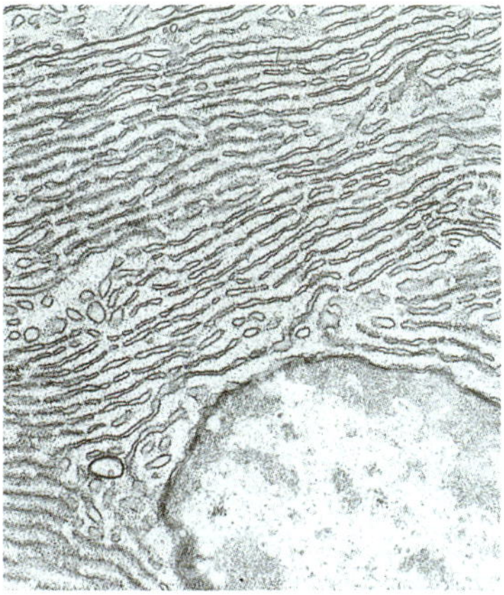

小胞体とリボソーム(電子顕微鏡写真，×3000)

図12 複製と転写の違い

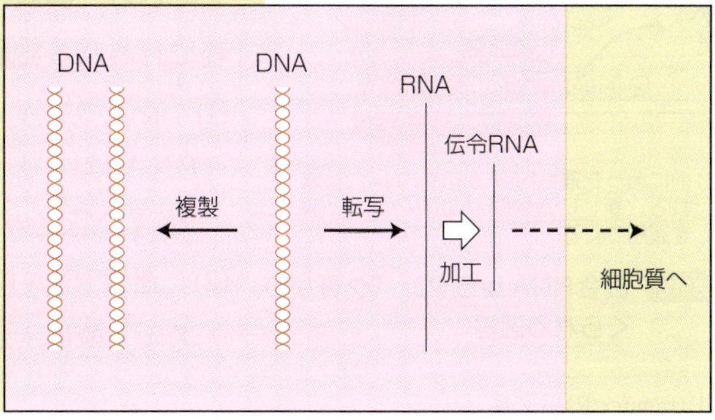

リボソームで暗号が解読される

タンパク質の合成は，細胞質にあるリボソームで行われる。細胞質には，伝令RNAとは別のRNA，**運搬RNA(tRNA**[1]**)**が存在し，リボソームにアミノ酸を運ぶはたらきをもっている。運搬RNAは20種類のアミノ酸にそれぞれ対応したものが存在する。

核で転写された伝令RNAが細胞質のリボソームに結合すると，そこでトリプレット暗号に従いタンパク質を合成する。その過程を**翻訳**という。リボソームに結合した伝令RNAは，最初の塩基から3つずつに区切られることになるが，その1つ1つを**コドン**とよんでいる。運搬RNAでは，特定の位置の3個の塩基配列(これを**アンチコドン**という)が伝令RNAの特定のコドンに対応している。翻訳は，以下のような過程で行われる 図13 。

(1) 特定のアミノ酸と結合した運搬RNAは，リボソーム上で伝令RNAの特定のコドンに結合する。

(2) 運搬RNAにより運ばれてきたアミノ酸は，合成されつつあるポ

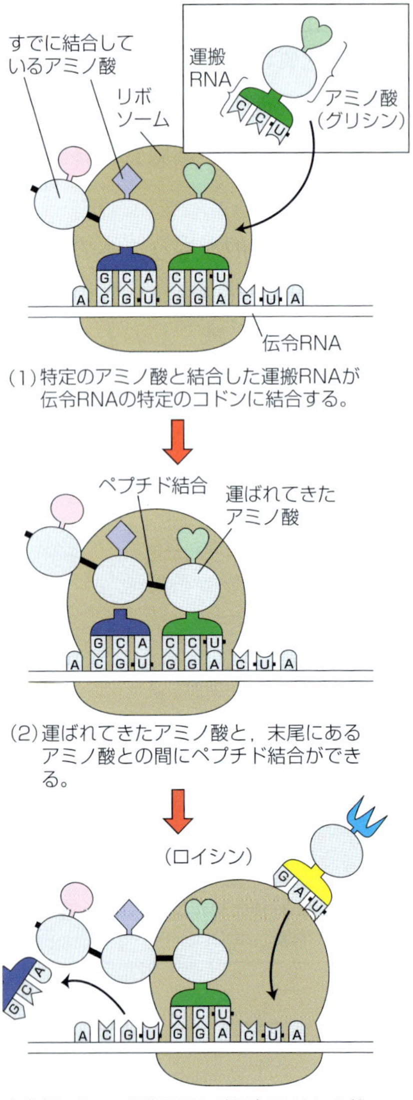

(1) 特定のアミノ酸と結合した運搬RNAが伝令RNAの特定のコドンに結合する。

(2) 運ばれてきたアミノ酸と，末尾にあるアミノ酸との間にペプチド結合ができる。

(3) 前にあった運搬RNAが伝令RNAから離れる。新しい運搬RNAが次のアミノ酸を運んでくる。

図13 伝令RNAからタンパク質がつくられる過程

①transfer RNAの略。

リペプチド鎖の端のアミノ酸との間にペプチド結合をつくる。

(3) ペプチド結合が形成されると，運搬RNAは伝令RNAから離れ，リボソームは伝令RNA上をコドン1個分だけ移動する。そこへ次のコドンに対応するアミノ酸を結合した新しい運搬RNAがやってくる。

64通りのコドンがどのアミノ酸に対応するかはすべて明らかになっている。以上見てきたように，RNAは細胞質中で遺伝情報の発現に重要な役割を担っている。

参考資料

――伝令RNAのコドン表――

コドンとアミノ酸との対応関係を表にまとめたものをコドン表という。図13の運搬RNAのアンチコドンはCCUであるのでコドンのGGAと特異的に結合している。コドン表から，この運搬RNAが運んでくるアミノ酸はグリシンであることがわかる。コドンの種類数(64通り)のほうがアミノ酸の種類より多いので，コドンの初めの2塩基でアミノ酸が決まる場合も多い。たとえば，コドンの最初の塩基がG，2番目もGの場合，3番目が何であってもグリシンを指定する。コドンの中には，タンパク質合成の開始を指示するもの(開始コドン，メチオニンのコドンを兼ねている)や，アミノ酸を指定せずにタンパク質合成の終了を指示するもの(終止コドン)も含まれている。

1番目	2番目 U	2番目 C	2番目 A	2番目 G	3番目
U	UUU フェニルアラニン	UCU セリン	UAU チロシン	UGU システイン	U
U	UUC フェニルアラニン	UCC セリン	UAC チロシン	UGC システイン	C
U	UUA ロイシン	UCA セリン	UAA 終止	UGA 終止	A
U	UUG ロイシン	UCG セリン	UAG 終止	UGG トリプトファン	G
C	CUU ロイシン	CCU プロリン	CAU ヒスチジン	CGU アルギニン	U
C	CUC ロイシン	CCC プロリン	CAC ヒスチジン	CGC アルギニン	C
C	CUA ロイシン	CCA プロリン	CAA グルタミン	CGA アルギニン	A
C	CUG ロイシン	CCG プロリン	CAG グルタミン	CGG アルギニン	G
A	AUU イソロイシン	ACU トレオニン	AAU アスパラギン	AGU セリン	U
A	AUC イソロイシン	ACC トレオニン	AAC アスパラギン	AGC セリン	C
A	AUA イソロイシン	ACA トレオニン	AAA リシン	AGA アルギニン	A
A	AUG メチオニン 開始	ACG トレオニン	AAG リシン	AGG アルギニン	G
G	GUU バリン	GCU アラニン	CAU アスパラギン酸	GGU グリシン	U
G	GUC バリン	GCC アラニン	GAC アスパラギン酸	GGC グリシン	C
G	GUA バリン	GCA アラニン	GAA グルタミン酸	GGA グリシン	A
G	GUG バリン	GCG アラニン	GAG グルタミン酸	GGG グリシン	G

遺伝暗号はあらゆる生物に共通する

タンパク質のアミノ酸配列は伝令RNAのコドンによって決められている。だが，伝令RNAの塩基配列を決めているのは遺伝子であるDNAの塩基配列であるから，結局DNAが遺伝情報の大もとであることには変わりがない。この遺伝暗号は大腸菌からヒトまですべての生物に共通することが知られており，このことから現存の生物は単一の生物を起源としていることが類推されるだけでなく，異種生物間での遺伝子組換え(p.270参照)が可能であるのもこのためである。

DNAの遺伝暗号に基づいてつくられたタンパク質は，原核生物ではリボソームから直接輸送され，真核生物では直接，あるいは小胞体やゴルジ体をへて細胞内外の各所へ輸送される。そして細胞質内で酵素としてはたらいたり，また，ホルモンなどのように細胞外へ分泌されることによって形質の発現に関与する。その際，情報の流れる向きはDNAからRNAへ，RNAからタンパク質へと一方通行であり，タンパク質からDNAへもどることはない。この遺伝情報の流れが生物に共通する形質発現の原則であり，**セントラルドグマ**とよばれている。

真核生物の遺伝子の多くは分断されている

真核生物では，DNAから伝令RNAが生成される過程において，核内でRNAの一部が切断・再結合される現象(**スプライシング**)が知られている 図14 。すなわち，転写されたRNAのうち，伝令RNAとして残さ

図14 真核生物の伝令RNA合成

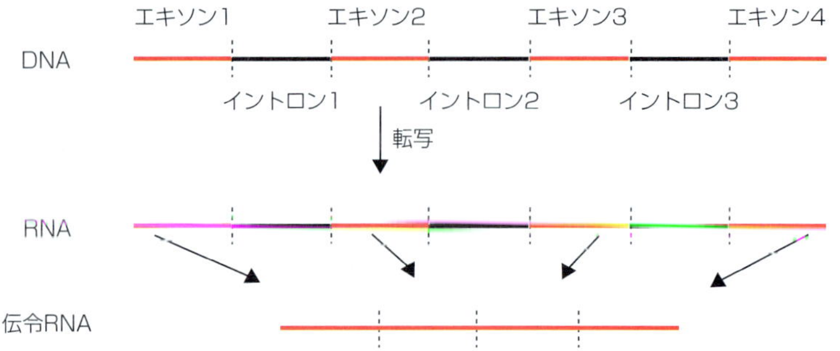

れる塩基配列と捨てられる塩基配列が存在する。そこで，伝令RNA として残される配列に対応するDNAの塩基配列を**エキソン**，除去される配列に対応するDNAの塩基配列を**イントロン**と区別している。このように，真核生物の遺伝子の多くはその中が分断されている。

参考資料

———真核生物は1つの遺伝子を多様化できる———

真核生物の遺伝子は複数のエキソンとイントロンからなっていることが多く，中にはどのエキソン部分を使って最終的な伝令RNAにするかによって，1つの遺伝子から種類の異なる伝令RNAを合成することができる場合もある（下図）。つまりスプライシングのされ方により結果的に，1つの遺伝子から複数種のタンパク質をつくることができる。原核生物にはイントロンはなく，このような機構はみられない。

今日，ヒトの遺伝子の数は約30000個と推定されているが，このように遺伝子が分断されていることによって，もっと多種類の伝令RNA，すなわちタンパク質を合成できるのではないかと考えられている。

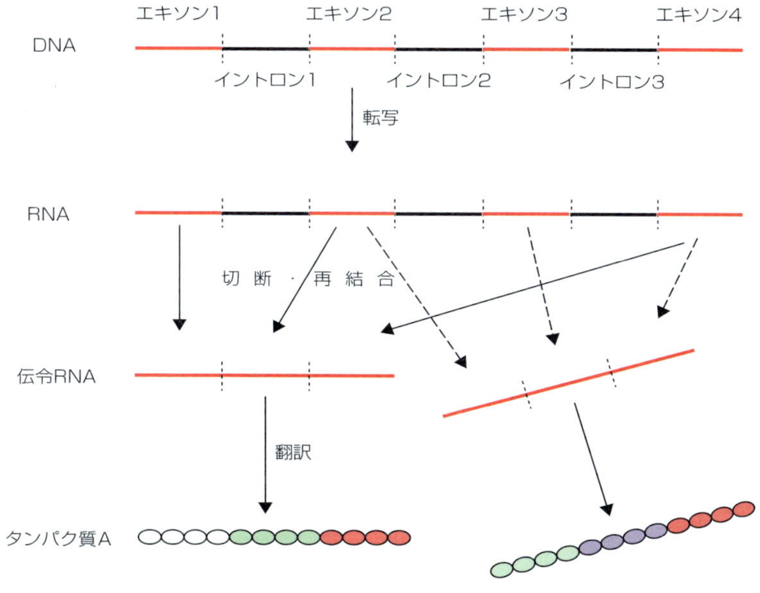

3 遺伝子の数とそのふるまい

DNA量は生物の種類によって大きく異なっている

DNA中の塩基配列が遺伝情報であるので，ヌクレオチド数の多いDNAは当然その情報量が多いと考えられる。ヒトの1個の体細胞中に含まれるDNAの塩基の総数は約120億個(約60億塩基対)であり，卵や精子ではその半数の約60億個(約30億塩基対)になる。その数は，ショウジョウバエの約25倍，イネの約7倍である(表1)。

一方，ラン細菌や大腸菌などの原核細胞のDNAの総塩基数は，ヒトなどの真核細胞と比べて少ない。

遺伝子はDNAの塩基配列の一部である

真核細胞では，DNAは染色体に含まれているが，1本の染色体には多数の形質に対応する多数の遺伝子が連鎖して存在している。したがって，1個の遺伝子は長いDNA鎖のほんの一部に相当する。すなわち，

参考資料

―――ゲノムとその解読―――

ゲノムとは，ある生物がもっている遺伝情報の全体をさし，その生物の全遺伝子を含んでいる。ただし，高等な生物の体細胞は染色体数が2*n*であり，それぞれの遺伝子を2個ずつもつため，染色体数が *n* である卵や精子の遺伝情報全体をさす。わが国の遺伝学者木原均も，生物機能をはたす上で欠くことのできないこの最小限の遺伝子セット(1組の遺伝子セット)にゲノムという概念を提唱した。

今日のゲノム計画は，この *n* に相当する染色体に含まれる全 DNA の塩基配列を解読しようというものである。すでに，ショウジョウバエやシロイヌナズナのゲノム計画は完了した。ヒトの場合，22種類の常染色体と2種類の性染色体(X 染色体と Y 染色体)の中に存在する全DNAの塩基配列の決定である。

この塩基配列の解読によって，DNAの中の遺伝子部分が特定できることから，その生物がつくるタンパク質の構造や機能が予想できるようになり，生物の機能や病気などとの関係の解明が期待されている。

それぞれの生物は，自分がもっているDNA中の膨大な数の塩基の中から，その一部の塩基配列を遺伝子として使用している 図15 。その際，遺伝子としては使われない塩基配列もDNA中には多く存在する。いいかえれば，遺伝子の本体はDNAであるが，DNA のすべてが遺伝子であるとは限らない。動物のショウジョウバエではすでに約14000個，植物のシロイヌナズナでは約25000個の遺伝子の存在が明らかになっており，ヒトでも約30000個の遺伝子の存在が明らかになった。

一方，原核生物の遺伝子数は，真核生物より少なく，ラン細菌で約3200個，大腸菌で約4300個の遺伝子の存在が知られている。

表1 生物のDNA量と概算遺伝子数

	n当たりの総塩基対数	遺伝子数*
ラン細菌	3.6×10^6	3200
大腸菌	4.6×10^6	4300
酵母菌	12×10^6	6400
線虫	100×10^6	18000
シロイヌナズナ	120×10^6	25000
ショウジョウバエ	120×10^6	14000
イネ	430×10^6	50000
ヒト	3000×10^6	30000

＊遺伝子数は，塩基配列が解読されても，推測の域を出ていない。

図15 DNA内での遺伝子の分布

DNAの塩基配列は変化することがある

DNAの遺伝情報は，安定して次代へ伝達される一方で，塩基配列に変化が生じることがある。それが原因でタンパク質のアミノ酸配列が変化し，形質が変化した個体(突然変異体)が生じる場合がある。この現象を**突然変異**という(p.323〜327参照)。たとえば，ヘモグロビンの遺伝子の17番目の塩基は T である。ところが，2個ある遺伝子のいずれもこの T が A に置き換わった例がヒトで知られている 図16 。その他の塩基配列はすべて正常なヒトと同じである。この場合，伝令RNAでは，6番目のコドンが正常なGAGからGUG へ変わるため，翻訳されるタンパク質の6番目のアミノ酸がグルタミン酸からバリンに変わる。1個の塩基の置換は，このように1個のアミノ酸の置換をもたらす場合がある。そして，この場合たった1個のアミノ酸の置換がヘモグロビンの立体構造を変化させてしまう。その結果，この遺伝子をもったヒトは赤血球がかま状に変形し，重症の貧血を起こす(**かま状赤血球症**)。

1つの遺伝子は1つのタンパク質を支配する

アカパンカビの野生株(正常型)は，糖と無機塩類，それにビタミンだけを含む最少培地の上でよく育つ。この野生型に紫外線やX線を照射すると，最少培地にアルギニンなどのアミノ酸を加えないと育たない突然変異体(栄養要求性株)が得られる。たとえばアルギニンを与えないと育たない株をアルギニン要求株という。ところが，アルギニン要求株をさらに詳しく分けると3つの型があることがわかった 図17 。

ビードルとテータムはこの結果から，オルニチンやシトルリンはアルギニン合成経路の中間産物になっていて，オルニチン，シトルリン，アルギニンが合成される過程の酵素の遺伝子が変化したと考えた。そして，1つの遺伝子は1つの酵素の合成を支配しているという仮説(**一遺伝子一酵素説**)を提唱した。その後，酵素に限らず1つの遺伝子は1つのポリペプチドの合成を支配していると考えられるようになった。

図16 かま状赤血球症

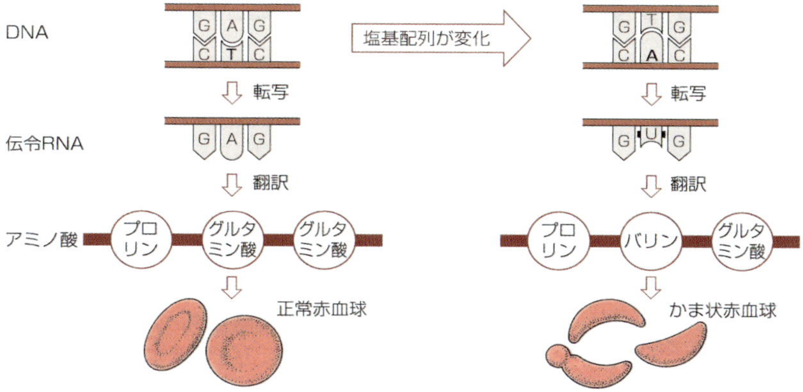

図17 野生株とアルギニン要求株

培養条件＼株	野生株	アルギニン要求株
最少培地	育つ	育たない
最少培地＋アルギニン	育つ	育つ

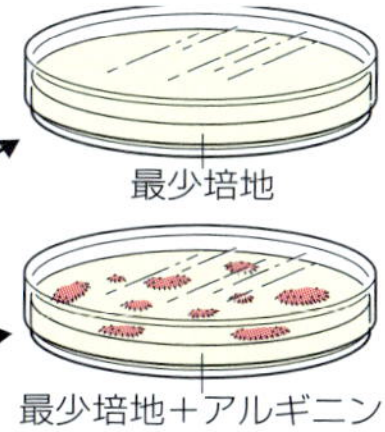

図18 アルギニン要求株の3つの型と一遺伝子一酵素説

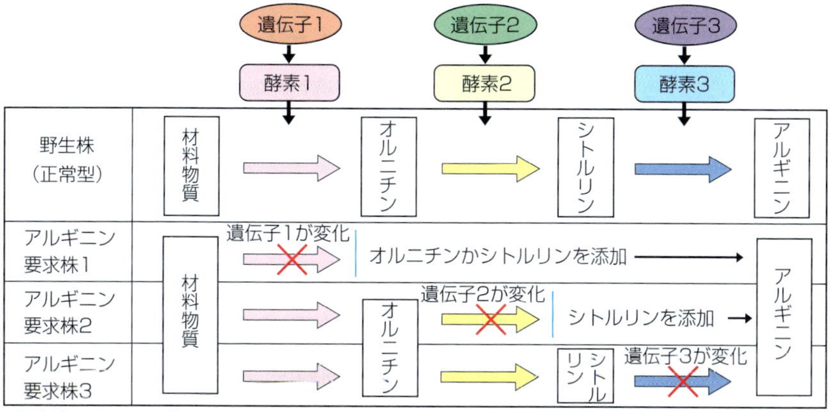

要求株1は，アルギニンのかわりにシトルリンやオルニチンを与えても育つ。
要求株2は，アルギニンのかわりにシトルリンを与えても育つが，オルニチンでは育たない。
要求株3は，アルギニンのかわりにシトルリンやオルニチンを与えても育たない。
ビードルとテータムはこのような株の存在から，オルニチンやシトルリンはアルギニン合成の中間産物であり，図のような遺伝子の変化が起きたことでこれらの株が生じたと考えた。

B 形質発現の調節と形態形成

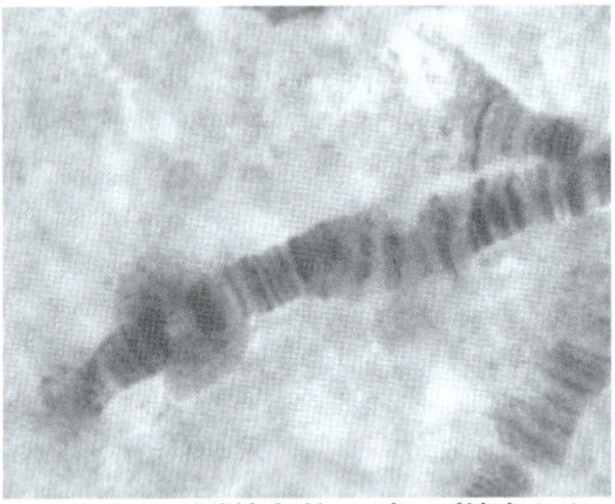
ユスリカのだ腺染色体のパフ（染色したもの，×1000）

多細胞生物の体は膨大な種類と数の細胞からなるが，それはDNAに書かれた遺伝情報が正しく発現した結果形成されたものである。受精卵から生物体が形成されていくことを形態形成という。形態形成は，各々の細胞で形質が正しく発現していく過程である。この節では，遺伝情報の発現の調節によって多細胞生物の体が形成されていく基本的なしくみを学習する。

1 細胞の分化と遺伝子発現

遺伝子の発現が形質発現をもたらす

多細胞生物の体は1個の受精卵が分裂をくり返してできたものである。細胞が分裂する前には常にDNAは複製され，それぞれの娘細胞には母細胞と同じDNAが受け継がれる。したがって，1つの個体を構成する細胞のもつDNAはすべて同じである。当然，遺伝子もすべて同じである。

一方，肝臓と腎臓の細胞は異なった形をしており，そのはたらきも異なっている。つまり，2つの細胞は別の形質を発現している。これは，それぞれの細胞でつくり出されるタンパク質の中に，異なる種類のものが含まれているからである 図1 。

タンパク質は遺伝子の塩基配列が伝令RNAに転写され，それが翻訳されてつくられる。このような場合，その遺伝子が発現しているという。すべての細胞が同じ遺伝子をもちながら，細胞によってつくられるタンパク質の種類が異なるのは，それぞれの細胞が，ある特定の遺伝子だけを発現しているからである(**選択的遺伝子発現**)。異なるタンパク質がつくられ，その結果，細胞は異なる形質を発現する。一方，DNAの複製や細胞の呼吸などにはたらくタンパク質をつくる遺伝子のように，ほとんどの細胞で共通して発現しているものもある。

細胞の分化と遺伝子の発現

体細胞はすべて同じ遺伝子をもっているが，ある特定の遺伝子だけを発現することで，特定の細胞へと分化していく 図2 。たとえば，唾腺の細胞ではアミラーゼをつくる遺伝子が発現する。分化した細胞では，その細胞に特有のタンパク質をつくる遺伝子が発現する。

図1　細胞による形質の違い

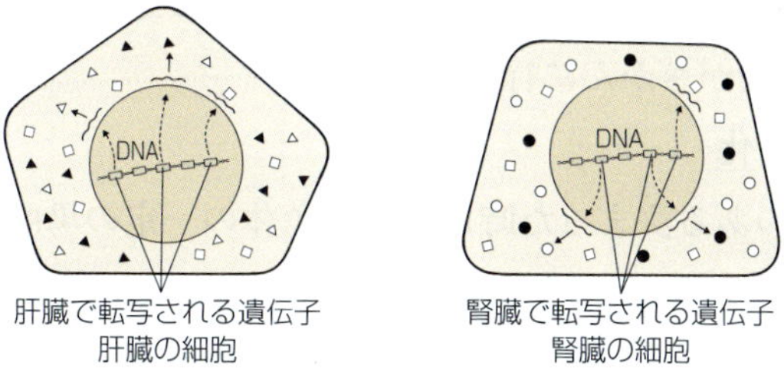

肝臓と腎臓の細胞では，転写される遺伝子に異なるものがある。この結果，異なるタンパク質がつくられ，異なる形質が発現する。

図2　分化した細胞での遺伝子の発現

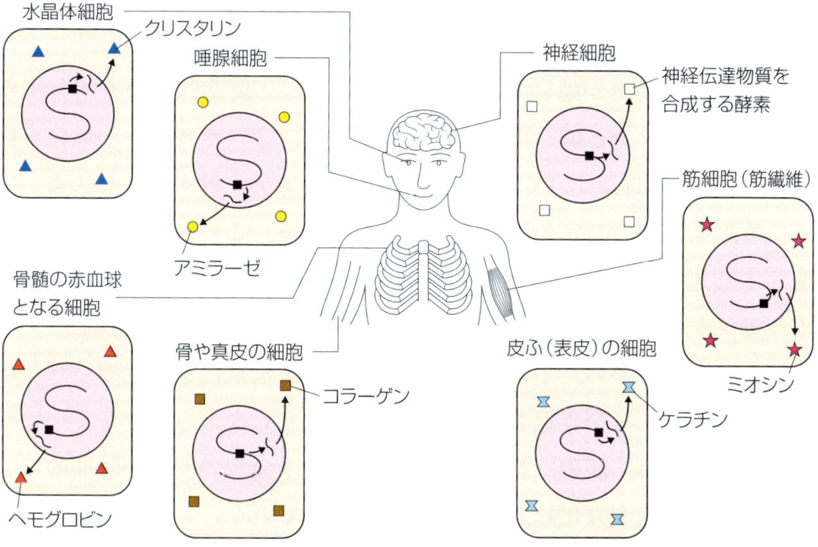

目の水晶体（レンズ）の細胞，唾腺の細胞，神経細胞，筋細胞（筋繊維），骨や皮ふ（真皮，表皮）の細胞，骨髄内の赤血球となる細胞では，それぞれの細胞に特有のタンパク質をつくる遺伝子が発現している。

パフでは遺伝子の転写が起こっている

ショウジョウバエやユスリカの幼虫の唾腺などには，通常より大きな染色体(唾腺染色体)が観察される。これは，細胞分裂しないのにDNA鎖が複製をくり返して，横に並んで太くなった巨大染色体である 図3 。唾腺染色体には多くの横じまがあり，遺伝子の存在する場所と考えられている。顕微鏡で観察すると，ある横じまのところが大きくふくれ上がっていることがある。このふくらみを**パフ**という。パフの部分ではDNAがほどけて染色体からはみ出しており，この部分にある遺伝子の転写，つまり伝令RNAの合成がさかんに行われている。

発生にともなうパフの変化

パフは，幼虫の発生段階のある決まった時期に，染色体の一定の場所に一定の順序で現れる 図4 。これは，発生の段階によって，転写される遺伝子が異なっているためと考えられる。発生の各時期でいろいろな遺伝子の転写が開始され，さかんに転写が行われていた遺伝子もやがて転写をやめる。このような状況などを反映し，それぞれのパフの大きさ(パフ化の程度)やその持続時間にも違いが出てくる。

昆虫では，幼虫が蛹（さなぎ）に変態(蛹化（ようか）)するときに，前胸腺という内分泌器官から**エクジソン**というホルモンが分泌され，このホルモンが蛹化を促進することが知られている。幼虫にエクジソンを注射することによっても，唾腺染色体の特定の部分にパフが出現する。このホルモンが蛹化に関与する遺伝子の転写を促進するからである。実際の発生においても，ホルモンが遺伝子の発現を調節(促進または抑制)することもある。

これらのことから，生物の発生は，さまざまな遺伝子が定められた順序に従って，転写を促進されたり抑制されたりしながら進行していくものと考えられる。胚のそれぞれの部分で遺伝子発現の変化が時間的に起こることで細胞が分化し，形態形成を起こしていく。

図3　ユスリカの唾腺染色体とパフ

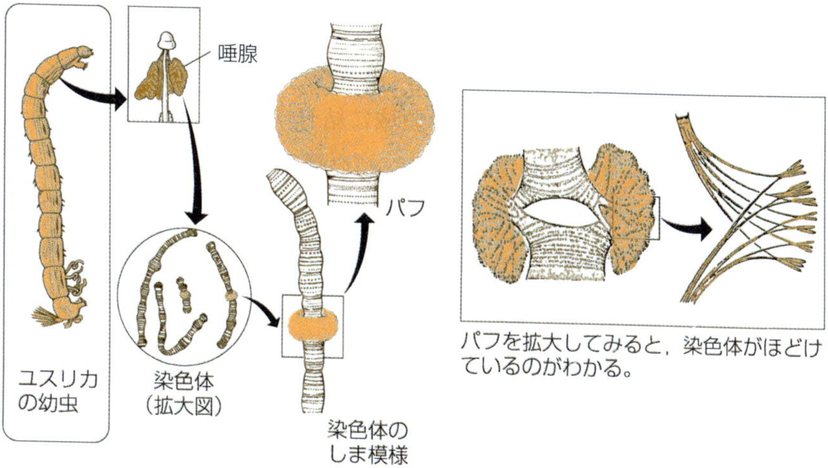

パフを拡大してみると，染色体がほどけているのがわかる。

図4　変態にともなうパフの変化

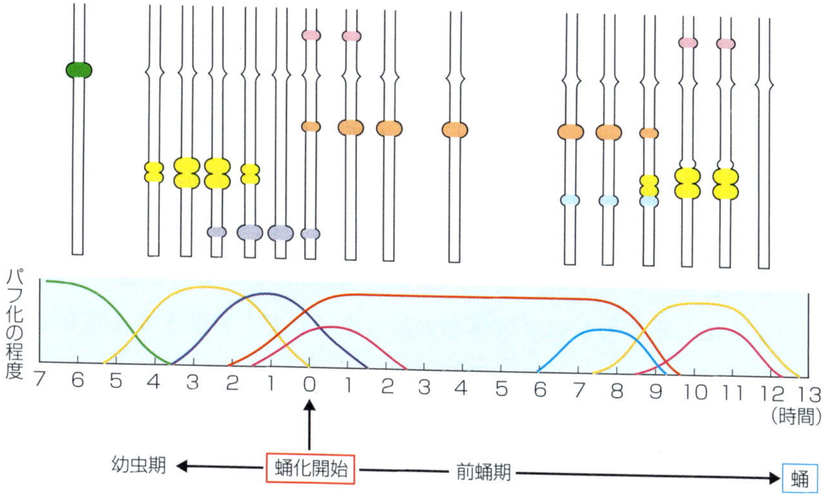

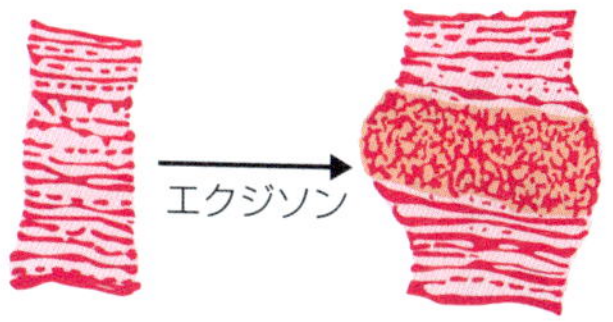

蛹化（ようか）を促すホルモン（エクジソン）を注射すると，唾腺染色体の特定の部分にパフが出現する。

2 遺伝子発現の調節

遺伝子発現を調節するタンパク質がある

タンパク質には，DNAの特定の領域に結合することによって遺伝子の発現を調節するタンパク質(**調節タンパク質**)が存在する。そして，調節タンパク質をつくる遺伝子を**調節遺伝子**という 図5。

調節タンパク質がDNAの特定の塩基配列(**調節部位**という)に結合すると，それに対応する遺伝子の転写が促進される。遺伝子によっては，転写が抑制されることもある。

ホルモンも遺伝子の発現を調節する

チロキシン(甲状腺ホルモン)は，肝臓や筋肉などに作用して細胞の代謝を促進させる。チロキシンを例にして，ホルモンが遺伝子の発現を調節するしくみを見てみよう 図6。

肝臓や筋肉などチロキシンの標的細胞には，核内にチロキシンの受容体がある。チロキシンが肝臓や筋肉などの細胞に入ると，核の中で受容体と結合する。チロキシンと結合した受容体は立体構造を変化させ，DNAの特定の調節部位，たとえば代謝を促進する酵素をつくる遺伝子の調節部位に結合し，その酵素の発現を促進する。前胸腺ホルモンによる唾腺染色体でのパフの出現も，これと同様のしくみで引き起こされる。このように，ホルモンは受容体との結合を通して，目的とする遺伝子の転写を調節している(p.226～227参照)。

遺伝子発現が順序立てて起こるしくみ

発生過程では，細胞の分化や形態形成が決まった順序で規則正しく行われる。これは，調節遺伝子には何段階もあり，決まった順序で調節が行われるためである 図7。まず，ある大もとの調節遺伝子から転写・翻訳をへて調節タンパク質が合成される。この調節タンパク質は，別の調節遺伝子にはたらいて，その遺伝子の発現を促進または抑制する。このように，調節タンパク質が連鎖反応的につくられていくことで，ある組織や器官の形成に必要なすべての遺伝子の発現が順序立てて起こっていく。調節遺伝子以外の遺伝子が発現すれば，酵素や細胞構造などのタンパク質がつくられ，目に見える形態の違いが生じてくる。

図5 調節遺伝子と調節タンパク質

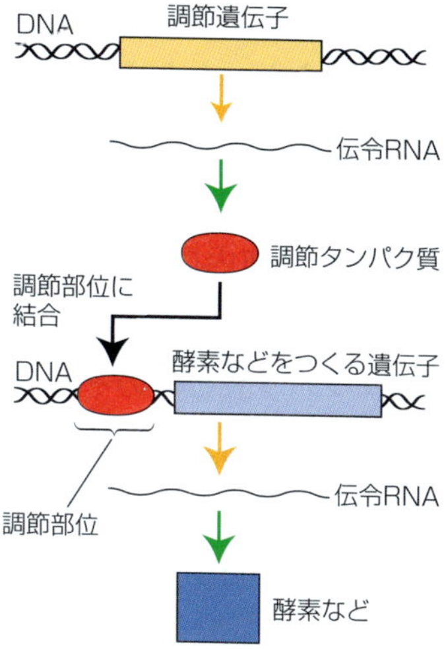

図6 受容体がはたらくしくみ

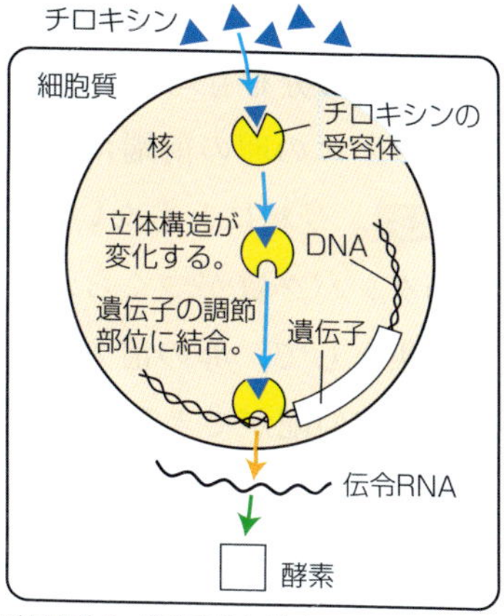

チロキシンが受容体に結合すると，受容体は立体構造を変化させ，特定の遺伝子の調節部位に結合してその発現を調節する。

図7 調節遺伝子と調節タンパク質のはたらき

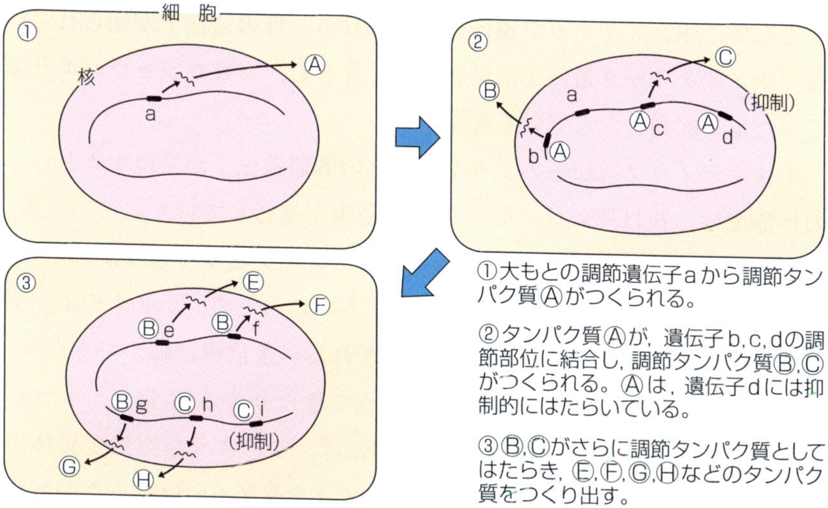

①大もとの調節遺伝子aから調節タンパク質Ⓐがつくられる。

②タンパク質Ⓐが，遺伝子b, c, dの調節部位に結合し，調節タンパク質Ⓑ,Ⓒがつくられる。Ⓐは，遺伝子dには抑制的にはたらいている。

③Ⓑ,Ⓒがさらに調節タンパク質としてはたらき，Ⓔ,Ⓕ,Ⓖ,Ⓗなどのタンパク質をつくり出す。

3 発生における遺伝子発現のしくみ

未受精卵の細胞質はすでに不均等

卵巣内で卵が形成される過程では，周囲の細胞からいろいろな物質がつくられ，それらが卵の細胞質に前もって貯えられている。そして，それらの物質の分布も均等ではないことがわかってきた。たとえば，ショウジョウバエの卵の前端にはある特定の伝令RNAがすでに蓄積されている 図8 。受精にともない，その伝令RNAからの翻訳が起こり，特定の調節タンパク質がつくられる。このタンパク質は卵内に拡散するが，その結果として，卵の前方(頭部)から後方(尾部)にかけての調節タンパク質の濃度勾配ができる。そして，この調節タンパク質は卵のそれぞれの場所での濃度に応じて，異なった遺伝子を発現させる。その結果つくられたタンパク質は，それぞれがまた新たな調節タンパク質として，さらに新しい遺伝子を発現させていく。こうして，体軸および体節の形成が行われていく。

ホメオティック遺伝子

ショウジョウバエの胚では，各体節に固有の構造を決定する調節遺伝子として，**ホメオティック遺伝子**とよばれる一群の遺伝子が知られている。ホメオティック遺伝子は動物に広く存在し，ショウジョウバエとよく似た塩基配列を含んでいる 図9 。

ホメオティック遺伝子のような大もとの調節遺伝子が発現すると，その体節では，後は連鎖反応的に遺伝子発現が進行していく。このため，大もとの調節遺伝子が変化すると，調節タンパク質ができなかったり，新しく別のタンパク質がつくられたりする。このため，ホメオティック遺伝子が変化すると，本来触角が形成されるべき位置に脚ができたり，後胸が中胸の構造に変化してはねが4枚できたりする(正常なショウジョウバエのはねは2枚である)。歴史的には，このような突然変異体の解析から，ショウジョウバエのホメオティック遺伝子のはたらきが解明

された 図10 。

図8 体の構造の形成

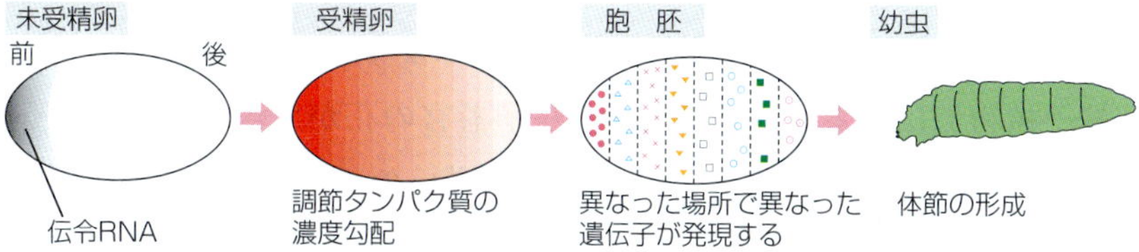

図9 ホメオティック遺伝子の支配領域（ショウジョウバエとマウス）

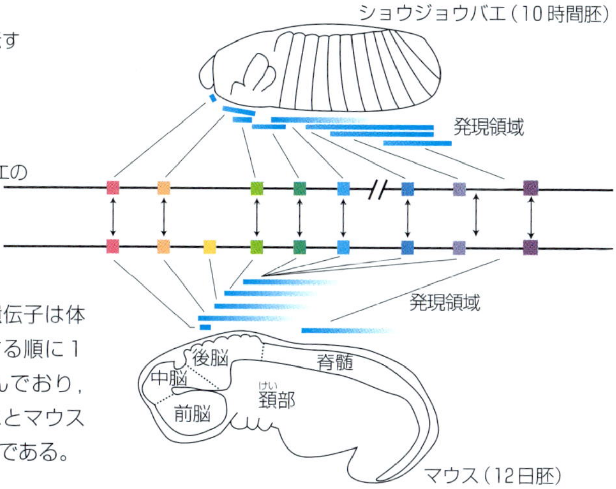

ホメオティック遺伝子は体軸に沿って出現する順に1つの染色体に並んでおり，ショウジョウバエとマウスでその順序も同じである。

図10 ホメオティック遺伝子の変化による突然変異体（ショウジョウバエ）

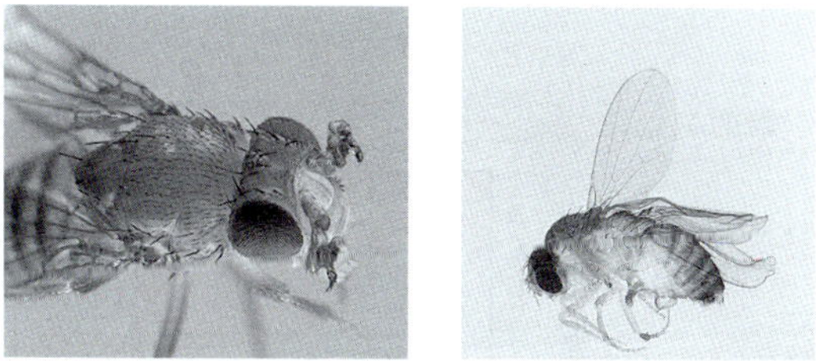

本来触角が生える位置に脚が生えたもの（アンテナペディア：左）や，はねが4枚あるもの（右）が生じる。

花の形成と調節遺伝子

ホメオティック遺伝子は植物でも見つかっており，動物の場合と同様，体の基本構造の形成にかかわる調節遺伝子である。ここでは，被子植物のホメオティック遺伝子のはたらきを見てみよう。

被子植物では，栄養器官の葉から生殖器官の花ができると，ふつう，外側から順にがく片，花弁，雄ずい，雌ずいの４つの器官が配列する 図11 。それぞれの数や形，さらには色は植物種によってさまざまであるが，基本的な花のつくりは共通している。この花の形態形成も，共通した遺伝子のはたらきによって起こることが，シロイヌナズナなどで明らかになっている。

花の形成には，３種類のホメオティック遺伝子(A，B，C)が関与している。遺伝子Ａは同心円状に存在する茎頂分裂組織の外側で発現し，遺伝子Ｃは内側で発現する 図12 。その際，遺伝子ＡとＣはどちらか一方だけが発現し，ＡとＣが同時に発現することはない(ＡとＣは拮抗的な関係にあるという)。一方，遺伝子Ｂは，ＡやＣとは独立で，茎頂分裂組織の中側で発現する。その結果，茎頂分裂組織の細胞は，遺伝子Ａだけが

図11 花の構造

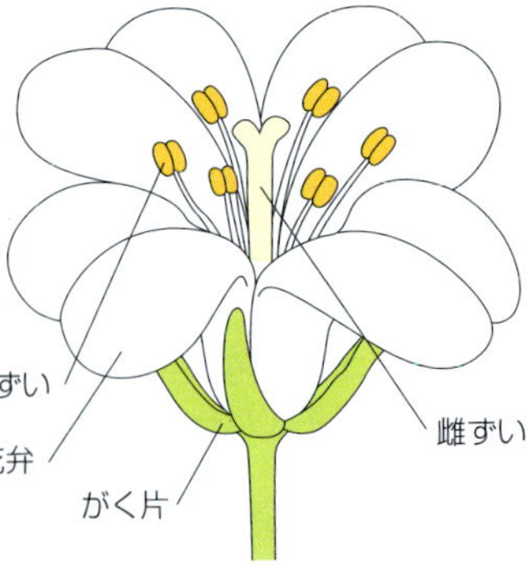

花は，外側から順に，がく片，花弁，雄ずい，雌ずいの4つの器官が，ふつう同心円状に配列している。

図12 花のABCモデル

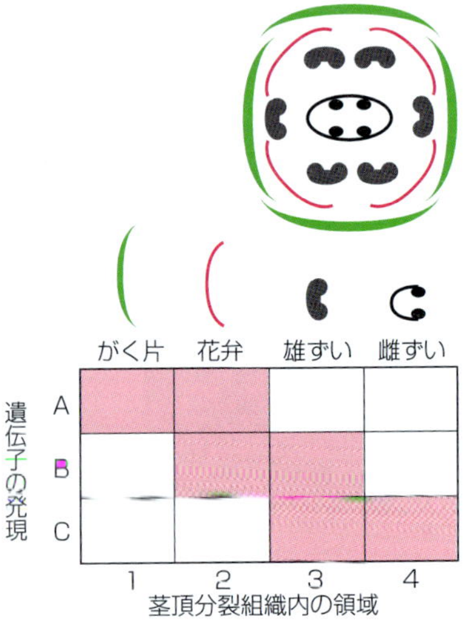

発現している最外部はがく片に，ＡとＢが発現している次の部分は花弁に，Ｂ とＣが発現しているその次の部分は雄ずいに，Ｃのみが発現している最も内側は雌ずいに分化する。

参考資料

花の突然変異

花の器官形成のしくみがこのような ABCモデルによって説明できるようになったのは，やはり突然変異体の存在に基づいている。たとえば，遺伝子Cがはたらかなくなった突然変異体では，すべての領域で遺伝子Aがはたらくようになり，外側から順に遺伝子Aだけ，AとB，AとB，Aだけと発現することになるので，下のように外側からがく片，花弁，花弁，がく片をもった花ができる。すなわち，1個の遺伝子の異常によって，雄ずいになるべき部分が花弁に，雌ずいになるべき部分ががく片へと大きく変化したことになる。

動物の体節形成の場合と同様に，植物の器官形成もこうした複数の調節遺伝子の関与によって成り立っており，1個の遺伝子の変化によって，大きな形態形成の異常が生じる。野菜のカリフラワーやブロッコリーも，キャベツの花の調節遺伝子が変化して生じた突然変異体の1種である。

遺伝子Cの活性を欠く突然変異体(シロイヌナズナ)

正常な花

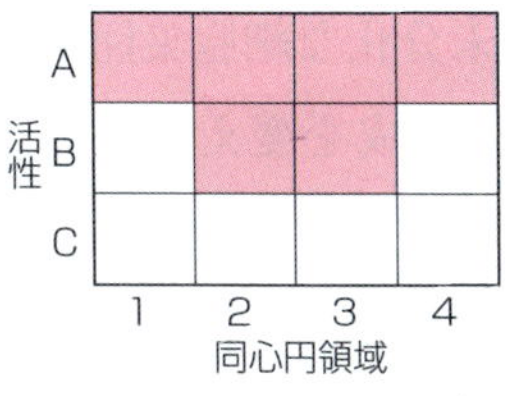

3,4ではCが発現しない代りにAが発現する。

アブラナ科植物の花の突然変異体

カリフラワー

ブロッコリー

C バイオテクノロジー

培養されるクローン植物

科学の第一の目的は自然を理解することである。しかし，そうして得られた知識を人間の生活に役立てることも，もうひとつの大切な目的である。科学の知識を生活に役立てる営みは技術(テクノロジー)とよばれる。

細胞のしくみや遺伝子のはたらき方が理解できるようになると，こうした生物特有の機能を人為的に操作・改良して，人々の生活に役立てることができる。この営みをバイオテクノロジーという。今日では，医学，薬学，農学，工学などのさまざまな分野で，多くの技術が利用されている。ここでは，その基礎的な技術をいくつか紹介してみよう。

1 組織培養

ニンジンの根の一部からニンジンをつくる

動物や植物の細胞は，通常多細胞体の中で生命活動を営んでいる。その細胞や組織片を個体から取り出し，フラスコや試験管内の適当な条件で生かし続ける技術を**組織培養**といい，バイオテクノロジーの基礎技術の一つである。分化した細胞も，組織培養によって体細胞分裂が誘導され増殖を始める場合がある。

植物では，ニンジンなどの根の一部をオーキシンなど植物ホルモンを含む培地で組織培養すると，**カルス**とよばれる未分化な細胞集団が得られる 図1 。このカルスの一部を植物ホルモンの組成を変えて培養を続けると，やがて根や茎が分化し，完全な元の植物体ができる。植物細胞では，たった1個の細胞を出発点にして植物個体をつくることができる。このことから植物細胞では，一度分化した細胞であっても，もう一度植物体全体をつくる能力(**分化全能性**)が保持されていることがわかる。

組織培養で増殖した細胞から作られる植物個体は，すべて同じ遺伝情報をもつことになる。このように遺伝的に均一な生物の集団を**クローン**という。クローン植物を，組織培養によって大量生産する技術の開発も進められている 図2 。

こうした組織培養によってそれまで入手の難しかったランなどの花が多く出回るようになったり，薬用植物や色素などを生産する有用植物の増産が可能になっただけでなく，絶滅の危機にある希少植物の保護も行われている。

図1 ニンジンの組織培養

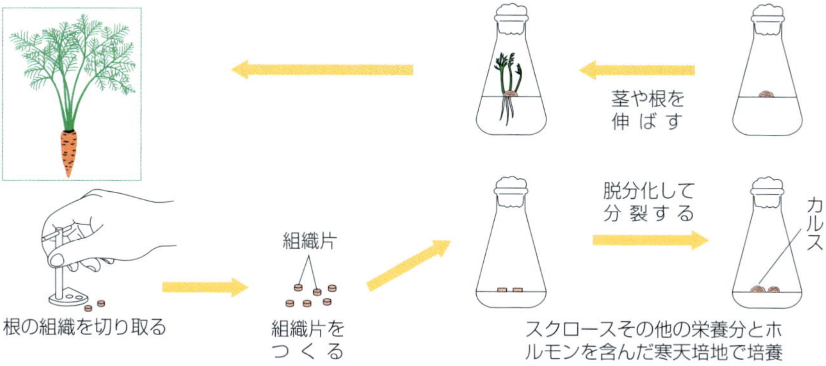

図2 組織培養によるクローン植物

2 核移植によるクローン動物の作製

動物の場合，植物細胞のようにそのまま培養を続けることによって個体をつくることはできない。動物の体全体を形成する過程，すなわち発生においては，卵の細胞質が重要な役割をはたす。このため，分化した細胞から動物個体をつくるには，細胞の核を未受精卵の中に移植する**(核移植)**などの処理が必要となる。さらに，このとき移植された核が，受精卵の核のように，細胞をその動物のあらゆる組織の細胞に分化させ得る能力**(全能性)**をもった核に戻ることも必要である。

ツメガエルの核移植実験

ガードン(イギリス)はアフリカツメガエルの胚の内胚葉由来の細胞から核を取り出した。そして，紫外線照射によって核を破壊した(あるいは核を吸い取った)未受精卵にその核を移植した。すると，核移植された卵のうちのいくつかは正常に発生し，成体のカエルとなった。これらのカエルは同一個体からの細胞の核移植により生じたものであり，遺伝的に均一の集団すなわちクローンである。

核を取り出した胚の発生段階によって，その核移植で生じた胚の発生状況も違っていた。正常に発生する卵の割合は核を取り出す胚の発生段階が初期のものほど高く，発生が進んだ段階のものほど低かった 図3 。しかし，遊泳し餌をとり始めたオタマジャクシの小腸上皮細胞からの核移植によっても，ときには正常に発生するものがあった。核移植の実験では，分化した体細胞の核が未受精卵に入ることでその細胞質の影響を受け，未受精卵の核と同じような核の全能性が回復したと考えられる。

ほ乳類の体細胞クローン

最近，ツメガエルの核移植実験と同様の方法で，ヒツジやウシなどのほ乳類でも体細胞からクローンがつくられるようになった 図4 。

ウシ(成体)の皮膚，乳腺，筋肉などの体細胞を培養し，細胞の核を取り出す①。別の雌ウシの卵巣から取り出し核を除去した未受精卵に，体細胞から取り出した核を移植し，発生を開始させる。約1週間体外で培養して卵割させた後，仮親の子宮へ移植・着床させてクローンウシを誕生させる。このように，体細胞の核移植によって誕生した動物を**体細胞クローン**という。

図3 アフリカツメガエルの核移植実験

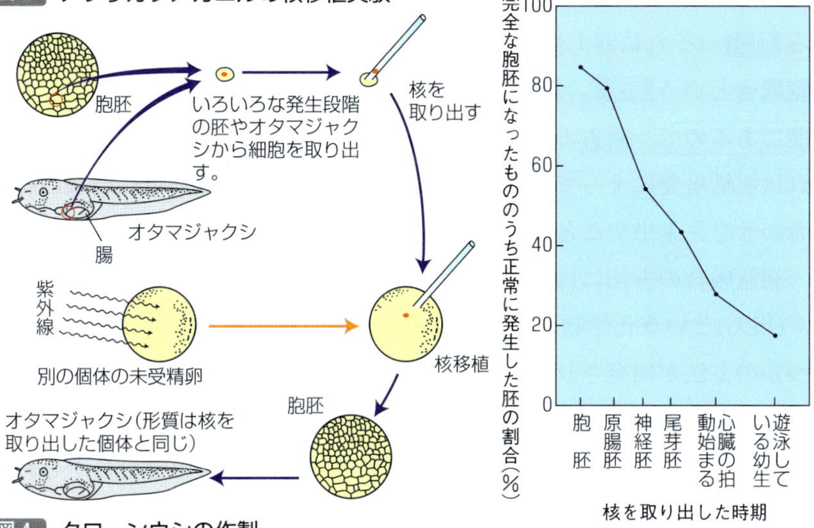

図4 クローンウシの作製

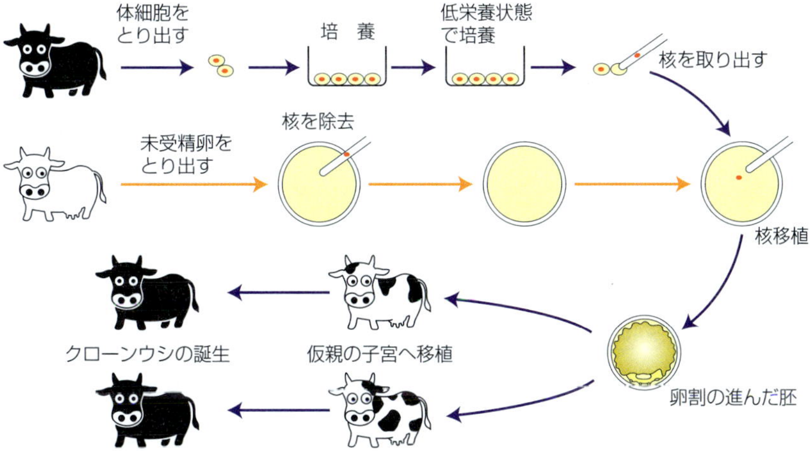

①実際には，取り出した体細胞を培養して数を増やした後，最低限の栄養しかない液に移す。すると体細胞は栄養不足で飢餓状態を続けて休眠細胞となる。この操作により，分化した体細胞の核が未受精卵のような初期状態にもどりやすくなることが知られている。

3 細胞融合

染色体の自由な組み合わせをつくる

細胞と細胞がくっついて1つになるのが細胞の融合であるが，自然界では，受精のように同種の配偶子(卵と精子)間にみられるのが通常である 図5 。それに対して，体細胞どうしを人為的に融合させる技術を**細胞融合**という 図6 。細胞融合では，異種の細胞を融合させることも可能であるので，両方の細胞の染色体を合わせもつ雑種細胞ができる。それは組織培養によってふやすことができるので，新たな遺伝情報の組み合わせを生み出すことになる。

細胞融合の方法には，ウイルスを利用したり，ポリエチレングリコール(PEG)という化学物質で処理したり，高電圧刺激を与えるなど，いくつかの方法が開発されている。ところが，植物の細胞を融合に用いる場合，細胞壁の存在が大きな障害になる。そこで，細胞壁の主成分であるセルロースを消化する酵素(セルラーゼ)などで植物細胞をあらかじめ処理し，**プロトプラスト**という細胞壁をなくした球形の状態にしてから融合の処理を行うと，比較的容易に細胞融合させることができる 図7 。

細胞融合でつくられた新しい植物体としては，ポマトがある 図8 。これはジャガイモとトマトの細胞を融合させ，組織培養によって植物体まで育成されたものである。同様にして，オレタチ(オレンジとカラタチの雑種)，メロチャ(メロンとカボチャの雑種)などの雑種植物が実験的につくられているが，真に有用な新種が得られるにはいたっていない。

一方動物では，特定の抗体をつくるB細胞と増殖力の旺盛なガン細胞を融合させることによって，単一のB細胞に由来する純粋な抗体(**単クローン抗体**[1])をつくりながら増殖し続ける雑種細胞が得られている 図9 。これによって，通常の抗体以上に特異性の高い抗体を大量に生産することができるようになり，免疫学の研究や病気の治療に役立っている。

図5 精子と卵の融合

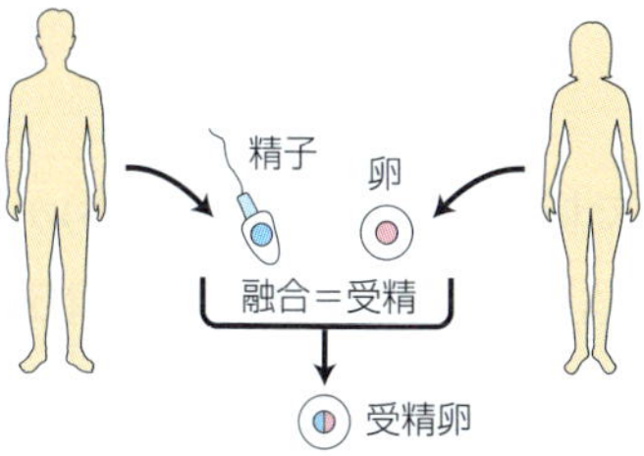

図6 ヒトとマウスの細胞融合

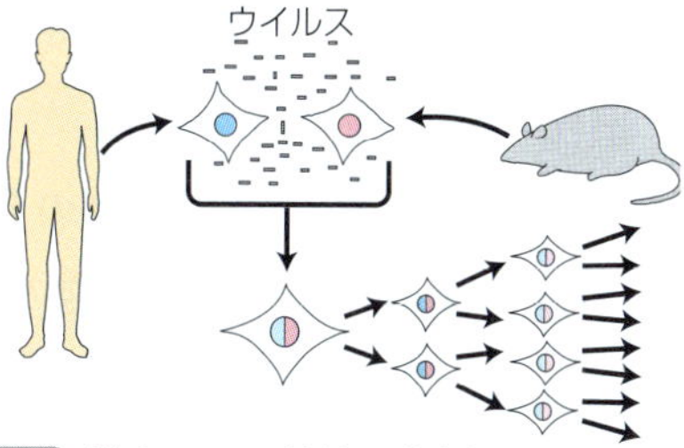

図7 細胞融合による雑種育成

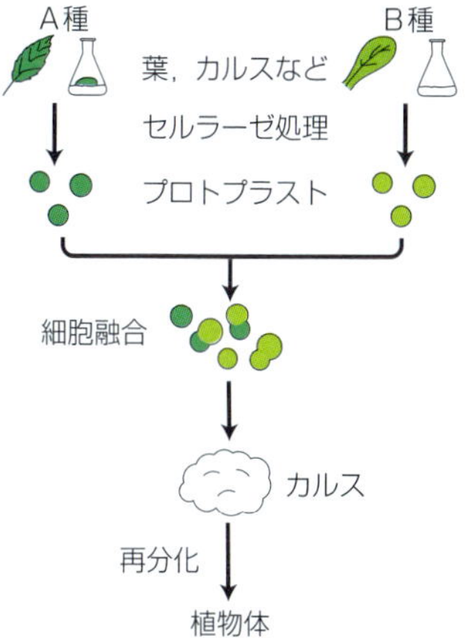

図8 実現したポマト

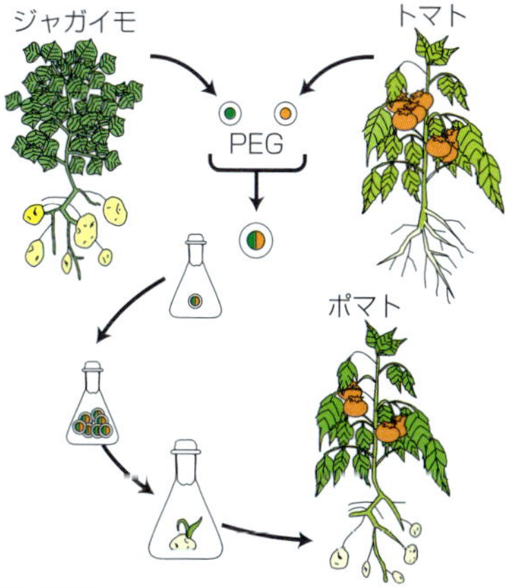

図9 単クローン抗体の作製

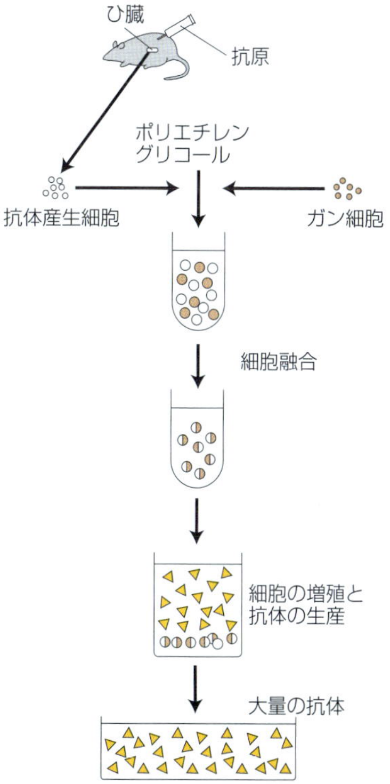

ある抗原でマウスを免疫し，そのひ臓から得た抗体産生細胞と一種のガン細胞とを融合させる。融合細胞の中で目的とする抗体(▲)を多く作る細胞群を選び出し，大量培養することによって，単クローン抗体を大量に得ることができる。

①1種類の抗原に対する抗体でも，動物体内で通常つくられる抗体は複数のB細胞に由来するもので，多種類の抗体の集まり(多クローン抗体)である。

4 遺伝子組換えによるバイオテクノロジー

遺伝子組換え技術

DNAをある特定の塩基配列のところで切断する酵素(**制限酵素**)が発見された。これを用いると，細胞内の DNA から，特定の有用な遺伝子を含む DNA 断片だけを試験管内に取り出すことができる。そこで，大腸菌を利用して，このような DNA 断片を大量に複製することが考えられた。大腸菌の細胞質中には**プラスミド**とよばれる，大腸菌自身のDNAとは独立に自己増殖する環状のDNAがある。このプラスミドを制限酵素で切断し，そこに他の生物の細胞から切り出したDNA断片を，**リガーゼ**という酵素を用いて連結する。このように，異種のDNAを人為的に結合させることを**遺伝子組換え**という。

プラスミドを大腸菌に感染させると，菌内に取り込まれたプラスミドは大腸菌の分裂とともに複製されて子孫に伝えられる。特定のDNA断片を組み込んだプラスミドを感染させた大腸菌を大量に培養することで，特定の遺伝子を大量に複製することができる 図10 。

有用なタンパク質の大量生産

遺伝情報の発現のしくみは，原核生物でも真核生物でも共通している。したがってDNA断片にある遺伝子も大腸菌内で発現される。そのため，ヒトのインスリン，成長ホルモン，インターフェロン(ウイルスの増殖を抑制する物質)などの有用物質の大量生産を行うことができる。すい臓の細胞が分泌するインスリンは，糖尿病の治療に欠かせない医薬品である。これまでの糖尿病治療では，ブタのすい臓から抽出したブタのインスリンが用いられてきたが，ヒトのインスリンとはアミノ酸配列が1箇所違うため，投与した患者にアレルギー反応などの副作用が生じていた。現在では，大腸菌にヒトのインスリン遺伝子を組み込んでインスリンが生産できるようになり，このような問題はなくなった。

植物や動物への遺伝子導入

プラスミドのように，目的とする遺伝子を含む DNA 断片を他の細胞へ運ぶ役割をするものを**ベクター**(遺伝子運搬体)という。大腸菌ではプラスミドの他に，細菌に感染するウイルスの一種バクテリオファージもベクターとして用いられる。バクテリオファージのDNAに目的の遺伝子を組み込んで大腸菌に感染させることで，大腸菌に遺伝子を導入できる。

植物細胞の場合は，植物に感染する土壌細菌の一種であるアグロバクテリウムのプラスミドをベクターとして用いる 次ページ図11 。大腸菌の場合と同様に，有用遺伝子を取り込んだプラスミドをアグロバクテリウムにもどし，この細菌を植物細胞に感染させることで，目的とする遺伝子を植物細胞のDNAに組み込むことができる。

動物においても遺伝子組換えを行うことができる。受精卵に DNA 断片を注入し核内の DNA の一部として取り込ませ，成体にまで発生・成長させる方法がある。また，体細胞のDNAに目的の遺伝子を組み込み，クローン動物作製と同様に核移植の後，成体まで育てることもできる。

図10 遺伝子組換えによる特定の遺伝子とタンパク質の大量生産

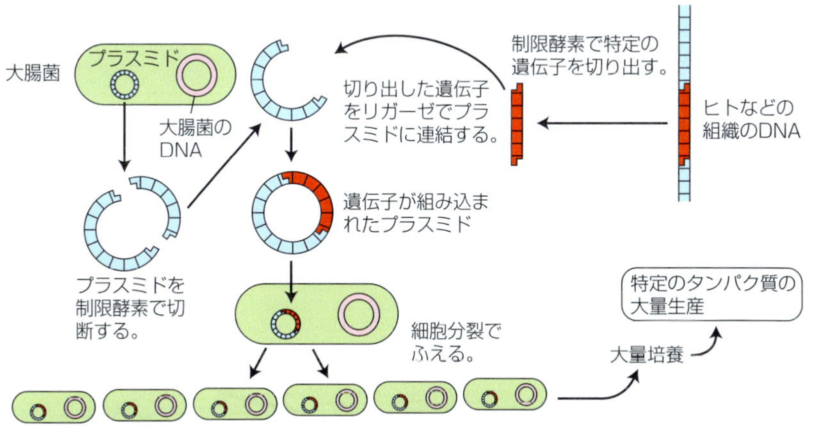

特定のDNA断片を組み込んだプラスミドを大腸菌内で転写・翻訳をさせる。大腸菌の大量培養によって，ヒトの成長ホルモンやインスリンなどの有用な物質の大量生産を行うことができる。

遺伝子治療

ヒトには多くの遺伝病が知られている。その多くは原因となる遺伝子から正常なタンパク質などができず，種々の症状が現れる。このような遺伝病患者の細胞に，正常な遺伝子をもつDNA断片を導入することで遺伝病を治療することができる 図12 。目的とする遺伝子を含むDNA断片を患者の細胞に運び込むベクターとしてはウイルスを用いる。このウイルスはヒト細胞に感染し，そのDNAをヒト細胞のDNAに組み込むが，細胞内では増殖できなくしたものである。この方法で，アデノシンデアミナーゼ(ADA)という酵素をつくる遺伝子に突然変異をもつ子どものリンパ球に，正常なADA遺伝子を導入する治療が行われている。

図11 アグロバクテリウム法

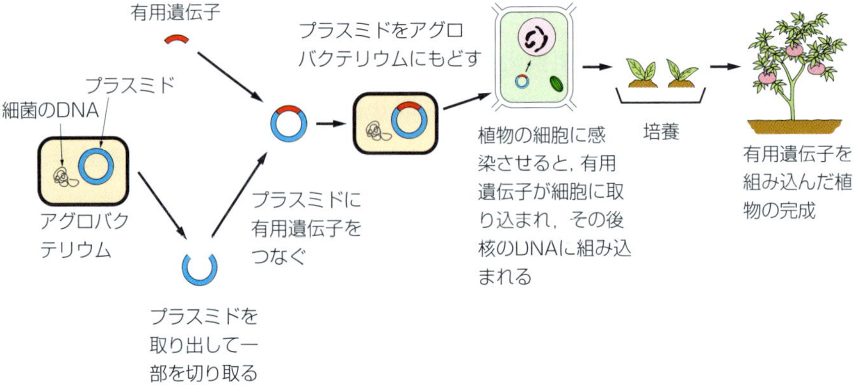

図12 遺伝子治療

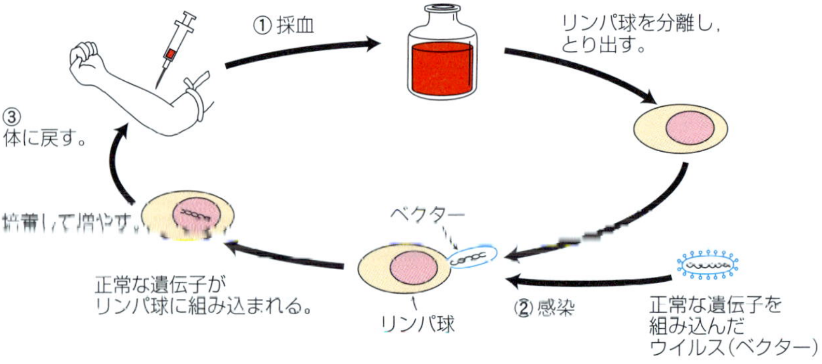

遺伝子組換えによる品種改良

現在，地球上の人口は 60 億人を超え，食糧不足が将来大きな問題になると予想される。このため，農作物の品種改良は重要であり，収穫量の多いもの，病気や害虫に強いもの，寒さや高温，乾燥，高塩分などの厳しい環境に耐えるもの，味や日もちがよいものなどの開発が行われている。これまでは，突然変異によって生じた形質を用いて交雑をくり返したり，放射線などを用いて人為的に突然変異体をつくり出すなどで農作物の品種改良を行ってきたが，今日では，遺伝子組換え技術が利用されるようになってきた。

海外では，日もちをよくしたトマト，除草剤に強いダイズやナタネ，害虫に強いトウモロコシやジャガイモなどが開発されている。しかしその一方で，遺伝子組換え植物によって害虫以外の昆虫も影響を受けるといった懸念もあり，現在生産が見合わされているものもある。

バイオテクノロジーと人類の未来

現在，バイオテクノロジーはこれまで述べてきたことの他にもさまざまな分野で応用されている。しかし一方で，生物や生命現象について，まだ未知の部分も多いことから，遺伝子組換えなどによって予期せぬ有害な生物を生み出してしまうなどの可能性も指摘されている。現在，遺伝子組換え実験は外界から厳重に隔離された環境でのみ許されている。これは，このような危険への配慮からである。

ヒトに関してはさらに難しい問題も生じる。たとえば，ヒトクローンの作製は現在技術的には可能であると考えられるが，人道的に容認できるものではないとして多くの国で禁止されている。また，自分の遺伝情報とは自分自身の究極のプライバシーでもある。本人が許可していない個人情報の流出を防ぐなどの観点からも，十分な管理が必要となる。

バイオテクノロジーは人類の幸福に役立つためのさまざまな可能性を秘めている。しかしそのためには，生物や生命現象へのさらなる正確な理解と，社会通念や倫理なども含めた広範な見識と議論が必要である。

第8章

生物の分類と進化

A 生物の分類

サンゴとさまざまな魚(沖縄県)

沖縄の島々は1年を通して温暖で，美しいサンゴ礁に囲まれている。一方，北海道の大雪山は1年の約半分を雪におおわれるほど寒いところであるが，生物は生きている。熱帯から寒帯まで，地球上のさまざまな環境にさまざまな生物が生息している。地球上に生物はどのくらいの種類がいるのだろうか。

1 生物の多様性

地球上にはさまざまな生物がいる

一言で「生物」といっても，人によって思い浮かべるものはさまざまであろう。イヌやネコなどの動物を思い浮かべる人もいれば，イネやダイズ，バラなどの植物を思い浮かべる人もある。細菌などの微生物も生物である。このように生物は多様である。

生物の多様性はさまざまな環境で生きてきた結果である

生物はなぜ多様なのだろうか。林の中を歩いてみよう。林を構成する樹木は高く，何メートルにも達するものが多い。その下には，背の低いかん木や林床植物とよばれる草が生えている。日の当たる野原に出てみると，林の中とは異なる植物が生えているのがわかる。太陽の光が直接当たるかどうかによって植物も異なるのである。熱い温泉の湯の中のような，ふつう生物が生きられそうにないような場所にも，微生物がいる 図1 。水圧が数10気圧にもなる深海底にも生物はいる 図2 。このように生物はきわめて多様な環境の中で暮らしているのである。生物の多様性は生息する環境のほか，何をえさとして好むか，何に食べられるかといった生物どうしの関係にも見ることができる。サンゴと藻類のように，たがいに利益を与え合って共に生活(共生)しているものもある。

この節では，生物の世界がどれほど多様であるかを，生物をグループ分けすることで見ていくことにしよう。

図1 温泉水中の微生物

高温の温泉水が流れる川底が緑色をしているのは，光合成を行う微生物が繁殖しているからである(群馬県草津町)。

図2 深海の生物

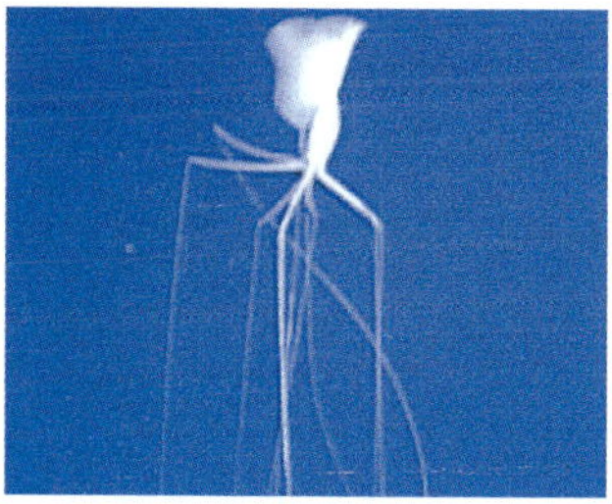

深海の巨大イカ(体長約 1.5m)

ナガヅエエソ(体長約 30cm)

潜水調査船「しんかい 6500」

参考資料

――ガラパゴス諸島の生物たち――

ガラパゴス諸島は，南米大陸から約 100km 離れた，赤道直下の太平洋に位置する島々である。ゾウガメやウミイグアナ，飛べないウなど，他の地域では見られない珍しい動物が生息している(下図)。また，同じ種類の生物であっても，島ごとに少しずつ特徴が異なっている生物もいる。ガラパゴスフィンチと呼ばれる鳥は，えさや生活形態などを異にする種に多様化している。これらの生物は，イギリスの生物学者ダーウィンによる進化説(p.319 参照)の構想に影響を与えたことで有名である。

ゾウガメ

ウミイグアナ

2 分類の単位と階層

生物を大きく分類してみよう

野原や山には多くの生物がいる。そこで生物を1つずつ，動物であるか植物であるか区別してみよう。多くの場合，区別は容易である。イヌとネコを間違えることもめったにない。顔や形，動き方などで，イヌとネコを区別しているのである。一方，シー・ズーもハスキーもダックスフントも皆イヌである 図3 。私たちは生物をおおまかにグループ分けして，まとめた名称(総称)でよんでいる。

ヨーロッパの古代遺跡の洞窟の壁に描かれた動物の絵から，旧石器時代の人々(クロマニヨン人，約4万〜1万年前)も，狩りをする動物を区別していたことが読み取れる 図4 。アリストテレス（紀元前4世紀）をはじめとするギリシャの哲学者は生物を体系的に整理しようと試みた 図5 。アリストテレスらの考えは，18世紀にリンネが近代の生物分類学を創始するまではおおむね受け入れられていた。

分類には階層がある

ところで，イヌとネコはまったく別の生物であろうか。イヌはネコとカエルのどちらにより近いだろうか。イヌもネコも肺をもち，子を産んで陸上で生活する。一方，カエルは肺をもつが，その幼生(オタマジャクシ)は水中で生活し，えらで呼吸する。卵を産む点も異なる。イヌとネコはほ乳類としてまとめられるが，カエルは両生類である。しかし，脊椎動物としてまとめると，イヌもネコもカエルも同じグループに入れられる。このように，どの範囲でまとめるかによって分類は異なってくる。「ほ乳類」と「脊椎動物」とは，別の階層による分類なのである。

生物をもっとも大きく分類するときの階層は「**界**」である。たとえば動物全体，植物全体などをさして，「動物界」「植物界」などと用いる。そして界はいくつかの「**門**」に分かれ，さらに，**綱**，**目**，**科**，**属**，**種**の順に細分化されていく。カエルは，脊椎動物門両生綱に属することになる。

図3 いろいろなイヌ

シー・ズー　シベリアン・ハスキー　ダックスフント

図4 ラスコーの洞窟壁画

図5 アリストテレスの分類

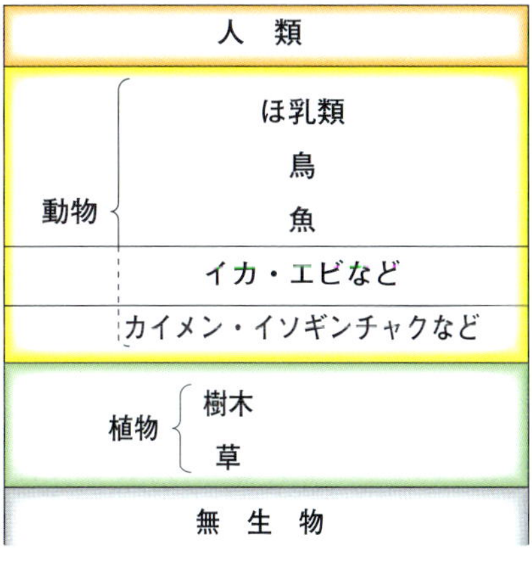
人　類
動物
ほ乳類
鳥
魚
イカ・エビなど
カイメン・イソギンチャクなど
植物
樹木
草
無　生　物

アリストテレスは生物を，より複雑と考えられるものから単純と考えられるものへ，連続的な階層として配置した。彼によると，カイメンやイソギンチャクは「植物的な動物類」である。

種とは何か

それでは，私たちが日常よんでいる「イヌ」や「ネコ」は，分類上はどの階層にあたるのだろうか。生物の分類の基本単位が「種」である。形態や生活の仕方などを基準に，共通の特徴をもった集団としてまとめられる単位が**種**であり，イヌ，ネコなどは種に相当する。自然環境下では，一般に同じ種の個体間でのみ，たがいに交配して子孫を残すことができる。そして，イヌはイヌ科イヌ属に分類されるが，もう少し広げればネコ目にまとめられる 図6 。

現在，地球上には約150万種の生物が確認されている。しかし実際には，微生物や昆虫，菌類など未発見の生物がまだまだあると考えられている。また，すでに発見されている生物でも，調べ直すと新たな種に分けられる場合もある。そのため，実際に存在する生物は，1000万種あるともいわれている。

生物は二名法で表される

生物の名前はどのように付けたらよいだろうか。「イヌ」というのは日本語であって，英語ではdogという。他の言語ではまた別の呼び方がある。これでは混乱するので，分類学上の呼び方は国際的な規約で定められている。これを**学名**という。たとえば，イヌは *Canis familiaris*[1] という。このうち *Canis* がイヌ属を表す属名，*familiaris* が種小名である。イヌ属の生物はみな*Canis*であり，*C. familiaris*のように属名をイニシャルで省略して表すこともある。この方法は，18世紀後半にリンネによって世界に広められ，属と種で表されることから**二名法**とよばれている。植物でも，たとえばイネは*Oriza sativa* と表記される[2]。さらに末尾に，その学名の命名者の名を記して*Oriza sativa* L.(末尾のL.はLinneusつまりリンネの省略形である)と表すことも多い。ヒトは*Homo sapiens* L.である。新種を記載する場合，学名とともに，可能な場合はその記載に用いた標本1個体を正基準標本(ホロタイプという)として保存することになっている。

図6　生物の分類段階

※現在の分類では，原索動物（ホヤ，ナメクジウオなど）と脊椎動物をまとめて，「脊索動物門」とすることもある。

---

①「カニス　ファミリアリス」と読む。学名はラテン語を基本としているので，語尾変化や読み方はラテン語に従っている(ラテン語はほぼローマ字に従って発音すればよい)。なお，学名はふつうイタリック体(斜体)で表される。

②種の下に亜種や品種でさらに細分化される場合もある。たとえばイネは日本の系統とインドの系統に分けられる。日本の系統は *O. sativa* subsp. *japonica* で，インドの系統は *O. sativa* subsp. *indica* と表される。

3 生物の分類

「運動する生物」を「動物」としてみると

近代分類学の創始者であるリンネは，運動するものを「動物」，運動しないものを「植物」とした。そして，植物が光合成を行うのに対し，動物は他の生物を食物として食べる。このようにとらえた「動物」には，どのようなものが入るだろうか 図7 。

脊椎動物には，イヌやネコなどのほ乳類のほか，鳥類，は虫類，両生類，そして魚類がいることはすでに学んだ。これらは，すべて脊椎をもつ点で共通している。

昆虫や海にすむエビやカニなどは脊椎がないが，かわりに体の外側を硬い殻(**外骨格**)でおおわれている。また，体が体節とよばれる多くの節からなり，肢や触角などは決まった体節から出ている。このような体節構造は，昆虫やクモ，ザリガニなどにも共通している。これらの仲間は**節足動物**としてまとめられる。

イカやタコなども脊椎をもたず，やわらかい体は外套(とう)膜でおおわれている。また，ハマグリなどの貝類は硬い貝殻をもっているが，貝の内部にあるやわらかい体が外套膜でおおわれている。これらの動物は**軟体動物**としてまとめられる。

このような，生物の体のつくりを**体制**という。無脊椎動物にはじつにさまざまな体制をもつものがあり，その共通点・相違点にもとづいて，節足動物や軟体動物などの多くのグループに分類される。その各々のグループは，たがいに著しく異なる特徴的な体制をもつ。そのため一つ一つが脊椎動物全体に匹敵する分類階層とみなされ，門として分類される。

海底にすむウニやヒトデなどは，管足という運動器官をもつ。固着生活をするイソギンチャクは，触手をすばやく動かして小魚などを捕らえる。これらも「動物」に含めなくてはならない。さらに，運動し他の生物を食べる生物には，ゾウリムシやアメーバなどの単細胞生物もいる。

図 7 さまざまな動物

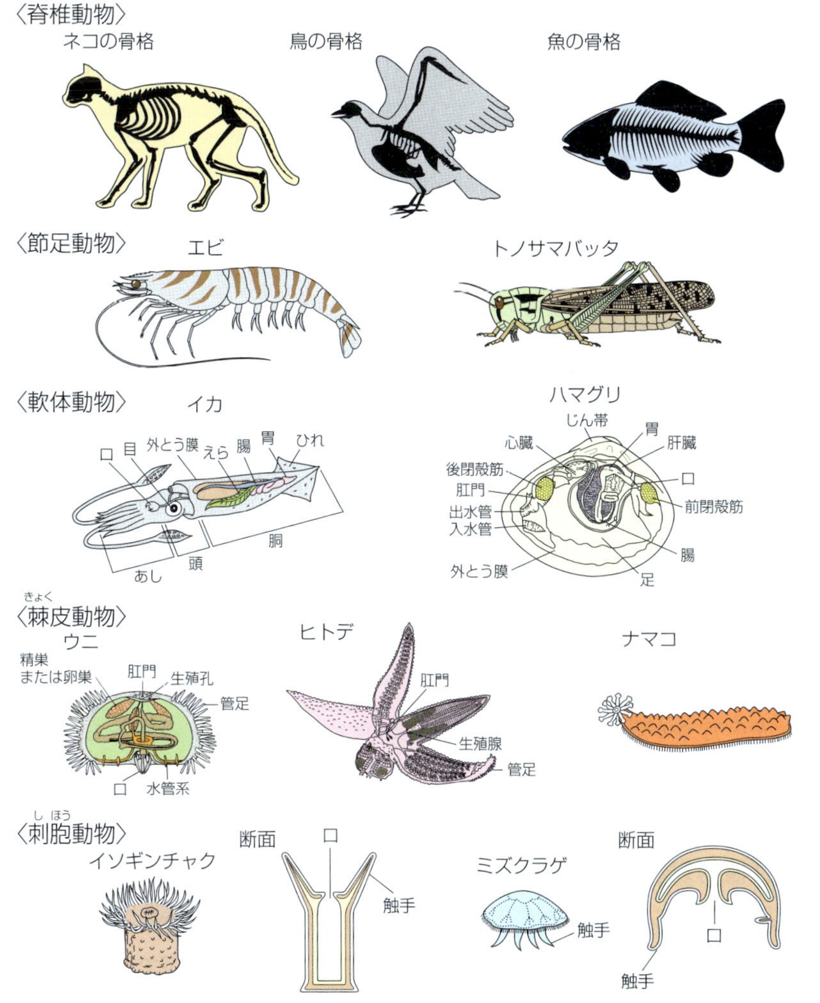

多細胞の動物にはこのほか，ミミズ，ゴカイなどの環形動物，プラナリアなどのへん形動物，ワムシやセンチュウなどの袋形動物，からだに多数の穴のある海綿動物などがある。

〈運動し捕食する単細胞生物〉（原生動物）

「運動しない生物」を「植物」としてみると

「動物」に対して，運動しない生物を「植物」としてみよう。植物は，ふつう緑色の葉をもち光合成を行う。しかし，運動しない生物の中には，菌類や細菌類のように光合成を行わないものもある。

種子をつくる植物

これまで見てきた多くの植物は生殖器官として花をもつ。そして花粉を散布して，花粉管の中の精細胞と胚珠の中の卵細胞とを受精させて種子をつくる。このようなものを**種子植物**という。

種子植物の中で，ユリやサクラ，イネなどでは，胚珠は子房に包まれ保護されている 図8 。一方，マツやイチョウ，ソテツなどは，胚珠があり種子をつくるが，胚珠はむき出しのままである 図9 · 図10 。胚珠が子房に包まれているものを**被子植物**，むき出しのものを**裸子植物**という。

種子をつくらず花もつけない植物もある

光合成を行う植物の中には，種子をつくらず花を咲かせないものもある。たとえば，日当たりの悪い湿ったところに見られるシダやコケは，光合成を行うが花を咲かせることはない。水中に生息する海藻も花をつけない。シダ植物やコケ植物，海藻などはともに，胞子のうの中に胞子とよばれる生殖細胞をつくって繁殖する。

シダ植物 図11 は根・茎・葉の区別をもち，根が吸収した水や養分は通道組織である**維管束**を通って葉などに運ばれる。このためシダ植物は，種子植物とともに維管束をもつ植物としてまとめることができる。

これに対して，**コケ植物** 図12 は維管束をもたない。根のようなもの(仮根)をもつが，水や養分は体全体で吸収しており，根・茎・葉の明確な区別はない。

陸上で生活する種子植物とシダ植物，コケ植物を，ふつう陸上植物とよんでいる。陸上植物は，繁殖の方法や維管束の有無などによって分類することができる。

図8 被子植物の受精

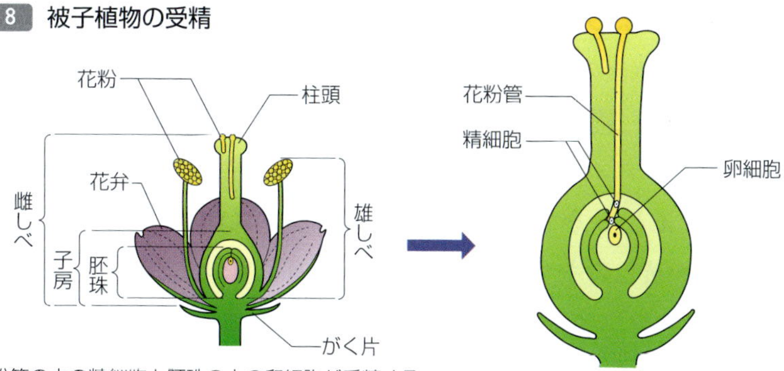

花粉管の中の精細胞と胚珠の中の卵細胞が受精する。

図9 マツの花の構造

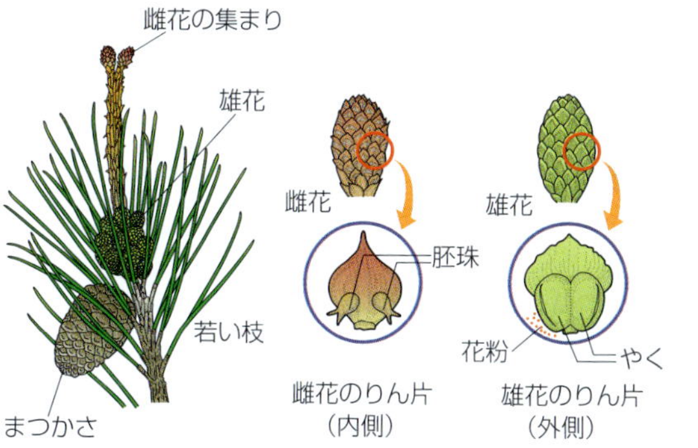

マツの花には花弁（花びら）はなく，花の中の胚珠がむき出しになっている。雄花で形成された花粉が雌花の胚珠につくと受精し，やがて胚珠は種子となる。

図10 イチョウの雌花と雄花

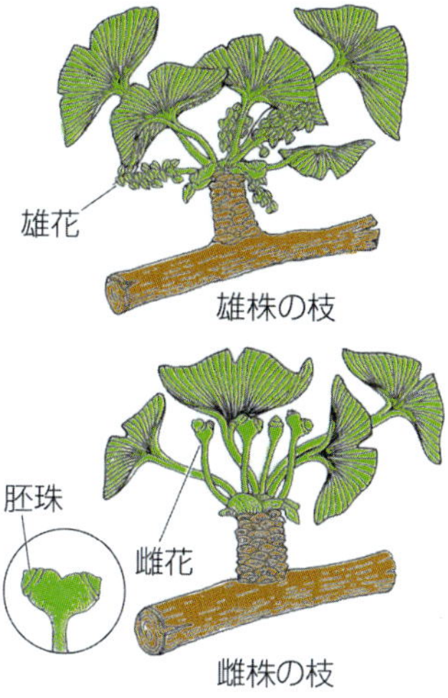

図11 シダ植物

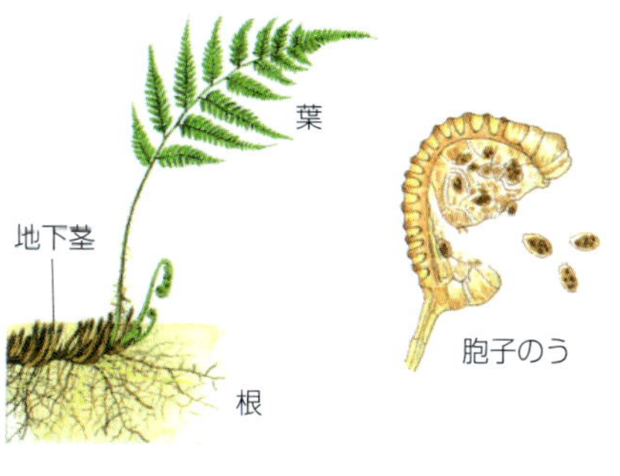

図12 コケ植物

海藻は色素によっても分類できる

海藻は光合成色素の違いなどから，**緑藻類**（アオサやアオミドロ，ボルボックスなど），**褐藻類**（ワカメやコンブ，ホンダワラなど），**紅藻類**（テングサやムカデノリなど）に分けられる。緑藻類は陸上植物と同様，クロロフィル a と b をもつが，褐藻類のもつクロロフィルは a と c であり，このほか黄色のキサントフィル類を多量にもつため褐色に見える。紅藻類は，クロロフィルは a だけをもち，その他に赤や青の色素であるフィコビリン類を多量にもつ。

海藻も胞子でふえる。また，維管束はなく水や養分を体全体で吸収している。海藻など，水中で光合成を行う生物を**藻類**という。

光合成生物は多様である

藻類には多細胞のものも単細胞のものもいる。また，海水中にも淡水中にもいる。単細胞の微細藻類は植物プランクトンとして浮遊していたり底の石に付着したりしており，魚などのえさとして重要である。

赤潮の原因となる**ケイ藻類**や**渦べん毛藻類**などは，クロロフィル a と c をもち，褐藻に似た色素構成をもつ。さらに，原核生物である**ラン細菌**も光合成生物である。

光合成を行う生物はこのように多様である。光合成生物を全部まとめて「植物」とすることもあるが，後述するように陸上植物だけを「植物」とすることもある。

運動せず光合成もしない生物

光合成を行わず，運動能力もない生物として**菌類**がある 図14。菌類は，ふつう**菌糸**という，細胞がつながった糸状の構造を伸ばして広がる。菌類には，コウジカビやアカパンカビなどの**子のう菌類**と，マツタケやシイタケなどの**担子菌類** ，さらにクモノスカビなどの**接合菌類**がある。子のう菌類と担子菌類は，菌糸どうしの接合によってできる生殖器の構造が異なり，前者を子のう器，後者を担子器という。ともに，ここで減数分裂を行って胞子を形成する。パンの製造などに利用される酵母菌は，菌糸を伸ばさない子のう菌である。

タマホコリカビなどの**細胞性粘菌** 図15 は，胞子が発芽するとアメーバ運動を行う不定形の細胞となり，細胞分裂を行って分散した後，それがまた集合して多細胞の子実体をつくる独特の生物である。

石の表面や樹木の幹などに見られる**地衣類**は，菌類とラン細菌あるいは藻類が集合体をつくり共生しているものであり，リトマスゴケやウメノキゴケなどが知られている 図16 。

細菌の多様性

細菌は原核生物で，私たちの生活と密接なつながりをもつものも多い。ヨーグルトをつくる乳酸菌や抗生物質をつくる放線菌，マメ科植物の根粒を形成する根粒菌など，人の生活に役立っているものもあるが，赤痢菌やコレラ菌，マイコプラズマ，さらには大腸菌のO157株など，病気を引き起こす菌も多い。嫌気呼吸で生育している細菌(大腸菌や乳酸菌など)や酸素発生のない光合成を行う光合成細菌，あるいは温泉などの高温の環境で生育する好熱菌など，細菌の示す生理的な特徴は多様である 図17 。

図14 菌類の体の構造

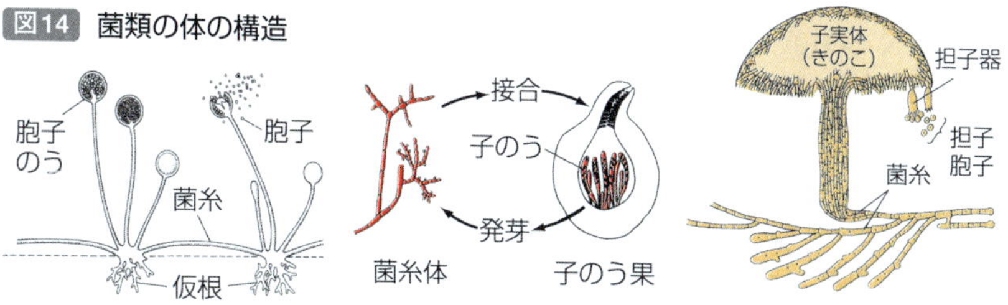

クモノスカビ（接合菌類）　アカパンカビ（子のう菌類）　マツタケ（担子菌類）

図15 細胞性粘菌の生活史

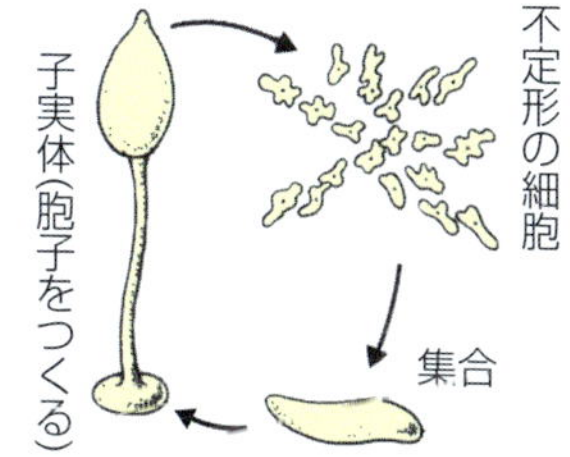

図16 地衣類

ウメノキゴケ

図17 細菌

大腸菌（×2400）

生物全体を分類する

運動性をもち従属栄養であるものを「動物」，運動性がなく独立栄養のものを「植物」として生物を分けてみると，いろいろ不都合が生じる。たとえば，菌類を植物に含めようとしても，菌類は光合成を行わないだけでなく，細胞壁の成分も植物とは異なる。また，ミドリムシや渦べん毛藻などのように，光合成を行い，べん毛により運動する生物は，どうしたらよいだろう。

動物とも植物ともつかない生物はまだまだある。細胞性粘菌は，多細胞で胞子をつくる時期と，アメーバ運動をする不定形の細胞となる時期がある(p.287参照)。また，アメーバやゾウリムシ(原生動物)は運動性をもち従属栄養ではあるが，細胞内の構造はきわめて複雑であり，他の多細胞の動物とは異なる点が多い。こうした点に注目して，ヘッケルは，単細胞生物をまとめて「原生生物」とよんだ(1866年)。

一方，細胞内の構造に着目すると，原核細胞と真核細胞とは大きな違いがある。原核細胞にはミトコンドリアや葉緑体などの細胞小器官がなく，染色体の構造も真核生物とは大きく異なり(p.237参照)，遺伝情報の転写のしくみも異なっている(p.248参照)。こうしたことから，原核生物は真核生物とまったく異なるグループに分類するのが妥当と考えることができる。

このような背景をもとに，生物全体を5つの界に分ける分類法(**5界説**)がホイタカーにより提案され(1969年)，マーギュリスがそれを発展させた。5界説では，菌類，動物とも植物ともつかない原生生物，そして原核生物のそれぞれを独立した界とする。すなわち生物は，**動物界**，**植物界**，**菌界**，**原生生物界**，**モネラ界**に分類される 図18 。

5界説は生物全体の多様性を理解するうえで便利なため，よく利用される。しかし，実際の生物の多様性は，たった5つの界にすっきり収まるほど単純ではない。たとえば原生生物界には，藻類，原生動物，細胞性粘菌などまったく異なる生物群がまとめられているが，これらの生物が必ずしも類似性が高いわけではない。また，界と界との境界線もすべての研究者で一致しているわけではない。生物の分類にはどうしても，このような見解の違いが存在することを知っておくことも必要である。

図18　5界説

B 生物の系統

カモノハシ(体長約40cm，尾長約13cm)

前節でさまざまな生物を分類してみた。しかし，中には中間的な特徴を持ち，分類しづらい生物もある。オーストラリアに生息しているカモノハシという動物は，水辺に穴を掘り，ザリガニや貝，水棲昆虫などを食べて水中で生活している。４本足と尾を持ち，からだに毛がある。しかし，卵を産む。生まれた子どもは母親の乳を飲んで育つ。あなたはカモノハシをは虫類とほ乳類のどちらに分類するだろうか。カモノハシは唯一今日まで生き残っている卵生のほ乳類なのだ。

1 生物を歴史からみる

分類と系統とは違うもの？

多様な生物を分類していくと，生物どうしの相違点とともに，生物の特徴が１つ１つ明確になる。しかし，単にそれぞれの特徴を比較してグループ分けするだけであれば，分ける基準によって分類のしかたが異なるので，結局は人為的なものにしかならない。では，多様な生物をさらに本質的な根拠に基づいて分類することはできないのだろうか。

そのためには，生物をその変遷から探究することが必要である。化石などの研究によると，生物は大昔から変わらなかったのではなく，悠久の時間をかけて，じょじょに形態や性質を変化させてきた。これを生物の**進化**という。生物は進化の過程でさまざまな種類に分化して，その結果，生物の多様性が生じたのである。したがって，現存する生物の中には，たがいに近縁のものもかけ離れたものもあるであろう。このような生物どうしの類縁関係を**系統**といい，それを樹木状に図示したものを系

統樹という 図1 。そして，生物の系統関係を推定し，それにしたがって生物を分類することを**系統分類**という。

図1 ヘッケルの系統樹

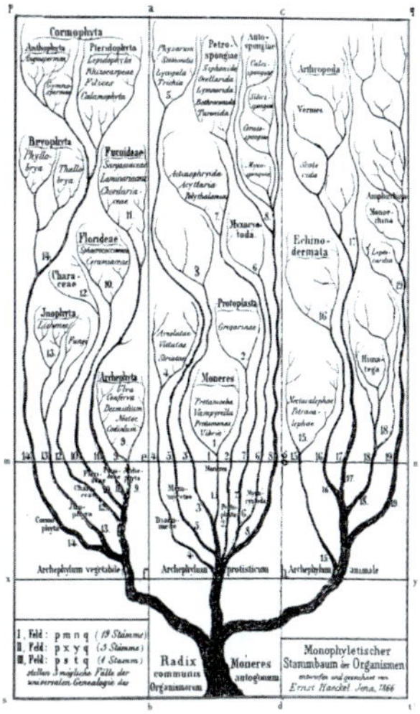

ヘッケルは，生物の多様性が進化によって生じたと考え，生物の系統をはじめて系統樹に表した。
特に発生過程に注目する考え方は現在まで受け継がれている。

参考資料

―――オーストラリアの有袋類―――

オーストラリア大陸にはコアラやカンガルーなどが生息する。その仲間に，フクロモグラや，フクロネズミ，フクロオオカミ(すでに絶滅)などがいる。フクロネズミはネズミと，フクロオオカミはオオカミとよく似ているが，どちらもカンガルーと同じ有袋類に属する。有袋類は，ネズミやオオカミなど（真獣類）とともにほ乳類に属するが，胎盤の発達が悪いため，未熟な状態で子を産み，腹部にある育児のうの中で育てる。

カンガルー

オーストラリア大陸は，遠い過去にはユーラシア大陸と陸続きであったが，その後(約２億5000万年前)に分断された（p. 321 参照）。有袋類は，陸続きだったときにオーストラリアにすみついた原始的なほ乳類が，大陸が分かれた後，独特の進化をとげたものと考えられている。

コアラ

フクロモグラとモグラのように，餌や生活形態が似ていると別の生物でも，形態的特徴が似てくる場合がある。

系統の探究

生物の系統をたどるには，化石の特徴を比較して進化の歴史をたどることが最も直接的な証拠となる。しかし，現在残されている化石は限られており，生物の系統の証拠としては十分でないことが多い。そこで，現存する生物どうしの体の構造や発生過程，生殖方法，細胞の構成成分(光合成色素など)，さらにDNA の塩基配列の比較などから，系統が推定されている。

体の構造から系統を探る

一般に，新しい時代に分化した生物どうしでは，体の構造など，たがいに共通する特徴が多いが，古い時代に分化した生物どうしでは少ないと考えられる。そのため，共通の祖先がもっていた特徴が，どのように変化して現在の生物に受け継がれているかを推定することが，系統を知る手がかりとなる。

モグラとフクロモグラの例のように，表面上の形態は環境への適応の結果似てくる場合がある(このような現象を**収れん**という)。しかし，子宮や胎盤の形態などを調べてみると，両者の違いは明らかである。

図2 は，いろいろな脊椎動物の前肢の骨格を比較したものである。これらは外見も機能もまったく異なるが，骨のつき方や数などは共通している。このように外見や機能が異なっていても，構造上同じ位置づけにあると考えられる器官を**相同器官**という。骨格の構造に共通性が見られることは，これらの脊椎動物が共通の祖先から分岐して生じたと推定する根拠となる。

発生過程から系統を探る

図3 は，脊椎動物の発生初期の胚の様子である。ヒトの胚も，発生初期には尾をもっていることがわかる。成体はそれぞれ異なった特徴をもっていても，発生初期にはよく似ていることは，これらの生物が共通の祖先から分岐して生じたものであることの根拠となる。

棘皮動物のウニと脊椎動物のカエルの発生過程を比べてみると，どちらも胞胚という中空の構造を形成した後，原腸が陥入して原腸胚ができる 図4 。このように共通の発生過程をへるということは，ウニもカエルも共通の祖先から分岐して生じたものである可能性を示す。胞胚をへて原腸胚となる過程は，軟体動物や節足動物などさまざまな動物に共通して見られる。

図2 脊椎動物の前肢

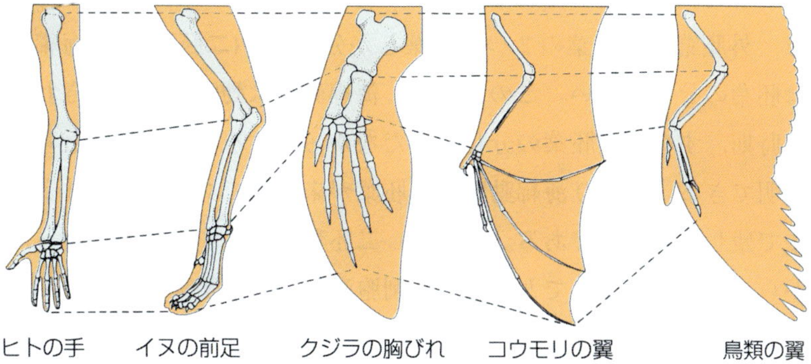

脊椎動物の前肢を比較すると，形や機能は異なるが，基本構造は同じであることがわかる。

図3 脊椎動物の初期発生

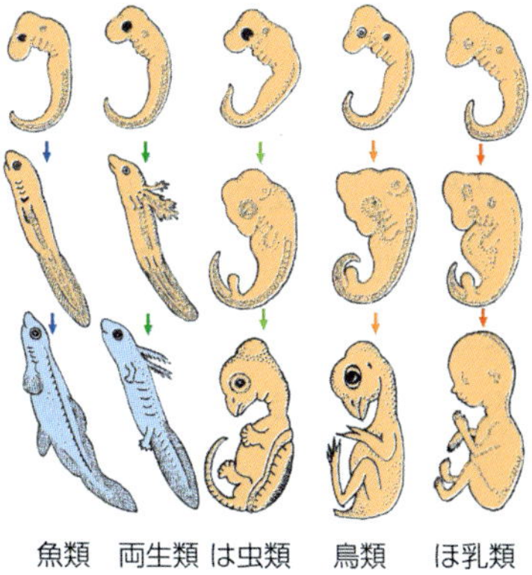

脊椎動物の発生を比較すると，胚の形態や構造が発生初期ほどよく似ていることがわかる。

図4 胞胚と原腸胚

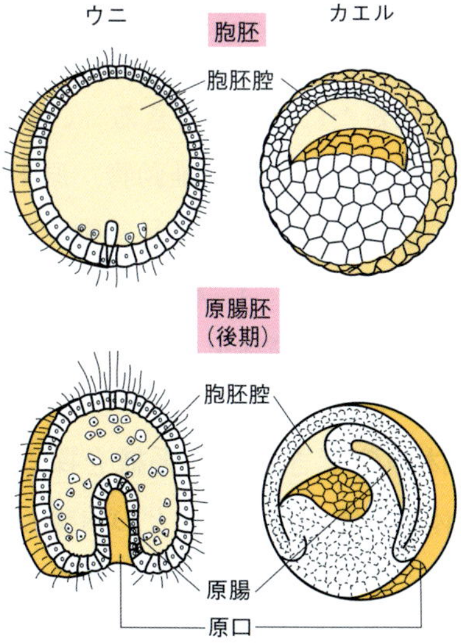

2 動物の系統

胚葉の分化から系統を探る

動物の発生過程を見てみると，ヒトやカエルなどの脊椎動物，ウニなどの棘(きょく)皮動物では，外胚葉，中胚葉，内胚葉の３つの細胞群が分化して形態形成が起こる(**三胚葉性**)。このことは節足動物や軟体動物，環形動物などにも共通する。しかし，クラゲやイソギンチャクなど(刺胞動物)では，外胚葉と内胚葉の２つの胚葉しか分化せず(**二胚葉性**)，海綿動物では胚葉の分化がない。このことは，海綿動物は動物の進化のきわめて早い時期，すなわち胚葉の分化がまだなかったころに分岐したと考えると説明できる。つまり海綿動物は，胚葉が未分化であるという性質を現在まで残しているのである。そして，二胚葉に分化するようになったものから，二胚葉のままでとどまった刺胞動物と，三胚葉性の動物が分かれたと考えられる。

口と肛門のでき方から系統を探る

ウニやカエルなどでは，原腸はやがて原口の反対側へ貫通し，そこに新たに口ができる。そして原口は肛門になる。このような動物を**新口動物**という。しかし，節足動物や軟体動物などでは，原口が口となり，反対側に新たに肛門ができる。このような動物を**旧口動物**という。

新口動物には，脊椎動物，原索動物(ホヤなど)，棘皮動物などが含まれ，旧口動物には，節足動物，軟体動物，環形動物(ミミズなど)，袋形動物(ワムシなど)，扁形動物(プラナリアなど)などが含まれる。このことから，三胚葉性を獲得した動物の祖先が，その後で２つの系統に分岐したと考えられる。

体腔のでき方から系統を探る

体の外壁と消化管などの内臓との間の空間を**体腔**という。ウニやカエルなど新口動物では中胚葉が形成されてから，中胚葉に囲まれた空間として体腔が形成される。このような体腔を**真体腔**という。旧口動物には，環形動物，軟体動物，節足動物など真体腔が形成されるものもあるが，扁形動物や袋形動物などでは，外胚葉と原腸の間の空間，すなわち卵割腔(胞胚腔)がそのまま体腔になる(**原体腔**)。

脊索の形成

脊椎動物の脊索は成体では痕跡程度まで退化するが，発生初期には神経管を誘導する重要な器官である。ナメクジウオ(原索動物)は成体に脊索をもつ。このことは脊椎動物と原索動物が近縁であることを示している。ホヤは，ナメクジウオと外形が大きく異なるが，おたまじゃくし形の幼生期には脊索をもっている 図6 。

図5　動物の系統

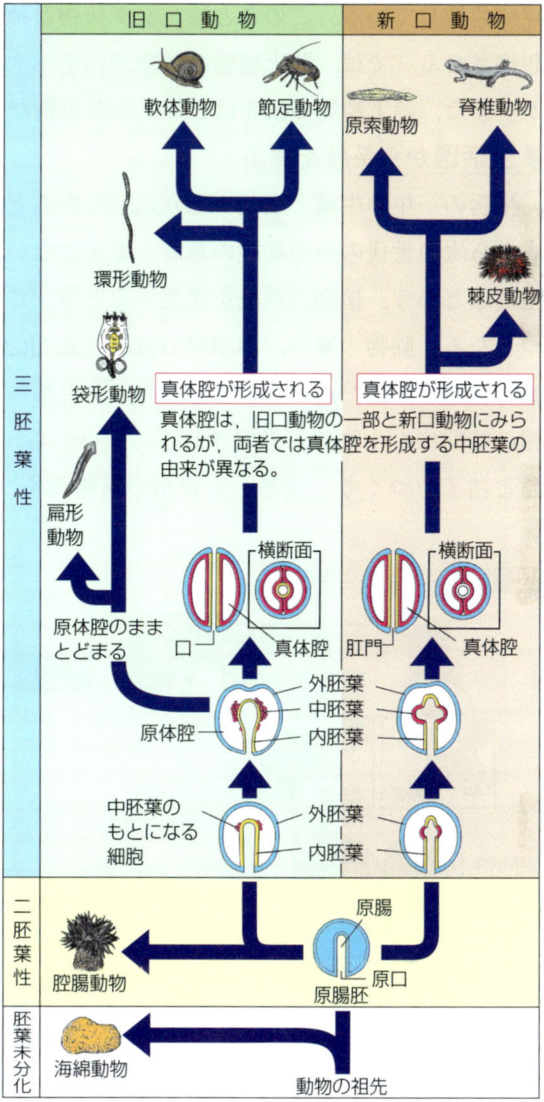

図6　ホヤの幼生と成体

幼生(長さ約2mm)

成体(マボヤ，高さ約15cm)

3 植物の系統

陸上で生活する植物(種子植物，シダ植物，コケ植物)の中で，種子植物とシダ植物はともに維管束をもち，根・茎・葉が分化しているという点で共通している。このことは，シダ植物と種子植物が近縁であろうと想像させる。では，陸上植物の類縁関係を示す根拠は他にもないだろうか。また，陸上植物の祖先はどのような生物だったのだろうか。

生活環から系統を探る

生物の一生を生殖と成長のくり返しであるととらえて，生殖細胞の形成から次の世代の生殖細胞の形成までをつないで環の形に表したものを**生活環**という。植物の系統を探究するとき，この生活環が手がかりの1つとなる。動物の場合，体細胞の核相は複相($2n$)であり，単相(n)の時期は卵と精子の間だけである。しかし，シダ植物やコケ植物などでは，単相の時期にも生物体が形成される。すなわち，単相の植物体(**配偶体**)が卵と精子をつくり，受精して複相の植物体をつくる。複相の植物体(**胞**

図7 シダ植物の生活環

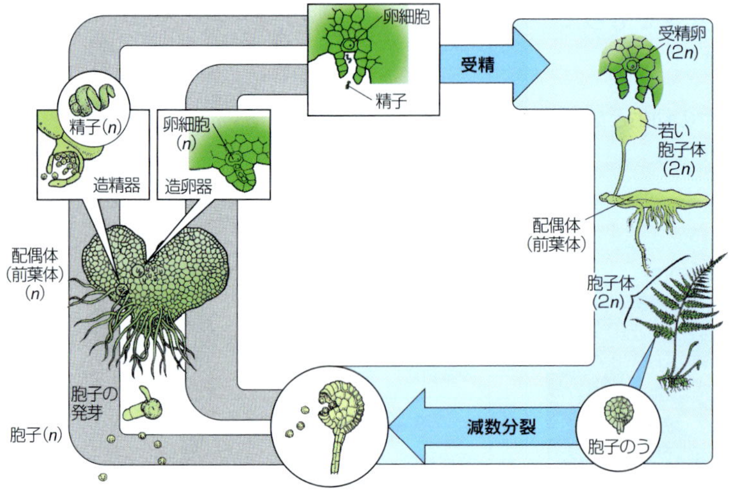

子体)は減数分裂を行って胞子をつくり，胞子から配偶体が生じる。このように配偶体が配偶子をつくり有性生殖を行う世代(配偶世代)と，胞子体が胞子をつくり無性生殖を行う世代(胞子世代)がくり返されていく。これを**世代交代**という。

●シダ植物の生活環　私たちがふつう目にするシダ植物の本体は胞子体($2n$)である。葉の裏側にある胞子のうで減数分裂が起こり，胞子(n)がつくられる。胞子は発芽すると，**前葉体**という小さな植物体となる。これがシダ植物の配偶体(n)である。前葉体は造卵器に卵(n)，造精器に精子(n)をつくり，水があると精子は泳いで造卵器にたどり着き，受精する。受精卵($2n$)は発芽して胞子体になる 図7 。

●コケ植物の生活環　一方，コケ植物では，葉のように見える本体が配偶体(n)である。雄株のつくる精子と雌株のつくる卵が受精すると，受精卵は配偶体の上にとどまったまま発芽して胞子体($2n$)となり，胞子のうの中で減数分裂を行って胞子をつくる。このようにコケ植物では胞子体があまり発達せず，配偶体に従属して生活している 図8 。

図8　コケ植物の生活環

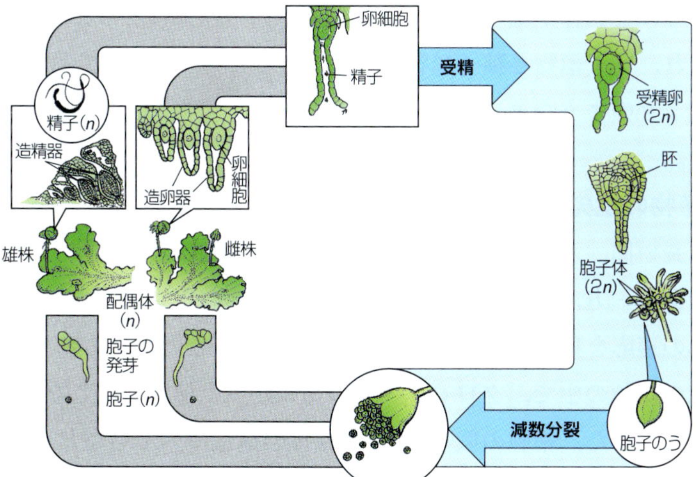

種子植物にも世代交代のなごりがある

種子植物には世代交代はないのだろうか。種子植物の系統を明らかにする上で，平瀬らによるイチョウとソテツの精子の発見は重要であった。イチョウやソテツは春に花粉が雌花の花粉室についた後，秋に花粉管をのばし，そこに精子が生じる。花粉から精子が生じることから，花粉は雄性配偶体に相当すると考えられるようになった。また，卵が生じるのは胚のう内であることがわかり，胚のうが雌性配偶体に相当すると考えられるようになった。

種子植物のふつう見られる植物体は複相であるから胞子体と考えられるが，胞子に相当するものがあるだろうか。

種子植物の減数分裂は，若い花粉の中の花粉母細胞と，胚珠の中の胚のう母細胞で起こる 図9 。その結果，花粉母細胞からは**花粉四分子**(n)が，胚のう母細胞からは**胚のう細胞**(n)が生じる。そして，花粉四分子のそれぞれ 1 個から 1 個の花粉(n)が，胚のう細胞 1 個から 1 個の胚のう(n)がつくられる。このことから，花粉四分子と胚のう細胞はそれぞれ，雄性胞子と雌性胞子に相当すると考えられる。

このように考えると，種子植物は陸上の乾燥に適応するためシダ植物よりもさらに配偶体が縮小し，配偶体が胞子体の内部にとどまったものと考えられ，シダ植物と種子植物が近縁であるという考えを支持する。

実際，シダのような葉に種子をつけるシダ種子植物が，化石から知られている。

陸上植物の祖先は緑藻である

生物は長い間，水中で生活してきた。光合成生物にとって陸上は，光が豊富である一方，乾燥に耐えなくてはならない。藻類の中のあるものが乾燥への適応を獲得した結果，陸上植物が出現したと考えられている。

多細胞の藻類の中で，クロロフィルの種類が陸上植物と同じなのは緑藻類である。また，細胞の微細構造（葉緑体の構造やべん毛など）を比較しても，陸上植物と近いのは緑藻類である。これらのことから，陸上植物と近縁なのは緑藻類であると考えられる。さらに緑藻類の中では，細胞分裂の特徴や酵素の比較などから，陸上植物に最も近縁なのはシャジクモの仲間であると考えられている 図10 .。

図9 被子植物における配偶体と配偶子の形成

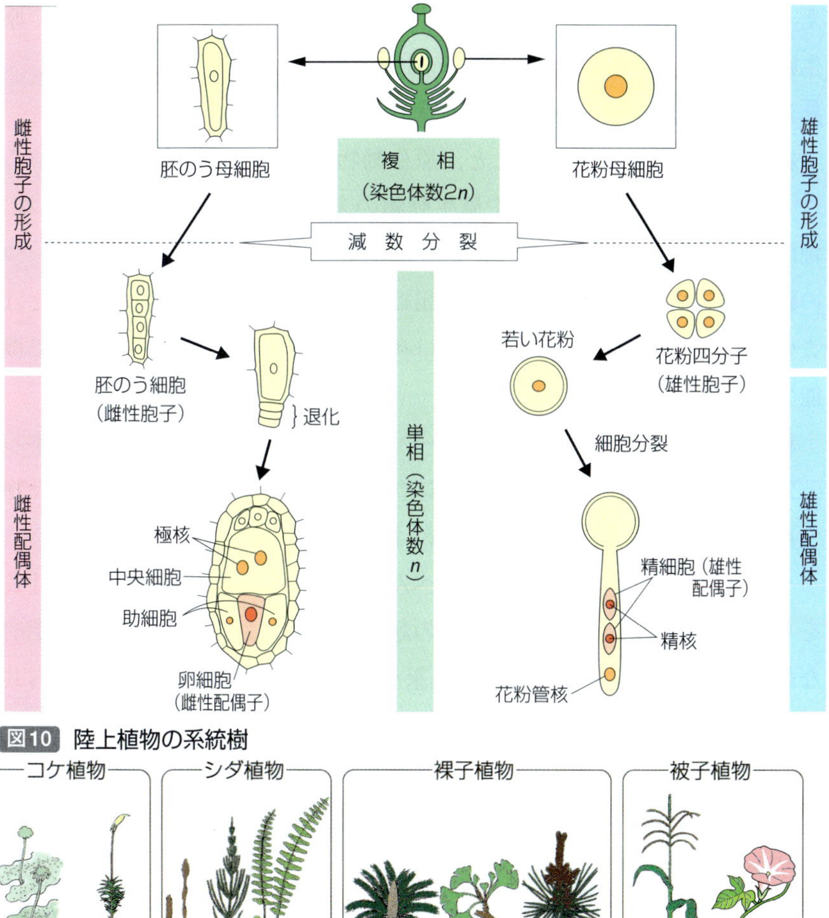

図10 陸上植物の系統樹

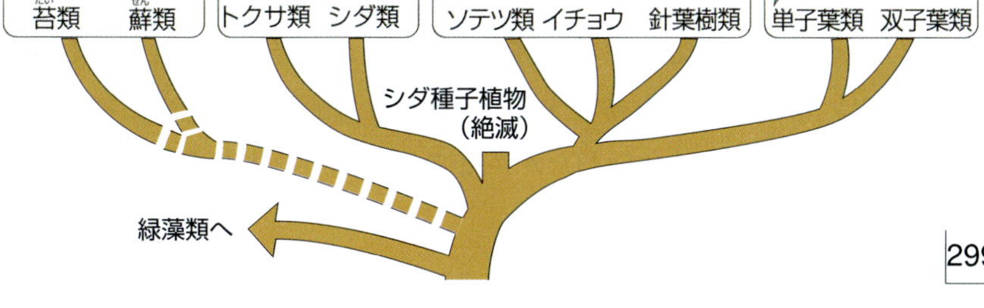

4 動物でも植物でもないもの

これまで見てきたように，脊椎動物から海綿動物までの多細胞動物，および陸上植物と緑藻類は，それぞれ共通の祖先から生じた生物群と考えられる。すると，ここまでに登場しなかった生物(菌類や粘菌類，原生動物，緑藻類以外の藻類)の系統関係はどうなっているのだろうか。

細胞構造の違いなどから系統を探る

細菌が原核生物であることと，原生動物の細胞内構造が発達していることはすでに学んだ。細菌や原生動物の多くは単細胞で生活している。細胞がつながっているものでも群体を形成しているものでも，一つ一つの細胞はふつう同じ性質を示す。組織や器官が分化した多細胞生物とはこの点が異なっている。原生動物は多細胞化することなく，細胞内で機能分化したものと考えられる。

粘菌類は生活環の一時期にアメーバとなり，胞子を形成して繁殖する(p.287参照)。アメーバは原生動物に含まれることから，粘菌は原生動物と菌類の両方の性質をもっているわけである。

べん毛運動を行う微細藻類は，べん毛があるなど原生動物と似た性質をもつが，光合成を行う。葉緑体の起源については，ラン細菌が原始的な細胞内に入り込んで共生した結果生じたと考えられている(細胞内共生説，p.307参照)。ケイ藻類や褐藻類，渦べん毛藻類などは，葉緑体の膜などの構造が緑藻類や陸上植物と異なることが知られている。ケイ藻類や褐藻類，渦べん毛藻類などの葉緑体は，種子植物の葉緑体と異なる系統かも知れない①。

核酸の塩基配列で系統が明らかになる

タンパク質のアミノ酸配列や核酸の塩基配列が解析できるようになってからは，その配列の比較から生物の系統をさらに詳しく解析できるようになった。ある遺伝子を構成するDNAの塩基配列を2種の生物間で比較すると，多くの塩基は同じだが，ところどころで塩基が異なっている。その違いの程度が小さいほど，2種の生物は近縁であるはずである。この比較をコンピュータを用いて多くの生物で調べることにより，形態などからは明確にわからなかった生物の系統関係が明らかになりつつある図11。

ウーズらは，リボソームを構成するRNAの遺伝子の塩基配列を用いて原核生物の系統を調べた。それによると，原核生物は大腸菌やラン細菌などのグループ(**真正細菌**)と，好熱性細菌や好塩性細菌など(**古細菌**)の2つの系統に分けられることが明らかになった。そして，古細菌のほうが真核生物に近縁であることも判明してきている図12。

図11 真核生物の分子系統樹の例

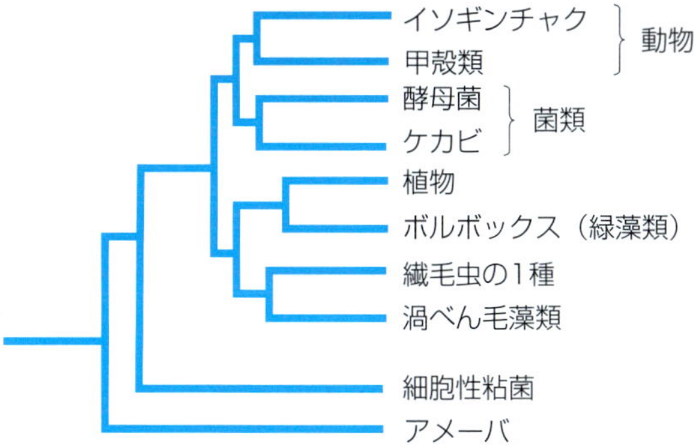

リボソームをつくるある遺伝子（すべての生物に共通する）を比較して得られた系統樹。このように分子の比較にもとづく系統樹は分子系統樹とよばれている。動物，菌類，植物はそれぞれまとまった系統となるが，原生生物の系統は比較する分子によって順序が異なり，確定していない。

図12 RNAにもとづく生物の系統関係

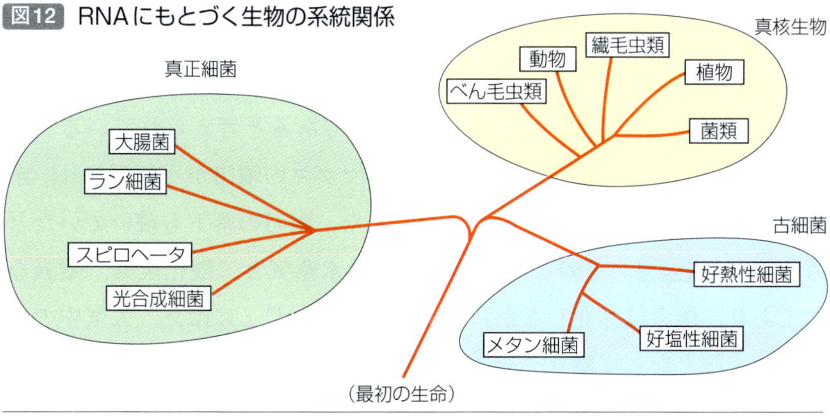

①クロロフィル *a* と *c* をもつ褐藻類やケイソウ類などの葉緑体が，クロロフィル *a* と *b* をもつ緑藻類や陸上植物などの葉緑体と別の系統であるという考えが最近有力である。

C 生物の変遷

コハクに閉じ込められた約3000万年前のカマキリ

宇宙には，地球と同じように生命活動が行われている惑星がどのくらいあるだろうか。かつて火星にも生命が存在した可能性が見い出されている。しかし，たとえ存在したとしても，細菌などの下等な生物のみであったかも知れない。

地球にはさまざまな生物が現れ，消えていった。現在はヒトが繁栄している。変遷してきた生物の歴史を知ることにより，生物のもろさとたくましさを理解できたら，すばらしいことである。

1 生命の起源

生物をつくる有機物の起源

現在の生物体を構成するタンパク質や核酸などの有機物は，ほとんどすべて生物によってつくられたものである。しかし，有機物は宇宙空間にも存在する。地球に落下してくる隕(いん)石からも，アミノ酸などの簡単な有機物が検出されている。

地球の誕生は，今からおよそ46億年前であると考えられている。誕生したばかりの地球は高温で，内部からマグマの噴出がくり返され，宇宙からは紫外線が降りそそいでいた。また，隕石の落下も続いていたと考えられる 図1 。そのころの大気組成は水蒸気と二酸化炭素，窒素などであり，酸素は存在しなかった。地球はじょじょに冷え，大気中の水蒸気は大雨となって降りそそぎ，海ができた。高温の海の中で有機物がつくられて少しずつ蓄積したであろう。やがて，遺伝情報の担い手となる核酸や，酵素作用をもつタンパク質など，生物体のもとになる物質が生成されていったと考えられている。この過程を**化学進化**という。

こうした物語を支持する実験結果が，1953年，ミラーによって示された。ガラス製の密封した容器に原始地球の環境を再現した実験である 図2 。フラスコに水を入れ，真空ポンプで空気を抜いた後，当時原始大気の成分と考えられていた水素，アンモニア，水蒸気でフラスコを満たした。その中で，火花放電させながらフラスコの水を沸騰させて循環させたところ，約1週間後にはアミノ酸などの有機物が検出された。その後，多くの科学者が別の組成の混合気体で実験し，ATPや核酸の構成成分であるヌクレオチドも合成されることが示された。

また，水中で条件が整えば有機物の分子が粒子状の集合体(**コアセルベート**)になることがある。コアセルベートはひとりでに分裂したり周囲と物質の出入りを行う性質がある。オパーリンは，このようなものが後に細胞へと進化したのであろうと考えた。

図2 ミラーの実験

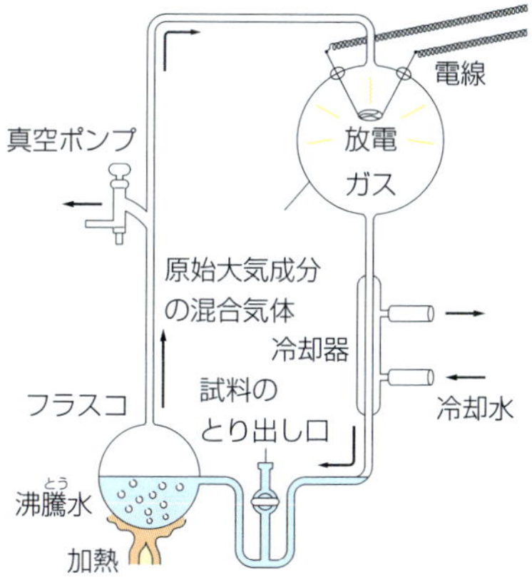

図1 原始地球の想像図

誕生して間もないころの地球は高温で，表面はマグマの海におおわれていた。

2 初期の生物進化（細胞の進化）

生命の誕生

核酸はヌクレオチドが多数結合してできる。しかし，その反応には触媒となる物質が必要である(細胞内ではDNAポリメラーゼやRNAポリメラーゼなどの酵素が存在する。p.238, 244参照)。一方，タンパク質は核酸の情報をもとにつくられる。では，核酸とタンパク質のどちらが先にできたのだろうか。

この問題については，RNA自身が触媒作用をもつという発見によって，まずRNAが原始の海の中で自己増殖し，それが生命の起源となったとする説がある。RNAは紫外線などの影響を受けて変化しやすい。そのためアミノ酸を結合するもの，さらにはタンパク質をつくるものまで現れたであろう。RNAが自己増殖やタンパク質の合成をくり返す中で，やがて，より安定な分子であるDNAが遺伝情報を担うようになったと考えられている。DNAは安定であるだけでなく二重らせん構造をもち，同じ情報を複製しやすい。一方，脂質による膜がつくられてDNAやタンパク質と組み合わさって，やがて原始的な細胞の誕生につながったと想像される。生命誕生の過程はまだまだ不明な点が多いが，このようにして原始地球の環境のもとで，生命は無生物から誕生したと

図3 RNAからDNAへ

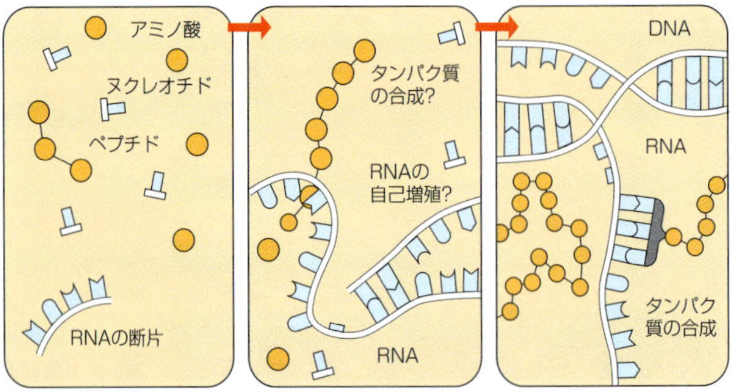

原始の海の中でアミノ酸やヌクレオチドが合成され，しだいにRNAやペプチドができたであろう。そしてRNAの中で自己増殖するものやタンパク質を合成するものが現れたであろうと想像されている。やがて，より安定な分子であるDNAが遺伝情報を担うようになったと考えられる。

考えられている 図3 。

生命の誕生は約40億年前ごろにさかのぼると考えられている。それは，生物の痕跡を示すと考えられる最古の化石がグリーンランド沖の島にある約39億年前の地層から発見され，また，生命と考えられる最古の化石が西オーストラリアのピルバラ地方の約35億年前の地層から発見されているからである 図4 。

図4 最古の生命化石

現在見つかっている生命と考えられる最古のものである。(×1500)

最古の生命は熱水噴出孔近くで生まれた

最初の生命は，周囲の有機物を分解してATPを合成する従属栄養の細菌だったと考えられてきた。しかし近年になって，最古の生命化石を含む岩石が深海底の熱水噴出孔付近で形成されたものであることがわかった。現在でも深海の熱水噴出孔付近に古細菌が生息しており，硫化水素を酸化して得たエネルギーでATPをつくる。このことから，最初の生命は硫化水素やメタンなどを酸化してATPを得ていた独立栄養の細菌であろうという説も出されている。

光合成生物が地球環境を変えた

嫌気性の代謝を行う生物は，海中の有機物を利用していたと想像される。やがて海中の有機物は消費されて少なくなった。あるとき，光エネルギーを利用してATPをつくる光合成細菌(p.215参照)が出現し，さらに，酸素を発生するラン細菌へと進化した(**光合成系の発達**)。

ラン細菌が放出した酸素は，海水中でまず鉄イオンと反応し酸化鉄の沈殿をもたらした。世界各地に見られる縞(しま)状鉄鉱床はそのとき

図5 ハマスレー鉄鉱山（縞状鉄鉱床が一面に地面に露出している）

図6 現生のストロマトライト

に形成されたと考えられる 図5 。ラン細菌による酸素の放出はさらに続き，海水中に酸素が溶けた状態(好気条件)をつくり出した。そして，溶けきれなくなった酸素は大気中へと放出されていった。

ストロマトライトは，ラン細菌が砂などと一緒に固まり，ラン細菌の増殖とともにゆっくりと肥大したかたまりである。約27億年前から19億年前ころにはストロマトライトが世界各地の浅い海に分布していたことが化石からわかっている。西オーストラリアのシャーク湾では現生のストロマトライトが発見されている 図6 。

好気条件で生きられる生物の誕生

水中の酸素濃度の上昇 図7 は，嫌気条件で生育していた生物にとっては生命にかかわる重大な問題であったと思われる。酸素は反応性に富むため，細胞の中の多くの物質が酸化され，生命活動の機能が壊れてしまう可能性があるからである。ラン細菌が引き起こしたこの地球環境の変化によって，多くの原核生物が生存できなくなったと考えられる。しかし，新しい環境に適応し，むしろ積極的に酸素を利用してエネルギーを得る細菌(好気性細菌)が現れた(**好気呼吸の誕生**)。

酸素の増加とオゾン

大気中の酸素に紫外線が当たると，その一部はオゾン(O_3)に変化する。紫外線はその一部がDNAを損傷し生物には有害であるが，オゾンは紫外線を吸収する性質がある。大気中の酸素の増加にともなって，上空にオゾンが少しずつ蓄積されていったであろう。はるか後の時代になって生物は陸上へと活動の範囲を広げることになる(p.310参照)。もし上空にオゾンが存在しなかったなら，陸上は生物が生存できる環境にはならなかったであろう。

真核生物の出現

好気性細菌の誕生に続いて，生物にもう１つの大きな進化が起きた。真核生物の出現である。このころの海に生息していた細菌の中には，おそらく食作用により他の細胞を取り込み，それを消化してエネルギーを得ていたものがあったであろう。いつしか，好気性細菌が取り込まれたまま消化されずに残って細胞の一部となり，細胞質から養分を吸収し，つくり出した物質(ATPなど)を放出するように変化した。これがミトコンドリア誕生の過程と考えられている(**細胞内共生説**)。同様に，ラン細菌が他の細胞に取り込まれ，細胞の一部となったのが葉緑体と考えられている 図８ 。ミトコンドリアと葉緑体はふつう２枚の膜に囲まれ，その中に環状のDNAが存在する。ところで，細胞膜は小胞体や核膜とつながっている。真核細胞のこれらの膜構造は，原核細胞の細胞膜が突き出たり内側に落ち込んだりしてつくられたと考えられている(**膜説**)。このようにして真核生物が現れたと考えられている。

図７ 大気中の酸素と二酸化炭素の濃度変化

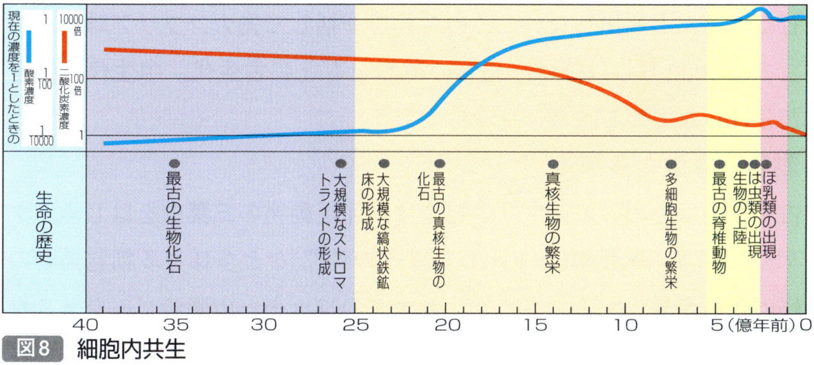

図８ 細胞内共生

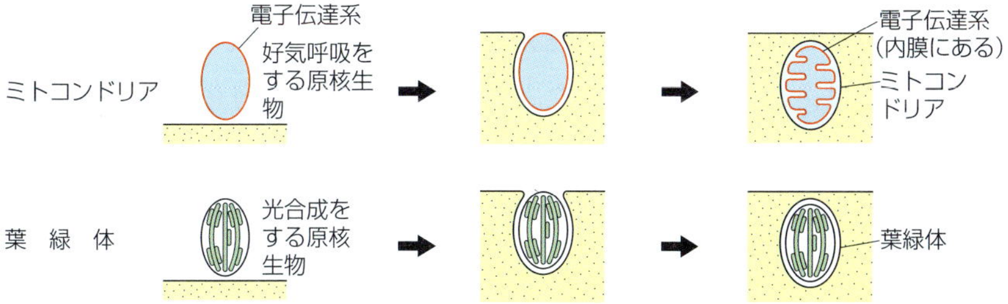

3 生物の進化と多様化（古生代の生物）

多細胞生物の登場

現在化石から知られる最古の多細胞生物は，オーストラリアのエディアカラで見つかった約6億年前から5億4000万年前の地層のものである。この化石生物は**エディアカラ生物群**とよばれ，今日のクラゲやウミエラ(刺胞動物)とよく似た化石が見いだされている 図9。

地質時代

5億4000万年前ころになると，殻や硬い骨格をもった無脊椎動物が現れた。こうした生物は，これまでの柔らかい体の生物と異なり**化石**として残りやすい。このため，これ以降の時代は生物の変遷の様子を化石から知ることができる。

生物の変遷にともなって化石の種類も変化する。化石の種類をもとに過去の時代を区分することができ，こうして分けられた時代区分を**地質時代**という 表1。5億4000万年前より以前は，少数の例外をのぞいて化石はほとんど産出しない。この時代を一括して**先カンブリア時代**という。5億4000万年以降は，化石の種類をもとに**古生代**，**中生代**，**新生代**と分けられている。

動物の急激な多様化

古生代のはじめのカンブリア紀には，節足動物の**三葉虫**をはじめ，クラゲやサンゴ，腕足類(シャミセンガイの仲間)など多様な多細胞動物の骨格の化石が見つかる。さらに，カナダのロッキー山脈のバージェス頁(けつ)岩という地層からは，現在の動物のどれにも似ていない奇妙な体制のものを含む多様な動物の化石が発見されている(**バージェス動物群**, 図10)。その中には，三葉虫を捕食したと考えられる大形の肉食動物アノマロカリスや，脊椎動物の祖先と考えられているナメクジウオに似た生物ピカイアも見られる。この時代には動物の急激な多様化が起きたと考えられ，カンブリア大爆発といわれている。しかし古生代の後半には，これらの大半が絶滅した。

脊椎動物の出現

古生代のはじめ，ヤツメウナギの仲間(無顎(がく)類)である原始的な魚類(甲冑(かっちゅう)魚類)が現れた。魚類は硬い脊椎に支えられた体で泳ぎ回り，生育場所の環境やえさなどに合わせて多くの種に分かれていった。このように，１種類の生物が異なる環境へ生息地域を広げながら多数の種類に分かれていく現象を**適応放散**という①。

表1 地質時代の一覧表

地質時代			年前(100万)
顕生代	新生代	第四紀	
			1.7
		第三紀	
			65
	中生代	白亜紀	
			143
		ジュラ紀	
			212
		三畳紀	
			247
	古生代	ペルム紀	
			289
		石炭紀	
			367
		デボン紀	
			416
		シルル紀	
			446
		オルドビス紀	
			509
		カンブリア紀	
			540
先カンブリア時代			

化石に残された主な生物

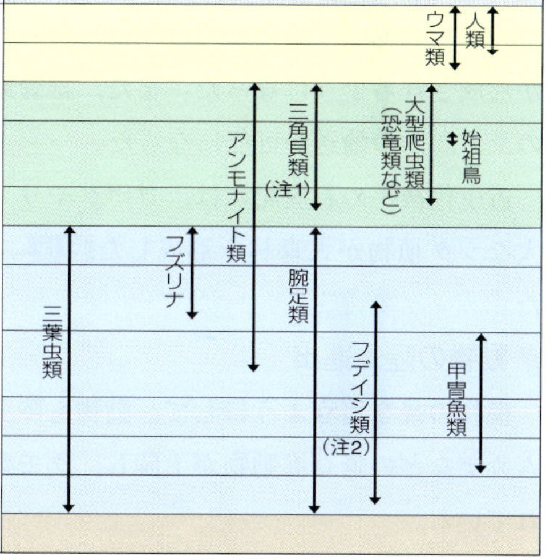

（注1）中生代に栄えた特徴的な形の二枚貝。（注2）主に羽根ペン状または枝状の特徴的な形をした海生の化石動物

図9 エディアカラ生物群

図10 バージェス動物群

①ガラパゴス諸島のフィンチやオーストラリア大陸におけるほ乳類はその一例である。

植物の陸上進出

大気中の酸素濃度が上昇すると，酸素は大気の上層部で紫外線を受け，オゾンが生じる。古生代の中ごろになると，酸素濃度が十分高くなって上空には**オゾン層**が形成され，生物に有害な紫外線を吸収していたと考えられる。

この地球環境の変化を背景にして，淡水性の緑藻類の中から陸上へ進出したものが現れた。この最初期の陸上植物の化石としては，シダ植物のマツバランに似たリニアなどが知られている 図11 。この段階ではまだ，発達した葉は見られなかった。

陸上での乾燥に耐えるため，植物の表面にはクチクラが発達し，気孔が形成されるようになった。また，維管束を獲得したことで，水や養分の上方向への輸送が可能になった。

古生代後半の石炭紀には，ロボクやリンボク，フウインボクなどの巨大なシダ植物が大森林を形成した 図12 。そして，針葉樹の仲間も現れた。

動物の陸上進出

植物の後を追うようにして，動物も陸上へ進出した。最初はサソリやムカデなどの無脊椎動物が上陸し，クモ類や昆虫類へ進化したと考えられている。

参考資料

化石燃料

古生代の石炭紀は，温暖で湿潤な環境であった。そのため高さ数10mにも達する木生シダ類が大森林をつくって繁茂した。それが地中に埋まり，炭化したものが石炭である。また，石油も，海底や湖底などで堆積した生物の死骸が地熱や地圧の作用で変化したものと考えられている。

石炭紀の想像図

脊椎動物では，魚類の中から，ひれで水辺をはうものや，肺(うきぶくろと相同器官である)で呼吸するものが現れ，両生類へと進化した 図13 。古生代の後半には，適応放散した両生類の中から，は虫類が出現した。

図11 リニア

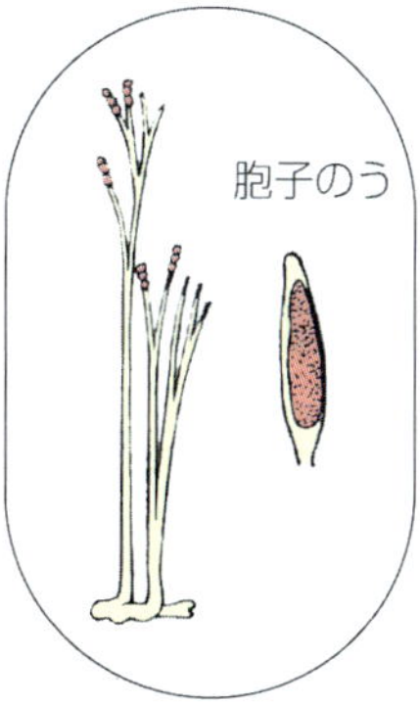

最初期の陸上植物（シダ植物のマツバランの仲間）

図12 古生代の巨大シダ

図13 動物の上陸

ユーステノプテロン（古生代デボン紀のシーラカンスのなかま）

ディプテルス（古生代デボン紀の肺魚のなかま）

a. これらの魚類のあるものから，両生類が現れた

c. **ユーステノプテロンの生活の想像図** ひれはじょうぶで，川岸に上がって体を支えることができたと考えられる

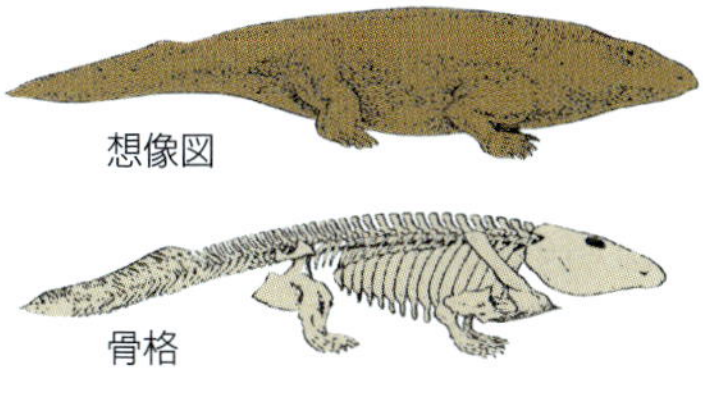

b. **イクチオステガ** 古生代デボン紀の最初の両生類

d. **古生代の魚類と両生類の前肢の比較**

4 中生代の生物

海にアンモナイトが繁栄した

今から約２億5000万年前に，地球全体で生物の大規模な絶滅があった。これを境に生物の種類は大きく変わり，中生代に入る。

中生代に入ると，浅い海では**アンモナイト**が繁栄した。アンモナイトはオウムガイに似た殻をもつ頭足類(タコやイカの仲間)である 図14。アンモナイトには殻の形が異なるさまざまな種が知られている。その化石の種類数を中生代を通して見ると大きく変動している。種類数が減少したのは多くの種が絶滅したからであり，種類数が急増したのはアンモナイトの適応放散が起きたためである。アンモナイトの種類数の変化は，海水位の変動による浅い海の面積の変化が原因と考えられている。

裸子植物とは虫類の時代

陸上に目を向けよう。中生代の初めには，古生代から続いて木生シダ植物が森林を形成していたが，しだいに針葉樹やイチョウなどの裸子植物が繁栄するようになった。中生代の初期には原始的なは虫類が森林に生息していたが，裸子植物が繁栄する頃になると，**恐竜**とよばれる大型のは虫類が適応放散した 図15。恐竜は多様な種類に分かれ，草食のものも肉食のものもいた。恐竜の中には，群れで行動するものや巣をつくって子育てするものもいたと考えられている。さらに中生代には，は虫類は驚くべき多様化をとげ，海中を泳ぐように適応したものや，前肢を翼に進化させ空中を飛ぶものもいた。

ジュラ紀から白亜紀にかけて，恐竜の中から鳥類が進化した。恐竜と鳥類の中間の特徴をもつ化石としては**始祖鳥** 図16 が知られているが，その後，鳥類への進化のさらに初期段階にあると考えられる恐竜(**中華竜鳥**) 図17 や，くちばしが形成された初期の鳥類である**孔子鳥**の化石が中国で発見されている。

ほ乳類は，中生代の三畳紀には虫類のキノドンの仲間から出現していたが，まだ体は小さかった。

中生代の終わりには気候が寒冷化し始め，恐竜の好んだ裸子植物にかわって被子植物が栄えるようになった。恐竜はしだいに衰退し，約6500万年前アンモナイトとともに絶滅した。ちょうどそのころ，直径約10kmの巨大隕石が地球に衝突したことがわかっており，これが恐竜などの絶滅の原因と考えている人もいる。

図14 アンモナイト

左：化石(直径約10cm)
右：生きていた頃の想像図

図15 恐竜の繁栄(中生代ジュラ紀の想像図)

左手の後足で歩いている恐竜(アロサウルス)は全長約12m，沼にいる首の長い恐竜(ブラキオサウルス)は全長約25mにも達するものがいた。

図16 始祖鳥(想像図)

全長約40cm。全身を羽毛におおわれているが，かぎ爪や歯など，は虫類の特徴を残している。

図17 中華竜鳥(想像図)

全長約1.5m。肉食恐竜であるが，体を原始的な羽毛におおわれている。

5 新生代の生物と人類

ほ乳類の進化

中生代の初期に現れたほ乳類は，恐竜の絶滅によって生じた空白を埋めるようにさまざまな環境に適応放散し，多様化した。鳥類やほ乳類は恒温動物であるため，白亜紀末から新生代にかけて起きた気候の寒冷化 図18 に対して，変温動物のは虫類より有利だったと考えられる。

オーストラリア大陸は，中生代には地殻変動によって他の大陸から分離されていたため，ほ乳類は独自の進化をとげた。カモノハシは卵生の原始的なほ乳類である。ライオンなどの大型の肉食ほ乳類がいなかったため，このような原始的なほ乳類が今日まで生存できたのであろう。

霊長類は，新生代の初めにモグラ目から進化したと考えられている。最初の霊長類は，ツパイに似た，熱帯林の樹上で果実などを食べる動物であった 図19。そして，樹上生活により前肢と後肢の機能を分化させ，手は枝をつかみやすい構造(親指が他の指と向き合う)に進化した。肩の関節が回しやすくなったのも特徴の１つである。さらに，両目が顔の前面に並ぶことで，立体視が可能になった。脳もしだいに発達していった。

参考資料

――凍結マンモス――

マンモスはアフリカで出現し，新生代にシベリアからアラスカに多く分布した大型の草食ほ乳類である。ゾウの仲間で長い毛をもつが，数千年前に絶滅した。北海道でも化石が発見されている。シベリアでは骨やきばの化石だけでなく，永久凍土の中に閉じこめられた凍結マンモスが発見されている。保存状態がよいため，皮膚の細胞からDNAをとり出し，ゾウの卵に導入することで，マンモスを現代に復活させようと考えている人々もいる。すでに，DNAの解析から，シベリアのマンモスはインドゾウと近縁であることがわかっている。

一方，長野県の野尻湖では，マンモスと同じころに生きていたゾウの一種ナウマンゾウの化石が発見されており，旧石器時代の人類が集団でナウマンゾウを狩っていた跡が見いだされている。マンモスやナウマンゾウの絶滅は，人類による狩猟が原因の一つであるらしい。

図18 過去の地球の気温変動

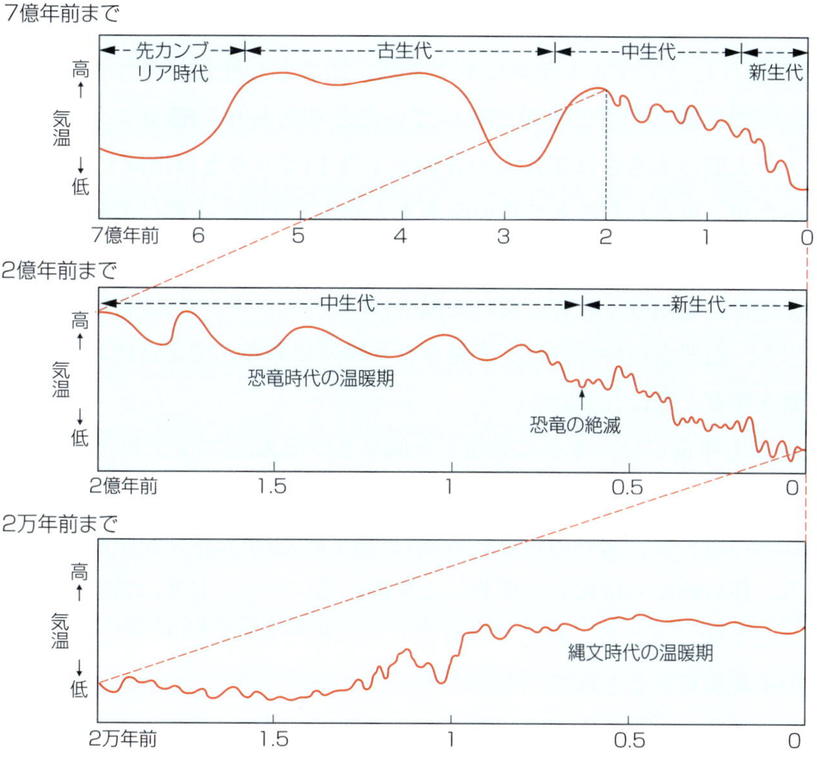

氷河や海底堆積物等の成分から推定したもの。

図19 初期の霊長類の想像図

ツパイ　頭胴長20cmくらい。

ヒトの進化

アフリカで約500万年前，ヒトの祖先である**猿人**(アウストラロピテクス)が現れた。アウストラロピテクスは，頭骨と脊椎骨のつき方などから，すでに直立して2本足で歩いていたと考えられる(**直立二足歩行**)。猿人の大脳の大きさは現代人の3分の1以下(ゴリラとほぼ同じ程度)であったが，直立したことで重い脳を支えやすくなり，人類は急激に脳を発達させることができたと考えられている 図20 。

その後，約200万年前に現れた**原人**(ホモ・エレクトス)は発達した脳をもち，石器を用いていた。発見された場所にちなんで北京原人，ジャワ原人などと呼ばれている。

約20万年前には，さらに発達した脳をもつ**旧人**(ネアンデルタール人)が現れたが，約3万年前に滅んだ。ネアンデルタール人は身長や体格は現代人に近いが，まゆの位置の隆起(眼窩上隆起)が大きく額が傾斜している。住居跡からは死者を埋葬した痕跡が見つかっており，言語を用いていたと推定される。最近では骨化石から得たDNAを用いて，化石人類の系統解析がなされている。

ネアンデルタール人が滅びる少し前の約5万年前，骨格の上で現代人と区別のつかない**新人**(クロマニヨン人)が出現した。彼らの子孫が私たち人類である。彼らは大きな脳をもち，発達した言語で知識や技術を伝えあうことができた。寒冷化した環境の中でも，衣服をまとい，集団をつくって生活し，知恵をはたらかせて大型動物も狩ることができた。新人は最初にアフリカに出現したと考えられるが，しだいに全世界に広がっていった。

アウストラロピテクス以降に現れた猿人や原人，旧人はすべて絶滅してしまったため，現在生存しているヒト属の生物は現代人のみである。

参考資料

―――ミトコンドリア・イヴ―――

ミトコンドリアDNAも子孫に遺伝する。しかし受精のとき，卵には精子の核しか入らないので，父親のミトコンドリアDNAは受精卵に受け継がれることはない。私たちのもつミトコンドリアDNAはもっぱら母親から受け継いだものなのだ。そこで，ミトコンドリアDNAのわずかな違いをたどっていくことで，母方の祖先を推定することができる。そして，世界中のさまざまな民族で調べれば，人類共通の祖先の女性(ミトコンドリア・イヴ)にたどり着くかも知れない。ミトコンドリア・イヴとは，聖書に出てくる最初の女性イヴにちなんでつけられた言葉である。

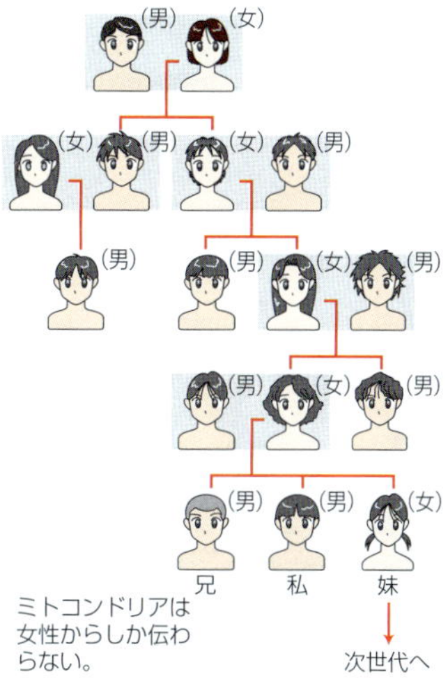

世界各地の人々のミトコンドリアDNAを解析したところ，約20万年前にアフリカのサハラ砂漠の南で生きていた人々に行き着くことがわかった。現在では，化石からの証拠などさまざまな理由から，人類がアフリカ起源であると考えられるようになっている。

図20 人類の進化と脳の発達

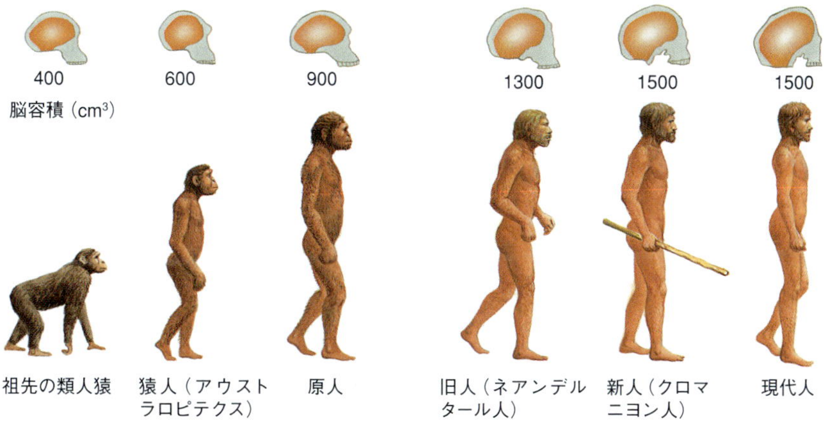

D 進化のしくみ

コノハムシ(マレーシア)

これまで見てきたように，生物の種は一定ではない。植物なら太陽光の受けやすさ，動物のえさの採りやすさなどをめぐる生物間の競争がある。一方，外敵や厳しい環境から身を守る必要がある。生物の歴史をふり返ると，生物はさまざまな生育環境に応じて有利な性質を獲得，すなわち適応してきたことがわかる。そのかげには淘汰されていったものも多い。

生物が環境に適応して変化したり，新たな種が確立していくのは，どのようなしくみによるのだろうか。

1 進化はどのようにして起こるのか

生物進化の考えはラマルクにはじまる

古代ギリシャやローマ帝国の時代には，生物は時とともに変化するという考えはすでに出されていた。しかしその後，中世ヨーロッパでは生物は変化しないという考えになっていた。旧約聖書の「創世記」には，あらゆる生物は神が創造したものであることが述べられており，当時の人々はこれ以上の説明をもっていなかったのである。近代の分類学を創始した18世紀のリンネも，種は不変のものとしてとらえていた。しかし，自然科学の発展とともに，人々はじょじょに，種が不変であるという考え方に矛盾を感じるようになり始めていた。

このころフランス人ラマルクは，生物進化をはじめて科学的見地から考察した。彼は，1809年に出版した「動物哲学」で，生物はもともと無機質から生じたもので，自らのもつ力によって発達し多様化したと述べた。そして，生物の多様性を説明するために次のように主張した。

（1）生物の体の中でよく使用する器官は発達し，使用しない器官は退化する(**用不用の説**)。

（2）ある個体が環境に適応してある形質を獲得すると，その形質は次の世代に遺伝する(**獲得形質の遺伝**)。

しかし，今日の遺伝学の知識では，獲得形質が遺伝するとは考えにくい点で，ラマルクの説は一般には受け入れられていない。

ダーウィンの進化説

ダーウィン(1809～1882)は，イギリス海軍の測量船ビーグル号で航海し，南アメリカやガラパゴス諸島でさまざまな生物を観察した 図1 。地層や化石の知識があった彼は，生物が長い年月の間に変化しているのではないかと思いついた。ガラパゴス諸島の島々では，ゾウガメやフィンチ(ヒワに似た鳥)などの形態が島ごとに異なり，食物など生態的な違いによって特徴づけられることに気づいた。東インド諸島で似た考えをもったウォレスに刺激されて，1859年に「種の起源」を発表し，その中で彼の進化説を述べた。

図1 ガラパゴス諸島の地図とゾウガメ・フィンチ

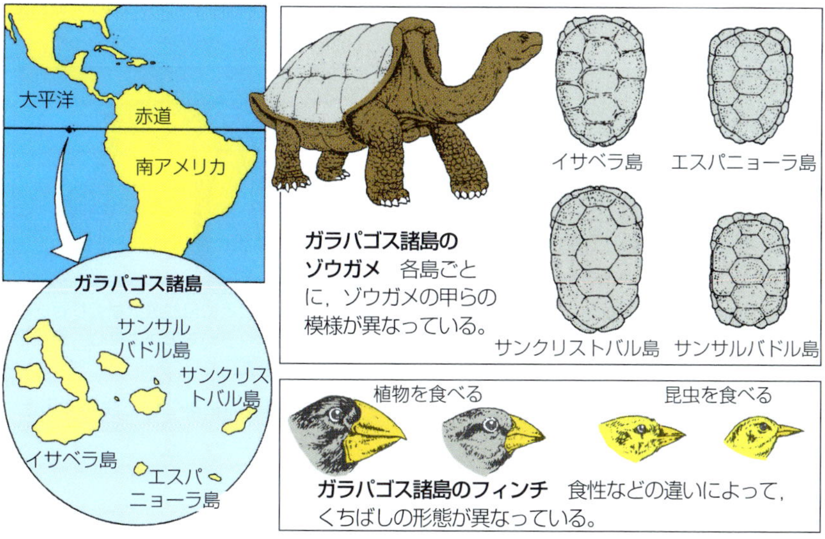

ガラパゴス諸島のゾウガメ 各島ごとに，ゾウガメの甲らの模様が異なっている。

ガラパゴス諸島のフィンチ 食性などの違いによって，くちばしの形態が異なっている。

ダーウィンの進化説をまとめると以下のようになる。

(1) 同種の生物でも個体の形質に違い(**変異**)がある。

(2) ある環境で生存できる個体数には限度があるため，個体間に生存競争が起こる。

(3) 他の個体より生存に有利な変異をもつ個体は，生存競争に勝って生き残り(**適者生存**)，他の個体より多くの子孫を残す。

(4) こうして長い年月の間に，生物は有利な形質を多く備えたものへと進化する。

この一連の過程を**自然選択**といい，ダーウィンの進化説は**自然選択説**とよばれる。

図2 ラマルクとダーウィンの進化説

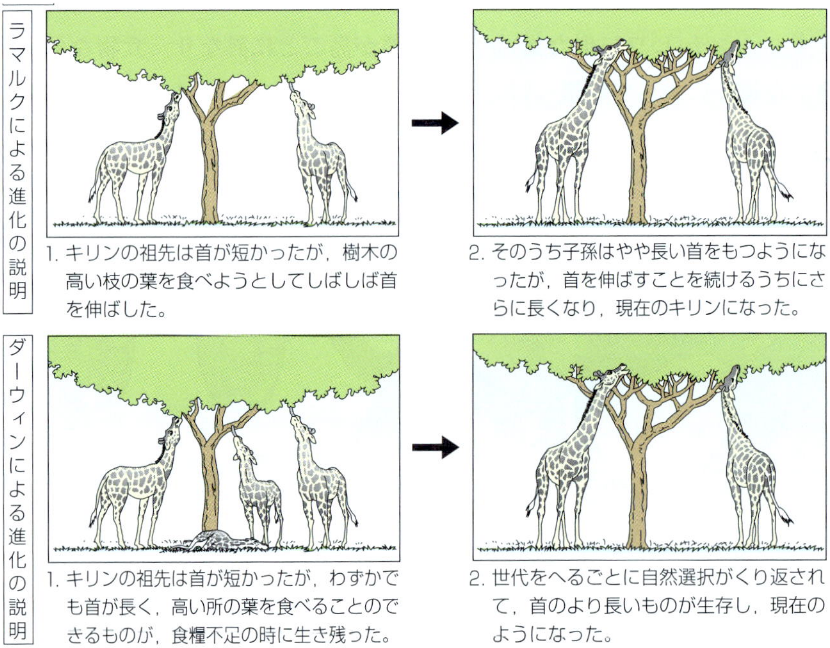

ラマルクによる進化の説明

1. キリンの祖先は首が短かったが，樹木の高い枝の葉を食べようとしてしばしば首を伸ばした。
2. そのうち子孫はやや長い首をもつようになったが，首を伸ばすことを続けるうちにさらに長くなり，現在のキリンになった。

ダーウィンによる進化の説明

1. キリンの祖先は首が短かったが，わずかでも首が長く，高い所の葉を食べることのできるものが，食糧不足の時に生き残った。
2. 世代をへるごとに自然選択がくり返されて，首のより長いものが生存し，現在のようになった。

キリンの首が長くなった理由を，ラマルクとダーウィンの進化説に基づいて説明するとこのようになる。

進化の証拠

ダーウィンの「種の起源」は，生物が進化するか否かをめぐる大論争を巻き起こした。ダーウィンの時代にはまだ，種の不変性が広く信じられており，自分たちがサルと起源が同じであるとする学説など到底受け入れがたかったのである。しかし，化石の研究や生物の遺伝に関する研究などから，進化説はしだいに受け入れられていった。

今日，生物が進化してきたことは疑う余地がない。生物進化以外では合理的に説明できない事実はあまりに多いからである。

たとえば化石である。現存する生物によく似た化石や生物の変遷を示す化石の存在などは，まさに生物が進化してきた証拠である。また，生物の体がさまざまな相同器官(p.292参照)をもっていることなどがある。

さらに，オーストラリア大陸など隔離された地域に，カモノハシや有袋類などの独特の生物が見られることも，生物の進化を支持するものである。

図3 大陸の移動

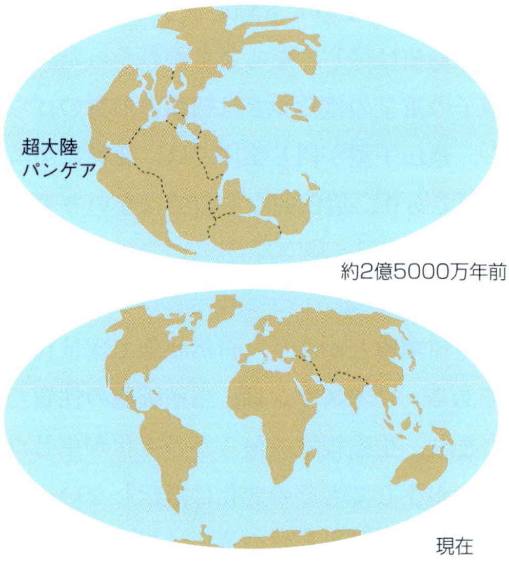

大昔，地球上には多くの大陸が集まって超大陸を形成していた時期があった。この時期に広く分布していた生物が，オーストラリア大陸では，早い時期から隔離されたために生き残ったものと考えられている。

2 変異と進化

変異は遺伝するか

同じ種の生物でも，個体間にはさまざまな違いがある。個体間の形質の違いを**変異**という。

変異はどうして生じるのだろうか。1つには育った環境による影響が考えられる。もう1つは，遺伝子そのものの違いが考えられる。ダーウィンの進化説では，さまざまな変異をもつ個体間に世代を通じて自然選択がはたらくことで進化が起こる。そのためには，変異は遺伝するものでなくてはならない。

インゲンマメには，重い種子をつける個体と軽い種子をつける個体ができる。このような変異は遺伝するだろうか。ヨハンセンはそれを調べるため，インゲンマメを何代にもわたって自家受精させ，遺伝子型が等しい個体をいくつもつくった。こうして得られた種子をまき，それぞれに実った種子の重さを測定した。すると，図4のような曲線(変異曲線)が得られた。そしてその中の重い種子をまいても軽い種子をまいても，それぞれに実った種子の重さの平均値は等しくなることがわかった。種子も1つの個体であるから，種子の重量のばらつきは個体の形質のばらつきである。彼はこの結果から，遺伝子型が同じ集団では，変異は環境条件の違いによるもの(**環境変異**)であり，遺伝的なものではないと考えた。

変異が次世代へ伝わるためには

多細胞生物の体には体細胞と生殖細胞とがあり，自然状態で次世代を形成するのは，生殖細胞だけである。ワイスマンは，生殖細胞の性質だけが子孫に伝わると考えた。つまり，生殖細胞に何らかの変化が生じた場合は遺伝するが，体細胞に変化が生じてもその変化は遺伝しない。このことから彼は，ラマルクのいうような獲得形質の遺伝は起こらないと考えた。この考えは現代の遺伝学でも正しいと考えられている。ワイスマンは，生殖細胞に何らかの小さな変化が起こり，それに自然選択がはたらくことによって，生物は進化していくと考えた。

遺伝する変異もある

ド・フリスは，オオマツヨイグサを研究しているうちに，図5のような変わりものを発見した。そして，このような変異個体の形質は子孫にも遺伝することが確かめられたので，これは遺伝的な要因による変化であると考え，この現象を**突然変異**とよんだ。ド・フリスは，生物が進化する要因は突然変異であり，突然変異した形質が自然選択によって残れば，新しい種が形成されると考えた。

図4 インゲンマメの種子の重さの違い

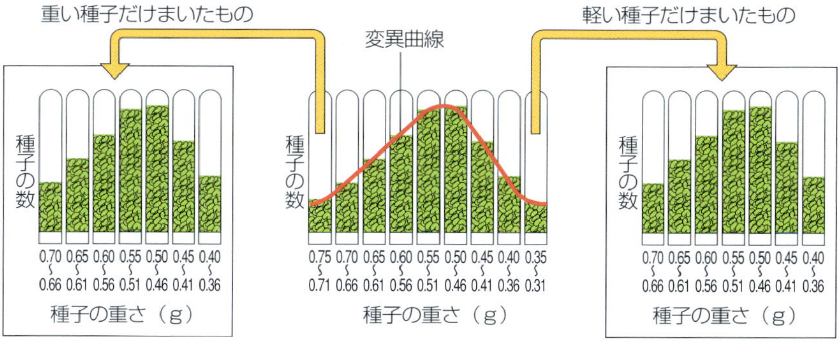

図5 オオマツヨイグサの突然変異

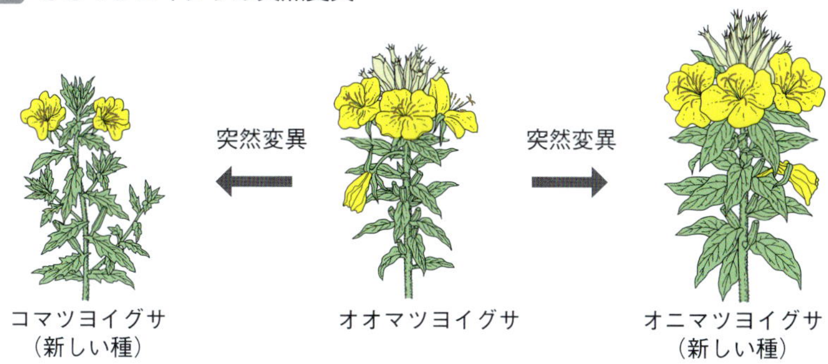

ド・フリスは，マツヨイグサで見つけた突然変異を遺伝子そのものの変化であると考えた。後に，これは染色体突然変異（次ページ参照）であることがわかった。

オオマツヨイグサのほかにも，突然変異はさまざまな生物で観察されている。たとえば p.252 で学習したアカパンカビの栄養要求株の出現なども突然変異の例である。では，突然変異はどのようにして生じるのだろうか。

突然変異の原因は遺伝子の変化である

すでに学習したように，生物の遺伝情報はDNAの塩基配列である。DNAが複製されるとき，まれに塩基配列が変化することがある。DNAの塩基配列の変化が生殖細胞や将来生殖細胞になる細胞（**生殖系列**の細胞という）で起こると，その変化は次世代へと遺伝する。こうして，親とは異なる形質をもつ子が生じる場合がある。このように突然変異の原因の一つはDNAの塩基配列の変化であり，このようにして生じる突然変異を**遺伝子突然変異**という。塩基配列の変化には塩基の置換のほか，塩基の欠失や付加によりコドンの読み枠（フレーム）がずれる場合もある（「参考資料」参照）。

突然変異は染色体の変化でも生じる

突然変異には，遺伝子突然変異の他，染色体が切れたり，染色体の一部が重複するなどして，染色体の構造や数が変化することで起こる場合もある。このような突然変異を**染色体突然変異**という。

染色体の構造が変化する例は，ショウジョウバエなどで多く知られている。たとえば，眼が非常に細くなる突然変異（棒眼， 図6 ）があるが，これは染色体の一部が**重複**することによって起こることが知られている。染色体の構造変化は重複の他，染色体の一部が切れて失われる**欠失**，他の染色体に移動してしまう**転座**，染色体の一部が逆転する**逆位**などがある 図7 。

染色体突然変異には染色体の数が変化するものもある。木原均は，コムギの進化が染色体数の変化によることを明らかにした(p.327参考資料参照)。生物の多くは1対ずつの相同染色体をもっている。しかし，おもに植物では，まれに減数分裂が失敗した配偶子の受精によって相同染

参考資料

———フレームシフト———

遺伝子突然変異は，塩基が別の塩基に置き換わるだけでなく，塩基配列の一部が欠失したり付加したりして生じる場合もある。欠失あるいは付加する塩基の数が１個や２個など，３の倍数でない場合には，コドンの読み枠（フレーム）がずれてしまい，それ以降の枠もずれたままになってしまう（フレームシフト）。その結果タンパク質がつくられなくなったり，アミノ酸配列の異なるタンパク質がつくられたりして形質が変化することがある。

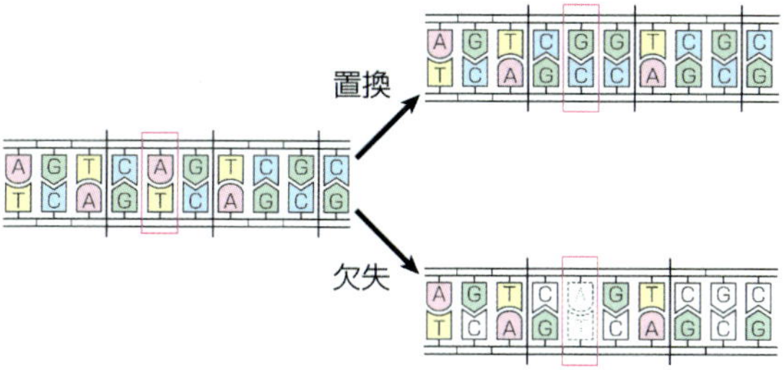

塩基の置換は１つのコドンを変化させるだけだが，塩基の欠失は，複数のコドンの変化をもたらす。

図6 棒眼のショウジョウバエ

図7 染色体の構造の変化

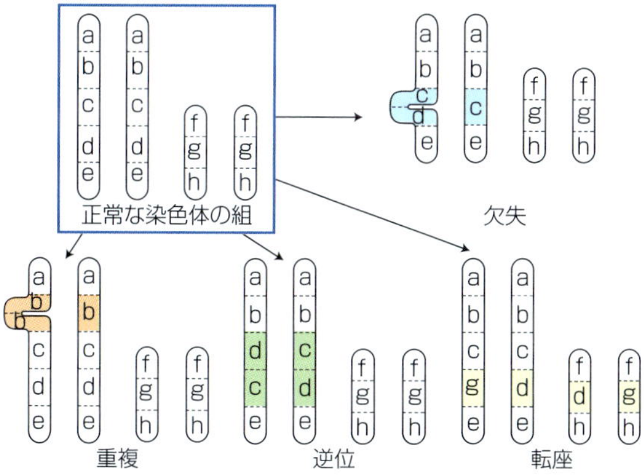

色体が３本ずつ，または４本ずつある突然変異が生じることがある。相同染色体を２本もつ生物を**二倍体**というのに対し，このようなものを**倍数体**といい，相同染色体を３本もつものを三倍体，４本のものを四倍体などという 図8 。染色体の倍加は，コルヒチンなどの薬剤によっても引き起こすことができる。

また，染色体数が通常より１～２本だけ多かったり少なかったりして生じる突然変異もある。このようなものを**異数体**という。ホウレンソウの染色体数は通常 $2n = 12$ であるが，それよりも染色体が１本多いものが存在し，葉の形等が変化することが知られている 図9 。

形質に表れない変化も含めて突然変異という場合もある

突然変異は，DNAの塩基配列の変化や染色体の変化が生殖系列の細胞で起こることで生じる。しかし，それらの細胞で塩基配列や染色体が変化しても，必ずしも形質が変化するとは限らない。

たとえば，DNAの中でも遺伝子として機能している領域としていない領域があり，真核生物では遺伝子領域の中にも，転写後に除かれる部分（イントロン，p.249参照）がある。DNAのどの領域でも塩基の変化は起きるはずであるが，このような領域での変化は形質の変化としては表れてこない。また，染色体の構造や数が変化していても，外見上は変化が見られない場合もある。

このような場合，形質には変化が表れなくても，遺伝子または染色体は変化している。また，生殖系列の細胞で変化が起こればその変化は子孫へと遺伝していく。今日では，形質に表れる・表れないを問わず，遺伝子や染色体に生じる変化そのものをさして**突然変異**とよぶ場合もある。

突然変異の誘発

DNAや染色体に突然変異を引き起こしやすいものとして，太陽光に含まれる紫外線，宇宙線やX線などの放射線やある種の化学物質が知られている。これらを生物体に作用させることによって，突然変異の頻度を増すことができる。突然変異には，その生物の生存にとって不利なものや，形質に表れてこないものが多い。しかし，まれに生存に有利な（あるいは人間にとって有用な）突然変異が起きることがある。このことを利用して，放射線などによる作物の品種改良などが試みられている。

図8 倍数体

リュウノウギク（二倍体）染色体数18　**シマカンギク**（四倍体）染色体数36　**ノジギク**（六倍体）染色体数54

この三種類のキクはそれぞれ二倍体，四倍体，六倍体の関係になっていることがわかった。

図9 異数体

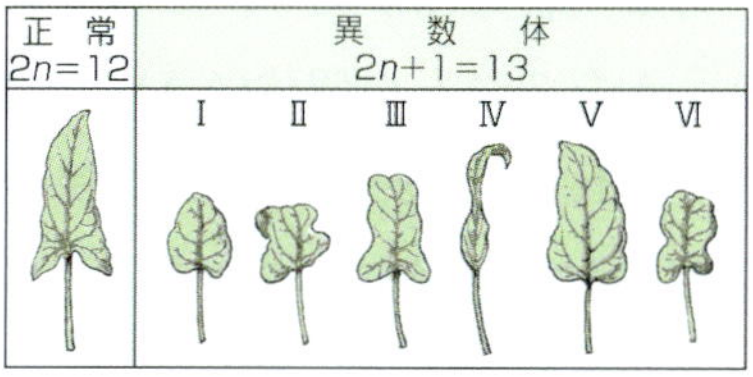

ホウレンソウでは，6本ある染色体のどれかが1本多いことによって，葉の形が異なる。Ⅰ〜Ⅵの記号は，染色体の番号で，それぞれどの1本が多いかを示す。

参考資料

――倍数化によるコムギの進化――

コムギでは，自然状態で交雑と染色体の倍加をくり返し，3 種類の異なる祖先から現在の栽培種ができたことがわかった。まず，ヒトツブコムギとクサビコムギ（両者とも二倍体）が交雑して雑種（二倍体）ができ，この雑種に倍数化が起きて，フタツブコムギ（四倍体）ができた。さらに，フタツブコムギとタルホコムギ（二倍体）が交雑してできた雑種（三倍体）にまた倍数化が起きて，栽培種であるパンコムギができたのである。

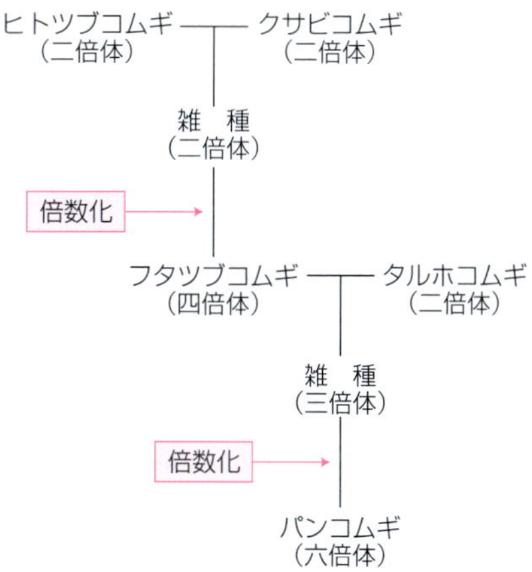

3 集団の遺伝と種分化

これまでに個体が突然変異を起こすことはわかった。しかし，ある個体に突然変異が生じても，種全体が新しい形質をもつものに進化するためには，その集団全体に突然変異遺伝子が広がらなくてはならない。集団としては，遺伝現象はどのように理解したらよいだろうか。

ある生物集団があり，その中に対立遺伝子Ａとａがあるとする。つまり，Ａを２つもつ個体(AA)，Ａとａを１つずつもつ個体(Aa)，ａを２つもつ個体(aa)が混在する。集団の中で交配が起こり，Ａとａは次世代の集団へと受け継がれていく。このとき，集団内のＡとａの総数を**遺伝子プール**という 図10 。遺伝子プール全体を１としたときの遺伝子Ａ，ａの頻度をそれぞれp，qとする($p + q = 1$)。

この集団が十分大きく，かつ交配が任意に行われるとすると[1]，この集団が産み出す子の世代の各遺伝子型の割合はAA：Aa：aa＝p^2：$2pq$：q^2となる。子の世代における各遺伝子の頻度をもとめると，Ａの頻度は$p^2 + 2pq \div 2 = p(p + q) = p$，同様にａの頻度は$q$となる。つまり，交配をくり返しても，このような状態では遺伝子頻度は変化しない。これを**ハーディー・ワインベルグの法則**といい，このようなとき，この集団は**遺伝平衡**にあるという。

ハーディー・ワインベルグの法則から，この法則が成り立つ条件(集団が大きく，突然変異が起こらず，個体の出入りがなく，交配が任意である)のもとでは遺伝子頻度は変化しないことがわかる。しかし実際の生物集団では，遺伝子型の違いによって交配可能になるまでの生存率に差が生じたり交配する機会が異なったりして，子孫の数に違いが生じているはずである。また，個体の出入りもあり，突然変異も起きるであろう。すなわち，実際の集団では遺伝子頻度は変化すると考えられる。

かま状赤血球の遺伝子は集団内で保持される

生存に有利にはたらくか不利にはたらくかによって集団内の遺伝子頻

度が変化している例として，かま状赤血球症(p.253参照)の分布がある。

かま状赤血球症の遺伝子は劣性遺伝子で，この遺伝子がホモ接合になった場合は重症の貧血を起こし，多くは成人前に死亡する。そのため，かま状赤血球症の遺伝子は世代をへるにつれて消滅していくはずである。しかし，中央アフリカなど一部の地域では，この遺伝子が保持されており，その分布域は悪性マラリアの分布域とほぼ重なっている 図11 。これは，この遺伝子をヘテロにもつ人の場合，軽度の貧血を起こすがマラリアに対する抵抗性をもつためである。この事実は，貧血という生存に不利な形質とマラリアへの抵抗性という有利な形質の両方に対して自然選択がはたらき，遺伝子頻度が変化することを示している。

図10 ハーディー・ワインベルグの法則

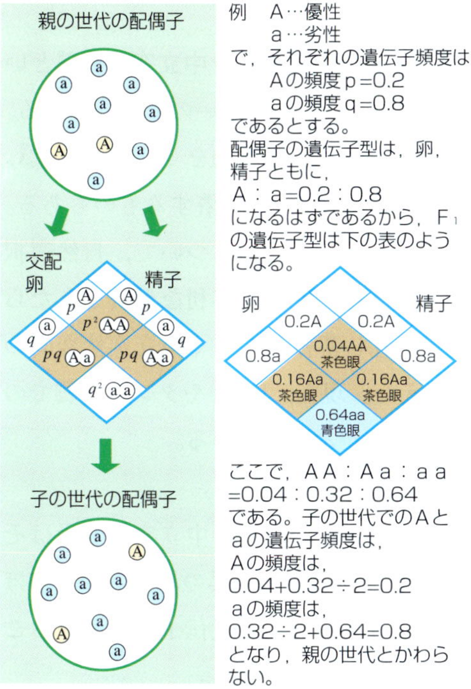

親の世代の配偶子
交配
卵
精子
子の世代の配偶子
例　A…優性
a…劣性
で，それぞれの遺伝子頻度は
Aの頻度 p=0.2
aの頻度 q=0.8
であるとする。
配偶子の遺伝子型は，卵，精子ともに，
A：a=0.2：0.8
になるはずであるから，F1の遺伝子型は下の表のようになる。
卵
精子
0.2A
0.2A
0.8a
0.8a
0.04AA 茶色眼
0.16Aa 茶色眼
0.16Aa 茶色眼
0.64aa 青色眼
ここで，AA：Aa：aa
=0.04：0.32：0.64
である。子の世代でのAとaの遺伝子頻度は，
Aの頻度は，
0.04+0.32÷2=0.2
aの頻度は，
0.32÷2+0.64=0.8
となり，親の世代とかわらない。

図11 かま状赤血球とマラリア

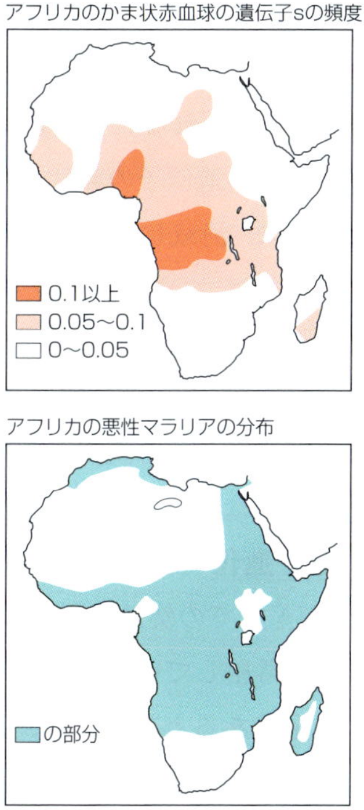

①ここで交配が任意であるとは，ＡＡ，Ａａ，ａａの各個体が相手を選ばずに同じ確率で交配し，残す子孫の数に差がないということである。

自然選択にかからない遺伝子の頻度は偶然に変動する

実際の生物集団では，ときどき起こる突然変異によって，たとえば同じヘモグロビンの遺伝子でも個体ごとにわずかずつ違いがある。このような遺伝子の違いが形質に表れれば，個体の変異となる。しかし，遺伝子で起きた突然変異が形質に表れるとは限らない。

突然変異が形質に表れた場合，新しく生じた形質が生存に有利であれば，自然選択によってその突然変異を起こした遺伝子の頻度は上がり，生存に不利であればその頻度は下がると考えられる。重要な遺伝子に突然変異が起きると生存に大きな影響が出るため，そのような突然変異の大多数は自然選択によって除かれると考えられる。しかし，形質に表れない突然変異は，自然選択にかからないため，そのまま子孫へと伝わっていく。

自然選択に関して有利でも不利でもない突然変異を**中立突然変異**という。形質に表れない突然変異は，自然選択にかからないので中立である。中立な変異遺伝子の頻度は，集団内で偶然による変動をくり返す 図12。その結果，消滅してしまうものもあれば，集団中に定着するものもある。木村資生は，DNAやタンパク質で生じる突然変異について，自然選択によって集団内に定着するもの(すなわち，生存に有利な形質をもたらす突然変異)よりも，偶然によって定着し蓄積していく中立突然変異のほうが多いとする説(**中立説**)をとなえた。現在，DNAやタンパク質での突然変異については中立説が正しいことが示されている。

分子進化

DNA上での突然変異は偶然に起こる。その中で，中立突然変異はそのまま蓄積していく。もし，長い時間の間で突然変異の起きる頻度がほぼ一定であると見なせば，別の生物のDNAの同じ遺伝子を比較することで，突然変異の起きる速度を推定することができる。

ヒトとウマで，ヘモグロビンの一部をなすポリペプチドのアミノ酸配列を調べると，141個のアミノ酸のうち18個が異なっている。ヒトとウマが分岐したのは今から約7500万年前であることが化石からわかる。このことから，このポリペプチドの場合，全体の１％のアミノ酸が変化するのに要する時間は平均約1200万年であることがわかる[①]。

DNA上での突然変異がほぼ一定の速度で起こると仮定することで，生物進化における種の分岐順序を推定することもできる。例として，ヒト，チンパンジー，ゴリラの３種の分岐順序の問題がある。遺伝子の解析が進んだ結果，以前から信じられてきた仮説は訂正された 図13 。

図12 偶然による遺伝子変動のモデル

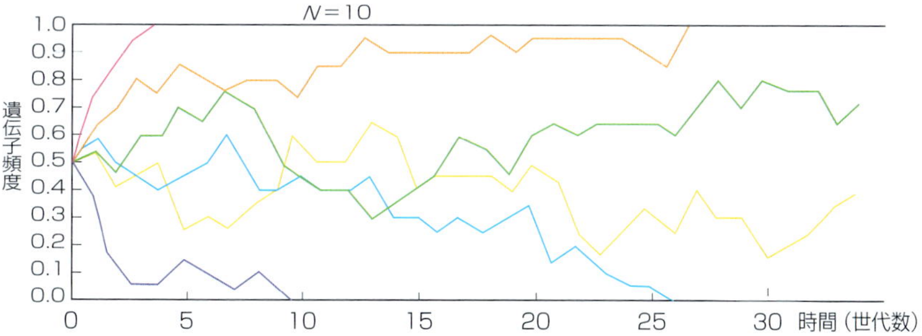

偶然の変動により集団内の遺伝子頻度がどのように変化するかをコンピュータによって試みた結果である。10個体の集団で最初の遺伝子頻度を50%としたとき，数世代で集団中に広がる場合もあることがわかる。

図13 ヒトと類人猿の分岐

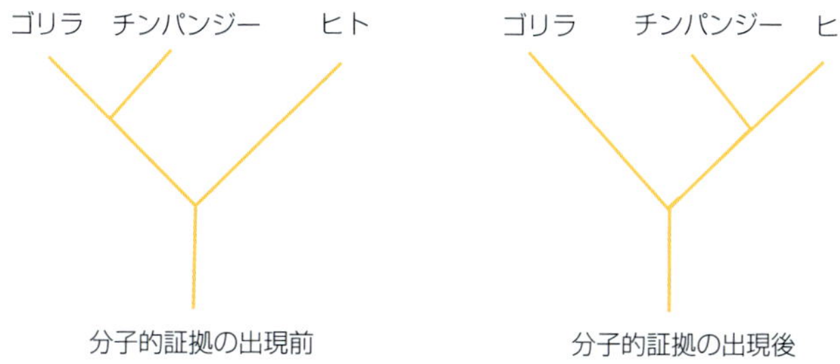

---

①次の方程式のxの値を求めればよい。141個のアミノ酸のうち１％は約1.4個であるから，

$$\frac{7500万年 \times 2}{18} = \frac{x}{1.4}$$

ここで7500万年を２倍するのは，ヒトへいたる系統とウマへいたる系統が分岐した後，両者で独立に変異が蓄積したと考えるからである。

種内変異とその隔離

生物の集団が何らかの原因で分断され，分断された集団の間で交流ができなくなることがある。これを**隔離**という。たとえば，ある生物が少数で島などに移動したり，また，移動しなくても，突如新たに川ができたりして生物の移動が制限されると，その集団で地理的に隔離が起こる(**地理的隔離**，図14)。このとき，隔離された集団の遺伝子頻度がもとの集団と偶然に大きく異なることがある図15。地理的隔離が起こって長い時間がたつと，それぞれの集団の遺伝子の違いが大きくなって形態的あるいは行動的な違いが生じ，その後たとえ交配の機会が得られても交配できない関係になってしまうことがある。これを**生殖的隔離**という。生殖的隔離は，地理的隔離のほか，染色体の倍加などの突然変異によっても起こることが知られている。生物集団に生殖的隔離が起こった場合，2つの集団はやがて別々の種として区別されるようになる(**種分化**)。

生物多様性と進化

種分化によって生じた新しい種は，あるものは新しい環境へ適応し，それぞれの環境に固有の生命活動を営んでいる。ブラジルやマダガスカル島の熱帯多雨林，オーストラリアのタスマニア地方などには，まだ未発見のものも含めて，その地域にしか見られない種(**固有種**)も数多く存在する。

環境の変化が遅ければ，これからも環境に適応した新たな種が誕生していくであろう。しかし，人間の活動が原因となっている環境変化はきわめて短時間で起こるため，新たな種が誕生する以前にこれまで生存してきた種が次々と絶滅している状況である。現在の地球上に多種多様な生物が存在しているのは，人類の歴史をはるかに超える悠久の時間をかけて営まれてきた生物進化の産物であることを，今一度認識する必要があろう。

図14 隔離による新しい種の形成

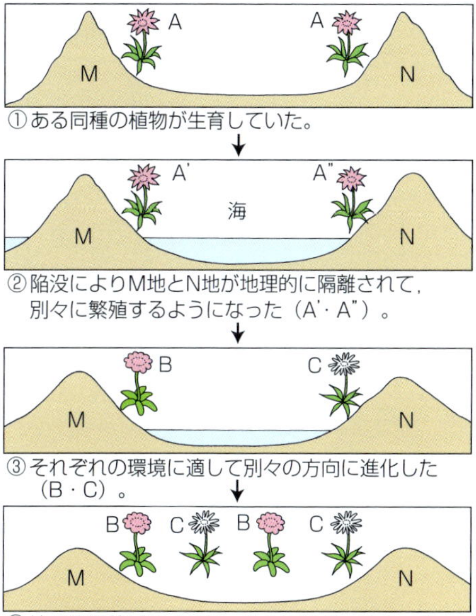

A
A
M
N
①ある同種の植物が生育していた。
A'
A"
海
M
N
②陥没によりM地とN地が地理的に隔離されて，別々に繁殖するようになった（A'・A"）。
B
C
M
N
③それぞれの環境に適して別々の方向に進化した（B・C）。
B
C
B
C
M
N

④地理的隔離がなくなり，もとにもどっても，BとCが交配できなければ，それぞれ独立した種類の集団として存続し続ける。

図15 隔離による遺伝子頻度の変化

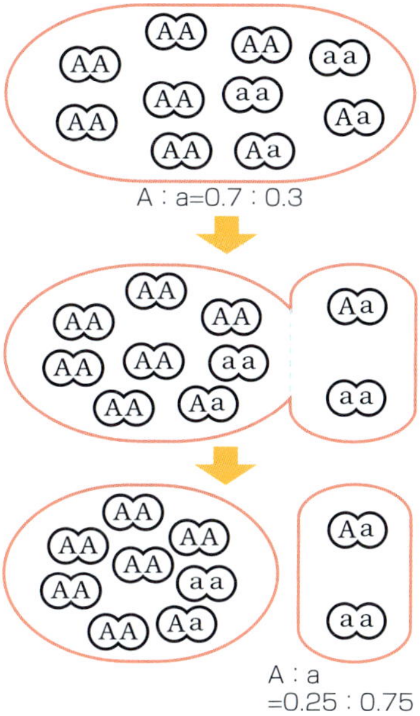

ある集団から小集団が隔離されるとき，遺伝子頻度が偶然大きく変わることがある。

第9章

生物の集団

A 個体群の維持と適応

私たちの周囲を見渡すと，森林や草原，熱帯のサンゴ礁，私たちが生活する都市などのさまざまな環境を目にすることができる。そこでは，さまざまな生物が周囲の環境といろいろな関係を保ちながら生活している。この生物の生活と環境について見ていくことにしよう。

1 生物の生活と環境

生物を環境との関係でみる

生物を取り巻く環境には，水，温度，二酸化炭素，酸素，光，土壌や地形，他の生物とその活動など，さまざまな要素がある。生物は，これらの環境による制限を受けながら生活している。たとえば，乾燥した砂漠地域では，生息する生物は，その厳しい水条件に適応したものに限られている。また，光は，植物の光合成に不可欠な環境の要素であり，一定以下の明るさでは植物は生育できない。

また，干潟の砂に含まれる有機物をえさとするカニやゴカイなどの砂穴を掘る活動によって，砂の下層まで酸素を含んだ水が供給され，生物が生存しやすい環境が保たれているように，生物の活動が環境に影響を及ぼす例もある。さらに，空中に巣網をはるクモの場合，巣網のある場所(空間)は他のクモには利用できない。このため，すべてのクモが好適な空間に巣網をはることができるとは限らず，このクモどうしの関係がクモの生存に影響することも推測できる。

生物の生き方を戦略としてとらえる

生物は，生息する環境の条件に応じて種ごとにそれぞれの仕方で活動し生きている。ペンギンは鳥類であるにもかかわらず水中を泳いで魚などを食べる。また，ミツバチの場合，同じ種の中でも女王(雌)と働きバチ(雌)，雄バチという生活も形態も異なる個体が，集団としてまとまって活動をしている。これらの活動の仕方はその種が生きるための戦略であり，親から遺伝的に受け継がれながら長い進化の過程で環境に適応するなどして獲得されてきたという側面から，**適応戦略**と呼ぶことがある。

栄養資源の２つの利用方法

独立栄養生物は，光合成などを行って自分で有機物を合成するという戦略をとる生物である。一方，**従属栄養生物**とは，他の生物を形づくる有機物を食物として利用する戦略をとる生物である。

地球上のさまざまな独立栄養生物のうち，陸上植物，藻類，ラン細菌などは，太陽光のとどく範囲で生活し，光合成によって有機物をつくる。硫黄細菌などの化学合成細菌は太陽光がとどかない場所でも生活し，硫化水素の酸化などで得られるエネルギーによって有機物をつくる。独立栄養生物が有機物をつくり出す活動を**物質生産**という。この生産物の一部は従属栄養生物に食べられるなどして他の生物に利用されていく。

代表的な従属栄養生物は動物であり，その多くは有機物を口から消化管の中に送り込み，消化吸収して栄養としている。動物の生活は，食物となる生物の活動と密接に結びついており，動物の食物の種類と食べ方(食性，表１)は生物同士の相互関係と深く関係している。従属栄養生物には動物のほか，菌類と多くの細菌類などがいる。

表１　動物の食性と食物資源の獲得方法

食　性	食物資源の獲得方法	動物の例
植食性	生きた植物体を食べる	シマウマ，バッタ，カミキリムシ，アブラムシ，セミ
肉食性	生きた動物を捕らえて食べる	トラ，ヘビ，カマキリ
菌食性	生きた菌類を食べる	キノコムシ
寄生性	生きた動物を殺さずに栄養をとる	カイチュウ，ノミ，マダニ
捕食寄生性	生きた動物の体内に入って栄養をとり，やがて食い殺す	アオムシコマユバチ
死食性	動物遺体を食べる	ニクバエ，ハゲタカ
腐食性	動植物の遺体が菌類や細菌類によって分解されつつある状態のものを食べる	ショウジョウバエ，シデムシ
デトリタス食性	主に枯死した植物体の破片になったものを食べる	ダンゴムシ，ミミズ，シロアリ
雑食性	さまざまな生物のいろいろな状態のものを食べる	ヒト，ゴキブリ

2 個体群と生存の戦略

個体はまとまりのある集団の一員である

生物を環境との関係から見ていく場合，生物を集団として扱うことが多い。その生物の集団には，ある地域に生息するおたがいに繁殖可能な同種の生物の集団があり，これを**個体群**という。個体群の中の各個体は，繁殖，食物，すみ場所などの要求や，害敵に対する守りなどのさまざまな点において密接な関係をもっている。

また，森林や草原などのようにさまざまな個体群で構成され，全体としてまとまった生物の集団を**生物群集**という 図1 。生物群集は多数の異種個体群の集合であるだけでなく，生物群集を構成する個体や個体群どうしが，たとえば，メヒシバをバッタが食べ，コナラはモズのすみかとなり，モズがバッタを食べるというように，さまざまな関係で結びついていることも特徴の1つである。

生物の国勢調査

すべての生物が生まれて死んでいく。個体群の中には短命な個体もいれば長命の個体もいる。個体群のある世代において，全個体が死亡するまでの個体数の減少の仕方を継続的に記録してまとめたものが**生命表**[①]である。

生命表には，生まれてから経過した時間(これを齢といい，生物の寿命の長さによって年齢，月齢，日齢などが使われる)ごとに生き残っている個体数(**生存数**[②])が記録される。また，ある齢から次の齢の間に死んだ個体数(**死亡数**)，そのときの死亡の割合(**死亡率**)とそれぞれの個体の死因もまとめられている。特に，繁殖が可能になる時期とそのときの生存数が個体群の次の世代の個体数を左右するので，生命表を記録する上で重要な要素である。

図1 個体群と生物群集との関係

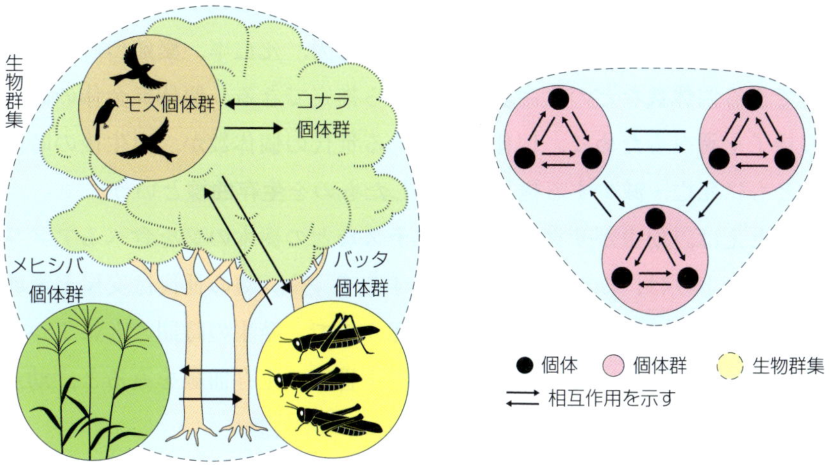

表2 アメリカシロヒトリの生命表

発育段階	生存数(A)	死　因	死亡数(B)	死亡率(100×B/A)
卵	4,287	ふ化せず	134	3.1%
ふ化幼虫	4,153	クモなどの捕食	746	18.0%
1齢幼虫	3,407	生理的死，クモなどの捕食	1,197	35.1%
2齢幼虫	2,210	生理的死，クモなどの捕食	333	15.1%
3齢幼虫	1,877	クモなどの捕食	463	24.7%
4齢幼虫	1,414	シジュウカラの捕食	1,373	97.1%
7齢幼虫	41	アシナガバチなどの捕食	32	78.0%
蛹	9	ヤドリバエの寄生，病死	2	22.2%
成虫	7			
		成虫までに死亡した個体	4,280	99.84%

まとまって植えられた4本のプラタナスに産卵されたすべての卵について調査した生命表である。

---

①生命表は，元来ヒトの死にかたを知るために生命保険事業とともに発達したもので，現在国勢調査の基本的な調査項目となっている。

②生まれた個体数を1000として相対的な値で表されることが多い。

個体群における出生と死亡

生物が生まれてから死ぬまでにどれだけの子孫を残すことができるかは重要な問題であるが，それは生存数，死因，死亡率，繁殖の時期と繁殖できる個体数などの生命表の記録から推定できる。個体群全体の繁殖の様子を調べるために，個体群内のある世代の個体数が，出生後の時間とともに死亡・減少する様子を図示したものを**生存曲線**という。

たとえば，幼虫がサクラやプラタナスなどの樹木の葉を食べるアメリカシロヒトリは，ふつう年３回発生する 図2 。親の世代は交尾と産卵がすむと，子の世代がふ化する前に死ぬので，発生の時期ごとに１つの世代の生命表がつくられている。その１世代の生存曲線をみると，幼虫期の後半で死亡する個体が多いことがわかる 図3 。

アメリカシロヒトリは，幼虫期の前半は巣網の中で集団生活するためクモやカメムシなどの天敵に襲われると全滅しやすいが，天敵は多くない。一方，幼虫期の後半は樹上に散らばって単独で葉を食べるようになり，全滅する危険は少なくなる。しかし，シジュウカラやアシナガバチなどの天敵が樹上のすみずみまでさかんに捜すので，食べられる機会が増える。幼虫期の後半で死亡率が高くなるのはこのためであると考えられている。

世代の重なる生活

アメリカシロヒトリでは，親世代の個体は次世代がふ化する前にすべて死に，次世代と同時に生存することはない。このような個体群では，ある世代だけの生命表をつくることが多い。

一方，ヒトなどでは親と子がいっしょに暮らす時期があり，多くの世代が同時期に重なって生きている。このような個体群では，同じ時期に生存するすべての世代について別々に生命表を記録して生存曲線を描くことが必要となる。しかし，個体群のすべての世代の構成を知るのが目的であれば，ある時点での全世代の個体数を雌雄別の構成(**齢構成**)として図示する方法もあり，これを**齢構成図**という 図4 。

図2 アメリカシロヒトリの1年間の生活

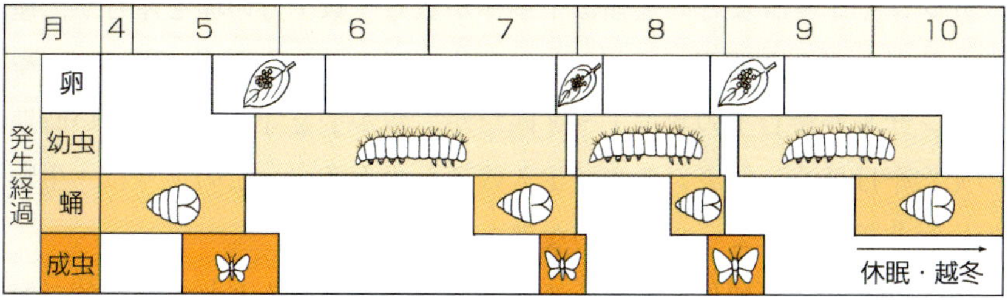

図3 アメリカシロヒトリの生存曲線と主な死因

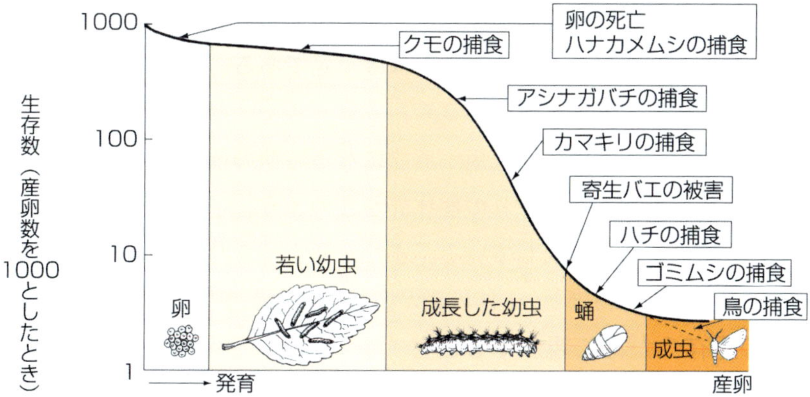

図4 ヒトの齢構成図

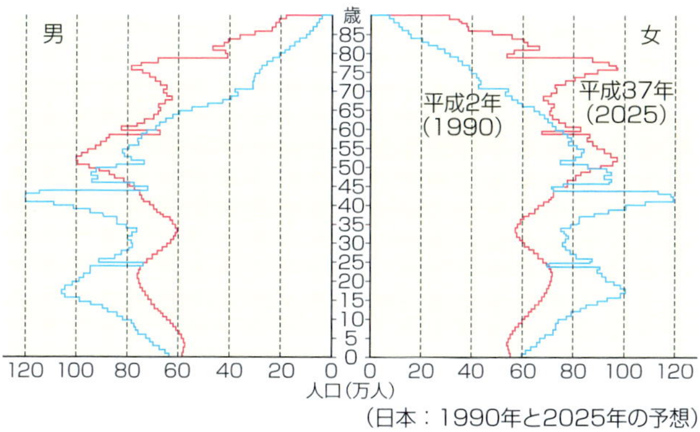

（日本：1990年と2025年の予想）

いろいろな生存曲線

サンマやイワシなどの魚類は1個体が数万〜数十万の卵を産むが，産卵直後のわずかな期間でほとんどの個体が死んでしまう。一方，シカやニホンザルが産む子の数は1〜2匹だが，親が子を守るので，若い時期の死亡率は低く，年老いるまで生き残るものが多い。このように，生物の生存曲線は種によって特徴的な型をしている。

生まれてから繁殖可能になるまでの期間の長さを1とした相対値で齢を表して比較すると，生存曲線は代表的な3つの型に分類できる 図5 。ドールヤマヒツジでは，生まれてから繁殖可能な時期の後半までほとんどが生き残り，最終的に急速に死んでいく型である。グランドペンギンは，生存の全期間に渡って死亡率がほぼ一定である。サバの一種は繁殖可能になる以前に大半が死亡する。

生存曲線の型の違いは，繁殖が可能になる時期の前後での死亡率の違いを反映しており，それぞれの個体群がどのように子孫を残すかという繁殖の戦略の違いを反映している。また，死亡する時期が生存期間の前半に寄っている生物ほど，1匹の親が産む子の数が多い傾向も見られる。

子の生存のために親がすること

アメリカシロヒトリの幼虫はサクラやプラタナスなどの葉が豊富についた樹木でふ化し，いつでも必要なだけえさを食べることができる。しかし天敵も多く，子孫を残すまで生き延びられる個体が少ないので，1匹の雌は多数の卵を産む。このような個体群では，何らかの理由で死亡率がわずかに変化するだけで繁殖可能になるまで生育できる個体の割合が大きく変わり，変動しやすい。そのため，ある世代の生存率が高くなったために，その後大発生することがある。

一方，ライオンなどの肉食獣は，簡単にはえさを得られない環境で生活している。そのために産む子の数は少ないが，天敵もまた少なく寿命まで生きる個体が多い。親が子を保護して育てることが多く，子が繁殖可能になるまで生育できることが多い(図5 のⅠ型)。さらに，リカオンのように子をもたない個体が子育てを手伝うことで子の死亡率を低くするものも知られている図6。

生物が子孫を残す戦略は，生活環境が，子にとってえさを得やすいかどうかによって決まると考えられる。一般に，えさがいつでも豊富な場所で生活する生物は卵を多産する戦略で子孫を残す。一方，えさをいつでも豊富に得られるとは限らない環境で生活する生物は，少数の卵や子を産んで保護する戦略で子孫を残すことが多い。

図5 生存曲線の3つの型

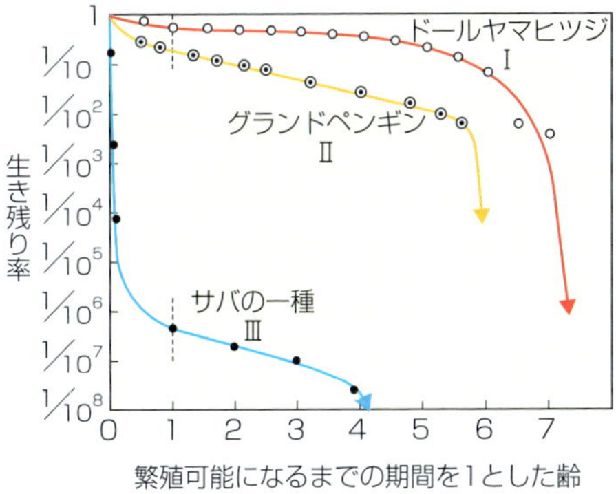

生き残り率；ある世代の全個体数を1とし，それに対して，各時期で生き残っている個体の割合。
→；ある世代の最後の生き残り個体が死亡した時期。なお，横軸の齢は，生まれたときを0とし，繁殖可能となった時を1とした相対値である。

図6 リカオンの子育て

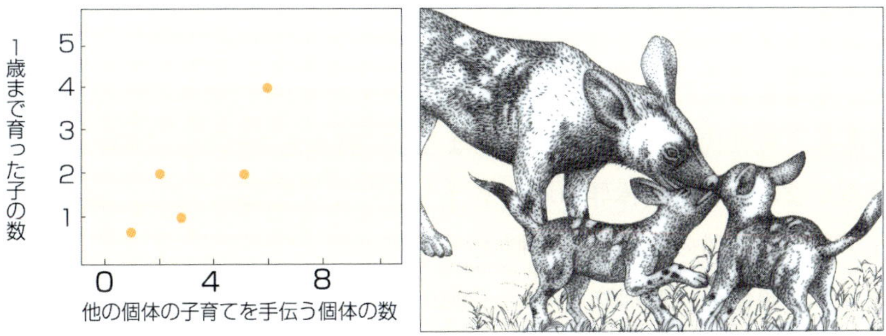

他の個体の子育てを手伝う個体の数が多い群れほど，多くの子が生き残る。

個体数は変動する

個体群の大きさは，ふつう個体数または個体群密度(個体群の生息する地域の単位面積あたりの個体数)で表される。また，親の世代と子の世代の個体数の変動を調べる場合，それぞれの個体数は繁殖可能になった個体の数で表される。

子の世代の個体数が親の世代の個体数よりも多くなると，その個体群は大きくなり，逆に親の世代より子の世代が少なくなると，個体群は小さくなる。個体群の大きさは，各世代の残した子孫の数とその生育過程での生き残り方によって影響を受け，たえず変動する。この変動の過程を表した図を，個体群の**成長曲線**という。

個体群の繁殖に何の制限もなく，一定の割合で次の世代の個体数が増加すると仮定した場合，増加の割合がかなり小さくても個体群密度は急激に増加していく 図7 ①。ヒトの人口はこれに近い増加を続けている。

増えすぎた個体数は調節される

アズキゾウムシの個体群では，個体群密度が小さいうちは個体数は急激に増加するが，個体群密度がある程度高くなると増加の割合が減少する。このため，個体群密度はゆるやかに変動しながら安定する 図8 。このように，個体群密度が個体数の増減や，個体の形態，行動などに影響を及ぼすことを**密度効果**という。

アズキゾウムシは，いつもえさのアズキの表面を歩きまわっているので，卵に脚があたってアズキの表面から卵がはがれて死んでしまうことがある。親世代の密度が高くなるほど卵に脚があたりやすく卵の死亡率が高くなるので，個体群の増加率は小さくなる 図9 。また，個体群密度が高いと，雌の産卵が他の個体の活動によってじゃまされやすいことなども，個体群の増加率を下げる原因の一つと考えられる。

図7 世界の人口の増加

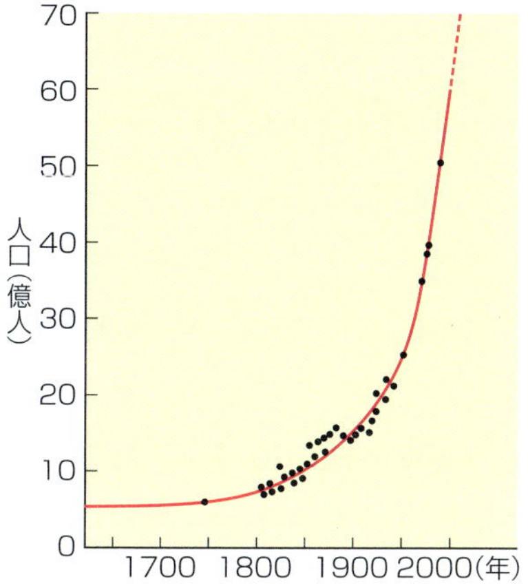

2000年の人口については暫定推定値。

図8 アズキゾウムシの成長曲線

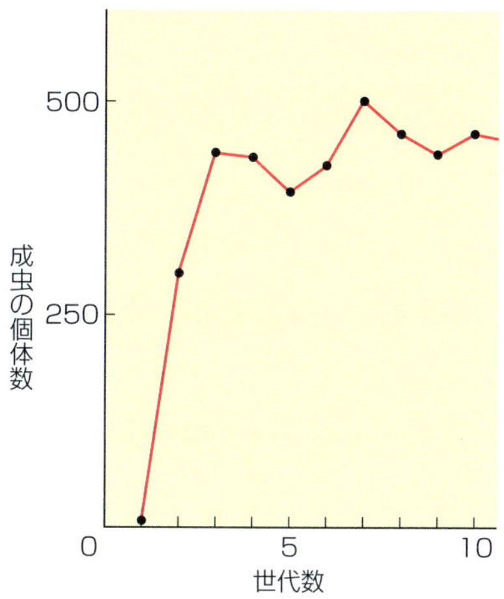

図9 アズキゾウムシの密度効果

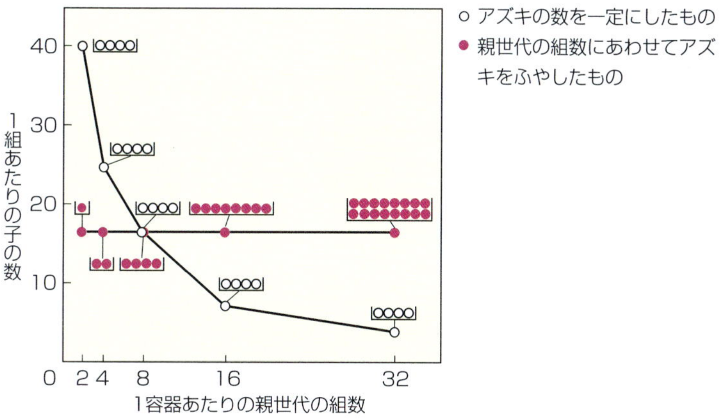

①この考え方は，イギリス人のヘールが考案し，同じイギリス人のマルサスの著書「人口論」によって広く知られるようになった。

外の世界への移動によって個体数が調節されることもある

密度効果には，産卵数などに影響が現れる場合のほかに，個体の形態や行動などに変化が現れる現象が知られている。

トビイロウンカには，はねの短い型と長い型があり 図10 ，低密度で育つとはねの短い型が多く現れるが，高密度で育つとはねの長い型が多くなる。はねの短い型のウンカはほとんど移動せず，その場所にとどまって生活する。はねの短い型が現れるのは，えさが十分にあって個体数が増加してもえさ不足にならないときである。しかし，高密度では移動能力が高いはねの長い型が生まれ，周辺の密度の低い場所へと出ていくことが多い。この現象を**相変異**といい，個体群の過密やえさの不足を避けるのに役立つと考えられている。

また，ワタリバッタ[1]では，大発生すると，通常のものよりはねの長さが長く，飛翔筋の発達したバッタが現れる 図11 ， 図12 。はねの長い相は何世代にもわたって現れ，長距離の移動を続けることが知られている。このような現象を**飛蝗**(ひこう)という。

植物の生育にも個体群密度が影響する

植物の種子は，限られた面積の中に多数芽生えた場合，成長するにつれて，成長の遅い株がしだいに枯れて個体群密度が低くなる。植物のこの現象を**自然間引き**という。いろいろな密度でダイズを栽培すると，初めの密度が高い畑ほど密度が大きく下がり，自然間引きが強く作用していることがわかる 図13 。

葉で日光を受けるために必要な空間をダイズどうしが奪い合った結果，この空間をあまり獲得できなかったダイズは，少しでも多くの空間を獲得して大きく成長したダイズの下になり，さらに光合成がしにくくなって枯れていく。このように，自然間引きが起きたのは，葉を広げる空間，すなわち日射という資源を求める競争が同種個体間で起きたためで，このような同種個体間の競争を**種内競争**という。

また，同じ栽培日数のダイズ畑では，初めの密度とは無関係に，一定面積あたりのダイズの全重量はほぼ同じになり，一定の面積で生育できる重量に限界のあることがわかる(**最終収量一定の法則**)。

図10 トビイロウンカのはねの型

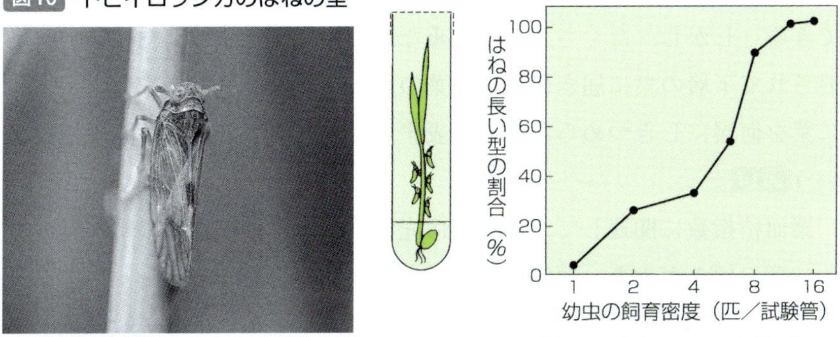

試験管の中に植えたイネの芽生えに幼虫を放して，はねの型が密度に影響されることを調べた。

図11 大発生したワタリバッタ

図12 ワタリバッタ

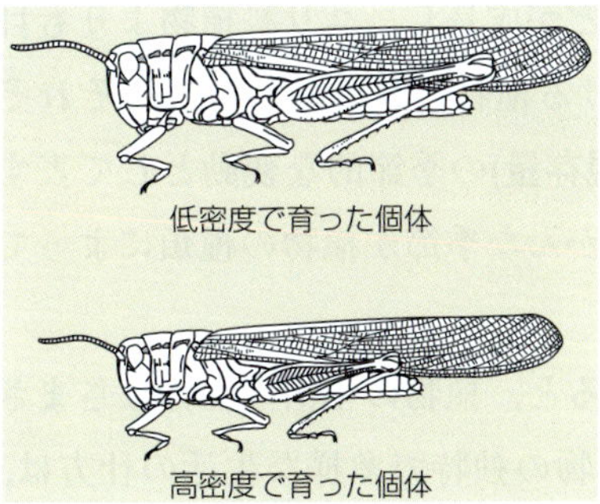

図13 栽培したダイズの自然間引き

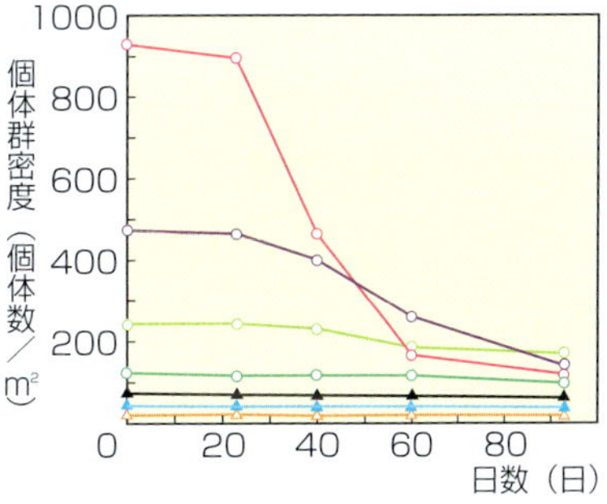

---

①トノサマバッタやイナゴに近い種類のバッタである。

植物の物質生産と形態の関係

葉の光合成能力が同じであれば，枝が広がっていて多数の葉に日光が当たるほうが光合成の効率がよく，生産物をより多くつくり出すことができる。しかし，たくさんの葉が重なると，光は上層の葉や枝に吸収反射されて下層の葉に届きにくい。葉の重なり方は，植物の生育する土地に葉を何層にしきつめられるかで表すことが多く，これを**葉面積指数**という 図14。

葉面積指数に関連して，植物には光をより多く獲得する戦略が見られる。葉の傾きが大きい植物ほど日光が下層まで届くので，葉が下層にまであり，葉面積指数は大きい。ススキなどの単子葉類は，一般に双子葉類よりも葉の傾きが大きく，葉面積指数が大きく光合成能力も高い傾向があり，物質生産が大きいと言われている。

セイタカアワダチソウなどのように，生育するにつれて葉の数が増し，葉面積指数の値が大きくなるものもある 図15 。このとき，下層の葉に十分光が達するように，葉の傾きが大きくなる。

植物の資源利用は季節によっても変化する

セイタカアワダチソウに見られるように，植物の葉のつき方は植物の生育，すなわち季節とともに変化していく。たとえば，長野県霧ケ峰の草原では，春になるとニッコウキスゲなどのユリ科の植物がまず生育し，その後イネ科の植物やマツムシソウなどが成長し，ユリ科植物よりも目立つようになる 図16 。この草原における植物の移り変わりは，それぞれの植物のある時点での生物体の量(**現存量**)の季節的な変動として表すことができる。これは，物質生産のさかんな季節が植物の種類によって異なることを反映したものである。

このように，植物の物質生産を調べると，植物の生活の仕方はさまざまであることがわかる。このような植物の独特で多様な生活の仕方は，それぞれの植物の生存の戦略が現れたものと考えることができる。

図14 葉面積と光合成

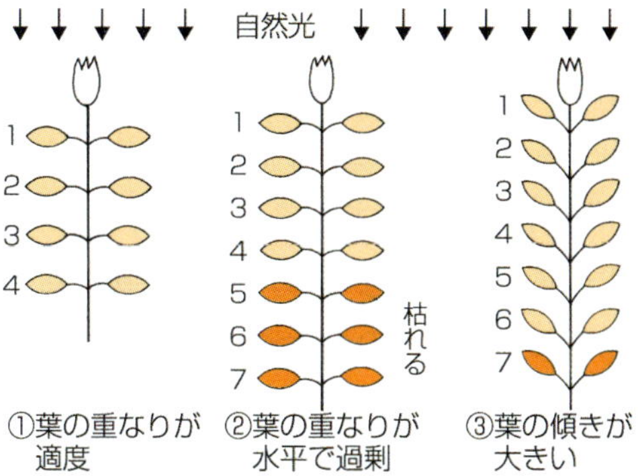

葉の重なりが過剰になって，補償点以下の光しか下層の葉に達しないと，下層の葉は枯れる。

図15 セイタカアワダチソウの成長と葉面積指数

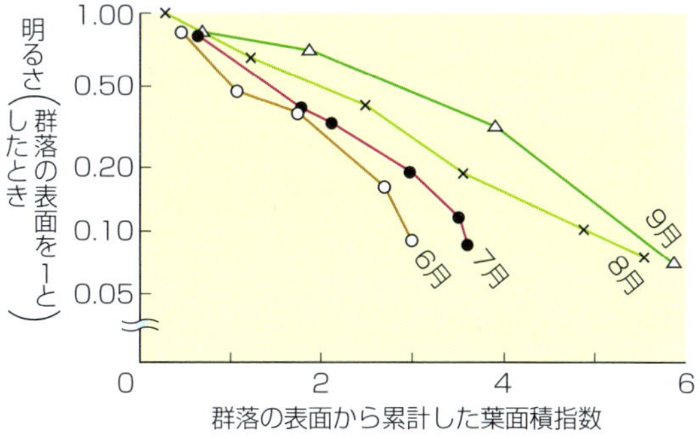

群落の成長とともに，同じ明るさでの葉面積指数が大きくなっている(各曲線のおよその傾きが小さいほど，葉がたっている)。

図16 草原での現存量（地上部）の季節的変動

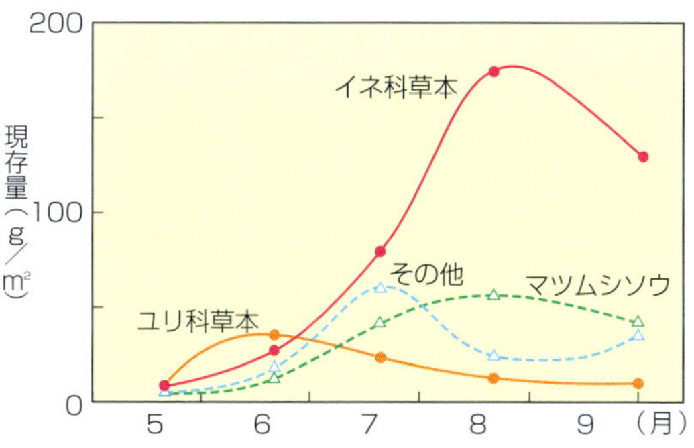

季節ごとに目立つ植物が入れかわるのにともない，現存量も変化する。

植物は生き残るために生産物をどのように配分しているか

植物が冬を越すときの形態にはさまざまなものがある。植物はきびしい環境に耐えたり，能率よく光合成が営めるように，それぞれの生活の仕方を反映した形態(**生活形**)をもつ。これもまた植物が生き残るための戦略の現れの１つである。根や茎の木部を発達させる樹木(**木本**)，木部のあまり発達しない草(**草本**)，柔構造の茎や幹をもち，他の植物に巻きつくなどして体を支えるつる植物なども，一種の生活形である。とくに，休眠芽①の地表面からの高さを基準にして分類したラウンケルの生活形がよく知られている 図17。休眠芽①は，冬や乾季を過ぎた後，まず成長する分裂組織からなる器官であり，寒さや乾燥によって傷つかない位置にあることが重要である。したがって，温暖で湿潤な地域の植物は，植物体の地上部分の各所に休眠芽をつくるが，寒冷な地域の植物には，乾燥と湿潤の程度に合わせて休眠芽を地表や地下につくるものが多い。休眠芽は次の生育に不可欠の器官であり，生産物が休眠芽とその生育を支える部位に十分に配分される必要がある。このように，生産物を体のどこに配分するのかは，その植物の生活環境と深く結びついていると考えられる。

参考資料

――えさ選びの経済学――

個体群を構成する各個体は，環境との結びつきの中で生活し，個体数や個体群密度による影響を受けていることを学んだ。ここでは，個体群の生活を資源との関連から見直してみよう。

北アメリカのスペリオル湖沿岸に生息するヘラジカは，エネルギー源として落葉樹の葉を食べ，ナトリウムの摂取には水生植物に依存している。生活に十分なエネルギーとナトリウムを得るには，この２種類の食物を混ぜて食べることが必要である。また，ヘラジカは一度食べた食物をこぶ胃という器官に入れて発酵させるため，１日に食べる食物の量はその消化能力，すなわち発酵速度とこぶ胃の容量に制約される。

ヘラジカはこの３つの制約の中で毎日えさを食べている。そのため，落葉樹の葉と水生植物の食べる量は，限られた組み合わせになる(右図のグラフで囲

図17 ラウンケルの生活形

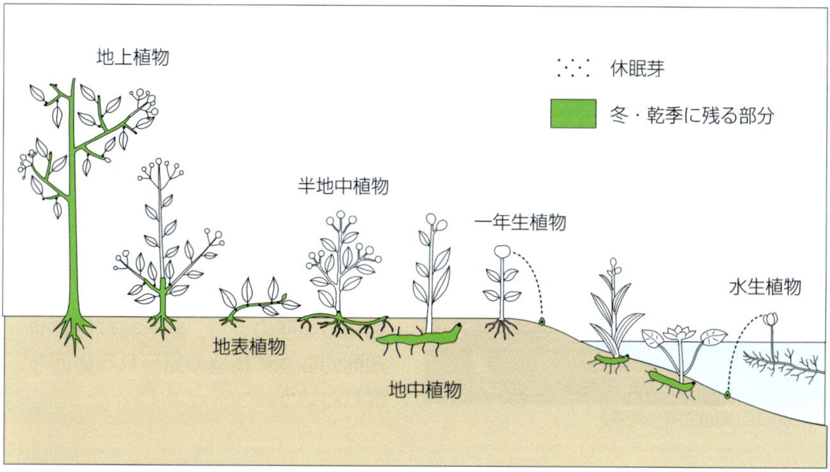

地上植物	休眠芽が地表から30cm以上の位置にある。ブナ,コナラなど。
地表植物	休眠芽が30cm以下。ヤブコウジ,シロツメクサなど。
半地中植物	休眠芽が地表にある。イネ科植物,タンポポ,オオマツヨイグサなど。
地中植物	休眠芽が地中にある。ユリ,ヤマノイモなど。
一年生植物	種子で休眠するもの。スベリヒユ,エノコログサなど。
水生植物	水中の半地中植物および地中植物。

①冬や乾季など植物の生育に不利な時期には休眠している芽のこと。

まれた部分)。ナトリウムは必要以上にとらなくてよいが，この制約の中でもエネルギーはより多く摂取できるほうがヘラジカの活動に有利だと考えられる。ヘラジカの実際の食べ方(右図の×)を調べると，この予想通りの必要最小限のナトリウムと最大限のエネルギーを得られる食べ方をしており，ヘラジカが2種類の資源を最も効率的に組み合わせて利用していることが分かる。

ヘラジカによる2種類のえさの食べ方

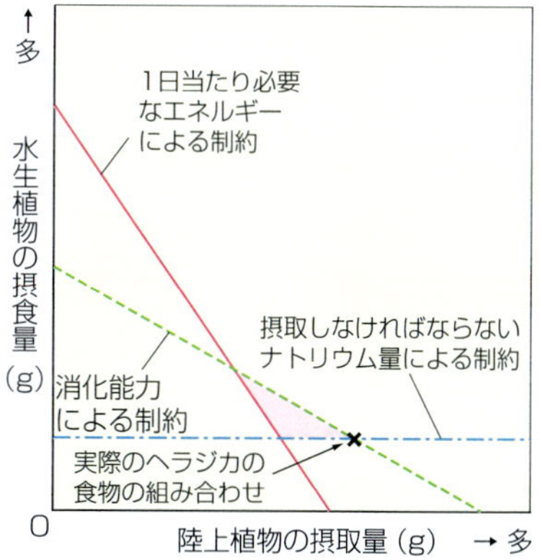

B さまざまな個体群の生活

ウミネコの集団営巣（青森）

生物の集団は，繁殖，食物，すみ場所，外的に対する守りなどの要求を通して個体群のまとまりをつくる。このような動物には，単独やつがいで生活するものがいるが，一生の間または一定期間，多数の個体が集まって生活するものもいる。この動物の集団のうち，統一的な行動や規則的な個体構成の見られる集団を群れという。

1 個体の生活

なわばりで守る

ホオジロは，春の繁殖期には巣を中心に活動している。その中の個体を追跡して，採食，休息，他の個体や外敵への対応などの行動やその範囲を調べると，一定の空間を占有し，その空間を他の個体から守っていることがわかる 図1 。このような空間を**なわばり**という。同様の行動は，アユやシオカラトンボなどでも知られている 図2 。

ホオジロやシオカラトンボでは繁殖の必要から，なわばりをつくると考えられている。アユの場合は繁殖行動とは直接関係なくなわばりをつくる。アユでは他の個体のなわばりへの侵入が多く，なわばりを守る負担が大きくなると，なわばりをつくらなくなる場合がある。

群れの生活

モリバトは，ふつう大きな**群れ**をつくる。モリバトは，オオタカに襲われる危険にさらされているが，群れが大きいほうが見張りをする個体の数が多くなり，オオタカの攻撃をいちはやく察することができるという利点がある。また，群れが大きいとオオタカは特定の１羽にねらいを定めにくい。こうして，大きな群れをつくることで，１羽あたりの見張りの時間がへり，より安全にえさを食べることができる 図3 。

ウミネコは，魚の群れを多数で囲んで攻撃して効率的に魚をとることができるため，群れをつくって生活している。しかし，繁殖期に集団営巣すると，天敵の攻撃を受けやすくなる。天敵の攻撃を避けるには巣と巣の間の距離がせまいほうがよいが，ひなの排泄などの巣の管理に必要な最小限の広さのなわばりが必要である。

図1 ホオジロのなわばり

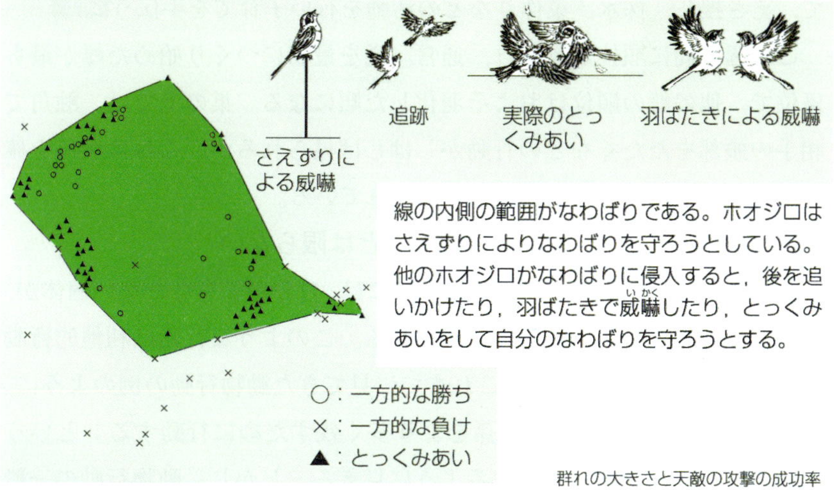

線の内側の範囲がなわばりである。ホオジロはさえずりによりなわばりを守ろうとしている。他のホオジロがなわばりに侵入すると，後を追いかけたり，羽ばたきで威嚇(いかく)したり，とっくみあいをして自分のなわばりを守ろうとする。

図2 アユのなわばり

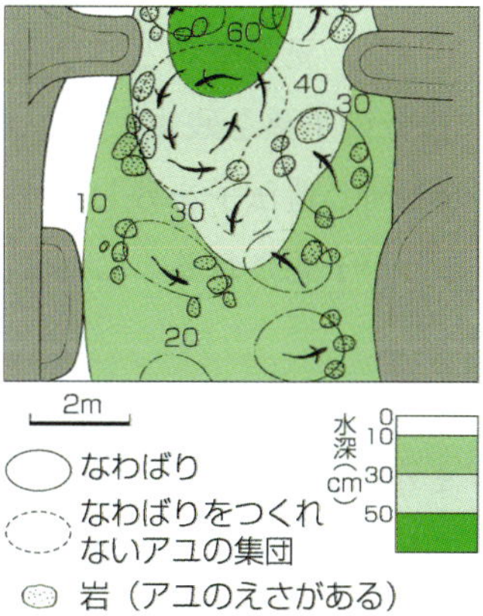

なわばりをつくることができる場所よりもアユの数が多いと，なわばりをつくれなかったアユはやや深い部分に集団をつくる。

図3 モリバトとオオタカ

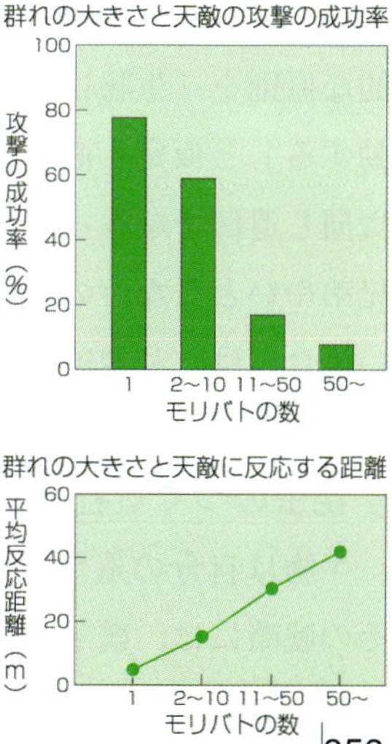

順位を決めて争いを減らす

鳥類やほ乳類では，群れの個体間に優位・劣位の関係(**順位**)が生じる例がある。つつかれることの多いモリバトほど劣位であり，この順位(つつきの順位)に従って行動することによって，争いが少なくなり，群れの中の関係が安定すると考えられる 図4 。

アシナガバチは，数匹から10数匹が1つの巣で共同生活している。最初に巣をつくった雌とその娘たちである。通常，最初の雌はあまり巣から離れないで産卵し，娘のハチも羽化後そのまま巣にとどまる。そして，えさ捜し，採水，巣作りなどの活動を行い子育てを手伝う 図6 。

この個体間に順位が見られ，通常，巣を最初につくり始めた雌が最も優位で，他の雌の順位はおよそ羽化した順になる。巣の上では，触角で相手の頭部をたたくなどの行動がしばしば見られるが，これは順位を確認する行動で，これにより順位が保たれている。

生物は自分のためだけに行動するとは限らない

リカオン(p.343参照)やアシナガバチには，自分の子をもたない個体が，他の個体の育児を手伝う行動が見られる。このような行動は**利他的行動**とよばれる。利他的行動は，これまでに見てきた動物行動の例のように，「自分が生き残って自分の子孫をより多く残すために行動する」という行動の一般的な原則と矛盾するように見える。しかし，動物行動の一般的な原則を「生物は自分がもつ遺伝子と同じ遺伝子を多く残すように行動する」と仮定し直すと矛盾はなくなる。すなわち，兄弟やいとこなどは同じ遺伝子をもっている。したがって独自に自分の子孫を残すよりも，兄弟やいとこなどの子育てを手伝うほうが自分と同じ遺伝子を残しやすい場合には，利他的行動をとる個体が現れることが予想される。このことが利他的行動の見られる理由と考えられている。

昆虫のつくる社会

生物は自分の遺伝子を残すために，さまざまな方法で活動している。その戦略には，競争もあれば，カモメやミツバチなどのように群れをつくり，共同で狩りや子の養育に当たるものもある。群れの中で，利他的行動が通常見られる集団では，生存に必要な活動を分業していることが多い。とくに，シロアリ，アリ，ミツバチなどでは，その集団の繁殖の担い手である女王は１匹か数匹だけで，他の多くの個体は繁殖以外のえさ集めや巣づくりなどの活動すべてを担う働きアリや働きバチである。各個体の分業は生まれながらに定まっていて，一生続く特徴である。また，２つ以上の世代が同じ集団でいっしょに暮らしていることも，この昆虫集団の特徴である。このような社会構造をもつ昆虫を**社会性昆虫**という 図５，７ 。

図４　モリバトのつつきの順位

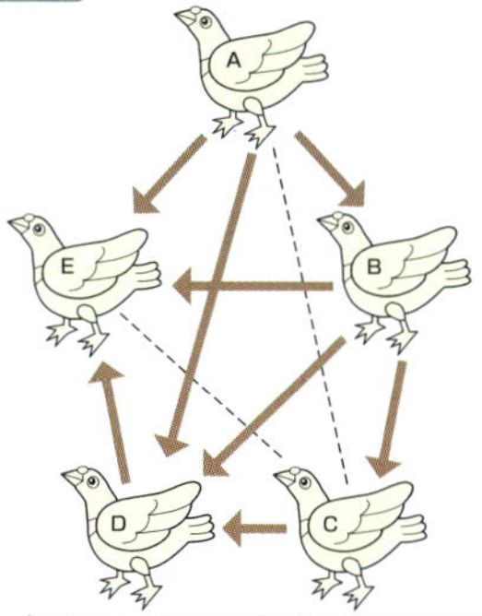

個体	負かした相手の数	順位
A	$3\frac{1}{2}$	1
B	3	2
C	2	3
D	1	4
E	$\frac{1}{2}$	5

矢印は，優位の個体から劣位の個体へつつきがあったことを表す。破線は，つつきがなかったか，またはつつきの回数が等しい場合を示す。負かした相手の数は，破線の場合を$\frac{1}{2}$として計算している。

図５　シロアリの社会

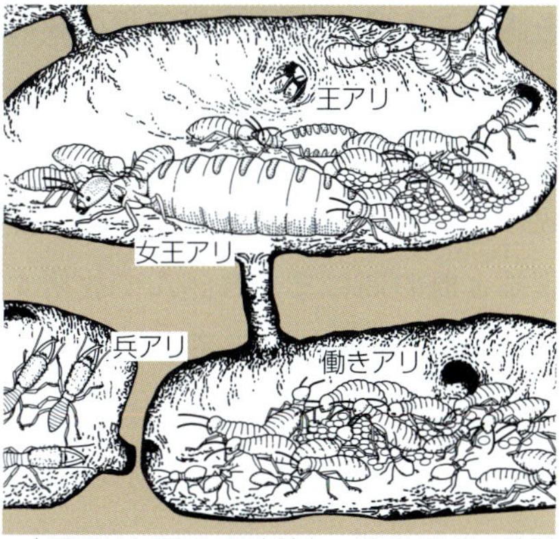

女王アリと王アリは生殖を，兵アリは巣の防衛を，働きアリは巣の建設・保守を行う。

図６　アシナガバチの仕事分担

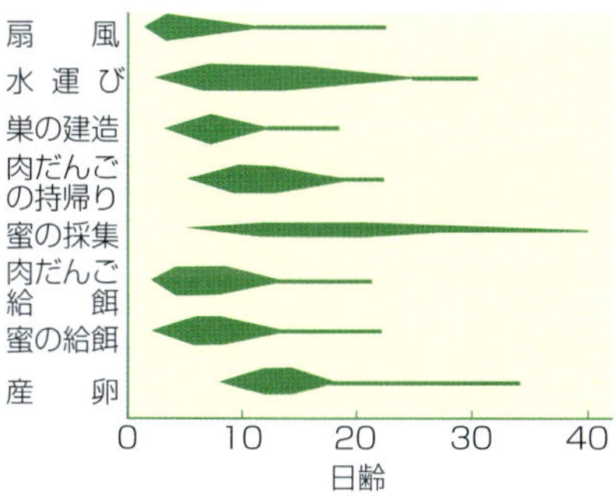

図７　ミツバチの巣づくり

ブルーギルの繁殖戦略

個体群内には，種内競争に起因する相変異，自然間引き，なわばり，順位などのさまざまな現象や行動が見られた。これらは，自分の子孫を残すのに有利にはたらくものと考えることができる。自分の子孫を残すための繁殖行動について，ブルーギル[①]の場合を見てみよう 図8 。

ブルーギルの雄は，7～8歳まで大きく成長した後成熟して保護雄になるが，一部の雄は2歳で小型のまま成熟する(スニーカー雄)。

繁殖期になると，保護雄は湖底に巣をつくり，雌を誘い入れて産卵を促し，産み落とされた卵に放精する。このまま受精が起きて保護雄の子孫が生まれることが多い。一方，スニーカー雄は，自ら巣をつくって雌を誘うことをしない。保護雄の巣の近くに隠れて雌が放卵する機会をねらっている。雌が巣に放卵した直後，保護雄が放精するまでの一瞬をねらって巣に突入し，保護雄の精子をひれではねのけながら放精して泳ぎ抜ける。スニーカー雄は，4歳で雌に似た体型の雌擬態雄に変化し，保護雄と雌の間にまぎれ込んで放精する行動をとるようになる。

生物は自分の遺伝子を子孫に伝えるために行動する

ブルーギルの繁殖戦略では，晩熟でも大型になって自ら雌を誘うタイプ(保護雄)と，小型のうちから成熟して受精の機会を若いうちに手に入れるタイプ(スニーカー雄と雌擬態雄)の2通りの生き方があり，どちらの生き方もそれぞれに有利な点と不利な点がある。すなわち，早熟なものは小型であり，雌に接近しようとしても大型のものに追いはらわれてしまう。一方，大型のものは自分の子孫を残せるようになるまでに時間がかかる。

この2つの生き方のどちらかを，雄の各個体は生活に応じて選択する。保護雄が多いと，抜け駆けをする小型の雄にとって活躍の場が多くなり有利となる。このようなときは小型の雄が増加する。逆に小型の雄が多くなると，犠牲者となる保護雄を見つけにくくなるので小型の雄には不利である。このようなときには保護雄が増加する。

両者の有利さを数値的に見積もり，どの比率のとき両者の数が安定するかを推定したところ，その推定値は野外での実測値と一致した(図8 のグラフ)。このことは，雄の生き方が2通りあるブルーギルの繁殖行動が，各個体が自分の子孫を少しでも多く残そうとして行動する結果として説明できることを示している。

図8 ブルーギルの雄の繁殖の戦略

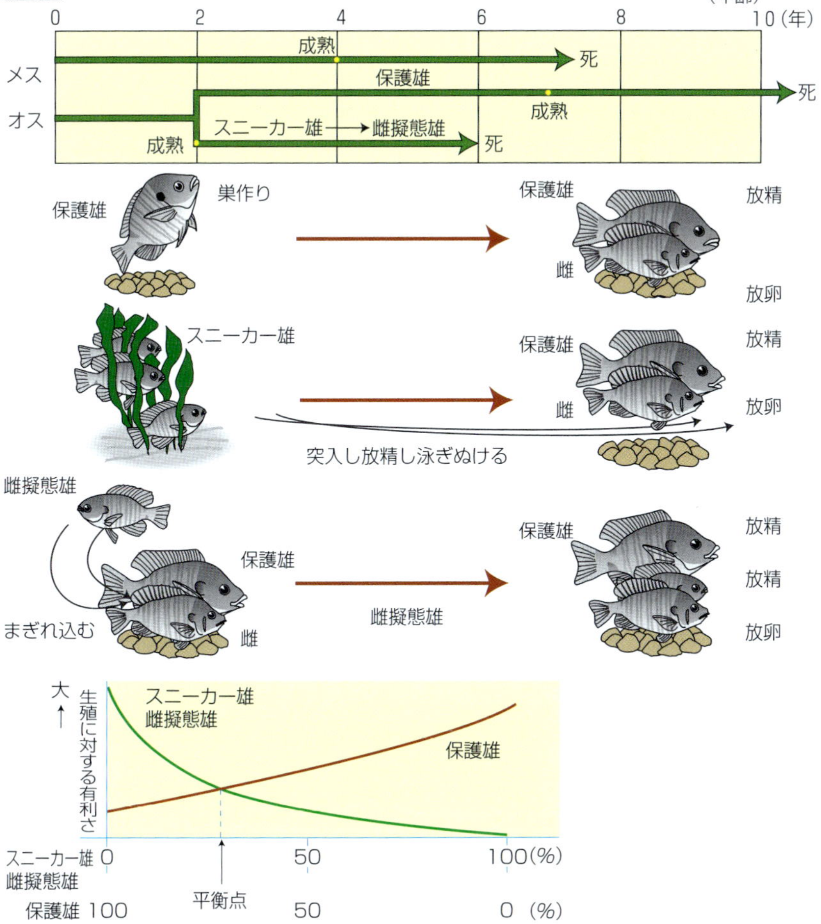

①北アメリカ原産の淡水魚で人為的に日本に持ち込まれた。琵琶湖などで在来の魚種にかわって分布を広げており，ブラックバスと同様，在来の多様な環境を破壊する生物としてその広がりが危惧されている。

2 種間の関係と生き残りの論理

生物の種間関係

森林や草原などのいろいろな環境で生活するさまざまな個体群は，たがいに多様な関係を結びあって生活している。この多様な関係は，周囲の環境のいろいろな要素を，それぞれの個体群がどのように利用するかによって生じたものと考えられる。

食物やすみ場所などがほとんど同じ異種の個体群の間では，それをめぐる競争(**種間競争**)が起こることがある 図9。

わずかな違いで共存する

生物には，それぞれが生存する条件があり，利用する食物や好む生息場所などは生物ごとにそれぞれ異なる。これらの生活の条件の要求に応じた，その生物の位置づけを**生態的地位**という。

たとえば，モンシロチョウ，スジグロシロチョウ，エゾスジグロシロチョウは近縁の種であり，生活要求も似ている。しかし，幼虫が好んで食べる草(食草)や好む環境などに違いがあり，同じ地域でも別々の生態的地位に位置している。

生き残りの戦略は種によって異なる

シロチョウ類の最大の天敵は寄生バチである。寄生バチは，チョウの幼虫を見つけると毒針で麻痺させて体内に産卵し，ハチの幼虫はチョウの幼虫の体内で育つ。モンシロチョウの幼虫はキャベツなど日なたの植物を食草とするので寄生バチに見つかりやすい。しかし，成虫が活発に飛び回って広い範囲の食草に産卵し，幼虫の生育も早いので，個体群を維持できる数の成虫が羽化する。一方，野生のアブラナ科の植物を好むスジグロシロチョウも寄生バチに見つかりやすいが，スジグロシロチョウの幼虫は，体内に産みつけられたハチの卵を殺して寄生を防ぐことができる。また，エゾスジグロシロチョウの幼虫は，他の植物の下で生育するハタザオ類を食草として繁殖する。そのため，エゾスジグロシロチョウは寄生バチに発見されにくく，寄生を回避することができる 図10 。

図9　2種のケイソウにおける種間競争

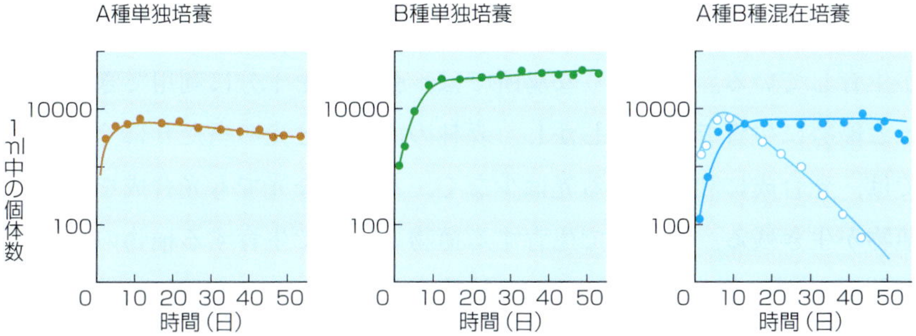

ケイ酸塩を含む培養液の与える量を一定にしながら2種のケイソウを別々に育てると，それぞれが一定の個体群密度で安定して培養できた。しかし，この2種をいっしょに培養すると，A種は，培養液のケイ酸塩をB種が生育できないほど低濃度に減少させるため，A種は生存できたが，B種は絶滅した。

図10　シロチョウ類の生活

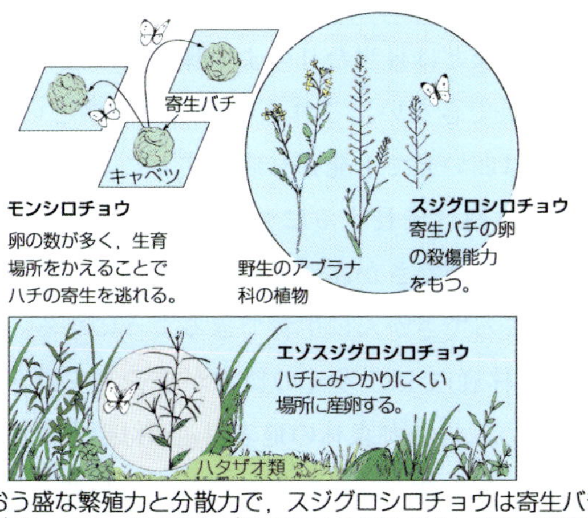

モンシロチョウはおう盛な繁殖力と分散力で，スジグロシロチョウは寄生バチの卵の殺傷能力で，エゾスジグロシロチョウは寄生バチに見つかりにくいところに産卵することで，寄生バチの攻撃に対抗している。

日なたで育つ植物と日陰で育つ植物

生きるための資源をめぐる種間競争は，植物の生物群集でも見られる。とくに光をめぐる競争は，光合成によって生きている植物にとっては避けることができない競争である。

校庭や道端などの日なたには，ヒメジョオン，ヨモギ，オオバコなどが生育している。このような場所では，強い光を十分に利用できる植物ほど優勢に生育できる。しかし，森林の内部など光の当たりにくい場所では，光合成に利用できる光は少なく，わずかな光でも光合成を行える植物が生き残る。日なたで生育する植物と日陰で生育する植物の光合成の特徴を比較すると，それぞれの植物がそれぞれの生育環境に適した生理的な特徴を備えていることがわかる。

日なたでよく見かける植物は，光合成における光補償点や光飽和点が高く，日なたではよく育つが，日陰ではあまり生育できない植物が多く，これを**陽生植物**という 図11。一方，雑木林などの林床でよく見かけるアオキやジャノヒゲは光補償点や光飽和点が低く，光がかなり少ない場合でも生育に十分な光合成を行うことができ，**陰生植物**という。

光を獲得するために(樹木どうしのかけひき)

コナラやクヌギなどは日当たりのよい環境で急速に成長するが，弱い光のもとでは成長できない。これらの樹木を**陽樹**という。一方，カシ，シイ，ブナなどは弱い光でも発芽し成長することができ，これらの樹木を**陰樹**という。陰樹は成長するにつれて，弱い光でも光合成できる葉(陰葉)の他に，強い光でさかんに光合成できる葉(陽葉)をつけるようになり，明るいところでさかんに生育できるようになる。

森林の上層部(林冠)では，多くの樹木が枝や葉をたがいに接するように広げているため，日光が森林の地表付近(林床)まで直接とどくことはない。しかし，一部の樹木が嵐などで倒れたり枯死したりすると，林冠にすき間(ギャップ)ができる。そのような場所では，林床の植物も直接日光を受けて成長することができる。

光の弱い林床で発芽した陰樹は，ギャップができる機会を待ちながらゆっくりと成長して，ギャップができたときに大きく成長する生き方をする植物である 図12。しかし，ギャップができるまでの期間が長いと，枯死する芽生えが多くなる。一方，陽樹の芽生えは，強い光のないところではほとんど枯死してしまうので生存期間は短い。そのため陽樹は種子のまま埋もれてギャップが生じるのを待つ生き方をする種類が多い。

ギャップができると強い日光が林床まで届き，多くの植物がいっせいに成長し始める。そのとき陽樹は，陰樹が大きくなるまでの時間を利用して急速に成長し子孫を残す。主に陰樹からなる森林でも，ところどころに陽樹が見つかるのはこのためである。

図11 陽生植物と陰生植物における光合成速度の比較

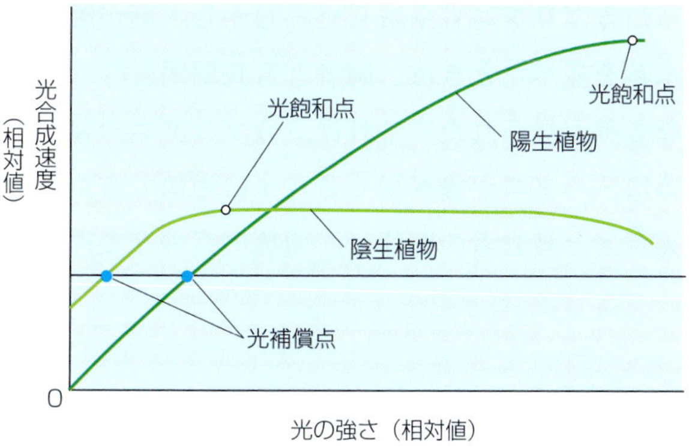

陰生植物は陽生植物よりも光飽和点，光補償点がともに低いので，日当たりの悪い環境でも生育することができる。

図12 陽樹（コナラ）と陰樹（アオキ）の芽生えの生存率

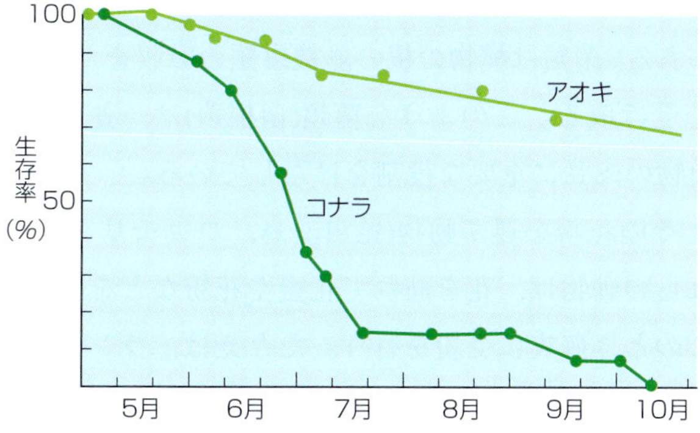

陽樹のコナラの芽生えは，光の弱い林床では光合成が不十分なために次々に枯れていくが，陰樹のアオキの芽生えは枯れることなく，長い間多くが生き残っている。

食う側の論理と食われる側の論理

動物は他の生物がつくった有機物を食物として利用する。食物となる生物とそれを食べる生物の間にはどのような関係があるだろうか。

ある種の動物が他種の動物を捕らえて食べることを**捕食**といい，捕食されることを**被食**という。捕食のうち，捕食者が一定期間または一生，被食者の体表や体内に住みついて栄養を取り続ける場合を**寄生**という。

捕食者の個体群と被食者の個体群の間に，たくみな共存関係が成り立っていることがある。その一例として，インゲンマメの害虫であるカンザワハダニとその捕食者であるチリカブリダニによる実験が知られている 図13。インゲンマメの植木鉢を葉がとなりと触れ合うようにして並べ，そこに両方のダニを放した場合，ハダニは短期間に食べられて全滅し，続いて，えさを失ったカブリダニも全滅した。しかし，葉が触れないように少し離して植木鉢を並べたときは，両者とも長期間生存し，両者の個体数には周期的な変動が見られた。これは，カブリダニの移動がハダニより遅くなるために，ハダニが食べ尽くされずに増殖できたからである。このように，捕食者と被食者の関係は，環境の微妙な条件によって変化している。

たがいを生かして

相手の個体群をたがいに利用しあう異種間の関係を**共生**という。地衣類は，藻類と菌類が密着合体して共生しているものである。また，菌類には，植物の根に菌糸を入り込ませ，根の細胞と融合して両者が共生し，**菌根**を形成するものがある。菌類は植物の根の無機塩類の吸収をたすけ，植物から光合成産物を受け取る。このような菌類(菌根菌)は，養分の少ない土壌で生育する植物の成長に重要な役割をはたしている。

共生関係は，植物とその花粉を運ぶ動物(昆虫，鳥，コウモリなど)の間にも見られる。これらの動物は，花を訪れて花蜜や花粉などを食物として得るが，植物はこのとき確実に受粉を行う。たとえば，ランの一種ツレサギソウ類とスズメガ類のように，花の形態と特定の動物の形態がともに特殊化するほど密接な共生が成立している場合もある図14。

ツレサギソウ類は白色から緑色の花をもち，夕方から夜間にかけて，夜行性のガを引き寄せる匂いを放つ。花蜜は，細長い蜜つぼの奥に貯えられているので，ガの細長い口(口吻)の長さが蜜つぼの長さに合っている場合にだけ吸蜜できる。長さの異なるガは吸蜜できないので，１種類のガだけがその花の蜜を独占できる。また，ガも同じ種類の花だけを訪れるので，吸蜜のときにガに付着した花粉は確実に受粉に役立つ。

図13 カブリダニによるハダニの捕食

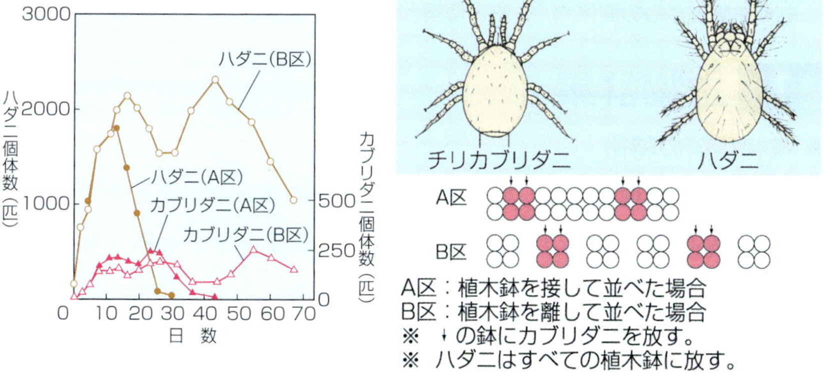

図14 ツレサギソウ属のランとスズメガ類の共生

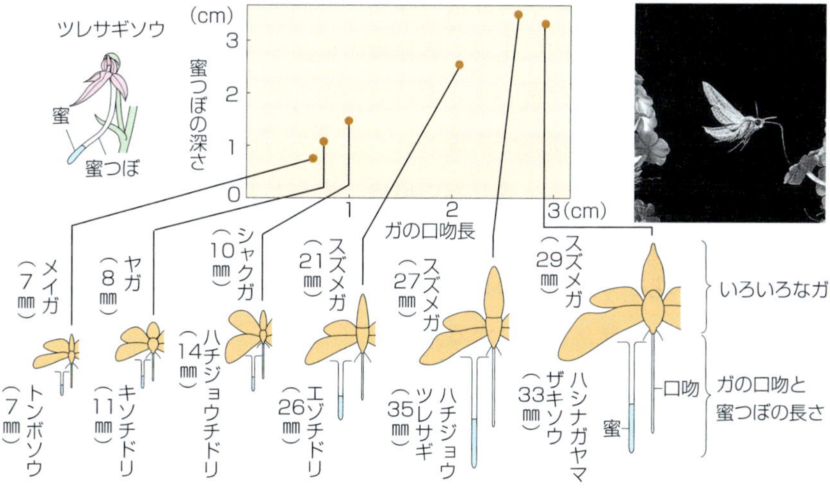

C 生物群集の維持と変化

動物王国ともよばれる東アフリカの草原では，草を食べるシマウマやキリン，そしてそれをえさとするライオンなどが生活している。生物の集団についてのこれまでの学習では，個々の個体群に焦点を当てて学んできた。ここでは，多くの種類が混在する生物集団全体を眺めて，異なる生物どうしの関係や，生物と環境との関係を学んでいこう。

1 生物群集

植物群落の特徴

ある一つの地域に生存しているすべての種の個体群をまとめて**生物群集**という 図1 。たとえば，すべての鳥類の個体群をまとめたものは鳥類群集，動物個体群をまとめたものは動物群集である。植物の群集はふつう**植物群落**とよばれる。

植物群落は，それを構成する植物の種類によってそれぞれ特徴的な景観をつくる。それぞれの植物群落の様相や外観を**相観**という。群落の相観が異なるのは，群落内に生育する植物の種類が異なるためである。その植物群落の中でとくに数が多く広い面積を占めている種を**優占種**という。群落がどのような植物で構成されるかはその群落が関係する環境によって左右される。群落を取り巻く環境，すなわちその土地の気温や降水量などの気候，山や谷や海岸などの地形，砂や黒土や褐色土などの土壌，石灰岩や花こう岩などの地質，また動物の影響などのさまざまな環境要因を反映して群落は生育する。

動物の生活は植物と密接に関係している

植物を食物とする動物がいて，その動物を食べる動物がいるというように，植物群落は動物など他の生物に直接的あるいは間接的に食物を供給している。逆に見れば，動物の生活は植物群落に支えられている。植物の葉や実を食物とする昆虫は，葉や実が食べられる季節になるとそこに集まってくる。そしてその昆虫を食べる鳥類は，その昆虫のいる植物のところでえさを捜すようになる。このように動物どうしの関係にも，その地域の植物群落が深く関係することが多い。また，植物を食べる動物の活動は，食べられる植物の生育に影響を及ぼす環境要因でもある。

図1　熱帯林における生物群集の構造

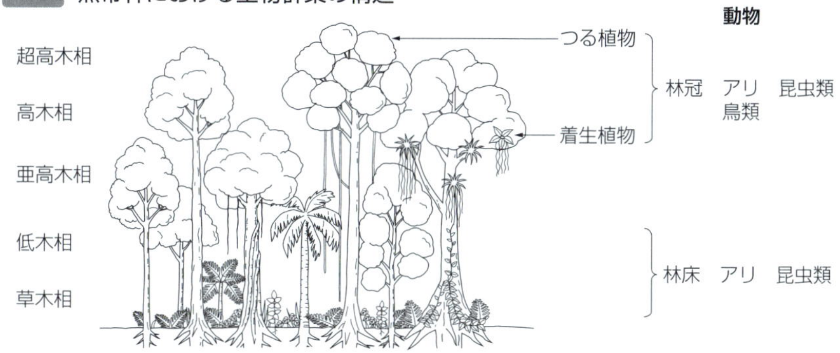

参考資料

優占種と標徴種による植物群落の分類

優占種が同じであっても，優占種以外にどのような種が生育しているかによって植物群落の相観が異なる。たとえば同じブナ林でも，日本海側の積雪量が多い地域では，雪の中で保温されるため，林床にヒメアオキなどの小型の常緑樹が生育する。この場合のヒメアオキのように群落をとくに特徴づける種を標徴種といい，このようなブナ林をヒメアオキ-ブナ群集とよぶ。一方，太平洋側のブナ林では積雪量が少ないため，背丈が高く乾燥に強いスズタケが林床に優占することが多い。このようなブナ林は，スズタケを標徴種としてスズタケ-ブナ群集とよばれる。

図2　標徴種の違いによるブナ群落の相観の違い

太平洋側に多いスズタケ-ブナ群集　　日本海側に多いヒメアオキ-ブナ群集

植物群落の階層構造

植物には樹木(**木本**)や草(**草本**)などがあり，さらに，樹木は多くの葉を付ける高さの違いから，高木，亜高木，低木などの**生活形**(p.350参照)に区別される。また，つる植物やシダ植物のあるものやランの仲間，ヤドリギなどのように，樹木などの枝に張り付いて生活する着生植物といった生活形のものも多く知られている。植物における生活形の違いは生活の仕方の違いを反映したものと考えることもできる。

これらの異なる生活形をもつ植物が集まって生活する群落では，高木層，亜高木層，低木層，草本層，コケ層というように，特定の生活形をもつ植物の葉が集中するいくつかの層が垂直方向に重なった構造(**階層構造**)が成立している 図3 。草原の場合，階層は草本層やコケ層に限られるが，森林の場合，高木層，亜高木層，低木層，草本層，コケ層などの多くの階層が見られる。いっぽんに，草原よりも森林のほうがより多様な生活形をもつ植物が生育している。

植物群落の環境条件と生物の生存

群落内では，上層と下層とで明るさが異なるため，各階層にはそれぞれの階層に応じた光合成を行う植物が見られる(p.360参照)ことも階層構造の特徴である。また，高木層の樹木が倒木や枯死して森林内に生じた**ギャップ**により，林床まで直射日光がとどく空間が森林内に生じる。これによって植物は水平方向のモザイク状に分布するようになり 図4 ，階層構造とともに森林内に多様な植物が生育できるさまざまな明るさの環境がつくり出されている。

光以外の環境要因が生育する植物の種類を決めている例も知られている。低い山や丘陵に見られるアカマツとコナラの分布を見ると，アカマツ林は尾根に沿って，コナラ林は谷や沢に沿って分布することが多い 図5 。これは，尾根と谷の土壌の違いによっている。尾根は土壌が流されやすいので土壌中に有機物が堆積しにくく，一方，斜面下や谷には有機物の豊富な土壌が堆積しやすい。アカマツは有機物が少なく乾燥しやすい土壌でも耐えて生育できるのに対し，コナラは生育困難である。一方，有機物が豊富で湿気を含みやすい土壌ではコナラがよく成長し，アカマツとの競争に勝つ。こうして，尾根と谷の両者の分布の違いが生まれている 図6 。

図3 森林の階層構造と明るさの変化

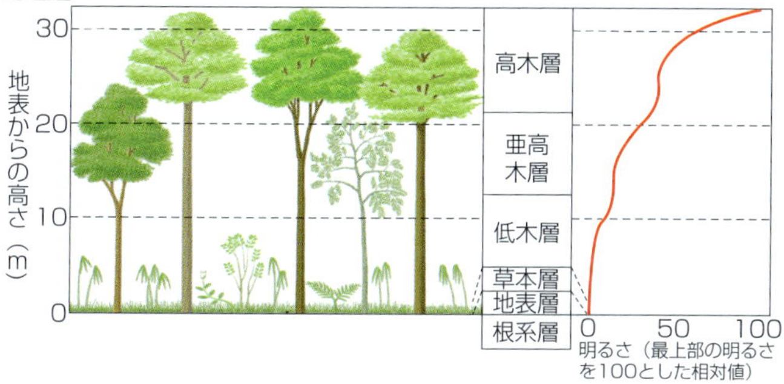

森林に降りそそぐ光の約90%は高木層と亜高木層で吸収され，林床に到達できる光は数%になる。各個体群は異なった光量で光合成を行い生活を維持している。

図4 森林のモザイク構造

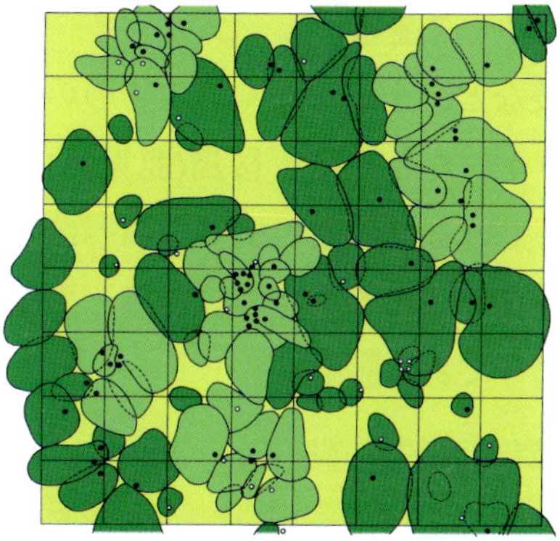

高木層（　），亜高木層（　），それより低い層（　）がモザイク状に分布して，極相林が部分的に更新していることがわかる。

図5 アカマツとコナラの分布

図6 アカマツとコナラのすみわけ

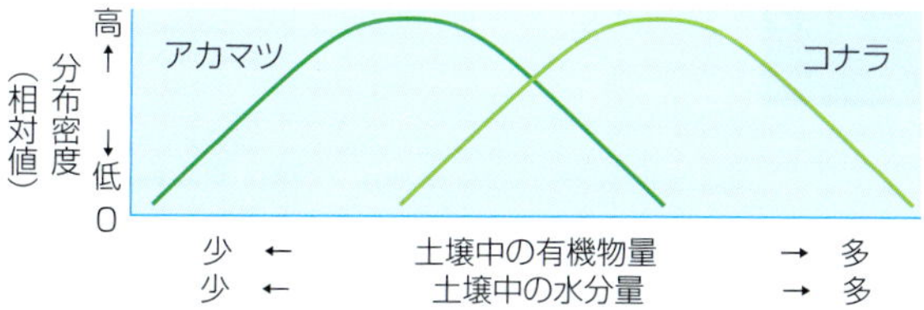

群落は環境との関係を保って変遷する

群落を構成する植物の種類や数は，長い期間でみるとたえず変化し，群落は変遷していく。このような群落の変遷を**遷移**という。遷移にともない，群落の階層構造や植物相互の関係も変化する。一方，群落の変化は土壌の厚さ，土壌中の水分・有機物・塩類などの量，群落内の明るさなどの生物以外の環境(**無機的環境**)に影響を及ぼす。すなわち群落を構成する植物も無機的環境に常にはたらきかけ，変化させていく。そして，無機的環境の変化はまた植物の成長に影響を及ぼす。このように遷移は，群落と無機的環境がたがいに影響しあいながら進行していく。

群落とその周囲の無機的環境の間に見られるように，無機的環境が生物の生活に影響することを**作用**とよび，逆に生物の活動が無機的環境にはたらきかけることを**反作用**という。また，生物どうしが影響しあうことを**相互作用**とよぶ。

森林はどのようにして形成されるか(一次遷移)

溶岩地帯，火山湖，氷河の後退した後など，土壌がなく，生物のいない状態から始まる遷移を**一次遷移**という。たとえば，桜島(鹿児島県) 図7 のように，噴出した年代のわかっている溶岩上の植生を調べ，年代順に並べると，一次遷移の過程を推定することができる。こうして推定した一次遷移の過程は，およそ次のようである 図8 。

図7 桜島

図8 桜島の溶岩上の植生の遷移

①裸地
②荒原（約20年後）：キゴケ・ハナゴケなど
③草原（約50年後）：タマシダ・イタドリ・ススキなど
④低木林（約100年後）：ヤシャブシ・ノリウツギ・クロマツなど
⑤陽樹林：クロマツ・ネズミモチ・シャリンバイなど
⑥陰樹林（極相）（約500～700年後）：タブノキ・アラカシ・コガクウツギ・テイカカズラなど

桜島の溶岩は，過去の記録から噴火後何年くらいのものかわかっている。

噴火によって流れ出た溶岩の上に，種子や胞子などが風や動物によりたえず運ばれてくる。最初にコケ植物などのまばらな植生を生じる。やがて草本植物の植生がじょじょに溶岩全体に広がり，溶岩の風化と植物の枯死などにともない有機物が増加して，しだいに土壌が形成される。土壌中の有機物がふえ，水分や空気が十分含まれるようになると，溶岩全体が土壌におおわれて草原ができる。ついで成長の速い陽樹の低木が混じり始め，草原は陽樹林に変わる。土壌はさらに厚くなる。陽樹林では，光が高木層の葉にさえぎられ林内は光が入りにくくなる。そのため陽樹林の林床では，芽生えた幼木のうち，陽樹より陰樹のほうがよく生育して，陽樹林はしだいに陰樹林に変わっていく。発達した陰樹林では，陰樹の生育がくり返されて長期間安定する。これを**極相**といい，極相になった森林を**極相林**という。

遷移が進むとともに土壌も厚くなる。そして，土壌中で生活するササラダニなどの土壌動物や菌類などの生物も豊富になる図9。

図9 三宅島の植物群落の遷移と土壌動物（ササラダニ類）の種類の変遷

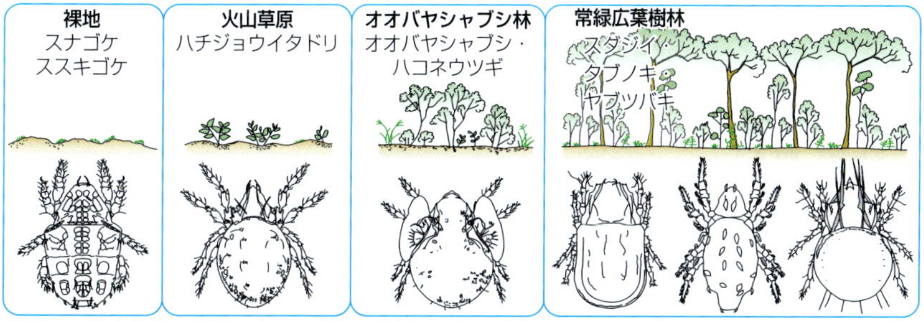

溶岩の年代と植生の発達により，植物の分解者である土壌中のササラダニ類の種類や数が変化する。

陽樹林の年代は，それを推定できる溶岩が残っていないためはっきりしない。

群落の遷移と植物の種類数の変遷

一次遷移では，無生物の状態から始まって外から入って来た植物がそこで生育することで群落が形成され，遷移が進行する 図10 。遷移が進むにつれて植物の種類数が増加すると同時に，物質生産がさかんに行われるようになる。やがて陽樹林が成立するころになると，その下草なども混じってくるため植物の種類数は一時的にさらに増加する。しかし，陽樹が成長して高くなるにつれて，光が地面にとどきにくくなるなど群落内の環境が変化し，生き残る植物は限られてくる。やがて陰樹林が極相林として成立するが，陽樹林で一時的に増加した群落の種類数は，極相となるころには少なくなることが多い。

二次遷移

山火事，伐採，土砂崩れ，農耕地跡などには，以前生育していた植物の種子や植物体，土壌などが残っている。このような場所から始まる遷移を二次遷移といい，通常，一次遷移の過程の途中から始まることが多い。コナラ・クヌギ林やアカマツ林などの陽樹林をはじめ，現在の日本の植生の多くは，人間の活動の影響を受け，その後の二次遷移で生じた植生である。また，農耕地や牧草地は，農耕や草刈りなどで遷移を止め

参考資料

――森林と異なる極相植生――

地域によって極相の植生が森林になるとは限らない。それは，遷移の進み方が気候などの環境要因の影響を受けるためで，草原や荒原などが極相になることもある。降水量の少ない地域には，極相の草原としてステップやサバンナなどが見られる。尾瀬ヶ原(群馬県，福島県，新潟県)のように，標高が高く低温の地域で，土壌中に常に水分が多く有機物が分解されにくい泥炭となって堆積する場所には，ミズゴケやワタスゲなどの生育する高層湿原が見られる。また，土壌中の水分が流れにくく酸素不足のために有機物が分解されにくい低地の河原や池沼には，ヨシやスゲなどの低層湿原が成立している。また，ロシアやカナダに見られるツンドラも荒原の極相植生の１つである。

て利用している植生である。

極相林の部分的更新

極相林では，高木層が発達して林内はあまり明るくなく，樹木の生育は抑えられている。しかし，高木層の樹木が枯死したり強風などで倒されたりして，高木層のないギャップができると，そこに日光が入って明るくなり風によって乾燥し，草本植物や樹木がいっせいに成長し始める。そして最終的には，陰樹が優占種となる高木層が形成されて元の状態に戻る 図11 。このように極相林の内部でも，ところどころにギャップが生じ，その部分で遷移の進行と極相の回復をくり返している(p.360参照)。

図10 伊豆大島の火山噴出物上における植物群落の遷移と土壌・植生系の発達

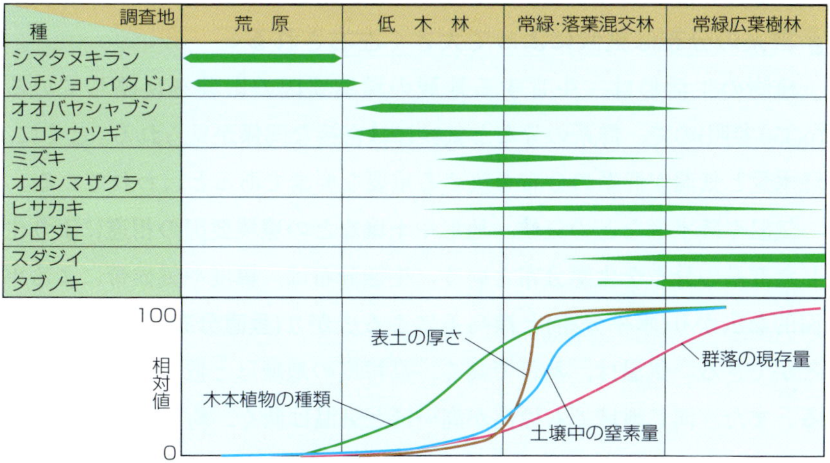

三原山の新しい噴出物上の荒原から常緑広葉樹林への植物の種類や現存量の増加にともない，表土の厚さや土壌中の窒素量が著しく増加する。

図11 縞枯れ現象

縞枯山(長野県)の亜高山帯の針葉樹林(陰樹林)では，高木層の樹木が倒れたり枯れたりして，標高に沿って帯状にギャップができる。遷移が進み，もとの極相に戻る頃，今度は隣の部分に同様のギャップができ，独特の縞模様の植生ができることが知られている。

2 地球環境と生物の分布

植物群落を外観から分ける

群落は，群落を構成する植物の生活形によってそれぞれ特徴的な相観をもつ。群落の相観は，主として優占種の生活形で決まるが，この他，植物の密度や季節変化，葉の形などによって特徴づけられる。

陸上の植物群落はその相観から，木本植物の優占する**森林**，草本植物の優占する**草原**，植物が地表をおおう割合が約30％以下の荒原に大別することができる 図12 [1]。そして，森林，草原，荒原のそれぞれはさらに，表1 に示すようにいくつかの特徴的な植生に区分される。このように植物群落を相観から分類したものを**群系**という。

群系の分布は気候によって大きく左右される

植物の生活形は，生育する地域の環境要因の影響を反映している(p.350参照)ので，群系の分布と気候には密接な関係が見られる。とくに，降水量と気温が群系の分布を決める重要な要素であると言われている。

気温や降水量などの気候，地形や土壌などの環境要因の相違により生じた群系の分布を**生態分布**という。生態分布は，緯度や気候帯による平面的な広がり(**水平分布**)と標高差による広がり(**垂直分布**)として見ることができる。気温は，熱帯で高く，高緯度の地域ほど低くなる傾向がある。また，同じ地域でも標高が高いほど気温は低く，約 100 m高くなるにつれて気温は約 0.6 ℃ずつ低くなることが知られている。この標高による気温の違いに応じて，植生の垂直分布は，一般に高山帯，亜高山帯，山地帯，丘陵帯に分けられる。

世界各地の気候を比較した場合，たとえば同じ緯度でも降水量に大きな差があって多雨の地域もあれば，ほとんど降水のない地域もある。このような地域的な環境要因による違いのために，地域ごとに特徴的な群系が分布している(表1 参照)。

図12 世界の植物群落の分布

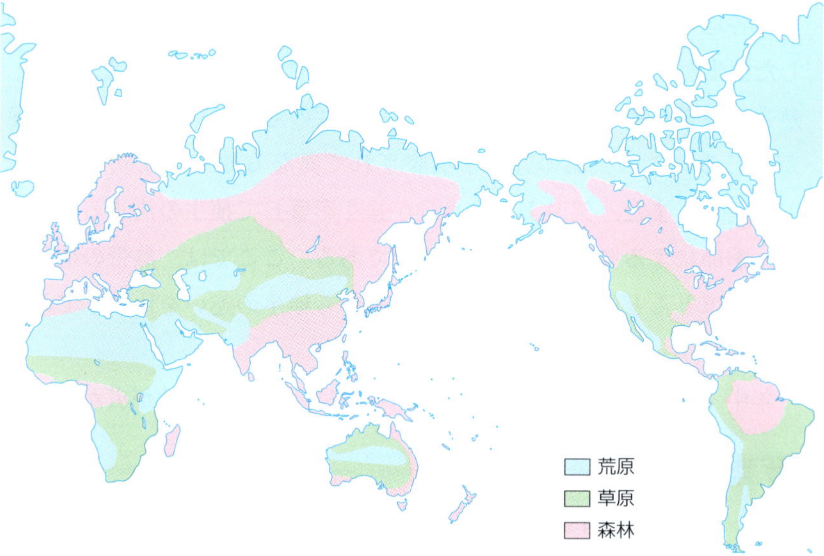

表1 世界の植物群系

群落	群系	分布地域	優占種の生活形
森林	熱帯多雨林	多雨の熱帯	常緑広葉の高木，つる植物，着生植物，ヤシ類，木生シダ植物
	雨緑樹林	乾季のある熱帯や亜熱帯	乾季に落葉する広葉の高木
	硬葉樹林	冬雨で夏に乾燥する温帯	常緑硬葉の高木や低木
	照葉樹林	多雨の温帯南部	常緑広葉（照葉）の高木
	夏緑樹林	多雨の温帯北部	冬期に落葉する広葉の高木
	針葉樹林	亜寒帯	常緑針葉や落葉針葉の高木
草原	サバンナ	乾燥する熱帯や亜熱帯	草本とまばらな高木や低木
	ステップ	乾燥する温帯（アジア）	丈の低いイネ科型草本
	プレーリー	乾燥する温帯（北アメリカ）	丈の高いイネ科型草本
	パンパ	乾燥する温帯（南アメリカ）	イネ科型草本
荒原	砂漠	乾燥の激しい熱帯や温帯	植物が生存しないか，まばらな多肉植物や低木，1年生草本
	ツンドラ	寒帯	低木，亜低木，葉状植物

①陸地全体の中で森林，草原，荒原が占める割合は，それぞれ約3分の1ずつである。

世界の植生と気候

世界各地の植生と気候の違いを比較すると，気候の似た地域には，類似した植生が成立している。それを一般的にまとめたものが図13である。

熱帯，温帯，寒帯などのように，主に緯度の違いを反映して気温の違いが生じる。この気温の違いが反映されて異なる植生が成立している(p.372参照)。また，気温より降水量が強く影響して植生の決まる地域も多く，季節による降水量の違いも重要である。ここでは，熱帯の植生について，ほとんど降水のない季節の長さから植生の違いを比較してみよう図14。

一年中多雨で，とくに乾季のない地域には，**熱帯多雨林**が広がってい

参考資料

——海水で生育する樹木——

熱帯から亜熱帯までの遠浅の海岸や河口には，マングローブ林が発達している場合がある。マングローブ林を構成するメヒルギ，オヒルギなどのヒルギ類は，浅い海の泥土より上で枝分かれした根を土中に伸ばしている。海水に根が浸るので，他の陸上の植物とは異なり，塩分の濃い場所でも生育できる特性をもっている。また，樹木の種類によっては海底から突き出るなどしている根が見られ，これは植物体を支え，呼吸を担う役割があると言われている。さらに，メヒルギなどの種子は，枝についたまま発芽した後地上に落下するという特徴的な繁殖をすることでも知られている。

A マングローブ林

B 枝で発芽した種子

C 地面にささった種子

る。熱帯多雨林の大きな現存量は樹高40 〜60 mに達する高木層によるものである。雨季と乾季のある地域のうち，雨季のほうが長い地域には**雨緑樹林**がみられる。雨季よりも乾季のほうが長い地域の植生は，疎林や樹木がまばらで草丈の高い草原の**サバンナ**である。さらに雨が少ない地域には，草丈の低い草原から草のまばらな荒れ地が，雨のほとんど降らない乾燥した地域には**砂漠**が見られる。

図13 世界の群系の分布と降水量および平均気温との関係

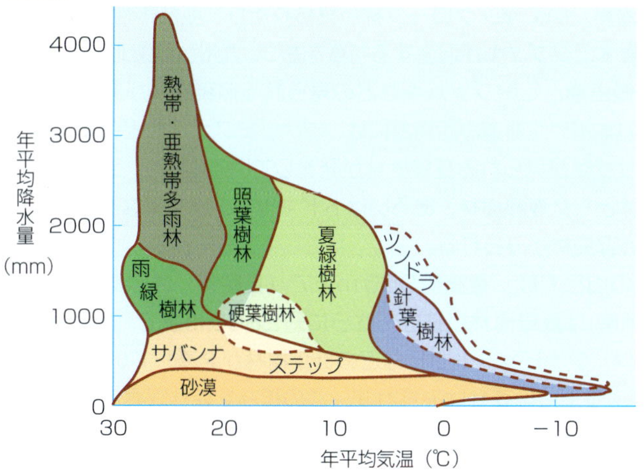

照葉樹林と夏緑樹林については東アジアの例を描いたものである。また，破線で示した硬葉樹林は地中海沿岸の例である。

図14 降水量による植生の違い

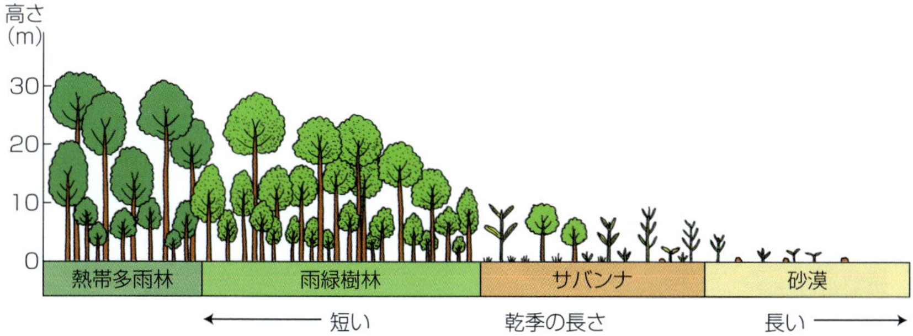

降水量の違いを乾季の長さの違いで表し，植生との関連を模式的に示している。

参考資料

日本の植生

日本は周囲を海で囲まれており，湿度がある程度保たれ，冬季でも極端な低温や乾燥の少ない地域に位置している。気候的には，全国的に降水量が年間約1000mm以上で植物の生育に十分である。日本列島は南北に長いため，北と南の地域での気温の差が大きく，この気温の違いが植生の違いに反映されている。

沖縄から本州中部には，葉が厚く葉面に光沢のあるタブノキ，スダジイ，シラカシ，アラカシなどの常緑広葉樹が優占する照葉樹林が見られる(図A)。沖縄から九州南端では，海岸沿いにマングローブ林が見られたり，亜熱帯性のアコウ，ガジュマルなどの樹木とタブノキが混生する特徴をもつ。九州から東北南部には，シイ類やカシ類を優占種としヤブツバキなどの見られる照葉樹林が発達している。中部地方以北の本州や北海道の西南部には，ブナ，ミズナラなどの落葉広葉樹が優占し林床にササ類が見られる夏緑樹林が発達している(図B)。北海道中部にはミズナラを主体とした夏緑樹林，あるいはトドマツやエゾマツなどの針葉樹と広葉樹が混生する混交林がみられる。

日本の中部地方の山岳では，標高約800ｍまで（丘陵帯）は照葉樹林，約1600ｍまで(山地帯)は夏緑樹林が続き，さらに約2800ｍまで（亜高山帯）はアオモリトドマツ，シラビソ，トウヒなどの針葉樹林が発達している(図C)。標高2800ｍ付近より上には森林はみられず，この標高を森林限界という。森林限界より上（高山帯）には，ハイマツ，ナナカマド，キバナシャクナゲなどの低木林（図C），クロユリ，シナノキンバイなどからなるお花畑，砂礫（れき）地に生育するコマクサなどがみられる。

緯度が高くなると垂直分布の境界の標高が低くなる。たとえば，北海道の大雪

図A　照葉樹林（スダジイ）

図B　夏緑樹林（ブナ）

山系では，標高500～600ｍでトドマツやエゾマツなどの針葉樹林が発達し，森林限界は標高約1500ｍである。

図C　針葉樹林（アオモリトドマツ）

図D　高山帯の低木林（ハイマツ）

日本の自然植生は，大きく4つに分けられる。自然植生の分布は，地域の緯度および標高，および海流などに影響される。

図Eは日本の自然植生の水平分布，図Fは垂直分布を南北方向に投影した図である。これらの図から，垂直方向の分布と水平方向の分布との関係を読み取ってみよう。

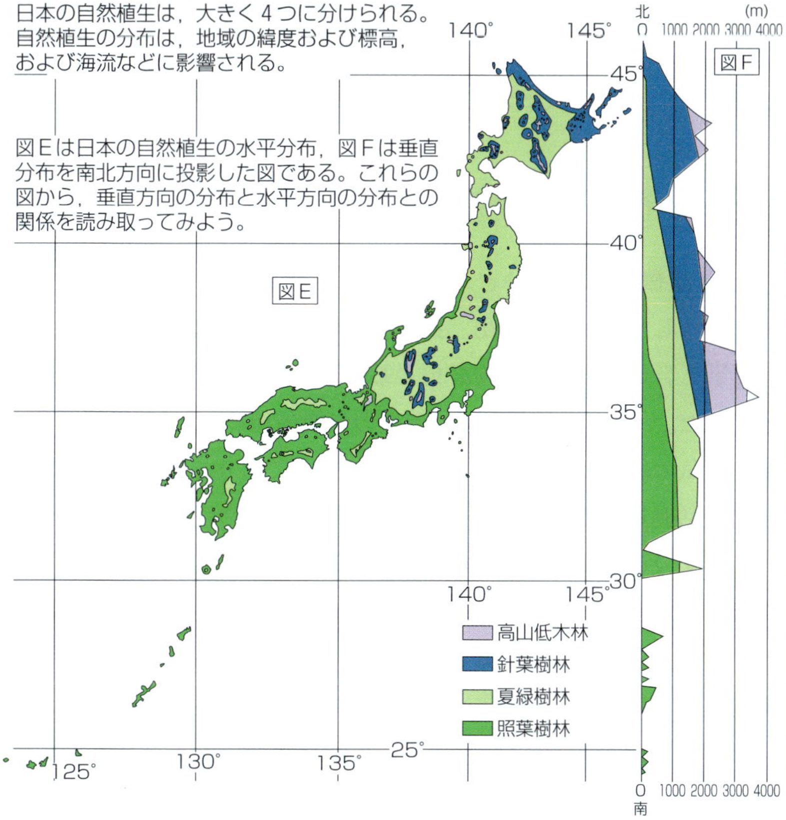

D 生態系とその平衡

生物どうしはたがいに多様な関係をもち，周囲の環境(空気や水など無機的環境)の中で生きている。空気や水がなければ生物は生きていけないが，生物の活動もまた，空気や水などに影響を与えている。すなわち，生物がつくり出した環境に生物自身が支配されていることになる。生物とそれを取り巻く無機的環境をひとまとまりにしてとらえてみると，さまざまな物質は生物と無機的環境の間をぐるぐると循環していることがわかる。この生物と環境との総体を生態系とよぶ。生態系についての学習は，私たちがこの地球でどのように生きていかなくてはならないかについて，重要な知識と問いを与えてくれるだろう。

1 生態系と物質の循環

生物と無機的環境をひとまとめにして見る

生物どうしは，競争，共生，捕食などのさまざまな関係をもち，たがいに影響し合いながら，生物群集としてのまとまりをつくっていることをみてきた。一方，生物群集は，周囲の無機的環境，すなわち光や温度，湿度，大気の組成，土壌などに依存して生きており，無機的環境の変化は生物の活動に影響を及ぼす(**作用**)。逆に，生物の活動もまた無機的環境に影響を及ぼしている(**反作用**)。森林の発達が林内を暗くしたり土壌を発達させたりするのはその例であり，さらに，動物が呼吸により環境中の酸素を消費し二酸化炭素を排出することも，無機的環境に影響を与えていることになる。このように，生物群集と無機的環境とはたえず相互に影響を及ぼしあっている 図1 。生物群集とそれをとりまく無機的環境を一つのまとまりとしてみたものを**生態系**という。

さまざまな生態系

校庭の隅の草むらや金魚の水槽も生態系である。森林や草原なども生態系である。生態系は，森林や草原などの陸上の生態系と，湖沼，河川，海洋などのような水界の生態系に分けて考えることができる。

さらに，人間がつくり出した都市や農村なども生態系として扱うことができる。都市は，道路や建物など多くの人工物で占められているが，人間をはじめとする生物と無機的環境とは密接に関係しており，都市生態系として見ることができる。同様に，水田や畑などとともに農村も１つの生態系と見ることができる。さらに，地球全体も１つの生態系(地球生態系)として見ることができる。

図１ 生態系の構造

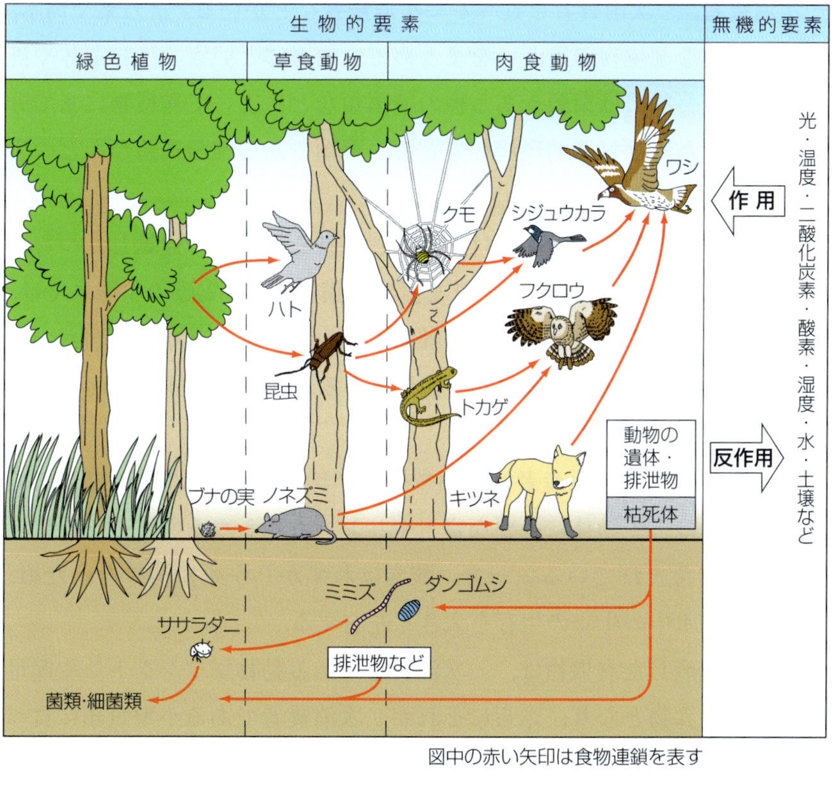

図中の赤い矢印は食物連鎖を表す

食物連鎖でたがいに結びつく生物

森林の落ち葉は土壌動物などに食べられ，さらに土壌中の微細な菌類などによって分解される。こうして，植物が大気中の二酸化炭素や土壌中の無機窒素化合物などからつくった有機物は，ふたたび無機物となって大気中や土壌中へもどる。

植物などの独立栄養生物は，無機的環境中の二酸化炭素などの物質から有機物を合成する。その有機物を動物などの従属栄養生物が栄養として利用する。こうして無機的環境から生物体へ取り込まれた物質は生物群集の中を移動していく。生態系において，植物などの独立栄養生物は有機物を生産するので**生産者**という。従属栄養生物は生産者のつくった有機物を取り入れ利用して生活する**消費者**であり，生産者を直接食べる**一次消費者**，一次消費者を食べる**二次消費者**などがいる。落ち葉や倒木，動物の死体など生物の遺がいをまとめて**生物遺体**という。生物遺体や排出物は，最終的には菌類やある種の細菌類などによって無機物にまで分解され，ふたたび無機的環境へもどる。菌類やある種の細菌類などの生物を**分解者**という。

このように，群集内の生物は食う・食われるの関係で連続したつながりをつくっている。このつながりを**食物連鎖**という。実際の生態系では，何種類ものえさを食べる生物や何種類もの生物のえさとなる生物がいるので，食物連鎖は複雑な網目状の関係となる。これを**食物網**という。

水界の生態系と食物連鎖

水中の生態系での生産者は海藻や植物プランクトン①などの藻類である。水中には，生物体に必要な窒素やリン，カルシウムなどや二酸化炭素が溶けて含まれている。一方，酸素はわずかしか水に溶けないため，酸素濃度が水中の生物の生存を大きく左右する。

藻類が生産した有機物は，一次消費者である動物プランクトンや節足動物などの食物となり，さらにそれが二次消費者である小型魚類に食べられ，さらにそれが三次消費者である大型魚類やイカなどに食べられるというように生物群集内を移動しながら二酸化炭素やアンモニアなどの無機物に分解されて無機的環境中にもどる 図3 。生物遺体などの有機物は，酸素があるときには細菌によって酸化され分解される。湖沼などの底層では，水中の酸素が不足すると，生物遺体などの有機物が十分に分解されずに水底に沈殿し堆積することがある。

図2　海の生態系と食物連鎖

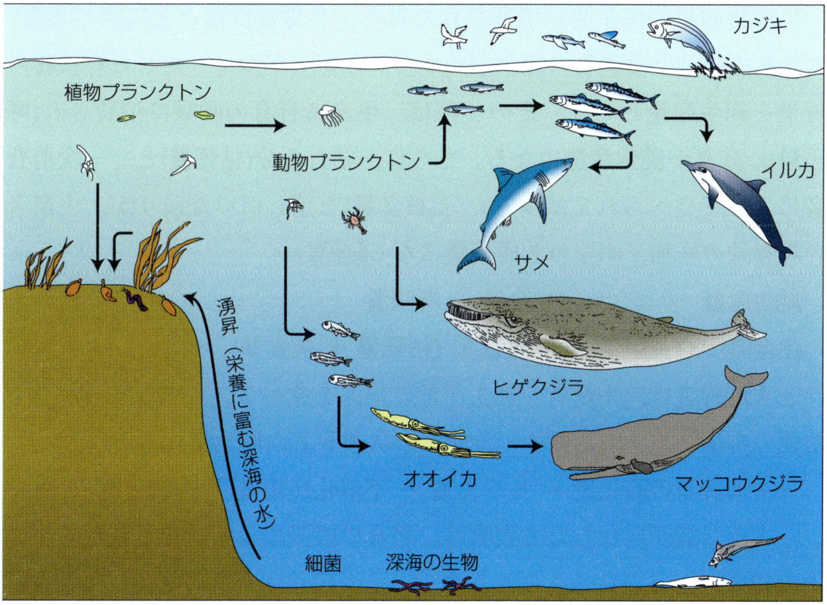

図3　生態系における物質の移動

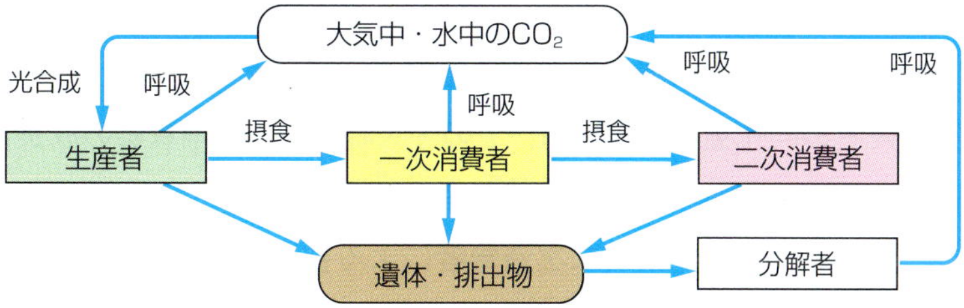

①**遊泳**能力がないかまたはごく弱く，水中に浮遊して生活する生物をプランクトンという。

生産物の収支

食物連鎖において，生産者，一次消費者，二次消費者，分解者などの各段階を**栄養段階**といい，生産者から数えて同じ数の段階をへて食物を得ているものは同じ栄養段階に属しているという。たとえば，生産者は，一次消費者より１段階下位の栄養段階にあたる。一般に，上位の栄養段階ほど個体数や現存量が少ないことが知られている。

生産物の量と生産物が消費された量を，各栄養段階ごとに調べると，食物網の構造と生産物の流れがわかる。生産者がつくりだした有機物の総量を**総生産量**という。その一部は，生産者自身の呼吸で消費され(**呼吸量**)，残りが**純生産量**になる。さらに，枯れた分(**枯死量**)と，一次消費者によって食べられて減少した分(**被食量**)を差し引いた残りが，生産者の現存量の増加，すなわち**成長量**になる 図4 。

純生産量　　　　＝ 総生産量 － 呼吸量

生産者の成長量 ＝ 純生産量 － (枯死量 ＋ 被食量)

一次消費者は，生産者の純生産量の一部を食べる。食べたうちから不消化の排泄物をすてた残りの分が，一次消費者の同化量である。

一次消費者の同化量 ＝ 食べた量 － 不消化排出量

一次消費者が同化した有機物は，自身の呼吸により消費されたり，二次消費者によって食べられたりする。その残りは一次消費者自身の成長や生殖により現存量の増加になるが，やがて一次消費者が死ぬと分解される。したがって一次消費者の同化量は，一次消費者の呼吸量，成長量，死亡分解量，および二次消費者による被食量の合計である

一次消費者の同化量 ＝ (一次消費者の呼吸量) ＋ (一次消費者の成長量)
＋ (一次消費者の死亡分解量)
＋ (二次消費者による被食量)

各栄養段階の生物の成長量が負の値でなければ(すなわち現存量が増加していれば)，その群集は発達していく。現存量の多少にかかわらず，純生産量が多ければ，多くの消費者が生存できることになる。

生態系の発達と平衡

生態系の中では，個々の個体群は捕食や被食，競争などによってたえず変動している。また，植物の生産量も，消費者による消費量も変動している。しかし，生態系の全体をある程度の長い時間の中で見ると，生物の個体数や生産量などの変動はほぼ一定の幅に収まっている。このように生態系がある範囲内で安定している状態を**生態系の平衡**という。

図4 生産物の収支

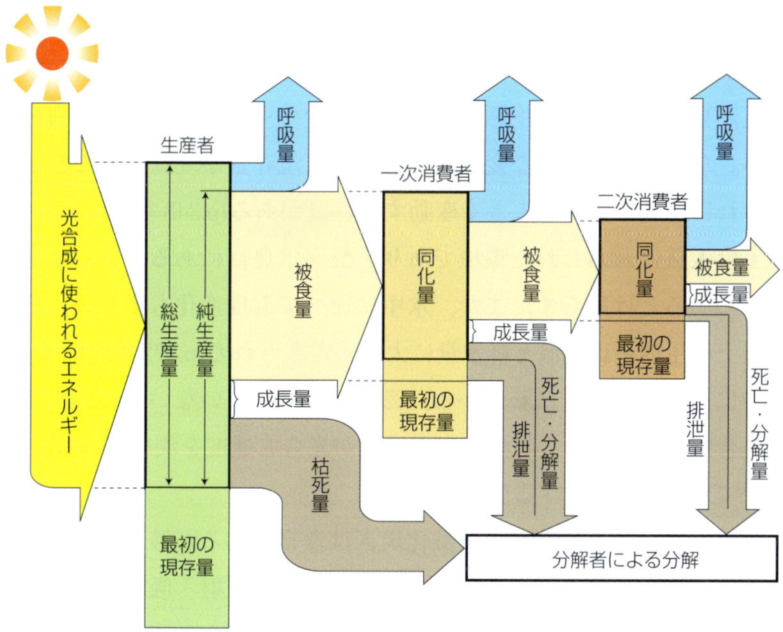

図5 生態系の発達と平衡

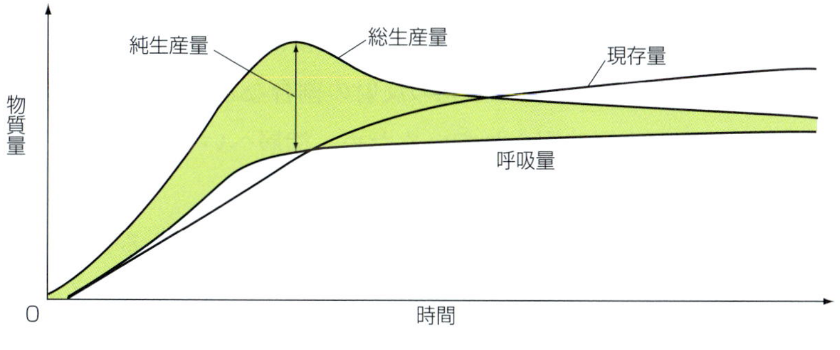

前ページ図5は，森林の植物群集の現存量の約100年間の推移の概略を表したものである。森林が若いうちは総生産量が呼吸量を上回っており，純生産量は大きい。しかし，樹木が成長するにつれて呼吸量も大きくなるので，やがて両者はつり合い，極相に達する頃には現存量・呼吸量・総生産量はともにほぼ一定の状態となると推定されている。

陸上の生態系における生産

寿命の長い樹木が優占する森林生態系では，樹木の幹や根などの部分の現存量が多く，長期間安定した生産が続けられている。特に，遷移の初期の若い森林では，総生産量が呼吸量や枯死量を大きく上回り，急速な成長が見られる。草原生態系では，現存量のうち，葉の占める割合が大きい。草本類は季節的な変化にともなって現存量が変動することが多く，これに応じて生産も大きく変動する特徴がある(p.348参照)。

陸上は大気におおわれた環境であり，酸素は豊富にある一方，水が常に豊富にあるとは限らず，また，水中に比べて温度変化も激しい。そのため陸上の生態系は気温と降水量に大きく左右される(p.372参照)。また，大気中には二酸化炭素はわずか0.04％しか含まれていないため，陸上植物の光合成ではふつう，二酸化炭素濃度が光合成速度を決めている。

水界の生態系における生産

一方，水界は陸上に比べて二酸化炭素は豊富にあるが酸素が欠乏しやすい環境である。また，水中で光は大気中よりも反射・吸収されやすいため，光合成生物が生育できる領域はごく表層に限られている。藻類が生育できる限界の水深を**補償深度**といい，水の澄んだ外洋でも最大100m程度である。補償深度は，その生物の補償点の値，水の濁りやプランクトンの発生の程度，水面での光の反射の割合などによって決まる。水中での物質生産が表層に限られているため，深層へいくにしたがって生物は減少していく。

海洋生態系の場合，窒素やリンなどの濃度が生産量を決める大きな要因である。単位面積当たりの純生産量が，沿岸などの浅海で大きく外洋で小さいのは，海洋における物質生産が陸上から流入する栄養に依存しているためである。陸上から流入する水には，侵食された土砂や陸上生物の遺体などに由来する有機物や無機塩類が含まれるからである。しかし，外洋の範囲は沿岸より広いので，総量としての純生産量を両者で比較すると，沿岸より外洋のほうが値が大きい。

地球生態系における生産

現存量で比較すると，陸上の生態系に比べて水界の生態系の現存量は少なく，地球生態系の現存量の大半は陸上の生物によっている。陸上の生態系の約３分の１は森林生態系が占めており，地球上の生物体をつくる有機物の90％以上が森林生態系に集中していると言われている 表１ 。

単位面積当たりの純生産量では，一般的に生物の種類が多いといわれている森林，沼沢や湿地の値が大きく，海洋では小さいことが分かる。しかし，それぞれの場所の広さを考慮して，純生産量の総量で見ると，水界の生態系の純生産量は陸上の場合のおよそ半分に達する。

表１ 地球上の主要生態系の現存量と純生産量（推定値）

生態系			面積	現存量（乾重量）		純生産量（乾重量）	
			10^6 km²	単位面積当たりの平均値kg/m²	総量 10^{12} kg	単位面積当たりの平均値kg/m²·年	総量 10^{12} kg/年
陸上生態系	森林	熱帯多雨林	24.5	42	1025	2	49.4
		照葉樹林（温帯）	5	35	175	1.3	6.5
		夏緑樹林（温帯）	7	30	210	1.2	8.4
		針葉樹林（亜寒帯）	12	20	240	0.8	9.6
		疎林	8.5	6	50	0.71	6
		小計	57		1700		79.9
	草原	サバンナ（熱帯）	15	4	60	0.9	13.5
		ステップ（温帯）	9	1.6	14	0.6	5.4
		小計	24	3.08	74	0.79	18.9
	荒原	ツンドラと高山植生	8	0.6	5	0.14	1.1
		砂漠	42	0.3	13.5	0.04	1.67
		小計	50	0.4	18.5	0.06	2.77
	農耕地		14	1	14	0.65	9.1
	陸上生態系の合計		145		1806.5		110.7
水界生態系	沼沢・湿地		2	15	30	2	4
	湖沼・河川		2	0.025	0.05	0.25	0.5
	沿岸海域		29	0.1	2.9	0.47	13.5
	外洋域		332	0.003	1	0.13	41.5
	水界生態系の合計		365		33.95		59.5
	地球生態系の合計		510		1840.45		170.2

生態系における炭素の循環

生物体を構成する元素の代表は，炭素であり，生物体の乾重量の40～50％を占める。炭素は，大気中や水中では主に二酸化炭素として存在する。生産者である光合成生物は炭素を二酸化炭素として取り入れ，光合成により有機物として固定する。この有機物の炭素は消費者の体内に取り込まれ，食物網を通じて他の消費者や分解者へと移動していく 図6 。生産者も消費者も，呼吸によって有機物を分解し，二酸化炭素として環境中に放出する。生物遺体や排泄物は，細菌などの分解者のはたらきにより最終的に二酸化炭素に変えられ，ふたたび大気中や水中にもどる。こうして炭素は，二酸化炭素や有機物の形をとりながら生態系の中を循環しており，この循環を**炭素循環**という。

石炭や石油などの化石燃料は，古い時代の植物体が地中に埋もれたまま変性し，有機物の状態で蓄積されているものである。石炭や石油などの存在は，地球の歴史の中で，光合成による有機物の生産が呼吸による分解を上回っていた時代があったことを示す[①]。人間が化石燃料を消費することで，その頃に蓄積された炭素が大気中や海水中に放出され，地球の炭素循環に影響を与えている。

生態系における窒素の循環

タンパク質などの成分である窒素は，生物体をつくる重要な物質の1つである。この窒素の生態系における循環を**窒素循環**という 図7 。植物や菌類などは，無機窒素化合物をとり入れてタンパク質などの有機窒素化合物を合成する。これは炭素とともに生態系を循環し，最終的には，細菌類や菌類によって分解され，無機的環境に戻る。

生態系におけるエネルギーの流れ

地球に到達した太陽の光エネルギーは，まず，光合成によって化学エネルギーに変換される。動物などは，この化学エネルギーを栄養段階の順に利用して生活する。それぞれの生物の活動で使われたエネルギーは，熱として体外に放出される。放出された熱は，最終的にはすべて宇宙空間へ流れ出ていくと考えられる。

図6 地球生態系における炭素循環

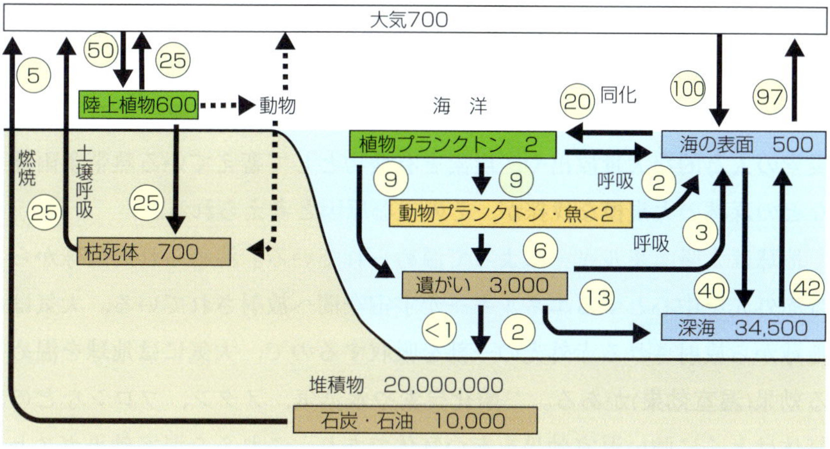

□内は現存量（×10⁹t），○内は1年間に移動した量（×10⁹t）を表す。なお，石炭や石油は地質時代に生成されたものである。陸上動物の現存量や呼吸量はここでは測定されていないため，経路だけを点線で示してある。

図7 地球生態系における窒素循環

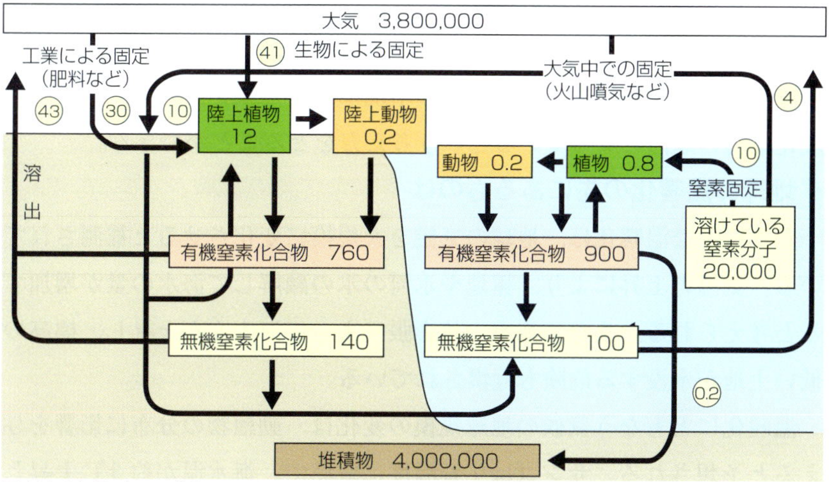

□内は現存量（×10⁹t），○内は1年間に移動した量（×10⁹t）を表す。

---

①初期の地球大気は，金星や火星と同様二酸化炭素が主成分で，酸素は含まれていなかったと考えられている。酸素はその後現れた光合成生物が放出した。現在の大気中に酸素が約20％含まれ二酸化炭素がわずかしかないのは，生物の光合成の結果である(p.305～p.307参照)。

2 人間の活動と環境の保全

大気中の二酸化炭素濃度が上昇していく

この約100年間に大気中の二酸化炭素濃度が急速に上昇していることがわかってきた 図8 。石炭や石油などの化石燃料の消費による二酸化炭素の人為的な大量放出や，炭素を有機物として蓄えている熱帯多雨林などの森林の大規模な伐採が，その主な原因と考えられる。

地球は太陽エネルギーによって温められている。温められた地球からは赤外光を中心とするエネルギーが宇宙空間へ放射されている。大気は地球から放射される赤外光の一部を吸収するので，大気には地球を温める効果(**温室効果**)がある。二酸化炭素や水蒸気，メタン，フロンなどの気体はとくに強い温室効果をもつ気体であり，これらを温室効果ガスという。大気中の二酸化炭素が増加すると温室効果が強まるため，地球規模の温暖化がもたらされると考えられている 図9 。

世界各地の気温や表面海水温の観測から，19世紀以降，地球の温暖化傾向が示されており，すでに明らかな大気中の二酸化炭素の増加と考え合わせると，大気中の二酸化炭素の増加が温室効果を強めて，現在の温暖化傾向の原因となっているという考え方をとることができる。

地球の温暖化の先にあるものは

全地球的な温暖化は，地球の気候を大規模に変化させると推測されている。気温の上昇により，極地や氷河の氷の融解して海水の量が増加すると考えられる。また，海水の熱膨張によって海水面が上昇し，標高の低い土地が水没する危険も危惧されている。

温暖化にともなう気候の地球規模の変化は，動植物の分布に影響を与えると予想される。サンゴは生育温度に敏感で，海水温が約3℃上昇しただけで体内の共生藻類を放出して白化し，それが長期間続くと死滅して回復が難しいといわれる。サンゴ礁は水の富栄養化などの原因ですでに衰退が危惧されており 図10 ，温暖化がそれに拍車をかける可能性が指摘されている。

図8 マウナロアで測定した二酸化炭素濃度の変化

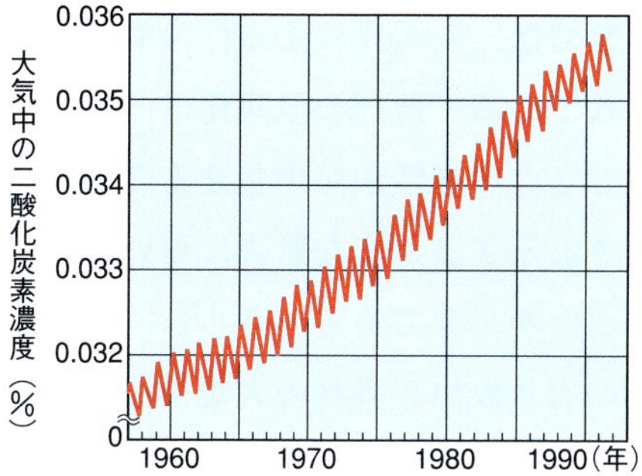

大気中の二酸化炭素濃度は陸上植物の生育の影響を強く受けるので，波形の季節変化を生み出している。すなわち，北半球に位置するハワイでは，春から夏にかけては光合成による吸収によって二酸化炭素濃度は低下し，秋から冬にかけて上昇している。

図9 地球の平均気温の推移

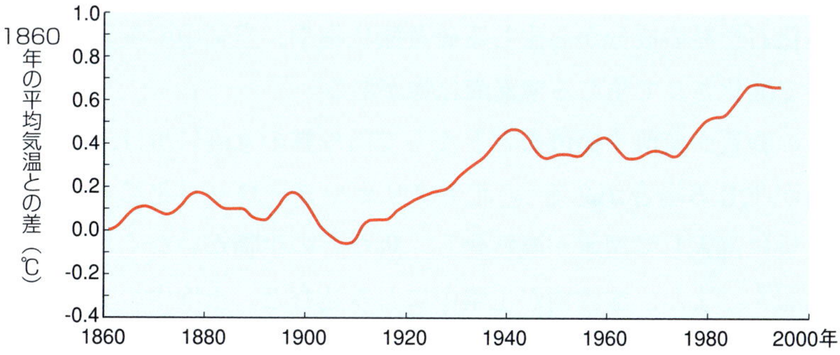

図10 サンゴ礁の分布の変化予想図

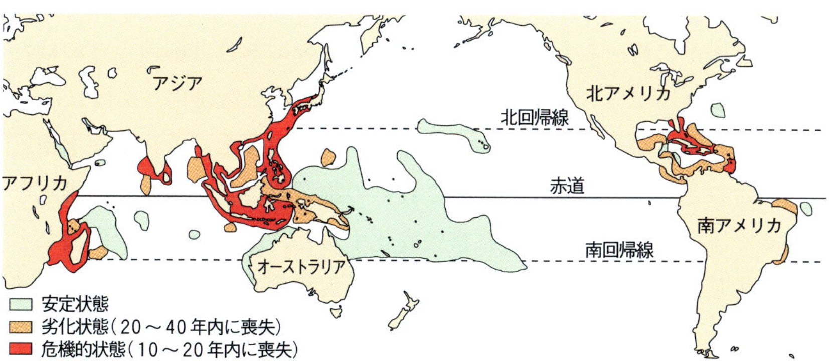

また，温暖化による温度上昇は低緯度域よりも中・高緯度域のほうが大きいと予測されている 図11 。これまで熱帯地域に限られていた伝染病が新しい地域にまで広がる危険性も考えられる。胚の発生時の温度が性を決めるアカウミガメなどのは虫類では，温暖化による性の偏りが繁殖に影響して絶滅することが危惧されている。地球の温暖化は，多くの生物を絶滅の危険にさらし，生物としての多様性が減少させることが危惧されている。温暖化によって危惧されるさまざまな影響について，現代を生きる我々は常に関心を向けることが必要である。さらに，温暖化の人為的な原因とされる二酸化炭素の大量放出や森林の大規模な伐採などを減らす努力を続けることも大切である。

大気中の汚染物質とその影響

化石燃料の燃焼で生じ，環境に影響を及ぼす物質には，二酸化炭素のほかに，化石燃料の成分から生じる硫黄酸化物や，空気中の窒素が燃焼時の高熱で酸化されて生じる窒素酸化物がある。

これらの物質が硫酸や硝酸などとなって雨や霧の水滴に溶け，酸性雨や酸性霧が生じる場合がある①。北アメリカやヨーロッパ北部では，酸性雨が大量に流入して湖水が酸性化し，魚などの生物がいなくなった湖がある 図12 。また，酸性雨が土壌中にしみ込むと，土壌中のアルミニウムが溶け出して植物の生育を阻害するという説もある。排気ガスからこれらの物質をほぼ完全に取り除く技術の開発が期待されている。

水界の富栄養化と自然浄化

水界生態系に流入した有機物は，酸素が十分にあれば細菌などのはたらきで無機物にまで分解される。このはたらきは自然浄化とよばれる。

一般に，窒素やリンなど植物プランクトンの栄養となる物質が水中に増加することを富栄養化という。これらの物質を多量に含む家庭排水などが多く流入して湖沼が過度に富栄養化すると，ある種のラン細菌などが大発生してアオコと呼ばれる。アオコが大発生すると下層へ光が透過しにくくなる。そのため下層では光合成ができなくなり，アオコの呼吸や，アオコの死がいの分解に酸素が消費されるため酸素不足になる。そのため，生存できる生物は限られ，生態系としての多様性も低くなることがある。海では渦べん毛藻類などが大発生する**赤潮**により，養殖魚が大量に窒息死するなどの問題を引き起こしている。

食物連鎖による生物濃縮

生物は，環境中からさまざまな物質を取り入れて，必要に応じて蓄積する。不要なものは分解して排出するが，分解・排出されにくい物質は体内に残留する。これらの結果，特定の物質が生物体内で環境中より高濃度に蓄積されることを**生物濃縮**という。生物は食物連鎖によりつながっているので，下位の栄養段階の生物に蓄積された物質は，上位の生物へいくほど高濃度に濃縮される。

ＰＣＢやダイオキシンなどの分解されにくい有害物質が生物に取り込まれると，生物濃縮によって栄養段階が上位の生物ほど高濃度に蓄積されてその影響を受けやすい。有害物質が一定以上の濃度になると，その生物を害する作用が現れる。**内分泌かく乱物質**のように低濃度でも有害な影響の出やすい物質も知られるようになり，有害物質の環境への排出を極力抑えることが叫ばれている。

図11 温暖化予測

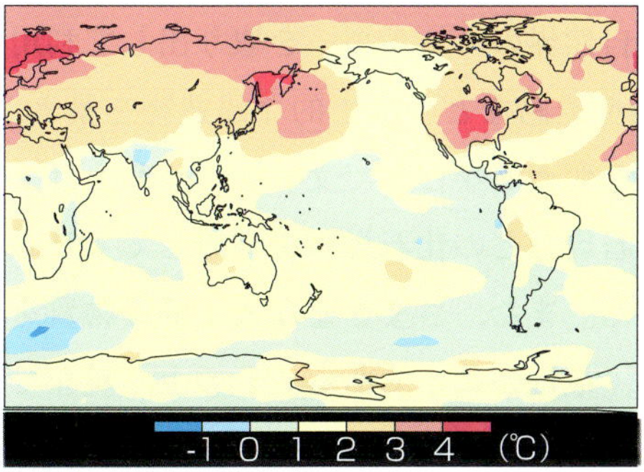

二酸化炭素濃度が年１％（複利）ずつ上昇した場合の1985～2055年の気温の上昇を予測したもの。

図12 酸性化した湖の中和作業

アルカリ性の石灰などの物質を散布している。(カナダ)

①雨や霧は，大気中の二酸化炭素を溶かし込むため通常でも弱酸性であるが，pH5.6以下の雨や霧をそれぞれ酸性雨，酸性霧とよんでいる。

自然環境を荒廃から守る

さまざまな原因で絶滅していく生物種が，毎年数多く報告され，絶滅を危惧される生物の種類も多い 図13 。また，現在約150万種と言われる生物は，まだ知られていない種類を含めると1000万種になるという予測もあり，人知れず絶滅した種類も多いといわれている。

熱帯多雨林などの環境を無視した過度な伐採にともなって生息する多くの生物が絶滅に瀕している 図14 。1つの種を人類が絶滅させてしまうことは，数十億年におよぶ生物進化の結果の1つが永遠に失われることを意味する。人類はまだ，その生物を復元する技術をもっていないのである。

また，生態系が安定して維持されていくには，そこに属する多くの生物と無機的環境，さらにはそれらを結びつける食物連鎖や物質循環の仕組みなどが保全されることが不可欠であり，生態系全体が保全されて初めて生物種の人為的な絶滅も避けることが可能になると考えられる。

地球生態系の一員としての人間

今から約500万年前に誕生したヒトは，地球における35億年以上の生物進化の過程で，比較的最近地球生態系の一員となった。生態系の中でヒトは高次の消費者に属しているが，土地を利用して作物を栽培したり，薪や炭などを燃やして火を用い，自然界のエネルギーを取り出して利用してきた。こうして，ヒトは建物や道路などの人工的な建造物を築き，ありのままの自然を人工的につくり変えるなどして文明をつくり上げてきた。特に産業革命以降，石油や石炭などの化石燃料を利用して大量のエネルギーを消費するようになった。また，さまざまな人工的な物質を大量に合成して利用し始めたのも，最近のことである。その上，現在では，南極では使われたことのない殺虫剤が南極のペンギン体内から検出されるように，人間の活動が拡大して地球規模に及ぶことが多くなってきた。

すべての生物どうしが関係しあい，さらに無機的環境とも結びついて生態系全体としての安定が維持されていることを学んだ。一方で，地球規模に及ぶようになった人間の活動が地球生態系を変化させるかもしれないことを危惧する意見が多く聞かれるようになった。人間が地球生態系の一員である以上，地球生態系の安定的な維持と地球のすべての生物の生存が，私たち人間の生活や生存にかかわる重要な問題であることを認識することが必要である。

図13 絶滅のおそれのある野生生物の種類数

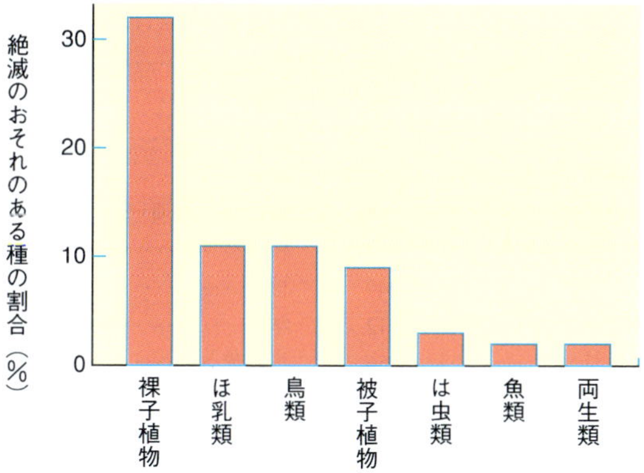

図14 世界の熱帯雨林の減少状況

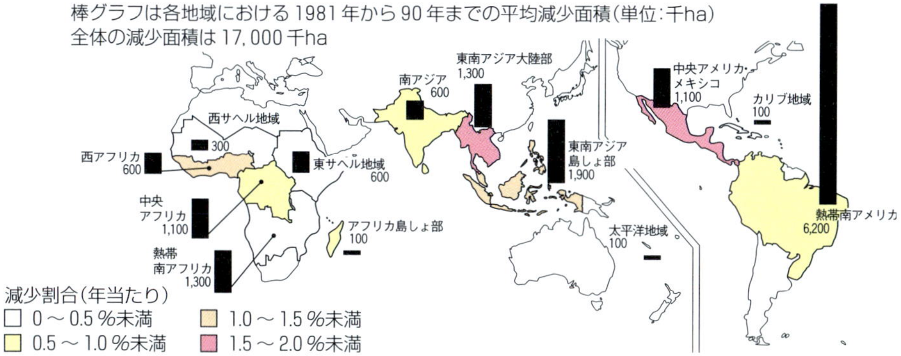

さくいん

あ行

か行

た行

な行

は行

B 代 謝

(1) 解糖系とクエン酸回路（グルコースの代謝）

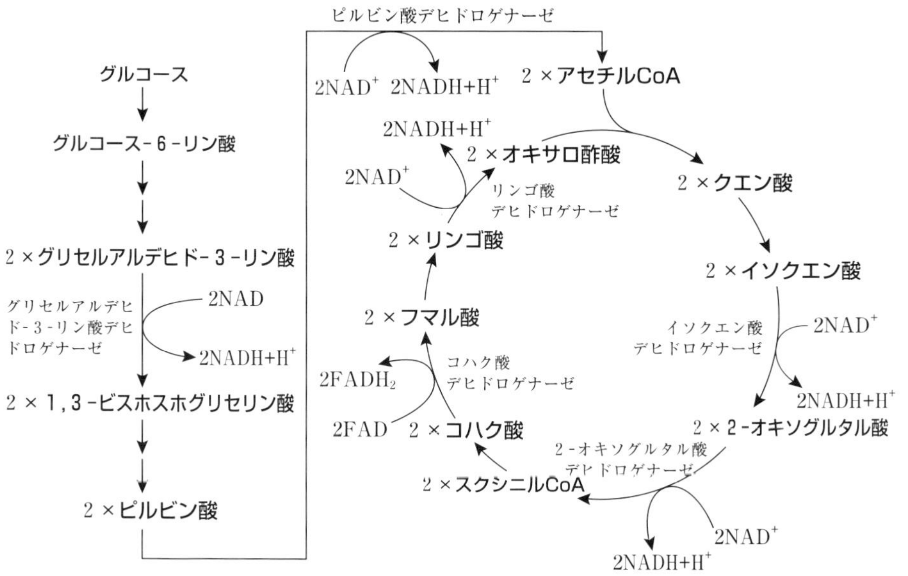

(2) オルニチン回路（肝臓でのアンモニア解毒）

【尿素の生成】 $2NH_3 + CO_2 + H_2O \rightarrow (NH_2)_2CO + 2H_2O$

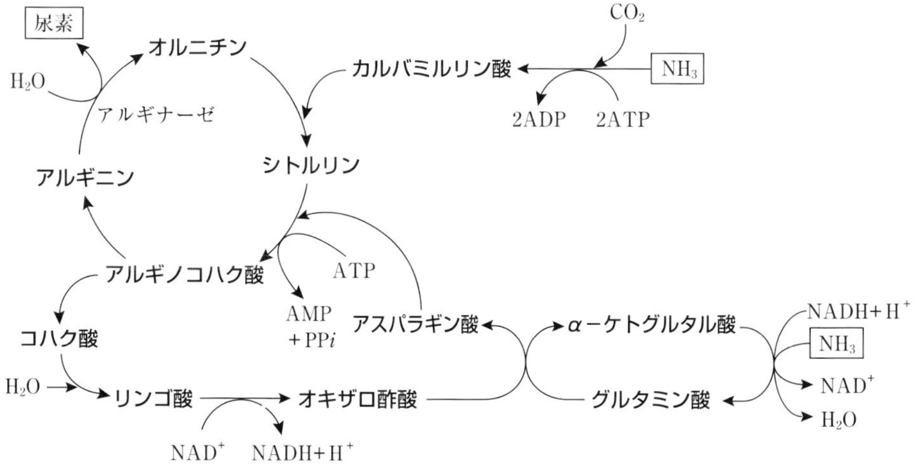

C　生態系と環境

(1) 生物と環境の間の物質循環

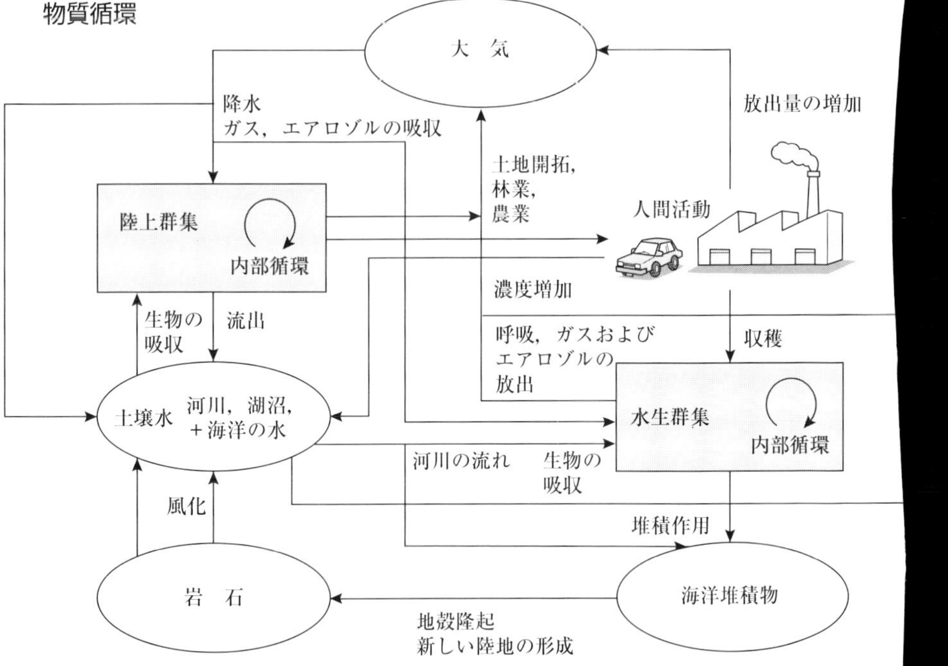

(2) オゾン層と紫外線吸収

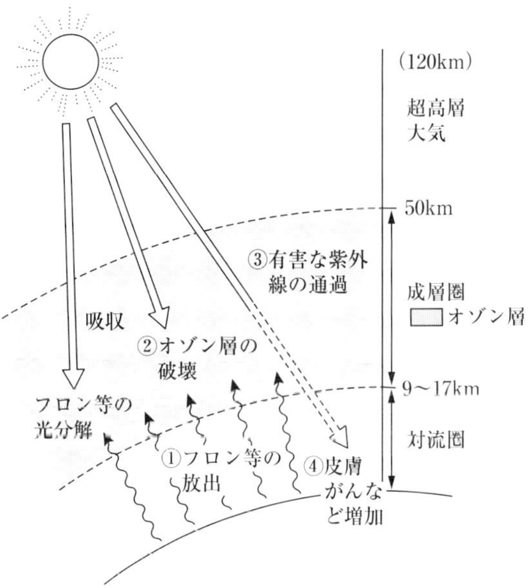

(3) 生物圏と生態系

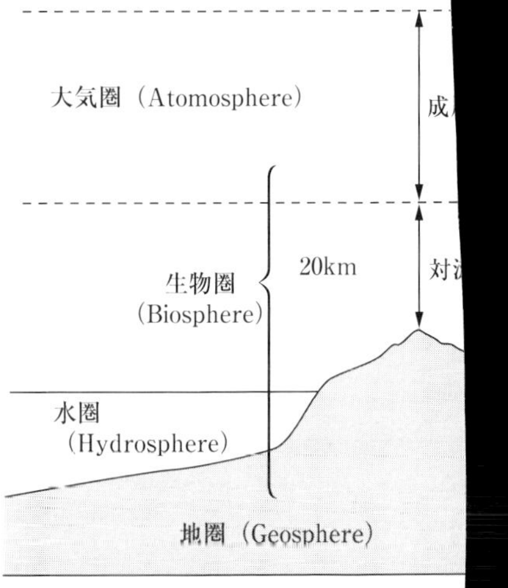

日本の植物の種類……5000〜6000種

世界の植物の種類……240000種

世界の生物の種類……150万〜3000万

■ 監 修

堀田 凱樹 情報・システム研究機構長 東京大学名誉教授

■ 編 集

井口 泰泉 自然科学研究機構 基礎生物学研究所教授
井尻 憲一 東京大学アイソトープ総合センター教授
田中 一朗 横浜市立大学大学院教授
都筑 幹夫 東京薬科大学生命科学部教授
藤原 一繪 横浜国立大学大学院教授
廣岡 芳年 東京都立戸山高等学校教諭
臼田 浩一 東京都立日比谷高等学校教諭
本橋 晃 私立雙葉高等学校教諭
教育出版編集局

＊本書は，弊社発行の平成15年度文部科学省検定済教科書「生物Ⅰ」「生物Ⅱ」を再編集したものである。

■ 写真提供

相田光宏/アルピナ/上野雄一郎/オアシス/大隅正子/オーストラリア政府観光局/小野公代/海洋科学技術センター/後藤智信/コーベット・フォトエージェンシー/世界文化フォト/タンパク質データバンク/東京都立衛生研究所/永野俊雄/ネイチャー・プロダクション/林武典/保尊隆享/ボンカラー/ワールドフォトサービス/NASA/NNP/OPO/PPS通信社

カラー版 現代生命科学の基礎
ー遺伝子・細胞から進化・生態までー

平成17年2月25日 初版第1刷発行
平成29年2月1日 初版第13刷発行

編 者 都筑 幹夫
発行者 山﨑 富士雄
発行所 教育出版株式会社
〒101-0051 東京都千代田区神田神保町2－10
電話 (03) 3238-6965 振替00190-1-107340

印刷 大日本印刷
製本 上島製本

ISBN978-4-316-80158-2 C3045